# 建设工程安全典型案例汇编

王郑平　魏志峰　主编

黄河水利出版社
·郑州·

# 内 容 提 要

本书以案为鉴，编者根据多年工程实践及生活经验积累，收集整理近期典型案例，通过对事故发生前的蛛丝马迹进行追踪、分析，层层剥茧抽丝，找出事故发生的原因、特点及规律，对事故发生的教训，举一反三，细致总结，对事故的预防提出独到见解，为读者获取专业知识和更好的生活起到有益启示和帮助。

本书主要作为建设工程施工管理人员和作业人员安全培训教育、安全交底使用，也可供建设工程相关人员和高校学生学习参考。

**图书在版编目（CIP）数据**

建设工程安全典型案例汇编 ／ 王郑平，魏志峰主编. — 郑州：黄河水利出版社，2021. 12
ISBN 978 - 7 - 5509 - 3189 - 3

Ⅰ. ①建…　Ⅱ. ①王…　②魏…　Ⅲ. ①建设工程—安全管理—案例　Ⅳ. ①TU714

中国版本图书馆CIP数据核字（2021）第 267462 号

出 版 社：黄河水利出版社　　　　　　　　　　　网址：www.yrcp.com
　　地址：河南省郑州市顺河路黄委会综合楼14层　邮编：450003
发行单位：黄河水利出版社
　　发行部电话：0371‐66026940、66020550、66028024、66022620（传真）
　　E-mail：hhslcbs@126.com
承印单位：河南瑞之光印刷股份有限公司
开本：787 mm×1 092 mm　1 / 16
印张：20.75
字数：480千字　　　　　　　　　　　　　　　印数：1—1 300
版次：2021年12月第1版　　　　　　　　　　　印次：2021年12月第1次印刷

定价：96.00 元

# 《建设工程安全典型案例汇编》

# 编委会

主　编　　王郑平　　魏志峰

副主编　　南秋彩　　孙　鹏　　赵文广　　范英伟

　　　　　孙贝贝　　赵宝才　　王　辉

参编人员

　　　　　刘峻岐　　魏志福　　张　沙　　宋亚攀

　　　　　王炳超

# 前　言

2021 年 6 月 10 日，中华人民共和国第十三届全国人民代表大会常务委员会第二十九次会议通过《全国人民代表大会常务委员会关于修改〈中华人民共和国安全生产法〉的决定》，自 2021 年 9 月 1 日起施行。《中华人民共和国安全生产法》对加强安全生产工作，防止和减少生产安全事故，保障人民群众生命和财产安全，促进经济社会持续健康发展，具有重要意义。本书以《中华人民共和国安全生产法》为基准，结合安全事故典型案例，目的是提升从业人员的安全技能和安全意识，实现"要我安全"到"我要安全"再到"我会安全"的意识转变。

安全是人命关天的大事，是不能逾越的发展"红线"，安全生产这根弦理当时刻绷紧。安全生产要高度警惕"黑天鹅"和防范"灰犀牛"事件，所谓"小洞不补，大洞尺五"，坚决做到防微杜渐，防控项目安全生产风险。安全生产要善于运用底线思维的方法，凡事从坏处准备，努力争取最好的结果，做到有备无患、遇事不慌，牢牢把握主动权。

本书通过对安全事故典型案例的展现，对事故因果关系的解析，制定安全管理制度，编制管理岗位职责，提供安全管理相关知识，设计安全管理工作流程，构建安全管理思维模型。本书共 7 章，主要内容包括美好生活源自安全、最新典型案例揭秘和吸取教训、突发危机事件处置、工程安全信息资料整理与归档秘籍、安全职业经理人职业规划宝典、安全工作重要警示、安全工作永远在路上等。

本书由王郑平、魏志峰担任主编，由南秋彩、孙鹏、赵文广、范英伟、孙贝贝、赵宝才、王辉担任副主编，全书由河南博通教育咨询有限公司、郑州市二七区博通培训学校魏志峰、王郑平统筹。本书各章节编写分工如下：第一章由魏志峰编写；第二章第一节、第二节由王郑平编写；第二章第三节、第四节、第七节由南秋彩编写；第二章第五节由赵文广编写；第二章第六节由孙鹏编写；第三章第一节、第二节由赵宝才编写；第三章第三节、第四节由王辉编写；第三章第五节由赵宝才和王辉共同编写；第四章由孙贝贝编写；第五章由范英伟编写；刘峻岐、张沙、魏志福、宋亚攀、王炳超作为本书编委，共同参与本书第六章、第七章的编写工作。本书编写过程中，众多行业资深专家进行了全面细致的审阅，并提出了许多建设性的宝贵意见。同时得到省部级主管部门（河南省建设厅、应急厅、交通厅等）及河南省、广东省监理协会相关专家的帮助和指正。黄河水利出版社对于本书的出版给予了大力支持。在此一并表示感谢。

本书编写过程中，参阅了大量国内外相关文献和网络资源，在此向这些文献和资源的原创者致以诚挚的感谢！如有不妥之处，请及时与编者联系（邮箱：188171719@qq.com）。

由于编者水平有限，时间仓促，书中难免有不足、不妥之处，诚望广大读者和同行专家学者不吝赐教，批评指正，以便今后修改完善，在此深表感谢！

编　者<br>
2021 年 10 月

# 目录

# 第一章　美好生活源自安全

把人的生命比作是"1"时，生活就是在"1"后面的"0"，后面加的"0"越多，代表事业越成功、家庭越幸福。倘若生命不存在了，后面加再多的"0"还有什么意义呢？安全是度过美好人生的前提，它充斥在呱呱坠地的孩童时期，贯穿英姿勃发的青年，再到安稳成功的中年，终于老老垂矣的晚年。有了安全，我们才能在家庭中享受欢乐；有了安全，我们才能在工作中实现价值；有了安全，我们才能在社会上展现自我；拥抱安全，我们才能拥有美好的人生、美好的生活。

安全管理，既要有精细化管理的探照灯，也要有系统性思维的大局观，构建匹配工程行业发展需要的安全风险辨识、评估、管控、应急处置体系。习近平总书记强调："人命关天，发展决不能以牺牲人的生命为代价。这必须作为一条不可逾越的红线。"强调把安全发展作为现代工程行业发展的重要标志，为人民群众营造安居乐业、幸福安康的生产生活环境。的确，美好生活首先是安全的生活，无论经济社会发展到哪一步，安全都是人民群众的基本需求，必须作为一条不可逾越的红线。安全的堤坝一旦失守，人民群众的幸福感、获得感就难以得到保障。为此，加快补齐安全管理上的短板，让安全管理与企业发展进程同步推进，才能为美好生活筑牢安全底线，才能把安全的网络编织得更密一些，把美好生活的基石筑得更牢一些。

## 第一节　工程项目与人生工程

### 一、工程项目全过程

一个项目从开工建设到竣工验收，就像一个孩子的成长过程。建成一个项目就像呵护一个孩子成长，在责任心的驱动下，协调各方面资源，确保项目质量、安全，同时达成工期。工程项目全过程是以项目的全生命周期作为管理对象的管理活动，是指建设单位为了实现项目质量目标、安全目标最大化，采用相应质量安全管理理论、体系和流程等系统化的管理活动，贯穿工程项目投资、设计、招采、施工和交付等与项目相关的各种活动（见图1-1）。

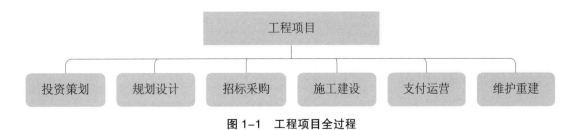

图1-1　工程项目全过程

## （一）投资决策阶段

工程项目全过程管理始于项目可行性研究阶段，即投资策划阶段。项目投资策划阶段包括项目区位选择、财务测算、风险分析、项目盈亏平衡及现金流分析等直接决定项目成败的各要素研究。因此，该阶段的准备工作必须予以充分重视。该阶段管理的重点在于在质量、进度、成本之间寻找一个最优平衡点。

第一，完善市场调研内容。市场调研是企业的一项经常性的基础工作，它是现代企业管理的重要组成，也是企业管理手段之一。在现代市场经济条件下，企业之间的竞争由地区扩展到了全球范围，为了在市场上取得竞争优势，在一个项目立项初期，企业必须做好市场调研工作。市场调研是一种把消费者及公共部门和市场联系起来的特定活动，这些信息用以识别和界定市场营销机会和问题，产生、改进和评价营销活动，监控营销绩效，增进对营销过程的理解。市场调研实际上是一项寻求市场与企业之间"共谐"的过程。市场调研犹如婚前健康检查，如果忽略它，就可能产生不健康的婴儿，到那时再一掷千金搞销售，又能起多大作用？因为市场营销的观念意味着消费者的需求应该予以满足，所以公司内部人士一定要聆听消费者的呼声，通过市场调研，"倾听"消费者的声音。当然，营销调研信息也包括除消费者之外的其他实体的信息。在工程建设当中，市场调研就是运用科学的方法，系统地收集、记录、整理和分析有关市场的信息资料，从而了解市场发展变化的现状和趋势，为市场预测和经营决策提供科学依据的过程。市场调研的目的是准确寻找市场中存在的机遇与风险，通过市场数据的收集和整理来寻找市场上的价值洼地，结合潜在客户的需求及预期，确定可能的投资领域，为投资的可行性分析打好基础，提供数据支撑。

第二，完成开发方案设计工作。改革开放以来，随着我国经济建设的突飞猛进，为我国工程行业建设与发展提供了大量契机和平台。现代化的地标城市建筑、长达数千米的跨海大桥、全球规模最大的高速公路网络，更加体现了我国工程项目建设水平的日趋成熟、完善，一个建设项目能否成为经典，取决于建设项目的方案设计和初步设计。在方案设计和初步设计阶段，应将规划设计条件、使用功能、实际地貌、景观布局等众多因素进行合理结合，从而降低开发成本，缩短开发周期，提高设计方案的合理性、独特性，最终形成一套完整的规划设计方案。该阶段需要让专业的设计团队完成开发方案的设计，包括项目开发的整体规划和实施流程、项目开发分期、项目环境的改善与测评、资金的使用和筹措等。

第三，制订最优方案。①核算技术、经济等相关数据参数。依据该阶段形成的多种建设方案，计算出相关的技术、经济参数，例如公路项目的建设，需要考虑材料组成、混合料配合比、交通流量、项目造价的相关数据等。②对比分析已经完成的经济指标。依据已经整理计算获得的相关参数，运用恰当的计算、分析手段，对多样的相关方案展开分析对比，判断各方案的利弊之处，针对方案存在的问题提供相应的改善措施和策略。③筛选出最佳方案。在完成对项目相关参数指标的评估后，计划中的缺陷部分逐步完善，最终制订最优方案，作为后期项目开发的依据。

## （二）规划设计阶段

近年来，随着商品经济理念的冲击，工程建设行业也追求着工作的速成，出现了大量质量问题，导致"楼歪歪""路脆脆"等类似事件时常发生。

2018年11月，甘肃省某高速某收费站发生交通事故（见图1-2、图1-3）。导致15人死亡、44人受伤。据相关媒体报道，该高速17 km长下坡路段本身就容易发生货车失控，引发交通事故，如果失控大货车冲下来，正好碰上了其他客车，那么发生群死群伤的交通事故就在所难免了。据统计，自2004年12月底开通至2018年6月15日，该高速新七道梁长下坡路段共有240辆车辆失控，累计共造成42人死亡、55人受伤。其中失控车辆冲入市区引发事故18起，造成31人死亡、36人受伤。

图1-2　"11·3"事故现场图　　　　　图1-3　事故图

许多人对道路17 km长下坡及在此处设置的收费站等设计问题提出质疑。那么被称为"死亡路段"的17 km高速道路和"夺命收费站"是否存在设计缺陷呢？如果存在，又该如何解决呢？

规划设计阶段在项目整个过程中具有重大作用，完成立项工作后，产品性价比的竞争力、耐用性、合理性等重要目标都要确定下来。项目规划方案的评估是对方案进行多方位、多维度的深入分析。在这个阶段，不仅应根据可行性研究的结果证明项目的相关指标，还需对项目所处区位和环境的影响进行评估，根据评价结果，对设计方案进行优化。

一般情况下，方案设计的工作会由建设单位聘请的具备相应资质的设计单位负责，但是设计单位大多数不会对项目的经济损失负责，出于这种对自身利益的考虑，他们可能就不愿意付出过多的精力来进行方案的更新和修正。所以，当项目实施全过程管理时，项目团队就要采取一系列的方法来优化方案，可以开展多方案比选，全面评估各项指标，还可以实施一些奖惩措施来激励设计方做好优化改善工作等。

### （三）招标采购阶段

招标采购是指招标人公布标的的特征和交易条件，按照事先确定的程序及规则，对多个响应方提交的一次性报价及方案进行评审，择优选择交易主体并确定交易价格的一种交易方式。工程项目具有投资大、技术复杂、周期长等特点，项目实施过程中会出现各类不确定事件，往往会导致决策失误、工期延误、变更索赔、质量缺陷及项目运行失常等后果。招标采购是项目实施的前期工作，招标采购的风险对项目的影响也是最为严重的，因此进行招标采购项目风险管理研究具有重要的现实意义。项目招标阶段的主要任务为：第一，准确预测项目施工所需的各种资源的选型、参数、数量及预算等，为项目招标做好充分准备；第二，确定项目招标的内容、范围、形式及流程，组织投标单位进行竞标，组织相关专家进行评标，最终确定中标单位；第三，与中标单位签订合同，对双方的责任与义务进行明确约定，为中标单位的履约提供依据。由于项目资源需求预测是否准确、项目招标过程是否科学合理、合同的签订与管理是否严格等都直接影响项目建设所需各项资源的供应质量，甚至会直接给项目带来一定的经济纠纷，这些都会直接影响项目的建设质量。因此，项目招标阶段质量管理的影响因素主要包括项目资源需求预测、项目招标内容及范围的确定、项目招标方式的选择及招标过程的控制、项目质量保证金的订立、项目各项合同的签订与管理等。

### （四）施工建设阶段

进入 21 世纪，随着我国经济的持续快速发展，工程行业很快在全国各地掀起了一轮发展的高潮。建设工程质量的好坏对一个企业发展的快慢有着决定性的影响，施工建设阶段是将预先设计转换为实际产品的过程，这是直接影响产品最终质量的重要阶段。为了实现项目质量目标，需要严格监控施工阶段的质量，保证施工安全。工程施工往往涉及多种因素，包括人员、操作工艺、材料、设备、操作环境等（见图 1-4），任何环节细微的变动都会引起质量的改变，甚至可能直接造成严重的安全事故。

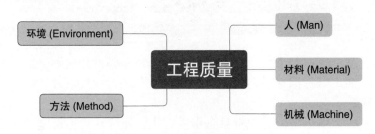

图 1-4　工程质量影响因素

施工建设阶段主要包括施工前、施工中、完工后三个阶段（见图 1-5）。施工前控制是对准备时期的质量加以控制，工程项目正式工作任务开始之前需要做好各项前期准备，对这些准备工作和对项目质量可能产生影响的各类要素进行控制的工作就是本阶段的核心；过程中控制是在施工时对影响工程质量的各项因素加以监管、调整，同时对该过程中的工序、分部和分项工程、操作方法进行控制；完工后控制是在施工完成之后，根据施工的过程形成具有特定功能的各项资料文档，并对最后的产品及其相关要素进行控制的过程。

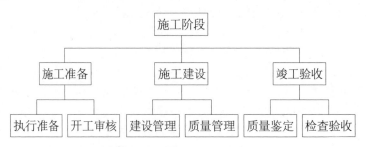

图 1-5　施工阶段全过程

## （五）交付运营阶段

交付和运营阶段的工作是在最终产品交付后继续维护和改进产品，以弥补施工过程中不可避免而出现的一些质量问题。为确保交付后的质量管理效果，需成立专业售后服务机构，设立完善管理制度，进行标准化管理，及时处理质量问题，对业主投诉的文件进行归档整理，并及时进行回访，保证沟通渠道的畅通，充分满足业主的各项诉求。

## （六）维护重建阶段

在这一阶段，质量管理流程、方法跟不上质量管理计划与目标的要求，体现在质量管理计划与目标要求要能维护日常道路的工程质量和通行质量，但因技术原因，一些常见的质量缺陷，如破损等，还难以从根本上降低发生的概率。比如，报废重建的水库电站、老旧建筑重建项目、公路大修改造项目……

以沥青混凝土路面工程为例，沥青路面（见图1-6）设计使用年限按不同的公路等级有不同的标准，沥青混凝土路面的使用寿命与道路的等级、交通量的大小、道路施工都有直接的关系。具体细节，根据《公路工程技术标准》（JTGB01—2014）第五章规定（见表1-1）：

（1）支路采用沥青混凝土时，设计年限为10年；采用沥青表面处置时，为8年。

（2）砌块路面采用混凝土预制块时，设计年限为10年；采用石材时，为20年。

**图1-6　沥青路面**

**表1-1　公路路面结构设计使用年限**

| 公路等级 | | 高速公路 | 一级公路 | 二级公路 | 三级公路 | 四级公路 |
|---|---|---|---|---|---|---|
| 设计使用年限（年） | 沥青混凝土路面 | 15 | 15 | 12 | 10 | 8 |
| | 水泥混凝土路面 | 30 | | 20 | 15 | 10 |

## 二、人生全过程

生老病死，是生命的过程！
佛说，这是个婆娑世界，婆娑即遗憾！
新陈代谢是自然规律，地球上的生物都会如此，何况人呢？
人的命运不是一帆风顺的，
活着就要面对新生、快乐、衰老、疾病，甚至死亡！

生老病死是我们每一个人必须面对的问题，如果将人的一生归结为几个阶段，那么，应该是胎儿期、儿童期、少年期、青年期、中年期、老年期六个阶段。

### （一）胎儿期

胎儿期是从受孕到分娩的全过程，共9个多月。在胎儿期，胎儿在母亲体内迅速成长。在这个时期，器官的进一步分化有待于完成。然而，肌肉的发展是迅速的，外生殖器继续分化。尽管中枢神经系统的发育要持续到出生后几年才能完成，但在这个阶段也迅速地发育起来。

关于胎儿期的发展，中国古代医学家曾做过探索。如唐代孙思邈概述为："一月胚，二月胎，三月血脉生，四月形体成，五月能动，六月诸骨具，七月毛发生，八月脏腑具，九月谷气入胃，十月百神备则生矣。"（《千金要方》）这一概括虽未尽精确，但在当时已很先进。很多人不理解，为什么要将胎儿期也作为人生的一个阶段，其实，胎儿期就像是一枚种子，不是所有的种子都可以经受得住风吹雨打长成大树的。胚胎也是一样的，在长成胎儿的过程中，很可能因为一些因素而停止发育。为了帮助胎儿健康成长，孕妈妈需要做好全方位的准备工作，比如，12周（3个月）需要做第一次孕检，建立"孕妇健康手册"档案，抽血化验，检查子宫大小等；13～16周第二次产检，需要做唐氏筛查、量腹围、称体重等；17～20周第三次产检……从受孕到分娩往往需要做十次甚至更多次产检，临产前，还要准备备孕包，做好迎接宝宝出生的所有工作。

### （二）儿童期

从1岁到12岁，儿童期可以分为新生儿期、婴儿期、幼儿期、小学儿童期等。不同阶段，有着不同的使命和任务。比如小学儿童期，对此期儿童应合理安排学习、劳动、文体活动等，使其逐步适应紧张而有节奏的校内外生活。儿童是人类社会中一个非常重要的群体，他们既稚嫩，又充满生机。在这个阶段，更应该了解他们的特点，尊重他们，帮助他们，教育和保护他们。儿童是一个独立的个体，儿童的心理最初也只是块白板，它的变化取决于后天的学习和经验，教育家卢梭说："儿童是有他特有的看法、想法和感情的；如果想用我们的看法、想法和感情去代替他们的看法、想法和感情，那简直是最愚蠢的事情。"儿童教育要顺应自然，注意个别差异。

### （三）少年期

从12岁到15岁，亦称青春发育期。少年期是从童年期（幼稚期）向青年期（成熟期）发展的一个过渡时期。这个时期的主要特点在于：它是一个半幼稚、半成熟的时期，是独立性和依赖性、自觉性和幼稚性错综矛盾的时期。少年对人的内部世界、内心品质发生了兴趣，开始要求了解别人和自己的个性特点，了解自己的体验和评价自己，还逐渐学会较自觉地评价别人和自己的个性品质，但评价能力还不高，还不稳定，尤其是很难通过现象揭露行为的本质，很难对具体问题做具体分析。

### （四）青年期

从 15 岁到 28 岁，青年期是个体从不成熟的儿童期、少年期走向成熟的成年期的过渡阶段。处在这个时期的青年，不论就生理成熟来说，还是就智力发展、情感和意志表现、个性特征及言语行为表现来说，都有其特点。青年期的大部分时间在于学习，学习无论对于一个人、一个民族、一个国家，都是极其重要的。著名作家王蒙说：一个人的实力绝大部分来自学习。本领需要学习，机智与灵活反应也需要学习，健康的身心同样是学习的结果，学习可以增智、可以解惑、可以辨是非。我们无论在学习、工作亦或是生活中，都强调和重视"拓宽视野"。著名科学家牛顿说过："如果说我比别人看得更远些，那是因为我站在了巨人的肩上。"《庄子·秋水》里说过："井蛙不可以语于海，拘于虚也。"牛顿之所以能够看得远，是因为站得高，视野开阔；"井底蛙"之所以认为天地只有井那般大，也归咎于"视野"的原因，它为井口所局限，而看不见天之广、地之大。在我们的人生中，有许多未知的领域，而学习就如一把万能钥匙，可以为我们打开一扇扇大门，让我们开眼看见更广袤、更精彩的世界。

### （五）中年期

中年期是人生中相当长的一段岁月，人生的许多重要任务都是在这一时期完成的。中年期无论在生理上还是心理上都发生了一系列的变化。中年期的发展任务主要源于个人内在的变化、社会的压力，以及个人的价值观、性别、态度倾向等方面（哈维格斯特）。在家庭中，中年人的责任是培育子女，使他们成为有责任心的人和幸福的人，维持好与配偶的和谐关系。在工作中，面对工作压力必须达到保持职业活动的满意水平。在社会中，必须接受和履行社会责任和义务。电视剧《小欢喜》之所以得到那么多人的认可和喜欢，因为这部剧形象生动地反映了中年期的无奈，剧中方圆 45 岁，童文洁 43 岁，季胜利和乔卫东、宋倩和刘静差不多，也都是 45 岁左右的年纪。

中年期，在人生历程中是一个不大不小的尴尬阶段，也是一个上有老、下有小的忙碌阶段。而中年人除却养家糊口，或多或少仍未放弃对理想生活的追求。即便每天为柴米油盐停车费纠结烦恼，顾不上生活的仪式感，并不代表他们不向往生活中的小美好。生活中有太多美好的事儿，还有那么多未看过的风景、未品尝的人情世故，你怎么忍心庸庸碌碌过一生？

### （六）老年期

老年期是指 60 岁至衰亡的这段时期，按联合国的规定，60 岁或 65 岁为老年期的起点。老年期总要涉及"老化"和"衰老"两个概念。老化指个体在成熟期后的生命过程中所表现出来的一系列形态学及生理、心理功能方面的退行性变化。衰老指老化过程的最后阶段或结果，如体能失调、记忆衰退、心智钝化等。老年期是人生过程的最后阶段，由于各种变化包括衰老是循序渐进的，人生各时期很难截然划分。而且衰老过程的个体差异很大，即使在一个人身上，各脏器的衰老进度也不是同步的。衰老与一般健康水平有关，不同时代、不同地区的人，衰老进度也不同。

### 三、人生大道与工程的关系

人与人之间为什么有差异？是什么造成了这种差异？谁设计了我们的人生？父母、自己、社会……人生大道是否能够被设计？人生的意义是什么？

比利时《老人》杂志，对 60 岁以上的老人，做了一项"您最后悔什么"的专题调查，其中 72% 的老人后悔年轻时努力不够，以致事业无成；而仅有 11% 的老人后悔没有赚到更多的金钱（见图 1-7）。对于人的一生来讲，更看重的莫过于"我应该怎么度过这一生？"当一个人回首往事时，不因虚度年华而悔恨，也不因碌碌无为而羞愧……

■72% 的老人后悔年轻时努力不够，以致事业无成；
■67% 的老人后悔年轻时错位选择了职业；
■63% 的老人后悔对子女教育不够或方法不当；
■58% 的老人后悔锻炼身体不够；
■56% 的老人后悔对伴侣不够忠诚；
■47% 的老人后悔对双亲尽孝不够；
■41% 的老人后悔自己未能周游世界；
■32% 的老人后悔一生过得平淡，缺乏刺激；
■11% 的老人后悔没有赚到更多的金钱。

**图 1-7 专题调查结果**

如果将人生比作一条路，便有起点—过程—终点，每一个建设阶段对应着不同的人生历程，不同经历注定有着不同的命运。一个孩子，选择正确的教育方式，进行正确的精神教育，孩子的人生才会更加完整，才能得到更好的发展。一个工程项目，规范施工流程，加强质量控制，提高安全管理意识，建立健全责任管理制度，才能延长工程使用寿命，才能扩大国内需求，拉动经济增长。

#### （一）投资策划—胎儿期

工程项目前期投资策划是集科学发展观、市场需求、工程建设、节能环保、资本运作、法律政策、效益评估等众多专业学科的系统分析活动。作为一个项目开展的起始阶段，项目构成、实施、运营的策划对项目后期的实施、运营乃至成败具有决定性的作用，其重要性不言而喻。同样，对于人生的胎儿期，妊娠期间充分合理的营养将直接影响胎儿的发育，主要包括一般发育、脑发育和胎盘发育。妊娠期间营养不良可造成流产、早产、死胎、新生儿死亡、畸形等结果。若胎儿期不注重营养，不做好产检、安全防护措施，对胎儿的生长发育影响巨大；若工程投资策划阶段，深度、广度不够，对项目环境缺乏足够的调查分析，项目资金策划不到位，都会给项目开发造成严重阻碍。

### （二）规划设计—儿童期

设计并不仅仅是简单的组装、排序，抑或是编辑，设计的过程也是赋予价值和意义的过程，去阐述、简化、理清、修饰，去锦上添花、引人注目，去说服，甚至去取悦。设计就是把散文变成诗歌，设计增强我们的洞察力、加深我们的体验，并拓展我们的视野。设计工作在工程项目中有着举足轻重的重要性，它可以提升空间的价值，有效控制成本……设计不仅仅是图纸上的事情，可以渗透到一个项目的方方面面。

项目设计不但影响着造型外观、安全性、实用性等方面，还影响着工程造价、施工质量及项目的总体进度，所以设计质量的优劣是其中的关键因素，尤其是随着我国经济的快速发展，大型复杂项目越来越多，不仅要保证工程总体质量，同时还需考虑与周围环境的融入，保护环境、减少污染，最大限度地实现人与自然和谐共生的高质量工程，可见项目规划设计在建设项目当中非常重要。规划设计是项目形成实体的前期阶段，正如人生的儿童时期，很多东西懵懵懂懂，需要去认识、去观察、去记忆、去思考。在中国的传统观念里，小孩子就像小树，要从小把长歪的枝桠砍去，否则，孩子就不能笔直地向上，难以成才。都说，三岁看小，七岁看老。小时候的毛病如果不能有效纠正，这些毛病将会伴随孩子的一生。但是，孩子怎么可能如父母所愿，永远听话、懂事，处在一种正常的状态下，不哭不闹、通情达理呢？孩子是不可能这样理想化地成长的，孩子有自己的年龄特点和性格特点，有自己的脾气和喜怒哀乐，孩子不能永远理性冷静、乖巧听话。我们需要不断去教育、不断去改正，设计同样需要不断去改进、不断去完善，才能尽量减少后期设计变更，控制好工程造价。比如，青兰高速陕西某标段，原设计路基有大量的过湿土砂砾换填。进场后，经过实地考察，原设计过湿土路段由于近年当地村民围堰造塘造成水路不畅，形成大片淤泥。这已经与设计考察的现场情况发生了变化，按原设计砂砾换填显然不可行，因此要求设计变更成抛石挤淤。这样一来，既能保证施工顺利进行，同时也满足了施工质量要求。从工程难易程度讲，抛石挤淤方案比砂砾换填碾压更简单易行，而且能取得较好的经济效益。

### （三）招标采购—少年期

招标是现阶段我国工程建设项目等普遍采用的产品交易方式与惯例，涉及的投资和规模越大，产生的社会效益和经济效益越明显。相对于一般意义上的招标采购，工程项目的招标采购具有参与方众多、涉及的专业分类复杂且各参与方共同参与一个项目的招标活动。社会生产力的发展和现代科学技术的进步，使得工程建设领域也发生了很大的变化，大型工程项目在整个社会总投资中所占的比例越来越高。特别是改革开放以来，各种大型及特大型工程项目不断进入建设期，这些大型工程已经成为适应经济、社会发展和顺应规模效应要求而获得不断发展，成为实现工程建设的主要形式，如三峡工程、宝山钢铁厂、二滩水电站、京九铁路、大亚湾核电站等。"十二五"以来，各地有了更多的重点建设大型工程项目，如高新技术开发项目、高速公路、铁路、城市地铁、城市高铁等，这些大型工程的顺利实现对我国的经济建设和人民生活质量的提高都有重要影响。因此，切实高效地完成大型工程建设应该是我们重点关注的，而作为大型工程实现的基础，招标采购工作也必然成为我们应该着重研究的重要领域。

工程招标采购工作完成的效果和质量直接影响着大型工程完成的质量与效益，因此抓好招标采购工作是现在大型工程建设质量的重要基础。少年期的学习内容逐步深化，学科知识逐步系统化，抽象记忆显著提高，抽象思维开始占主导地位，多元认知也得到了发展。相比儿童时期，少年期是学习、性格、心理逐渐走向成熟的关键时期。在这个阶段，更渴望社会交往，很愿意向同龄朋友推心置腹，合作、团结意识较强。招标采购阶段同样是一个择优合作的时期，招标采购通过发布招标公告或投标邀请书等要约邀请文件，吸引潜在投标人参与竞争。投标人要在众多竞争对手中获胜，就必须具备一定的实力和竞争优势。这种优势来自各种优势组合与互补，包括诸要素之间的替代、转换及配置而产生的要素组合，以及投标活动及合同履行过程中各环节的衔接、协调与管理。投标人要实现既定目标，就必须控制总投入费用在一定限度内，从而迫使其对多种要素进行合理组合，同时降低管理与交易费用。因此，招标采购过程既是竞争过程、资源优化配置过程，又是实现效率与效益统一的过程。

### （四）施工建设—青年期

现如今，世界范围内的多个国家都有着中国工程人奋斗的身影，精细化的管理、优秀的质量管理体系、严格的施工纪律等，都使得中国施工人与中国施工企业享誉海外。关注施工阶段质量、安全管理研究，符合时代背景和社会的普遍关注。在施工阶段，大型建设项目有独特的施工准备要求、施工建设规范和竣工验收标准。为保障工程施工安全，提高质量管理水平，相关单位按照行业规定和标准，做好施工准备、施工建设和竣工验收工作。全体施工人员应积极参与到计划安排中，对人力资源、材料设备、组织制度、设计资料、资金配发、配套建设等诸多问题集思广益，保障施工质量。施工阶段是一个项目从无形到有形的转变，是从图纸设计转化为实体工程的过程。项目规模越大，工期越长，造价越高，所产生的社会效益、经济效益越大。就如同人生的青年阶段，你付出越多，努力的越久，投入越高，所产生的价值越大，成就才会越大。史蒂文森说："青年期完全是探索的大好时光。"青年时期是人生最快乐的时光，这种快乐在于它充满希望。习近平总书记在纪念五四运动100周年大会上强调，国家的希望在青年，民族的未来在青年。唯有施工阶段严把质量关、安全关、生态关，坚持把精、细、严、实要求贯穿到各个环节，确保把重点工程建成优质工程、精品工程，经得起时间和历史的检验。

### （五）交付运营—中年期

工程交付、运营是工程项目的使用阶段，项目交付使用阶段是提升项目品质的重要组织部分，提升服务水平可以形成良好的口碑效应。优质的运营管理和服务能够提升产品整体功能质量，还能有力地促进产品优质口碑良性蔓延。一条公路的使用寿命在10～15年，一栋建筑的使用寿命在50～70年，一座桥梁的使用寿命在50～100年，每一项工程都有它的使用寿命，人也同样要经历生老病死，中年是人生最长的一个阶段，从35岁到60岁，长达20多年，人到中年，不会再像个毛头小子一样横冲直撞、不可一世，也不再盲目自信，认为自己就是世界的中心，而是认清了自己的能力，接纳了自己的平凡，然后找准自己的位置，继续奋斗努力。人到中年，懂得了生活并不像表面的光鲜，还有背后的鸡毛蒜皮、柴米油盐；懂得了生活并没有那么多变幻和刺激，更多的是平凡和琐碎。人到中年，明白了生活的真相，然后成为生活的勇者。同样，运营期的工程项目，历经了前期的一切磨难与艰辛，终于实现了自己的价值，解决了社会供需矛盾，燃烧了自己，照亮了别人，正如同中年的人们，照顾了父母双亲，呵护着爱人孩子，成了一个家庭的顶梁柱，学会了适应和习惯，真正理解了人生。

**（六）维护重建—老年期**

长久以来，人们并不太喜欢谈到"老"，我们基本上也没有太多机会真正去面对"老"这件事。所以，当它突然袭来时，大多数人会是愤怒、逃避与不知所措。但每个人都终将老去。老去是自然规律，也是每个人都将面对的。一条路，同样也会老去，可能通车运营 2～3 年，就会出现早期病害，如微小裂缝、轻微车辙、坑槽、沉陷……小修小补，薄层罩面、雾封层、微表处，便可达到保养路面系统、延缓损坏、保持或改进路面功能状况的目的。人也一样，也会时不时地遇到点小病小痛，吃点药抗两天就好了。可是到了老年，摔一下，很有可能会导致骨折或者脑溢血，还有心脏病等很多疾病，甚至危及生命。工程也是一样，到了使用寿命的晚期，路面凹凸不平，裂缝越来越大，便会危及行车安全，引发交通事故。

# 第二节　美好生活的意义

当下最流行的一句话："考不上大学，我们在工地等你；考上了大学，四年后我们在工地等你。"国家的基础建设搞得热火朝天、如火如荼，一批又一批年轻人走出校园，走向工地，一批又一批农民工走出乡村，走进工地，他们分布在全国各地大大小小的工地，靠自己的双手和智慧建设自己的国家，从经济上丰富自己的小家。

工程人之精神，是那份平凡中的希望。在工地待得久了，听得最多的两个字便是"回家"。一天的辛勤劳动结束后是疲惫不堪的，这时，总会有人把大家叫到一起，手一挥，说："走，回家！"这是一天最幸福的时刻。吃过晚饭后，大家围坐在一起，在晚霞的余晖下，天南地北，无话不谈，每个人都会说起自己在工地上的点滴往事，这是一天最快乐的时光。如果将美好生活看作是一个树，那么，安全、信念、角色、放空……便是一个个枝丫、一片片树叶，是幸福树的每一个组成（见图1-8）。

图 1-8　幸福树

## 一、角色

只要我们的生命能够正常存在，那么每个人都必定会有自己的身份和角色，无论自己是否能够有所觉察。我们会在生活和工作中扮演着不同的身份和角色，而这些身份或者角色可以分为社会的、企业的、家庭的、人际关系的、心理的等诸多不同的领域，也正因为如此，对于相同的人和事物，也会因为对于自我身份的不同定位而导致不同的情绪感受、行为和结果。没有人会知道在下一秒将迎来什么，所以，请在每一秒扮演好自己的角色。

角色转换就像演员在舞台上扮演不同的角色一样，人处在不同的社会地位，从事不同的社会职业（或中心任务）都要有相应的个人行为模式，即扮演不同的社会角色。我们既是我们自己人生的导演，又是人生舞台的演员，学习上，你可能是一位学生、一位老师、一位家长；在企业里，你可能是一名普通职工、部长、办公室主任、总经理；项目上，你可能是施工员、安全员、质检员、监理员（见图1-9）。我们在不同的社会关系里扮演着不同的角色，但是我们需要做的是角色转换，一方面是角色的转换，另一方面是角色的胜任。这是在人力资源范畴内的能力模型。我们在扮演着不同的角色，就像我们作为父母一样，辅导孩子作业，实际上我们必须了解孩子的整个知识体系，否则我们自己本身就会跟不上。人生的角色，就是由这些细微的小角色汇成的，每一秒，你都在扮演什么呢？

老师        学生

管理人员        施工人员

图1-9　角色转换

## 二、放空

一个杯子，装满了水，如果我们还想去注入新的水，就要先把杯子里的水放空，才能够注入，因为我们的空间就那么大，只有放空了一切曾经，才能装下一些未来！

一个人，不断地成长着，如果我们想让自己成熟起来，就要先把过去的经过放下，重新接受新的事物，因为我们如果一直生活在一个生活阶层，感受不到新的事物，就不会得到新的感悟，也就不会让心灵成熟起来！

人生如积水，时间长了，总有一些东西沉淀，不管这些东西是否有其存在的价值，我们都需要清理这些沉淀。

一张白纸，一个人生，只有空杯子才能盛下最多的东西，只有虚心的人才能学到最多的东西。当我们拥有的越来越多的时候，却感觉我们什么都没有拥有。什么都不做，对普通人来说是很大的挑战。你会发现放空，保持什么都不想、什么都不做的状态是非常困难的。这里有句话："在工作中，不管做任何事，都应将心态回归到零；把自己放空，抱着学习的态度，将每一次任务都视为一个新的开始，一段新的体验，一扇通往成功的机会之门。"

## 三、出身

沈垚《与张渊甫书》中有一段话："六朝人礼学极精，唐以前士大夫重门阀，虽异于古之宗法，然与古不相远，史传中所载多礼家精粹之言。至明士大夫皆出草野，与古绝不相似矣。古人于亲亲中寓贵贵之意，宗法与封建相维。诸侯世国，则有封建；大夫世家，则有宗法。"

这段话表明了家庭出身的重要性。夏启继位，开启了"家天下"的传统；周原为商的一个属国王，推翻商朝的统治后，大举"封建"诸侯，其中大部分为同姓诸侯，这些出身高贵、受过教育的"诸侯"们，把先进的中原文化带到了更为广阔的地盘，影响了周边的少数民族，使这些原来的"蛮夷"也有机会接受中原文化的洗礼，并逐渐与中原民族同化。魏晋南北朝时期，"九品中正制"更是强化了门阀观念，由"中正"品评人物，不可避免地会带上个人主观的看法，在"客观"与"人情"面前，掌握评价权的评价者感情的天平很容易倾斜，就造成了"上品无寒门，下品无士族"的阶级分化现象。隋唐以后，虽然以科举选人，寒门也有了晋升的机会，但是，开放的度是有限的，有背景的家族，加倍重视子孙的教育，家族中往往也更容易出人才；没有一定家族背景的人，仍然很难改变自己的命运。

在第二季《圆桌派》节目中，窦文涛、马未都、柯蓝、蒋方舟围桌而谈，以"人民的名义"论出身的重要性。

窦文涛：内心自卑就像"祁同伟"。

节目中，窦文涛提到，小时候总因为自己是小城市出来的而不敢放纵自己，面对比赛的不公平也只能忍气吞声。相比于敢说敢做、活得很有自尊的北京孩子，像窦文涛这类循规蹈矩的农村娃，总是在进行着自我约束。因此，窦文涛还自嘲是《人民的名义》中的祁同伟。

蒋方舟：去富亲戚家捡衣服"很伤自尊"。

作为"铁路子弟"的蒋方舟，在她眼里，曾经去富有的亲戚家捡别人穿剩的旧衣服，亲戚一句"随便翻"给她留下了极为深刻的印象，让她有了要从这样的环境中挣脱的强烈愿望。

柯蓝：出身不能成为不奋斗的"借口"。

柯蓝有着"红三代"高干子女的背景，对于这样的出身，在柯蓝眼里主要起作用的还是家庭教育。作为家中的长孙女，从小奶奶就告诫柯蓝，只有读书才是出路。

马未都：家庭出身洗牌是历史必然。

马未都的母亲是富商之后，而父亲则是当兵出身，有着强烈出身差距的父母，让马未都认识到了社会出身正在变异中，认为家庭出身洗牌是历史必然。

出身不一定决定命运，但决定了改变命运的难度，出身还有隐含的一个词语，叫平台，人骑自行车，两脚使劲踩 1 小时只能跑 10 km 左右；人开汽车，一脚轻踏油门 1 小时能跑 100 km；人坐高铁，闭上眼睛 1 小时能跑 300 km；人乘飞机，吃着美味 1 小时能跑 1 000 km。同样的努力，不一样的平台和载体，结果也就不一样。

名校毕业、成绩优异，就能顺利获得高薪 offer、进入精英阶层吗？这可能只是万里长征的起点。

## 四、改变

今天，世界上的总人口已经超过了 70 亿。每天有数以几十万计的人离开这个世界，同样的，每天也有数以几十万计的人出生。我们每一个人，都不过是这大千世界中的一粒尘埃，来得何其匆忙，走得又悄无声息，来与不来，走与不走，于世界而言仿佛并没有什么影响。那么，什么是我们存在的价值？人生本来就是多姿多彩的，生活的面貌时时刻刻都会不同，大自然里尚且有变色龙的存在。这一切都在告诉我们学着改变自己的重要，这也告诉我们只有改变自己，才会更好地适应这个绚烂多彩的社会。改变自己，便是你存在的意义。

马云卸任阿里巴巴董事长演讲现场，他四次谈到"改变自己"。

第一，未来的 30 年是用好互联网技术的 30 年，这是互联网时代给每个人的机会，只是你是否愿意改变自己。

第二，所有的阵痛都只能通过改变自己来完成。

第三，横跨两个技术时代的人，能不痛苦吗？能不纠结吗？但是痛苦和纠结没有用，改变自己。

第四，21 世纪，不管你是什么样的组织、是什么样的人，你不是要做大、做强，你要做好，善良是最强大的力量。这次变化是人类对自己的挑战，是每个人要改变自己。

自我改变靠什么？说了再多金句的马云老师，终归也和普通人一样，要靠自驱力来做成想做的事，过上想要的生活。一个拥有自驱力的人，不仅是在行动上自动自发的人，更是在精神上自觉自愿的人。"生活是自己创造的"，如果每一个人心中都有一头雄狮，迎着早晨第一缕阳光奔跑起来，这样的工作将是美好的一天，将是高效率的一天，将会变得妙趣横生。

## 五、学习

学习对于一个人的成长是极其重要的。著名作家王蒙说：一个人的实力绝大部分来自学习。本领需要学习，机智与灵活反应也需要学习，健康的身心同样是学习的结果，学习可以增智、可以解惑、可以辨是非。只有在你读的书足够多的时候，你才不会局限于自己的小世界。站到一定高度上，看到的风景才会更与众不同。

（1）可以多角度看问题。学习不同领域的知识，你可以从多个角度看待问题，不片面、不武断。你会发现自己知道的，只不过是知识海洋的一滴微小的水珠，便会怀着谦卑之心、敬畏之心，善良地看待这个世界。

（2）体验不同的人生经历。你还没来得及遇见的人，你还没来得及体验的事，读书便会有了心灵寄托。通过别人的故事，你可以体验悲喜。原来世界不仅是你自己的生活圈，人的生活方式不止一种，生命的意义也不尽相同。

（3）让自己更加优秀。当你学习得足够优秀时，你便有能力去为身边的人带来快乐，你为他们答疑解惑，你把万千世界的奥秘讲解给他们听。你成了你希望的样子，成为自己喜欢的那种人，便很容易得到满足。

（4）学习是一件终生的事情。学习是一件终生的事情，少而好学，如日出之阳；壮而好学，如日中之光；老而好学，如同燃烛照明。养成终身学习的意识，不断地学习，充实自己，才能让我们紧跟时代的步伐，让思路更加清晰，视野更加广阔。才能时时保持进步的状态，随时都会有新的境界。

## 六、信念

信念，是成功的起点，是托起人生大厦的坚强支柱！如果你有坚定的信念，你就能够创造奇迹。

信念的力量就是种子的力量。种子只要在环境许可的情况下，总会生根发芽，最终破土而出。自信的人敢于直面自己的人生，坦然面对挑战，这样的人会以不屈不挠的斗志、忍辱负重的方式，认真地学习与总结经验，脚踏实地地突破重重障碍，去改变自己的命运（见图1-10）。

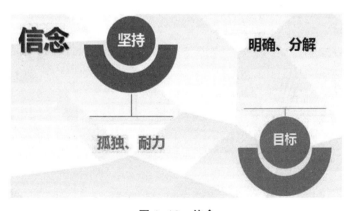

图1-10　信念

曾有一支探险队进入某个灾区，那里是茫茫的沙漠，而且荒无人烟。在这种情形下，大家的水都已经喝光了……眼看着这沙漠，大家的神情都表现得无比难看，他们也感到希望的渺茫……就在这时，队长拿出一只瓶子说："这里有一壶水，但穿过沙漠之前，谁也不能喝。"

霎时，大家仿佛看到了救世主出现了。一壶水成了穿越沙漠的信念之源，成了求生的寄托目标。水壶在队长手中传递，那沉甸甸的感觉使队员们濒临绝望的脸上，又露出了坚定的信念。走出了沙漠，挣脱了死神之手，大家喜极而泣，用颤抖的手拧开那瓶子，流出来的却是沙子！

然而，在炎炎烈日下，茫茫沙漠里，真正救了他们的又哪止一瓶沙子呢？那更是因为他们执着的信念，已经如同一粒种子在他们心底生根发芽了，最终又领着他们走出了"绝境"。

人生就是这样，只要种子还在，希望就在！

作为一名工程人，我们的信念就是保住工程质量，确保施工安全，时刻地保持自己的信念非常重要，也就是一种"我一定可以""这个方向一定会成功"的信心。

所以，成功人士，都是"解决问题思维"，而越会解决问题，成功经验积累越多，越促进积极思维的生成和锻炼，"我一定行"的信念也越坚定。人与人的不同，说到底，还是思维模式的不同。不同的思维模式，导致不同的行为，不同的行为导致不同的结果。所以，想让你的人生有不同的结果，首先就要改变你的思维模式，坚定你的信念。

## 七、健康

健康就是"健壮安康"，是指一个人在身体、精神和社会等方面都处于良好的状态。当人们丰衣足食之后，对健康的渴求显得越来越强烈，健康将成为21世纪人们的基本目标，追求健康成为所有人的时尚。人人都希望自己健康、长寿、高质量地生活。的确，拥有健康，才能拥有一切，有健康的身体才能挑起生活的重担，才能为人民服务，才能对社会有所贡献，才能享受生活带来的幸福。生命是宝贵的，俗话说："长江一去无回头，人老何曾再少年"，生命对于人只有一次，人生没有回程票。假若你是一位豪富、知名人士，一旦失去健康，这些荣誉、财富、地位、权力、成就能伴您多久？生命一旦结束，你拥有的一切就随之消失。人生的所有财富和名誉是无数个"0"，只有身体健康才是"1"，如果没有这个"1"，人生也只是一个"0"，健康应成为大家安身立命之本。我们是否为我们的健康做好双重预防体系呢？双重预防体系分为风险分级管控和隐患排查治理两个模块，在人的健康当中，风险分级管控就像是身体疾病的等级：结节、囊肿、肿瘤、癌症、死亡。重点是分级，按照病症严重等级划分为"重大风险、较大风险、一般风险、低风险"，如果说结节是低风险，那么，癌症将是重大风险。与此同时，还要落实责任，进行责任分级，每个级别对应相应的风险管控层级，方便落实责任和风险点的划分。

在双重预防体系当中，隐患排查治理即根据国家相关法律法规、各行业的相关标准，将隐患进行排查，并降低事故发生的可能性，乃至于遏制事故的发生。在人体健康当中，我们同样要做好隐患排查治理，每年定期做好全面体检，了解自己的身体状况，才能防患于未然，才能将疾病的爆发消灭在发生前，用管控的措施，降低重大疾病的发生频率，从而减少病害的危害，即"关口前移"。

## 八、财富

马克思主义认为，人是自然界的有机组成部分，人必须从自然界中索取必要的生活物资，而另一方面，人又超脱于自然界的其他物种，因为人类会通过劳动来创造出新的物质生活条件。为此，财富的存在从某种程度上暗示了财富主体的存在。财富的存在形式可以拓展到非物质形态，也就是说，财富分为两种，一种是有形的财富，以外显性的住房、车辆、金钱等形式存在；另一种是无形的财富，以满足人类精神方面需要的文化、民俗、著作等形式而存在（见图 1-11）。无形的财富是非物质形态的财富，是一个国家、一个企业、一个人特有的财富形式，常常产生于一种特定的精神或场景，也具有间接的财富价值。物质财富与精神财富应和谐统一发展。

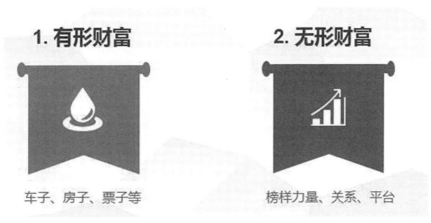

**图 1-11　有形财富与无形财富**

## 九、传承

新人开辟新天地，既有无限可能，也十分脆弱。前辈对新人的帮助，不仅传递了经验，也让创新开拓精神得到呵护和延续，文化的高度与广度有了更多进一步的可能。2019年《流浪地球》的上映，背后也藏匿着一个动人的故事。作为主演、投资人，吴京给予了新人导演郭帆充分的认可与信任，同时要求他在成功之后，去帮助更多新类型影片的年轻创作人。无独有偶，《哪吒之魔童降世》50 亿元的票房收入，让人们看到了动画片更多的可能性。导演饺子，一个学医出身，半路走上电影行业的新人导演，得到了人们的肯定。《平原上的夏洛克》是新导演徐磊的作品，一部全素人演出的电影，从阵容上来看毫无商业卖点，但导演用极其巧妙幽默的手法，把乡村"侦探"的土味查案故事演绎得令人捧腹不已。该片在第 13 届 FIRST 青年电影展上获得了"最佳电影文本"奖。大胆扶持新人导演，给电影市场带来了许多新锐作品。文化的发展离不开手把手的传承。千百年来，前人将文法、乐理、民俗技艺等传承给后人，带出来的徒弟又成为下一代的师父，中华文化才得以源远流长，生生不息。这样的手把手传承是基石，传递的不只是手艺，对文化创新也意义非常。

在工程行业当中，同样需要传承，需要"工匠精神"的传承与发展。工匠精神是有信仰的踏实和认真，工匠精神需要人们树立对工作执着热爱的态度，对所做的工作、所生产的产品精益求精、精雕细琢。工程行业是最能体现"工匠精神"的行业，"对产品精雕细琢、追求完美和极致"的工匠精神理念对工程行业提高工程品质、促进行业健康发展至关重要。

（1）管理求精。企业要做大做强，需要高端项目管理人员进行精细化管理、精益化生产。树立新的发展理念，把鲁班文化贯穿于企业文化之中；树立精益求精的全局性观念，实现以最短的工期、最小的资源消耗，保证工程最好的品质。在项目管理过程中，企业要在建筑产品的所有部位、在工程队伍的所有岗位提倡工匠精神，将鲁班文化渗透到企业的经营管理活动中，长期地宣传和坚守，重视细节、追求卓越。项目管理人员需要拥有清晰的管理思路，互相帮衬，与业主、监理、施工、设计等单位有密切的合作与交流，体现利益共同体意识。

（2）技术求专。专职工作需要专业技工负责。企业需要开展岗位操作技能培训考核，严格执行持证上岗制度，从已经取得岗位技能证书、职业资格证书、特种作业操作资格证书的技术工人中录用职工，调动员工参与考核的积极性，从根本上提高产品和服务的质量，提升行业的素质和社会信誉。专业技术人员需要精通既有专业知识，熟悉国家准则和行业规范，专注于自己的本职工作，坚守信念，忠诚履职，增强创新意识，潜心钻研专业技能，学习新技术，保持对新知识和新技术的高度敏感，在学知识和技术的同时改进工作方法，找出各种知识和专业技术之间的联系，把它们有机地结合起来应用。

## 十、安全

安全通常指人没有受到威胁、危险、危害、损失。人类的整体与生存环境资源的和谐相处，互相不伤害，不存在危险的隐患，是免除了不可接受的损害风险的状态。安全是在人类生产过程中，将系统的运行状态对人类的生命、财产、环境可能产生的损害控制在人类能接受水平以下的状态。

安全是人类最重要、最基本的需求，是人民生命与健康的基本保证，一切生活、生产活动都源于生命的存在。安全也是民生之本、和谐之基，如果失去了生命，生活也就失去了意义。人们经常把安全与不受威胁、不出事故等联系在一起，但是，我们不能因此认为不存在威胁、不出事故、不受侵害就是安全的特有属性。安全肯定是不受威胁、不出事故、不受侵害的，但是不受威胁、不出事故、不受侵害并不一定就安全。某些不安全状态也可能有不存在威胁或不受威胁的属性。

2020年11月，一条车祸视频变成了网络热搜：在某高速上，一辆白色小货车突然失控撞向前方正常行驶的蓝色SUV，造成后者翻滚到应急车道，再掉落桥下（见图1-12）。万幸的是两辆车上的五名乘客全部都佩戴安全带，均无生命危险。看着好好的马路，为什么突然就陷个大坑、凸根钢筋？有关部门给出了答案，造成事故的元凶是断裂竖起的桥梁伸缩缝。在高速公路上，这种路面状况，很容易对高速行驶的车辆造成严重后果。不仅在高速，我们日常坐车、骑行的时候，会对"伤痕累累"的道路深恶痛绝。本该平坦的道路上，出现了竖向的沟、横向的缝，这里突然隆起，那里突然有个洞。一不注意就中招，轻则上下颠簸，重则翻车摔倒，甚至掉入深渊。

图1-12　"11·11"事故现场图

2020年2月28日，国家统计局发布了2019年各类安全生产事故死亡人数，工矿商贸企业就业人员10万人生产安全事故死亡人数1.474人，比上年下降4.7%；煤矿百万吨死亡人数0.083人，同比下降10.8%。道路交通事故万车死亡人数1.80人，同比下降6.7%。尽管死亡总数比之上年有所下降，但是29 519人的数字还是应引起我们足够的警醒。有多少次警钟长鸣，就有多少个血泪辛酸的故事。白发苍苍老母的悲痛欲绝、弱妻幼子的孤苦无助、社会的无形损失……众多的事故表明，除客观的社会缘由和自然灾害外，主要的责任者事故源于人们的安全意识淡薄、违章违纪。每一次触目惊心的事故，都有当事人侥幸心理下的严重违章行为。如此淡薄的安全意识，如此淡薄的自我保护意识，不仅直接伤害了自己，更对家庭、亲人造成了伤害。

工程行业是一个安全隐患无处不在的行业，安全意识淡薄是发生事故的罪魁祸首，忽视对安全意识的培养是最大的安全隐患，轻视生命价值是造成安全意识淡薄的根本原因。增强安全意识，不仅仅是为了生产生活，而是服务于生命本身的一种责任，是安全工作的灵魂。所以，应从"要我安全"转向"我要安全""我应安全""我能安全""我懂安全"，这是安全意识的飞跃，这种飞跃只有通过经常的、反复的安全再教育、再学习才能实现。

## 第三节　安全是美好生活的保障

2018年新年伊始，习总书记的贺词，提出"幸福都是奋斗出来的"，"奋斗本身就是一种幸福"。此语曾点燃了亿万小伙伴们的奋斗激情。简单、质朴的语言直击民心，诠释了幸福不会从天而降，人间万事皆靠奋斗的真理。

幸福生活需要奋斗，而一切美好生活开始的首要条件是各行各业的安全发展。安全的环境，是一切美好的开始。大到国家和平发展，小到蔬菜、孩子。各行各业、千家万户，关注的头等大事就是安全。拧紧工程施工"安全阀"，筑起安全和美好生活"护城墙"，是工程人首要的使命与担当。在日常工作中，作为一名工程人，我们要时刻想清楚下面这些问题。

### 一、安全到底为了谁呢？

安全是一个与我们工作、学习和生活息息相关的话题！但你知道，安全工作到底为了谁（见图 1-13）？

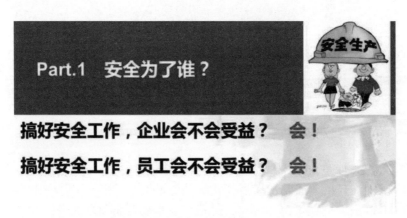

图 1-13　安全为了谁

人，最宝贵的生命，且只有一次，不可重来。人类的延续、事业的辉煌、世界的美好，都因为有了生命的存在才得以成为可能和现实。不懂得珍惜自己和他人的生命，这一切都将归"0"。

幼年时，蹒跚学步，父母会嘱咐我们："慢点，别摔了！"上学了，老师会叮咛我们："放假了，不要去河里游泳，危险！"工作了，社会上规定："前方施工，请绕行！"……

伴随着成长，我们每一步都离不开安全的保护和约束。如有"违章"行为，就会受到相应的处罚。多少年过去了，我们已经体会到当时对自己的惩罚是一种无私的关怀，严厉的斥责更是一份沉甸甸的关爱。

看似无情胜有情！如果没有安全措施的保护，没有父母、师长的循循善诱，不断纠正自己的"违章"行为，每个人几乎不可能健康顺利成长。我们必须切实承担起安全责任、社会责任和家庭责任，时刻牢记、用心理解用鲜血写成的安全工作规程。在人生漫漫历程中，没有比关爱生命更高的爱护。

这是我们每一个工程人要深思熟虑的问题。工作为了生活好，安全为了活到老。安全是个人健康、家庭完整、单位稳定、社会和谐的共同基础，也是每一个职工、每一个家庭、每一个单位、每一个政府的共同期盼。那么，为了所有的工友，为了自己，为了家人，为了企业单位，为了社会，我们必须要把安全问题做好。

## 二、谁是安全的最大受益者？

谁是安全的最大受益者？这似乎是个不是问题的问题。很多员工认为："安全工作做得好，不仅为企业节约了成本，同时又赢得了良好的企业形象，所以企业是最大的受益者。"首先，不可否认，搞好企业的安全工作，企业会受益。"影子效益"：只有在出事故之时，你才能知道事故的直接损失、间接损失及商誉影响有多大，这些避免了的损失就是影子效益。其次，我们应当承认，企业做好安全工作，员工会受益。试想一下，当一名员工发生了工伤事故，企业会停止运营吗？工地会不施工吗？答案肯定是"不会"！企业除了承担一定的经济补偿外，或许立即会找另外一名员工顶替你的位置，而对于你本人、你的家庭，可以是灭顶之灾，你的妻儿、你的父母将会受到特别大的伤痛和打击，可又有谁可以顶替你去安慰他们、照顾他们呢？所以说，做好安全工作，对个人是生命的平安，对企业是财产的保全；做好安全培训是员工最大的福利，做好安全管理是对员工最好的关怀。我们要知道，做好企业的安全工作，员工不仅受益，而且是最大的受益者（见图 1-14）。

图 1-14　安全结论

## 三、丢脸和丢命，谁的损失大？

2020 年是新冠病毒肆虐的一年，2021 年 1 月一些疫苗被批准使用，包括西方国家的 Pfizer-BioNTech、Oxford / AstraZeneca and Moderna，俄罗斯的 Sputnikv，中国的 sinopharm、sinovac Biotech，印度的 covaxin。在 2021 年 1 月 21 日，《非洲华侨周报》发布一则这样的新闻《坦桑尼亚‖新冠疫苗取舍 坦要丢脸还是丢命》。在国外新冠病毒感染、死亡人数持续增加的趋势下，坦桑尼亚政府却坚持 "Tanzania Bila Corona"（坦桑尼业没有新冠）。坦桑尼亚的新冠怀疑论、隐瞒数据和抑制公开引发了一群"无畏"的公众及 2020 年末的来坦桑尼亚旅游潮。坦桑尼亚可能收获短期效益，但病毒和它的变异也不是省油的灯。疫苗是人类对付它的"兵工厂"。虽然政府现在漠不关心，但迟早人们还是得接种疫苗，或许仅仅为了在国际社会上维持一个好颜面。所以，在这一场与病毒的拉锯战中，病毒若不妥协，丢脸就好过丢命，你觉得呢？

回顾到企业，事故瞒报时时发生，2019年12月，某省某市某烟花制造公司发生爆炸事故，造成13人死亡，而事发当日，当地政府上报7人死亡。国务院安委办针对"12·4"重大事故约谈当地市政府表示，事故发生后，当地隐瞒死亡人数，性质恶劣，影响极坏，3位副市长被免职。

尽管国家对安全生产工作空前重视，但是生产安全事故仍然不断发生，重特大事故也时有发生，同时事故瞒报也层出不穷。为了降低安全生产事故的发生率，杜绝事故谎报、瞒报，国家三令五申出台政策，陆续采取了一系列措施，然而收效甚微。安全生产事故瞒报背后存在的各种官商勾结的利益链条使其成为公众舆论关注的焦点。瞒报事故背后隐藏的主要是利益问题。各参与方作为理性的经济人，参与活动的最终目的是追求自身利益最大化，只是各方利益目标不尽一致。

很多时候，企业出了事故，领导一般会丢脸。一是做检查，二是罚款，三是行政处分，四是刑事处分。

其次，企业出了事故，很可能有人会丢了性命。由此看来，人人都应该来算清这笔账：丢脸和丢命，谁的损失大？

一个企业就是一个大家庭，大家共坐一条船，因此只注意自身安全也是不对的，要保障整个大家庭的安全才是企业做好安全问题的最终目的。"一人把关一人安，众人把关稳如山"。安全连着我们大家庭每一个人，所以防范事故要靠我们大家一起完成。

企业成于安全，败于事故。任何一起事故对企业都是一种不可挽回的损失，对家庭、个人更是造成无法弥补的伤痛。安全意识应始终牢牢扎根在每个人的心中，让大家知道若责任心不到位就会酿成事故，正确认识到安全不是一个人的问题，而是你中有我、我中有你，是一个上下关联、人人互保、环环相扣的链，是一张错综复杂、紧密相连的网。

"安全无小事"，防微杜渐是关键。安全不是面子功夫，而是要落到实处；安全不是喊喊口号，而是要真正行动；安全更不是只为自己，而是为了大家。希望每个人都能时时把安全记心中，时刻把安全重落实，这样筑起一座思想、行为和生命的永远不倒的安全长城。有了安全，才能保障生活美好。安全是福，降低事故伤害与我们每个人息息相关，且任重道远。沉下心来干事业，首先要做好"安全"这门硬功课，生活才能一路美好下去！

# 第二章　最新典型案例揭秘和吸取教训

安全生产是我们国家的一项重要政策，也是社会、企业管理的重要内容之一。做好安全生产工作，对于保障员工在生产过程中的安全与健康，搞好企业生产经营，促进企业发展具有非常重要的意义。高处坠落、物体打击、触电伤害、机械事故、坍塌、火灾等六种，为工程建设行业最常发生的事故，占事故总数的 85% 以上，称为"六大伤害"。本书以"六大伤害"为主线，以案为鉴，还原重构，收集了近期典型案例，通过对事故发生前的蛛丝马迹进行专业追踪，全面、客观、冷静的分析，层层剥茧抽丝，找出其发生的原因、特点及事故发生的规律，对事故发生的教训进行细致总结，举一反三，为事故的预防提出对策，从而对获取安全专业知识及加强安全管理起到有益启示和帮助。

## 第一节　高处坠落篇

你知道一个物体从三层楼（10 m 左右）高处坠落到地面需要多久时间吗？

预测一下，如果是一个人从三层楼（10 m 左右）高处坠落到硬地面，那么还有几成生还的概率？

仅需 1.5 秒（见图 2-1），在这 1 秒多钟时间里，或许连思考一下、呼救一下、惨叫一声的时间都没有。

图 2-1　1.5 秒钟

高处坠落离我们远吗？不！它时刻发生在我们的生活里，出现在我们身边。随着城市高楼大厦越来越多，高处坠物、抛物事件层出不穷，频频发生。2019 年 6 月，深圳福田区某小区发生一起玻璃高空坠落事件，硬生生将一个几岁的孩子砸倒在妈妈的身边。

2019年9月9日下午，山西太原茂业天地的一块铁板从3米高的地方坠落下来，砸中一位25岁女孩，女孩直接倒地身亡。2019年12月24日晚，一名男子在重庆沙坪坝区煌华新纪元购物广场坠楼，砸倒两名过路行人，三人送到医院抢救无效死亡。2020年12月29日上午，四川南充城区一老人被高空掉下的一块砖头砸成重伤！

高处坠物、抛物，已经成为一个社会问题，是"悬在城市上空的痛"，每一个人都无法幸免，都是高空坠物的受害者。

某些人高处坠物、抛物，其他人付出代价，甚至是生命的代价，合适吗？合适。这是因为，其他的选项都不合适。我们，生而为人，并不是孤立生活在社会中的。有些行为，只能由当事人去担责；但有些，则需要许多人共同承担。工程建设同样如此，掉落的墙皮、砖瓦、玻璃窗、空调架、防盗窗，这些常见的高空坠物"元凶"，是否表明建筑质量存在问题，或者监督管理不到位，未能及时发现、排查或按规定定期更换？在这个工程世界里，又有多少生命因为这"上天的礼物"而受伤、失去生命呢？值得我们深思。

## 一、何为高处作业与高处坠落

### （一）高处作业

1. 高处作业的定义

高空作业也称为高处作业。所谓高处作业，是指人在一定位置为基准的高处进行的作业。OSHA（美国职业安全与卫生管理局）规定，1.8 m以上的工作场所，员工必须配备坠落防护系统。在欧洲的健康和安全法规中，高空被定义为自由坠落距离超过2 m的工作位置。加拿大劳工部规定2.4 m以上必须配备坠落防护设备。中国国家标准规定2 m以上为高处作业，但不同的标准与管理规范的"高处作业"定义又有所不同，国家标准《高处作业分级》（GB/T 3608—2008）规定："凡在坠落高度基准面2 m以上（含2 m）有可能坠落的高处进行作业，都称为高处作业。"《高处作业安全管理规范》（Q/SY 1236—2009）规定："高处作业是指在坠落高度基准面2 m以上（含2 m）位置进行的作业。"国家安监总局令30号《特种作业人员安全技术培训考核管理规定》（2015年7月1日年修订实施）附件特种作业目录，将高处作业定义为"专门或经常在坠落高度基准面2 m及以上有可能坠落的高处进行的作业"。根据这一规定，在建筑业中涉及高处作业的范围是相当广泛的。在建筑物内作业时，若在2 m以上的架子上进行操作，即为高处作业。根据《建筑施工高处作业安全技术规范》（JGJ 80—2016）规定，高处作业是指在坠落高度基准面2 m及以上有可能坠落的高处进行的作业。

对操作人员而言，当人员坠落时，地面可能高低不平。上述标准所称坠落高度基准面，是指通过最低的坠落着落点的水平面。而所谓最低的坠落着落点，则是指当在该作业位置上坠落时，有可能坠落到的最低之处。这可以看作是最大的坠落高度。因此，高处作业高度的衡量，以从各作业位置到相应的坠落基准面之间的垂直距离的最大值为准。

2. 高处作业分级

按照国家标准《高处作业分级》（GB/T 3608—2008）规定，可以将高处作业按照坠落高度分为四级，不同等级的高处作业必须进行分级管理（见图2-2）。

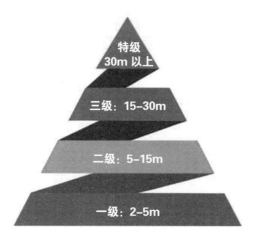

图 2-2　高处作业分级

常见高处作业场所很多，主要包括建筑、维修、桥梁、建筑物外墙清洗、电力、制造等（见图 2-3）。

图 2-3　常见的高处作业场所

### （二）高处坠落

1. 高处坠落的定义

近年来，发生在工程业的"三大伤害"——高处坠落、坍塌、物体打击事故中，高处坠落事故的发生率最高、危险性极大。

高处坠落又叫高空坠落，是指在高处作业中发生坠落造成的伤亡事故。高处作业是指凡在坠落高度基准面 2 m 以上（含 2 m）有可能坠落的高处进行的作业。由于并非所有的坠落都是沿垂直方向笔直地下坠，因此就有一个可能坠落范围的半径问题。当以可能坠落范围的半径为 $R$，从作业位置至坠落高度基准面的垂直距离为 $h$ 时，国家标准规定 $R$ 值与 $h$ 值的关系如图 2-4 所示。

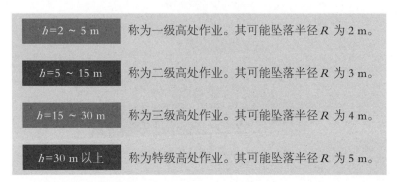

| | |
|---|---|
| $h = 2 \sim 5$ m | 称为一级高处作业。其可能坠落半径 $R$ 为 2 m。 |
| $h = 5 \sim 15$ m | 称为二级高处作业。其可能坠落半径 $R$ 为 3 m。 |
| $h = 15 \sim 30$ m | 称为三级高处作业。其可能坠落半径 $R$ 为 4 m。 |
| $h = 30$ m 以上 | 称为特级高处作业。其可能坠落半径 $R$ 为 5 m。 |

图 2-4　$R$ 值与 $h$ 值的关系

2. 高处坠落的危险性

高处坠物有多危险？看看央视曾做的高空坠物的实验（见图 2-5），我们不难感受到它的杀伤力。

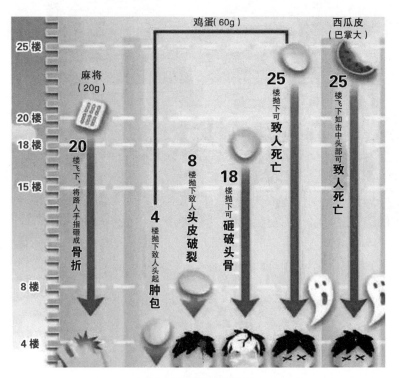

图 2-5　高空坠物实验

看起来微不足道的事物，在高速下落中，一旦击中行人，轻则起脓包，重则致残致死。一颗鸡蛋都足以致命，一盒被高空抛下的易拉罐也能致死。所以，出门在外，除了注意脚下，也请留意高空。在工程行业，我们知道，高空作业是危险系数较高的岗位，一不小心，便是万丈深渊！

2019 年 11 月 14 日，最高人民法院印发《关于依法妥善审理高空抛物、坠物案件的意见》（见图 2-6）规定，对于故意高空抛物的，根据具体情形按以危险方法危害公共安全罪、故意伤害罪或故意杀人罪论处，特定情形要从重处罚。

图 2-6　最高人民法院《关于依法妥善审理高空抛物、坠物案件的意见》

同时规定，具有下列情形之一的，应当从重处罚，一般不得适用缓刑：多次实施的；经劝阻仍继续实施的；受过刑事处罚或者行政处罚后又实施的；在人员密集场所实施的；其他情节严重的情形。

3. 高处坠落的原因

在工程建设当中，根据事故致因理论，事故致因因素包括人的因素和物的因素两个主要方面（见图 2-7）。

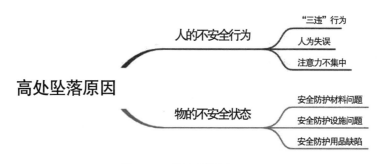

图 2-7　高处坠落原因

人是一切活动的主导力量，是工程建设的执行者，在高空坠落安全防范与管理当中，人的不安全行为影响较大。

1）人的不安全行为

从人的不安全行为分析主要有以下原因：

（1）违章指挥、违章作业、违反劳动纪律的"三违"行为，主要表现为：

①指派无登高架设作业操作资格的人员从事登高架设作业，比如项目经理指派无架子工操作证的人员搭拆脚手架即属违章指挥。

②不具备高处作业资格（条件）的人员擅自从事高处作业，根据《建筑安装工人安全技术操作规程》有关规定，从事高处作业的人员要定期体检，凡患高血压、心脏病、贫血病、癫痫病及其他不适合从事高处作业的人员不得从事高处作业。

③未经现场安全人员同意擅自拆除安全防护设施，比如砌体作业班组在做楼层周边砌体作业时擅自拆除楼层周边防护栏杆即为违章作业。

④不按规定的通道上下进入作业面，而是随意攀爬阳台、吊车臂架等非规定通道。

⑤拆除脚手架、井字架、塔吊或模板支撑系统时无专人监护且未按规定设置可靠的防护措施，许多高处坠落事故都是在这种情况下发生的。

⑥高空作业时不按劳动纪律规定穿戴好个人劳动防护用品（安全帽、安全带、防滑鞋）等。

（2）人为操作失误，主要表现为：

①在洞口、临边作业时因踩空、踩滑而坠落。

②在转移作业地点时因没有及时系好安全带或安全带系挂不牢而坠落。

③在安装建筑构件时，因作业人员配合失误而导致相关作业人员坠落。

（3）注意力不集中，主要表现为：

作业或行动前不注意观察周围的环境是否安全而轻率行动，比如没有看到脚下的脚手板是探头板或已腐朽的板而踩上去坠落造成伤害事故，或者误进入危险部位而造成伤害事故。

什么是物的不安全状态？人机系统把生产过程中发挥一定作用的机械、物料、生产对象及其他生产要素统称为物。从物的能量与人的伤害之间的联系来看，物具有不同形式、性质的能量，有出现能量意外释放、引发事故的可能性。由于物的能量可能释放引起事故的状态，被称为物的不安全状态。从发生事故角度来看，物的不安全状态也可以看作是曾引起或可能引起事故的物的状态。在工程安全生产过程中，极易出现物的不安全状态。

2）物的不安全状态

从物的不安全状态分析主要有以下原因：

（1）高处作业的安全防护设施的材质强度不够、安装不良、磨损老化等，主要表现为：

①用作防护栏杆的钢管、扣件等材料因壁厚不足、腐蚀、扣件不合格而折断、变形失去防护作用。

②吊篮脚手架钢丝绳因摩擦、锈蚀而破断，导致吊篮倾斜、坠落而引起人员坠落。

③施工脚手板因强度不够而弯曲变形、折断等导致其上人员坠落。

④因其他设施设备（手拉葫芦、电动葫芦等）破坏而导致相关人员坠落。

（2）安全防护设施不合格、装置失灵而导致事故，主要表现为：

①临边、洞口、操作平台周边的防护设施不合格。

②整体提升脚手架、施工电梯等设施设备的防坠装置失灵而导致脚手架、施工电梯坠落。

（3）劳动防护用品缺陷，主要表现为：

①高处坠落事故中，高处作业人员的安全帽、安全带、安全绳、防滑鞋等用品（见图2-8）因内在缺陷而破损、断裂、失去防滑功能等引起的事故。

②一些单位购买的劳动防护用品不具备生产许可证、产品合格证，劳动防护用品自身存在质量问题，无法达到预期安全防护效果。

## 二、高空坠落典型案例解析

高处作业最容易、最多发生的安全事故是高处坠落，长久以来，高空坠落始终是工程行业的第一大杀手。仅2019年4月全国施工领域在20天内，就发生了28起高处坠落事故，31人死亡！

图 2-8 劳动防护用品

● 2019年4月21日上午9时20分左右，江苏标龙建设集团有限公司线条安装工李某某，在张家港市金港镇博翠名邸商品房工地23号楼的外脚手架上打孔作业时，不慎坠落至地（坠落高度约6米），后经医院抢救无效死亡。

● 2019年4月16日16时5分，江苏省南京市江宁区，厂房1、厂房2、厂房3、厂房4、厂房5、厂房6、设备用房、综合楼、门卫1、门卫2、高架平台工程，发生高处坠落事故，死亡1人。

● 2019年4月15日15时20分，四川省成都市金牛区，余家新居拆迁安置房工程B区，发生高处坠落事故，死亡1人，重伤1人。

● 2019年4月15日8时，辽宁省阜新市太平区，太平区中央下方政策性破产企业"三供一业"分离移交改造工程——海润一小区22号地块楼梯部分施工，发生高处坠落事故，死亡1人。

● 2019年4月14日17时5分，福建省南平市延平区，南平三元硅胶和生物质炭棒项目，发生高处坠落事故，死亡1人。

● 2019年4月13日17时30分，广东省惠州市大亚湾开发区，世亮花园（9、12、14～17、19栋，地下室，南区架空服务空间及幼儿园），发生高处坠落事故，死亡1人。

● 2019年4月13日9时30分，广东省深圳市龙华新区，壹成未来花园，发生高处坠落事故，死亡1人。

● 2019 年 4 月 13 日 8 时 20 分，江苏省南京市雨花台区，雨花台区古雄村经济适用住房工程四期 3-6、3-18、4-17、4-18 幢土建及水电安装工程，发生高处坠落事故，死亡 1 人。

● 2019 年 4 月 11 日 8 时，内蒙古自治区乌兰察布市察哈尔右翼前旗，察哈尔右翼前旗万恒嘉苑 A 区 8 号楼，发生高处坠落事故，死亡 2 人。

● 2019 年 4 月 10 日 8 时 20 分，河南省信阳市平桥区，信阳恒大翡翠龙庭 D 区 2 号楼，发生高处坠落事故，死亡 1 人。

● 2019 年 4 月 10 日 7 时 10 分，江苏省宿迁市宿豫区，宿豫区经济开发区恒丰御江山二期 15 号楼工程，发生高处坠落事故，死亡 1 人。

● 2019 年 4 月 9 日 9 时 25 分，江苏省常州市武进区，东城路以西东方二路以北地块（QQ-060205）三期开发项目 3.1 期（1 号、2 号、3 号、4 号、8 号楼，38 号商业、40 号商业，2 号中间变、4 号小区变、5 号小区变，三期地下室）工程，发生高处坠落事故，死亡 1 人。

● 2019 年 4 月 8 日 16 时 20 分，甘肃省兰州市皋兰县，兰州新区琨宇·书香名府二期项目，发生高处坠落事故，死亡 1 人。

● 2019 年 4 月 8 日 14 时，四川省资阳市乐至县，乐至博俊公学，发生高处坠落事故，死亡 1 人。

● 2019 年 4 月 8 日 8 时，天津市滨海新区，金辉枫尚（一期）项目，发生高处坠落事故，死亡 1 人。

● 2019 年 4 月 7 日 16 时 45 分，江苏省南通市海门市，海门工业园区锦汇嘉苑安置小区项目（7 ~ 13 号、地下消防水池泵房及配电房）工程，发生高处坠落事故，死亡 1 人。

● 2019 年 4 月 6 日 14 时 10 分，安徽省蚌埠市，蚌埠市燕山百合公馆，发生高处坠落事故，死亡 1 人。

● 2019 年 4 月 6 日 11 时 40 分，甘肃省酒泉市肃州区，常青·华悦府建设项目 3 号楼及地下车库，发生高处坠落事故，死亡 1 人。

● 2019 年 4 月 6 日 7 时 5 分，江苏省无锡市锡山区，新建生产车间、配套用房；年产 200 t 大型工程塑料板材和 5 套通用机械设备的制造加工项目——车间一、车间二、车间三工程，发生高处坠落事故，死亡 1 人。

● 2019 年 4 月 4 日 8 时 40 分，广东省深圳市宝安区，海王福馨雅苑项目工程，发生高处坠落事故，死亡 1 人。

● 2019 年 4 月 3 日 14 时 10 分，四川省遂宁市船山区，遂宁市镇江寺片区"城市双修"及海绵化综合改造项目一标段，发生高处坠落事故，死亡 1 人。

● 2019 年 4 月 2 日 16 时左右，江西省赣州市南康市，家和院，发生高处坠落事故，死亡 2 人。

● 2019 年 4 月 2 日 15 时 54 分，湖南省怀化市芷江侗族自治县，富华新成三期一标段 A10 栋，发生高处坠落事故，死亡 1 人。

● 2019 年 4 月 2 日 14 时 47 分，河南省焦作市济源市，河南省济源市七号信箱小镇项目灯塔维修，发生高处坠落事故，死亡 1 人。

● 2019 年 4 月 2 日 10 时左右，广东省汕头市龙湖区，龙湖宾馆改扩建项目，发生高处坠落事故，死亡 1 人。

● 2019 年 4 月 1 日 18 时 10 分，云南省文山壮族苗族自治州文山县，文山市卧龙街道莱蒙溪谷项目，发生高处坠落事故，死亡 1 人。

● 2019 年 4 月 1 日 11 时 16 分，云南省昆明市盘龙区，车行天下汽车城（二期）建设项目，发生高处坠落事故，死亡 1 人。

● 2019 年 4 月 1 日 11 时 10 分，四川省乐山市市中区，恒邦双林·环球中心，发生高处坠落事故，死亡 1 人。

案例解析框图如图 2-9 所示

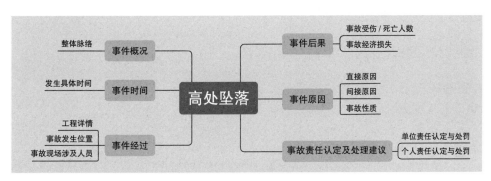

图 2-9　案例解析

## 案例一　"4·26"高处坠落死亡事故

1 人死亡，违规作业，安全带、安全帽形同虚设，多单位和负责人被处罚！

案例一　解析框图如图 2-10 所示。

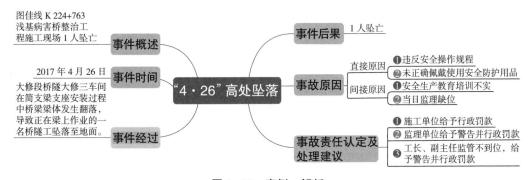

图 2-10　案例一解析

1. 事件概况

2017 年 4 月 26 日 8 时 15 分许，哈尔滨铁路局某大修段承建的图佳线 K 224+763 浅基病害桥整治工程施工现场发生亡人事故（见图 2-11）。哈尔滨铁路局某大修段桥隧大修三车间在简支梁支座安装过程中桥梁梁体发生翻落，导致正在梁上作业的一名桥隧工坠落至地面，经医院抢救无效死亡。

图 2-11　图佳线 K224+763 浅基病害桥整治工程 "4·26" 高处坠落死亡事故调查报告

2. 事件时间

2017 年 4 月 26 日。

3. 事件经过

2017 年 4 月 26 日 7 时 30 分许，哈尔滨铁路局某大修段桥隧大修三车间工长曲某国带领工人进入图佳线 K 224+763 浅基病害桥整治工程施工现场，作业任务为调整新桥 16 号桥墩与 17 号桥台间两片 20 m 预应力混凝土简支梁。马某波、蔡某国、贾某林、李某友在桥台上用千斤顶进行稳梁（起梁找平）工作，耿某章负责和砂浆，王某智负责垫砂浆、桥面防护和切割作业。7 时 40 分许，作业人员同步起升两片梁，垫好砂浆回落，上游梁（东侧）呈现不平稳，副主任宋某成检查后要求重新起梁找平。8 时许，王某智擅自走上桥面违反操作规程（按支座安装作业指导书要求在切割连接钢筋之前要用 4 股以上铁线或 Φ12 mm 的湿接缝箍筋将两片梁拴牢）切割两片梁之间的 4 根连接钢筋。8 时 15 分许，马某波、蔡某国用两个千斤顶顶起上游梁，曲某国在桥梁底下指挥稳梁工作，此时上游梁开始倾斜，随即翻落东侧桥下，下游梁受扰动翻落西侧桥下，正在下游梁上的王某智随翻落的简支梁坠落至地面（地面距梁顶 6.1 m 高）。曲某国等人见状立即围拢过来，看到王某智头部出血，尚能说话。曲某国立即组织现场作业人员送王某智到就近的牡丹江北方水泥有限公司医院抢救。事故发生后，桥隧三车间安全员吕某胜立即打电话向车间主任周某琦进行了报告，周某琦打电话向哈尔滨工务大修段副段长王某宽进行了报告，王某宽立即报告了段长刘某。哈尔滨工务大修段将事故情况上报至哈尔滨铁路局劳安监察室和哈尔滨铁路局安全监察室牡丹江分室。

4. 事件后果

9 时 15 分许，王某智经医院抢救无效死亡。死亡原因：高处坠落重度颅脑损伤致死。

5. 事故原因分析

1）直接原因

●王某智违反安全操作规程作业，没有按照支座安装作业指导书的要求，在没有采取用 4 股以上铁线或 Φ12 mm 的湿接缝箍筋将两片梁之间拴牢的情况下，擅自切断两片梁之间的连接钢筋，造成梁体顶起时发生倾斜翻落。

●王某智未按国家安全防护规定正确佩戴使用安全防护用品，安全帽未扣紧下颌带，安全带未钩挂在牢固可靠的构架上，致使安全帽和安全带失去防护作用，其本人随翻落的梁体坠落至地面重度颅脑损伤致死。

2）间接原因

●哈尔滨铁路局某大修段作为施工单位，对施工作业人员安全生产教育培训不实，从业人员欠缺必要的安全生产知识及相应的安全操作技能；稳梁作业没有安排专门人员进行现场安全管理以确保操作规程的遵守和安全措施的落实；虽然为施工作业人员提供了劳动防护用品，但未能有效监督、教育从业人员按照使用规则佩戴使用。

●中国某工程设计建设有限公司事发当日监理缺位。

6. 事故责任认定及处理建议

●哈尔滨铁路局某大修段作为施工单位，对施工作业人员安全生产教育培训不实，从业人员欠缺必要的安全生产知识和相应的安全操作技能；稳梁作业没有安排专门人员进行现场安全管理以确保操作规程的遵守和安全措施的落实；虽然为施工作业人员提供了劳动防护用品，但未能有效监督、教育从业人员按照使用规则佩戴使用。以上事实分别违反了《安全生产法》第二十五条第一款、第四十条和第四十二条的规定，对事故的发生负有责任，建议由市安监局根据《安全生产法》第一百零九条第一项的规定给予行政罚款。

●中国某工程设计建设有限公司驻地监理李某成于 4 月 22 日针对检查发现的部分施工作业人员未佩戴安全帽和安全带的隐患问题向哈尔滨铁路局某大修段桥隧三车间下达了监理通知单，要求施工单位 3 日内完成整改。4 月 23 日到 27 日，李某成请假看病未在施工现场。监理单位未及时派驻监理接替李某成工作，4 月 26 日事发时施工现场监理缺位，未能发现施工作业人员违章作业行为。以上事实违反了《建设工程安全生产管理条例》（国务院令第 393 号）第十四条第三款的规定，对事故的发生负有责任，建议由市安监局根据《安全生产违法行为行政处罚办法》第四十五条第一项的规定给予警告并处行政罚款。

●哈尔滨铁路局某大修段桥隧三车间工长曲某国和副主任宋某成组织现场施工监督检查不细致、不到位，负有管理责任，建议由市安监局依据《安全生产违法行为行政处罚办法》第四十五条第一项的规定给予警告并处行政罚款。

●哈尔滨铁路局某大修段桥隧三车间桥隧工王某智，违反安全操作规程作业，未按国家安全防护规定正确佩戴使用安全防护用品，对事故发生负有直接责任，鉴于其本人在事故中死亡，故责任不予追究。

### 案例二　北京市"1·13"高处坠落事故

工人违章作业，安全防护措施不到位，多人被追责！

1. 事件概况

2018 年 1 月 13 日 16 时许，位于北京市大兴区魏善庄镇新建北京至霸州铁路工程某标段施工现场，四川某建筑工程有限公司在组织工人进行模板加固作业过程中，发生一起高处坠落事故（见图 2-12）。

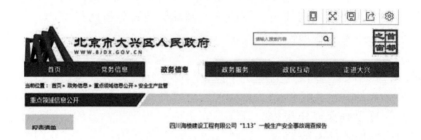

**图 2-12　四川某建设工程有限公司"1·13"一般生产安全事故调查报告**

2. 事件时间

2018 年 1 月 13 日。

3. 事件经过

京霸城际铁路（北京段），北起北京西站南至北京新机场，后与河北段相接。全长 39.085 km，该铁路规划为客运专线，线路设计速度为 250 km/h。该工程通过"一会三函"形式取得施工许可后，计划于 2016 年 12 月 30 日开工，计划工期为 42 个月。

事故发生在该工程某标段，该工区施工范围为：DK 20+713.73 ~ DK 29+546.66，全线长 8.83 km。主要施工项目为黄固特大桥 108 号至 379 号墩。2018 年 1 月 13 日，四川某公司施工现场班组长仇某启组织 6 名工人进行 300 号墩柱模板施工。其中刘某领、高某彬负责模板组装作业。作业至 16 时许，刘某领在对第二节墩柱模板进行紧固过程中失稳，坠落至地面（坠落高度约 13 m）。事故发生后，现场人员立即拨打 120 电话求救。

4. 事件后果

1 名工人死亡，刘某领，男，58 岁，河南省人。

5. 事故相关单位情况

（1）总承包单位：中铁某局集团有限公司（以下简称中铁某局），成立于 1986 年 5 月，主要经营范围：承接铁路、房屋建筑、公路、水利水电等施工总承包、工程总承包和项目管理业务。具有铁路工程施工总承包特级资质、桥梁工程专业承包壹级资质。

（2）专业承包单位：四川某建筑工程有限公司（以下简称四川某公司），成立于 2017 年 4 月。主要经营范围：房屋建设工程、市政公用工程、公路工程等。具有桥梁工程专业承包三级资质。

（3）监理单位：某武汉大桥工程咨询监理有限公司（以下简称中铁监理公司），成立于 1993 年 6 月，主要经营范围：铁路、公路、公铁两用、市政桥梁及配套工程、工程勘察测量的建设监理。具有铁路工程监理甲级资质。

6. 工程承发包情况

2017 年 1 月，中铁某局承接了该标段施工工程，并委托中铁某局集团第一工程有限公司负责施工。该标段由北京铁路局指定的动车段工程建设指挥部具体实施建设管理工作。

为全面完成本项目施工质量和进度要求，中铁某局根据《中国铁路总公司关于开展铁路建设项目实施分包试点工作的通知》（铁总建设〔2017〕246号）的规定，将黄固特大桥（DK 20+714~DK 29+547）范围内的桥梁下部结构施工分包给了四川某公司，并于10月23日签订了《工程专业分包合同》。2017年10月，四川某公司开始组织工人入场作业。

7. 事故原因及性质

事故调查组依法调取了有关单位的资质文件和施工资料，对事故涉及的相关人员进行了调查询问，认定了事故原因及性质。

1）直接原因

工人违章作业。根据《建设工程施工现场安全防护、场容卫生及消防保卫标准》第2.1.7规定："凡在坠落高度距基准面2米（含2米）以上施工作业，在无法采取可靠防护措施的情况下，必须正确使用安全带。"经查，工人刘某领在作业过程中，没有按照规范要求正确佩戴安全带，造成其在施工过程中失稳直接坠落。

2）间接原因

（1）安全设备设施不到位。事发300号墩柱作业使用的脚手架，未按照《墩身施工安全防护方案》要求挂设水平防护网，未按照要求铺设脚手板，造成工人无可靠立足处，且失稳后无法得到保护。

（2）安全教育培训和安全交底不到位。专业分包方未按照法律法规要求，对工人进行安全生产教育培训和考核，造成现场施工人员安全意识淡薄，不能正确认识到自身作业存在的危险因素。

（3）施工现场安全管理和检查不到位。施工各方安全管理人员对施工现场安全管理和检查不到位，未能及时发现和消除施工现场工人作业及安全防护设施存在的隐患。

鉴于上述原因分析，根据国家有关法律法规的规定，事故调查组认定，该起事故是一起因工人违章作业、安全教育培训和施工现场安全管理不到位等引发的一般生产安全责任事故。

8. 事故责任分析及处理建议

根据《中华人民共和国安全生产法》《中华人民共和国劳动法》《中华人民共和国刑法》等有关法律法规的规定，调查组依据事故调查核实的情况和事故原因分析，认定下列单位和人员应当承担相应的责任，并提出如下处理建议：

（1）经查，工人刘某领在从事模板安装作业过程中，存在违章行为，鉴于其已死亡，区公安分局不予追究其刑事责任。

（2）经区人力社保局调查，四川某公司未办理社保登记，同时表明会立即进行办理，如逾期未补办，区人力社保局将依据劳动保障监察程序依法办理。

（3）四川某公司作为该工程专业分包单位，未按照法律法规要求对工人进行安全生产教育培训和考核，存在教育培训学时不足、流于形式的问题，造成工人自身安全意识淡薄；施工现场安全设备设施不到位，造成事故伤亡扩大。该单位的以上行为违反了《中华人民共和国安全生产法》第十七条、第二十五条的规定，对事故发生负有管理责任。

区安监局依据《中华人民共和国安全生产法》第一百零九条第一项的规定，对该单位处以 25 万元罚款的行政处罚。

（4）罗某平、吴某义作为施工方项目主要负责人，未按照自身工作职责有效督促检查本项目部安全管理工作落实情况，造成施工现场安全检查和教育培训工作落实不到位等隐患不能及时发现和消除，对事故发生负有管理责任。区安监局责令四川某公司根据本公司相关规定，对其进行严肃处理，并将处理结果于完成后 10 日内报区安监局备案。

（5）刘某辛作为施工方现场安全管理人员，未按法律法规要求组织工人进行安全生产教育培训和考核工作，未及时发现和消除作业现场存在的工人违章作业、现场安全防护不到位等隐患，对事故发生负有管理责任。其行为违反了《中华人民共和国安全生产法》第二十二条第二项、第五项的规定，区安监局依据《中华人民共和国安全生产法》第九十三条的规定，责令四川某公司暂停其负责安全管理工作。

（6）张某伟作为该工程总承包方项目主要负责人，对专业分包工程管理不严，未组织总包方安全管理人员对施工现场进行有效的安全检查，未能及时发现和消除施工现场存在的隐患，对事故发生负有管理责任。区安监局责令其所在单位依照本单位相关规定，对其进行严肃处理，并将结果于处理完成后 10 日内报区安监局备案。

（7）沙某甲作为该工区驻地监理员，未督促施工单位进行安全自查，未能发现施工现场存在的隐患，对事故发生负有监理责任。区安监局责令中铁监理公司根据本单位相关规定，对其进行严肃处理，并将处理结果于完成后 10 日内报区安监局备案。

9. 措施和建议

（1）事故发生后，区安监局责令总承包单位暂时停止施工现场高处作业。对工地隐患进行全面的排查，确保各个环节符合安全生产相关要求。同时责令相关单位全力做好事故善后工作。

（2）事故发生后，区安委会办公室对此事故在全区范围内进行了通报，并提出了具体工作要求：一是进一步摸清底数，有针对性地开展监管工作；二是加强和规范项目发包管理；三是加强冬季施工安全管理工作；四是加强从业人员御寒工作，有效防止高处坠落事故；五是进一步强化执法检查效果。

（3）事故发生后，魏善庄镇党委和政府高度重视，由主管镇长组织召开了机场"三线"施工单位负责人会议，通报事故情况，分析事故原因，要求所有施工单位结合事故情况进行停业整顿，抓好员工教育工作，提升安全意识，创造良好的安全施工环境。1 月 17 日下午，组织召开了全镇安全生产大会，通报了安全生产形势，要求所有企业，加强检查巡查，抓好教育培训，强化安全管理。同时，镇政府与企业签订安全生产责任书，加强对各单位的监管力度，推动企业落实相关主体责任。

**案例三　"8·3"较大高处坠落事故**

3 人死亡！某地高铁南站发生高处坠落事故！2 人被刑拘，15 人被追究责任！多家单位受处罚！

1. 事件概况

2019 年 8 月 3 日 21:40 左右，在某地航空港区三官庙办事处辖区，由中铁某局集团有限公司总承包的城际应急工程 D4 双线特大桥 9 号门式墩发生一起高处坠落事故，造成 3 人死亡（见图 2-13）。据介绍，事故发生时，现场正在实施盖梁封锚工序作业，作业人员在使用吊车吊装自制吊篮过程中，发生高处坠落。

图 2-13　"8·3" 事故现场

2. 事件时间

2019 年 8 月 3 日。

3. 事件经过

2019 年 8 月 3 日下午，在某地南站城际铁路应急工程 D4 双线特大桥 9 号门式墩施工作业现场，现场劳务负责人刘某组织班组长周某振和农民工赵某正、赵某占，在司机姜某亮、丁某亚分别操作的两台汽车起重机的配合下，进行 9 号门式墩预应力筋锚固端封锚施工作业。

2019 年 8 月 3 日下午，现场劳务负责人刘某和班组长周某振，打电话临时从工地外面找来农民工赵某正、赵某占，同时找来在 D4 线 7 号普通墩处吊装模板的豫 AR××××汽车起重机司机姜某亮，又找来豫 GA××××汽车起重机司机丁某亚，安排他们到 9 号门式墩进行施工作业。16 时许，姜某亮驾驶汽车起重机到达 9 号门式墩北侧。不久，丁某亚驾驶汽车起重机到达 9 号门式墩南侧。周某振依次指挥两车车头朝西、车尾朝东停好并支车，安排赵某正、赵某占进入一个由钢管、扣件和木模板临时组装成的简易吊篮，同时在简易吊篮内放入振动棒及电机、灰桶、灰铲等施工工具。周某振指挥姜某亮用汽车起重机副钩通过四根吊带将简易吊篮吊运至 9 号门式墩东侧上部约 22 m 高处，进行预应力筋锚固端混凝土封锚施工作业。随后，刘某和周某振安排丁某亚操作汽车起重机用料筒把周某振运至 9 号门式墩盖梁顶部，开始作业。此时运送混凝土的罐车已到达现场。刘某操作混凝土罐车卸料手柄往料筒中卸放混凝土，然后丁某亚操作汽车起重机用料筒吊运混凝土至 9 号门式墩盖梁顶部，周某振用铁锹把混凝土铲送至简易吊篮内的灰桶中，赵某正、赵某占进行封锚作业。作业持续到 21 时许，刘某指挥丁某亚收车，而后丁某亚开始清理散落在汽车起重机玻璃上的灰浆。

21 时 40 分许，周某振指挥姜某亮准备落钩，姜某亮启动汽车起重机，在尚未进行下一步操作时，周某振从 9 号门式墩盖梁顶部跳入简易吊篮中，致使简易吊篮受冲击载荷破坏散架坠落。周某振、赵某正、赵某占三人随之坠落至地面。事故发生后，航空港区立即启动应急预案，中铁某局集团第五工程有限公司、三官庙办事处及航空港区安监部门相关人员积极组织、参与救援，并协助 120 进行抢救工作。郑州市应急管理局、航空港区管委会领导第一时间赶赴事故现场指导应急救援和善后处置工作。

4. 事件后果

周某振当场死亡，赵某正在送医途中死亡，赵某占在郑州第一人民医院港区医院经抢救无效于当日死亡。事故共造成 3 人死亡，直接经济损失 305 万元。

“8 · 3” 较大高处坠落事故的通报见图 2–14。

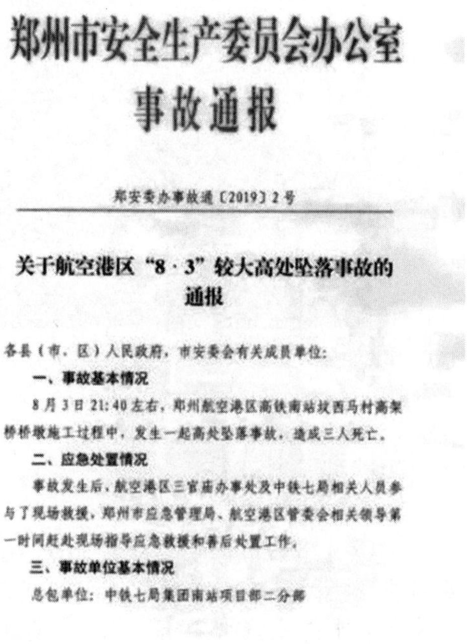

郑州市安全生产委员会办公室
事故通报

郑安委办事故通〔2019〕2 号

关于航空港区“8 · 3”较大高处坠落事故的通报

各县（市、区）人民政府，市安委会有关成员单位：

一、事故基本情况

8 月 3 日 21:40 左右，郑州航空港区高铁南站坟西马村高架桥桥墩施工过程中，发生一起高处坠落事故，造成三人死亡。

二、应急处置情况

事故发生后，航空港区三官庙办事处及中铁七局相关人员参与了现场救援，郑州市应急管理局、航空港区管委会相关领导第一时间赶赴现场指导应急救援和善后处置工作。

三、事故单位基本情况

总包单位：中铁七局集团南站项目部二分部

图 2–14 “8 · 3”较大高处坠落事故的通报

5. 事故原因分析

1）直接原因

●劳务班组长周某振从 9 号门式墩盖梁顶部跳入临时简易吊篮，致使简易吊篮受冲击载荷破坏散架坠落。

●现场劳务负责人刘某、班组长周某振违规指挥汽车起重机司机和作业工人冒险作业。

●司机姜某亮违章操作汽车起重机吊挂临时简易吊篮载人作业。作业工人赵某正、赵某占违规使用临时简易吊篮从事高空作业，且未正确使用安全带。

2）间接原因

●现场施工人员使用钢管、扣件临时组装的简易吊篮，无任何安全防护装置，存在结构性缺陷，未验算吊篮的承载能力和稳定性，不具备高空乘人作业的基本安全要求；吊带穿绕在简易吊篮上部立杆钢管上，处于不利的受力状况；作业部位下方无任何防坠落安全防护设施；施工作业至夜间，现场无充足照明，视线严重不良，不具备高空作业条件。

●中铁某局集团第五工程有限公司。执行安全生产责任制度不严格，对施工项目部安全生产责任制落实、安全生产保证体系运行缺乏有效管理；未检查发现施工项目部安全生产保证体系运行存在严重漏洞和安全生产管理制度未能严格执行问题；对封锚施工作业管理不严；作业工人赵某正、赵某占于事发当天进场，未进行安全教育和安全技术交底；汽车起重机司机姜某亮、丁某亚，未进行安全交底；对进场汽车起重机、钢管和扣件材料缺乏有效验收管理；未严格审查、发现劳务公司违法出借劳务资质和现场劳务负责人违法挂靠资质承揽工程施工问题。危大工程未严格按专项施工方案要求施工，拆除支架后进行封锚施工作业未采取安全技术措施；施工项目部未实施危大工程封锚施工高空作业现场指导、盯控、检查、监督；未及时发现、制止汽车起重机吊挂简易吊篮载人作业和吊运人员及施工人员未正确使用安全带、夜间冒险高空作业等严重违章行为。

●河南某建筑劳务有限公司和现场劳务负责人。河南某建筑劳务有限公司违法出借劳务资质，对施工项目现场未进行实质管理。现场劳务负责人违法挂靠资质承揽工程施工，不具备安全生产管理能力，未建立安全生产管理体系；未配备技术、质量、安全相关管理人员，对作业人员安全管理不到位，未进行安全教育、培训和交底；对已知的安全风险认识不足，未按相关专项方案、技术交底、安全交底实施危大工程高空施工作业；当作业方法、施工措施改变后未履行相关审批手续，在无法保证安全的情况下擅自冒险指挥工人进行高空作业；用工不规范，未按要求与从业人员签订劳动合同；作业现场未配备持证指挥、司索特种作业人员。

●中铁某工程建设监理有限公司。安全监理职责未严格落实。对劳务公司违法出借劳务资质和现场劳务负责人违法挂靠资质承揽工程施工行为未严格监理；当发现施工单位未按照专项施工方案施工时，未按相关规定落实监理职责；对施工单位安全生产教育、安全技术交底、特种作业人员作业审查不严格；对进场材料、设备验收审查不严格；对施工单位安全生产责任制落实、安全生产保证体系运行未尽职监理；在已知门式墩施工支架和防护拆除情况下未要求施工单位编制封锚施工专项方案和安全防护措施。

●中国铁路某局集团有限公司。某地南站工程建设指挥部工程发承包未依法实施招标投标，对项目部、监理部施工管理中出现的多处安全漏洞未引起足够重视，对施工单位未严格执行安全生产管理制度问题失察，对施工单位改变危大工程施工方案施工监管缺失。

●中铁某勘察设计研究院有限公司（铁路质量监督总站）。在工程监管过程中，未发现劳务公司违法出借劳务资质和现场劳务负责人违法挂靠资质承揽工程施工的行为，未发现施工单位擅自改变危大工程施工方案进行施工的行为，未督促施工单位、监理单位严格执行安全生产责任制度，未要求施工单位做好安全技术交底和安全教育工作。

●中铁某局集团有限公司。公司安全生产保证体系运行存在漏洞，项目部安全生产管理制度未严格执行，未按法规和公司制度对下属公司和施工项目严格管理，对施工项目安全施工检查和管理不力。对危大工程施工管理和安全管理混乱问题失察。

●河南某地机场城际铁路有限公司。未严格执行安全生产管理办法，对施工单位安全生产管理和违规违章施工问题监督检查不力，对监理单位履职疏于管理，对代建单位工程管理监督不力。

　　3）事故性质

　　经调查认定，航空港区中铁某局集团第五工程有限公司"8·3"较大高处坠落事故是一起生产安全责任事故。

6. 事故的责任认定及处理建议

（1）建议免于追究责任人员（2人）。

●周某振，劳务班组长，违规指挥工人赵某正、赵某占乘用临时简易吊篮冒险高空作业，违规指挥汽车起重机司机姜某亮违章操作吊挂临时简易吊篮载人作业，违规从9号门式墩顶部跳入临时简易吊篮，致使简易吊篮受冲击载荷破坏散架坠落，导致较大亡人事故发生。对事故的发生负有直接责任。鉴于其已在事故中死亡，建议免于追究责任。

●赵某正、赵某占，劳务作业工人，违规乘用临时简易吊篮冒险无证高空作业，且未正确使用安全带，导致较大亡人事故发生。对事故的发生负有直接责任。鉴于其已在事故中死亡，建议免于追究责任。

（2）司法机关已采取措施人员（2人）。

●刘某，现场劳务负责人，违法挂靠劳务资质承揽工程施工，未依法履行安全生产法定职责，不具备安全生产管理能力，未配备安全生产管理人员，违规指挥工人冒险高空作业。对事故的发生负有直接责任。2019年8月5日，某地市公安局航空港分局根据《中华人民共和国刑事诉讼法》第八十二条之规定，对其执行拘留（郑公航（治）拘字〔2019〕10457号）。2019年8月17日，某地市公安局航空港分局根据《中华人民共和国刑事诉讼法》第八十条之规定，经某地航空港区人民检察院批准，以涉嫌重大责任事故罪对其执行逮捕（郑公航（治）捕字〔2019〕10414号），现羁押于新郑市看守所。

●姜某亮，汽车起重机司机，违章操作汽车起重机吊挂简易吊篮载人冒险高空作业，导致较大亡人事故发生。对事故的发生负有直接责任。2019年8月5日，某地市公安局航空港分局根据《中华人民共和国刑事诉讼法》第八十二条之规定，对其执行拘留（郑公航（治）拘字〔2019〕10456号）。2019年8月17日，某地市公安局航空港分局根据《中华人民共和国刑事诉讼法》第八十条之规定，经某地航空港区人民检察院批准，以涉嫌重大责任事故罪对其执行逮捕（郑公航（治）捕字〔2019〕10413号），现羁押于新郑市看守所。

（3）建议给予党纪处分人员（2人）。

●陈某江，中共党员，中铁某局集团第五工程有限公司副总经理，负责公司施工生产、安全质量管理工作。未依法履行安全生产管理职责，未严格督促检查项目安全生产工作，未及时消除施工现场生产安全事故隐患，对项目部严格执行安全生产规章制度和操作规程督导不力。对事故发生负有重要责任。依据《中国共产党纪律处分条例》第一百二十一条之规定，建议由中铁某局集团第五工程有限公司给予陈某江同志党内警告处分，处理结果报某地市应急管理局备案。

●白某刚，中铁某工程建设监理有限公司副总经理，负责该公司河南片区经营和安全生产工作。未依法履行安全生产管理职责，未严格督促项目监理部对施工组织设计（方案）和安全技术措施执行情况进行监督检查；未严格督促项目监理部及时检查发现、消除施工现场存在的违规指挥、违章操作等重大安全隐患；未严格督促项目监理部对危大工程施工实施旁站监理。对事故发生负有重要责任。依据《中国共产党纪律处分条例》第一百二十一条之规定，建议由中铁某工程建设监理有限公司给予白某刚同志党内警告处分，处理结果报某地市应急管理局备案。

（4）建议给予行政处罚人员（9人）。

●刘某，中铁某局集团第五工程有限公司总经理。未依法履行安全生产管理职责，未严格落实安全生产教育和培训计划，未严格督促检查安全生产工作，未及时消除生产安全事故隐患，对项目部严格执行安全生产规章制度和操作规程督导不力。对事故发生负有主要责任。依据《中华人民共和国安全生产法》第九十二条第二项之规定，建议由应急管理部门对其处以2018年年收入40%的罚款的行政处罚。

●何某杰，中铁某局集团第五工程有限公司安质部部长。未依法履行安全生产管理职责，未严格检查项目安全生产状况，未及时排查发现施工现场存在的生产安全事故隐患，未及时发现、制止和纠正施工现场存在的违规指挥、违章冒险无证高空作业等行为。对事故发生负有重要责任。依据《中华人民共和国安全生产法》第九十三条和《生产安全事故报告和调查处理条例》第四十条第一款之规定，建议由建设行政主管部门责令其改正，撤销其安全生产考核证书。

●郭某征，中铁某局集团第五工程有限公司安质部副部长，分管某地南站城际铁路应急工程的质量安全管理工作。未依法履行安全生产管理职责，未严格检查项目安全生产状况，未及时排查发现施工现场存在的生产安全事故隐患，未及时发现、制止和纠正施工现场存在的违规指挥、违章冒险无证高空作业等行为。对事故发生负有重要责任。依据《中华人民共和国安全生产法》第九十三条和《生产安全事故报告和调查处理条例》第四十条第一款之规定，建议由建设行政主管部门责令其改正，撤销其安全生产考核证书。

●刘某林，中铁某局集团第五工程有限公司某地南站城际铁路应急工程项目部安质部安全员，负责该项目桥梁工区安全管理工作。未依法履行安全生产管理职责，未及时发现施工现场存在的生产安全事故隐患，未严格对危大工程施工实施监督、盯控，未及时发现、制止和纠正施工现场存在的违规指挥、违章冒险无证高空作业等行为。对事故发生负有重要责任。依据《中华人民共和国安全生产法》第九十三条和《生产安全事故报告和调查处理条例》第四十条第一款之规定，建议由建设行政主管部门责令其改正，撤销其安全生产考核证书。

●邹某，中铁某局集团第五工程有限公司某地南站城际铁路应急工程项目部经理，对项目质量安全负全责。未依法履行安全生产管理职责；未严格落实项目安全责任制和安全规章制度；未严格审查劳务施工队伍资质和相关人员授权真伪，致使出现劳务公司违法出借劳务资质和现场劳务负责人违法挂靠资质承揽工程施工问题，实质上将工程分包给了不具备安全生产条件的个人；未严格组织实施危大工程专项施工方案。对事故发生负有重要责任。依据《中华人民共和国安全生产法》第一百条第一款之规定，建议由应急管理部门责令其改正，对其处以2万元罚款的行政处罚，并责令中铁某局集团第五工程有限公司撤换项目经理。

●王某，中铁某局集团第五工程有限公司某地南站城际铁路应急工程项目部副经理，负责该项目桥梁工区质量安全管理工作。未依法履行安全生产管理职责，未严格落实项目安全责任制、安全规章制度和操作规程，未严格组织实施危大工程专项施工方案，未及时发现、制止和纠正施工现场存在的违规指挥、违章冒险无证高空作业等行为。对事故发生负有重要责任。依据《中华人民共和国安全生产法》第九十三条和《生产安全事故报告和调查处理条例》第四十条第一款之规定，建议由建设行政主管部门责令其改正，撤销其安全生产考核证书。

●杨某霞，河南某建筑劳务有限公司法定代表人。未依法履行安全生产管理职责，违法出借公司劳务资质，向与公司没有隶属关系的人员实施授权委托，致使不具备安全生产管理能力的现场劳务负责人违法挂靠资质承揽工程施工，在未建立安全生产管理体系和无法保证安全的情况下擅自违规指挥工人冒险高空作业，导致较大亡人事故发生。对事故发生负有重要责任。依据《建筑施工企业主要负责人项目负责人和专职安全生产管理人员安全生产管理规定》第三十二条第二款之规定，建议由建设行政主管部门对其处以2万元罚款的行政处罚，且5年内不得担任建筑施工企业的主要负责人。

●王某，中铁某局集团有限公司某地南站城际铁路应急工程项目部经理。未依法履行安全生产管理职责，未严格落实项目安全责任制、安全规章制度和操作规程，未督促下属公司项目部严格组织实施危大工程专项施工方案，未及时检查发现、制止和纠正施工现场存在的违规指挥、违章冒险无证高空作业等行为。对事故发生负有重要责任。依据《中华人民共和国安全生产法》第九十三条和《生产安全事故报告和调查处理条例》第四十条第一款之规定，建议由建设行政主管部门责令其改正，撤销其安全生产考核证书。

●徐某，中铁某工程建设监理有限公司某地南站城际铁路应急工程项目监理部总监理工程师。未依法履行安全生产管理职责，未严格对施工组织设计（方案）和安全技术措施执行情况进行监督检查；未及时巡检、制止施工现场存在的未按专项施工方案施工和违规指挥、违章操作重大安全隐患；在已知门式墩施工支架和防护拆除情况下未要求施工单位编制封锚施工专项方案，且未对封锚施工实施旁站监理；未严格审核劳务公司资质和相关人员资格，未及时发现劳务公司出借资质和现场劳务负责人挂靠资质承揽工程施工问题。对事故发生负有主要监理责任。依据《危险性较大的分部分项工程安全管理规定》第三十六条、第三十七条之规定，建议由建设行政主管部门对其处以5000元罚款的行政处罚。

（5）建议给予其他处理人员（4人）。

●闫某侠，中铁某局集团第五工程有限公司某地南站城际铁路应急工程项目部工经部副部长。未依法履行安全生产管理职责，未严格审查劳务施工队伍资质和相关人员授权真伪，致使出现劳务公司出借资质和现场劳务负责人挂靠资质承揽工程施工问题。对事故发生负有管理责任。建议由中铁某局集团第五工程有限公司按照公司相关管理规定进行处理，处理结果报某地市应急管理局备案。

●马某飞，中铁某局集团第五工程有限公司某地南站城际铁路应急工程项目部工经部部长。未依法履行安全生产管理职责，未严格审查劳务施工队伍资质和相关人员授权真伪，致使出现劳务公司出借资质和现场劳务负责人挂靠资质承揽工程施工问题。对事故发生负有管理责任。建议由中铁某局集团第五工程有限公司按照公司相关管理规定进行处理，处理结果报某地应急管理局备案。

●苗某彬，中铁某工程建设监理有限公司某地南站城际铁路应急工程项目部安全监理工程师。未依法履行安全生产管理职责，未严格对施工组织设计（方案）和安全技术措施执行情况进行监督检查；未及时巡检、制止施工现场存在的未按专项施工方案施工和违规指挥、违章操作重大安全隐患；在已知门式墩施工支架和防护拆除情况下未要求施工单位编制封锚施工专项方案，且未对封锚施工实施旁站监理；未严格审核劳务公司资质和相关人员资格，未及时发现劳务公司出借资质和现场劳务负责人挂靠资质承揽工程施工问题。对事故发生负有监理责任。建议由中铁某工程建设监理有限公司按照公司相关管理规定进行处理，处理结果报某地应急管理局备案。

●庞某才，中铁某工程建设监理有限公司某地南站城际铁路应急工程项目部专业监理工程师。未依法履行安全生产管理职责，未严格对施工组织设计（方案）和安全技术措施执行情况进行监督检查；未及时巡检、制止施工现场存在的未按专项施工方案施工和违规指挥、违章操作重大安全隐患；在已知门式墩施工支架和防护拆除情况下未要求施工单位编制封锚施工专项方案，且未对封锚施工实施旁站监理；未严格审核劳务公司资质和相关人员资格，未及时发现劳务公司出借资质和现场劳务负责人挂靠资质承揽工程施工问题。对事故发生负有监理责任。建议由中铁某工程建设监理有限公司按照公司相关管理规定进行处理，处理结果报某地应急管理局备案。

（6）对相关责任单位的处理建议

●中铁某局集团第五工程有限公司。未依法履行施工单位安全生产主体责任，未严格执行安全生产责任制度，对项目部安全生产责任制落实、安全生产保证体系运行缺乏有效监管，未检查发现项目部安全生产保证体系运行存在严重漏洞和安全生产管理制度未能严格执行问题，未对进场作业工人进行安全教育和安全技术交底，未在有较大的危险因素的施工现场设置明显的安全警示标志，未严格按危大工程专项施工方案要求施工，未对危大工程封锚施工高空作业实施现场指导、盯控、检查、监督，未严格审查劳务施工队伍资质和相关人员授权真伪，致使出现劳务公司出借资质和现场劳务负责人挂靠资质施工问题，劳务施工安全管理缺失，现场违规指挥、违章操作，导致较大亡人事故发生。对事故发生负有主要责任。依据《中华人民共和国安全生产法》第一百零九条第二项和《生产安全事故罚款处罚规定》（试行）第十五条第一项之规定，建议由应急管理部门对其处以60万元罚款的行政处罚。

●河南某建筑劳务有限公司。违法出借劳务资质，对施工项目现场未进行实质管理，致使现场劳务负责人违法挂靠资质承揽工程施工，不具备安全生产管理能力，未建立安全生产管理体系，未配备安全生产管理人员，未对作业工人进行安全教育、培训和交底，在无法保证安全的情况下擅自违规指挥工人冒险高空作业，导致较大亡人事故发生。对事故发生负有重要责任。依据《中华人民共和国建筑法》第六十六条、《生产安全事故报告和调查处理条例》第四十条第一款和《安全生产许可证条例》第十四条第二款之规定，建议由建设行政主管部门给予其吊销劳务资质证书和安全生产许可证的行政处罚。

●中铁某工程建设监理有限公司。未依法履行监理单位安全生产主体责任，未严格对施工组织设计（方案）和安全技术措施执行情况进行监督检查；未及时检查发现施工现场存在的违规指挥、违章操作重大安全隐患，并要求其停工整改；在已知门式墩施工支架和防护拆除情况下未要求施工单位编制封锚施工专项方案和安全防护措施，且未对封锚施工进行旁站监理；未严格审核劳务公司资质和相关人员资格，未及时发现劳务公司出借资质和现场劳务负责人挂靠资质承揽工程施工问题。对事故发生负有重要责任。依据《建设工程安全生产管理条例》第五十七条之规定，建议由建设行政主管部门责令其改正，对其处以 10 万元罚款的行政处罚。

●中国铁路某局集团有限公司某地南站工程建设指挥部。未依法履行代建单位安全生产主体责任，未及时发现、纠正总承包单位、施工单位擅自改变危大工程施工方案进行施工的问题。对事故发生负有管理责任。建议由中国铁路某局集团有限公司依据相关规定进行处理，处理结果报某地市应急管理局备案。

●中铁某勘察设计研究院有限公司（铁路质量监督总站）。未依法履行质量监督单位安全生产主体责任，未发现劳务分包违法挂靠资质施工的行为，未发现施工单位改变危大工程施工方案施工问题，未督促施工单位、监理单位严格执行安全生产责任制度，未要求施工单位做好安全技术交底和安全教育工作。对事故发生负有管理责任。建议责成中铁某勘察设计研究院有限公司向其委托单位做出书面检查，并报某地市应急管理局备案。

●中铁某局集团有限公司。未依法履行总承包单位安全生产主体责任，安全生产保证体系运行存在漏洞。对下属公司安全生产工作和项目施工失察失管。对危大工程施工管理和安全管理混乱问题失察。对事故发生负有管理责任。建议责成中铁某局集团有限公司向其上级主管单位做出书面检查，并报某地市应急管理局备案。

●河南某地机场城际铁路有限公司。未依法履行建设单位安全生产主体责任，未严格执行安全生产管理办法，未有效实施对施工单位安全生产管理工作的监督检查，对施工单位违规违章施工疏于管理，对监理单位未有效履行监理职责疏于管理，对代建单位的工程管理工作未有效监督。对事故发生负有管理责任。建议责成河南某地机场城际铁路有限公司向其上级主管单位做出书面检查，并报某地市应急管理局备案。

### 案例四 "3·21"附着式升降脚手架坠落事故

7 死 4 伤！经济损失达千万！中建某局项目总工、生产经理、安全员被逮捕！安监站总工、科长、总监、项目经理、班组长等人追究刑责！

**1. 事件概况**

2019 年 3 月 21 日 13 时 10 分左右，某经济技术开发区的中航宝胜海洋电缆工程项目 101a 号交联立塔东北角 16.5~19 层处附着式升降脚手架下降作业时发生坠落，坠落过程中与交联立塔底部的落地式脚手架相撞，造成 7 人死亡、4 人受伤（见图 2-15）。

**2. 事件时间**

2019 年 3 月 21 日。

**3. 事件经过**

2019 年 1 月 16 日至 3 月 11 日，因工程进度等原因，某工程电缆有限公司曾计划与中建某局中止施工合同，并通知监理单位暂停监理工作。后某工程电缆有限公司商议中建某局复工。3 月 11 日苏某公司收到恢复工程的联系单，继续实施监理。3 月 13 日，中建某局项目部根据项目进展，计划对爬架进行向下移动，项目部吕某程和南京特辰刘

发布日期: 2019-08-30 17:00 访问量: 19844 来源: 徐会处

**图 2-15 "3·21"附着式升降脚手架坠落较大事故调查报告**

某伟等有关人员对爬架进行了下降作业前检查验收，并填写《附着式升降脚手架提升、下降作业前检查验收表》（该表删除了监理单位签字栏），检查结论为合格，苏某公司未参加爬架下降作业前检查工作。同日，吕某程根据检查结论，向苏某公司提交了《爬架进行下降操作告知书》，拟定于 3 月 14 日 6 时 30 分对爬架实施下降作业。在未得到苏某公司同意下降爬架的情况下，刘某伟、吕某程组织爬架进行了分片下降作业。

3 月 16 日，苏某公司在进行日常安全巡查时发现 101a 号交联立塔西北侧爬架已下降到位，要求施工单位对已下行后的爬架系统进行检查验收，但未对爬架的下降行为进行制止。

3 月 17 日至 19 日，刘某伟和吕某程又先后组织爬架相关人员对 101a 号交联立塔北侧主体爬架进行了下降作业。3 月 20 日，101a 号交联立塔东北角爬架开始下降作业。

3 月 21 日上午，南京特辰架子工李某、龚某、谌某光、姚某朗等在班组长廖某红的带领下，继续对爬架实施下降。苏某公司监理人员发现后，未向施工单位下发工程暂停令及其他紧急措施。

10 时 12 分，苏某公司监理员李某杰在总监理工程师张某德的安排下用微信向市安监站徐某报告，称"爬架系统正在下行安装（外粉），危险性大于上行安装，存在安全隐患，监理备忘录已报给业主方，未果，特此报备"。

同时用微信转发了 2018 年 6 月 26 日《监理备忘》，内容为："鉴于爬架专业分包单位项目经理不到岗履职，相关爬架验收资料该项目经理签字非本人所为，违反危险性较大的分部分项安全管理规定，存在安全隐患；要求总包单位加强专业分包的管理，区分监理安全管理责任，特此备忘。"

徐某随即电话联系扬州市建宁工程技术咨询有限责任公司设备检测部主任高某伟，询问爬架下行隐患及注意事项。10 时 24 分，徐某电话联系中建某局生产经理胡某，并将该《监理备忘》微信转发胡某。胡某接到徐某电话后，将《监理备忘》微信转发给吕某程。

3 月 21 日上午，中建某局项目部工程部经理杨某口头通知浙蜀公司施工员励某坚，要求组织劳务工在落地架上进行外墙抹灰作业，另外安排一个劳务工去东北角爬架上进行补螺杆洞作业。

励某坚安排奚某水、孙某木、张某阳、徐某雨、王某平、凌某堂、孙某月 7 人在落地架上进行抹灰，安排宋某林在爬架上进行补螺杆洞。

工地工人下午上班时间是 12 时 30 分，项目部管理人员上班时间是 13 时 30 分。下午 13 时 10 分左右，101 a 号交联立塔东北角爬架（架体高约 22.5 m，长约 19 m，重 20 余 t）发生坠落，架体底部距地面高度约 92 m。爬架坠落过程中与底部的落地架相撞（落地架顶端离地面约 44 m），导致部分落地架架体损坏。

事故发生时，南京特辰共有 5 名架子工在爬架上作业；浙蜀公司有 1 名员工在爬架上从事补洞作业，有 7 名员工在落地架上从事外墙抹灰作业（5 名涉险）。中建某局、苏某公司未安排人员在施工现场进行安全巡查。

4. 事件后果

事故发生后，市政府、开发区管委会及相关部门立即启动应急救援，对现场人员开展施救。市 110 指挥中心接报后，立即进行现场警戒、维护秩序、伤亡人员身份确认等工作。市消防救援支队接报后，立即调出 3 个中队和支队全勤指挥部组织施救，直至当晚 8 时 30 分左右，现场救援清理结束。事故有 11 人涉险。事故涉险 11 人，7 人死亡，4 名受伤人员先后出院。事故造成直接经济损失约 1038 万元。

5. 事故原因分析

1）直接原因

违规采用钢丝绳替代爬架提升支座，人为拆除爬架所有防坠器防倾覆装置，并拔掉同步控制装置信号线，在架体邻近吊点荷载增大，引起局部损坏时，架体失去超载保护和停机功能，产生连锁反应，造成架体整体坠落，是事故发生的直接原因。

作业人员违规在下降的架体上作业和在落地架上交叉作业是导致事故后果扩大的直接原因。

2）间接原因

（1）项目管理混乱。

●某工程电缆有限公司未认真履行统一协调、管理职责，现场安全管理混乱。

●中建某局该项目安全员吕某程兼任施工员删除爬架下降作业前检查验收表中监理单位签字栏。

●前海特辰备案项目经理欧某飞长期不在岗，南京特辰安全员刘某伟充当现场实际负责人，冒充项目经理签字，相关方未采取有效措施予以制止。

●项目部安全管理人员与劳务人员作业时间不一致，作业过程缺乏有效监督。

（2）违章指挥。

●南京特辰安全部负责人肖某彪通过微信形式，指挥爬架施工人员拆除爬架部分防坠防倾覆装置（实际已全部拆除），致使爬架失去防坠控制。

●中建某局项目部工程部经理杨某、安全员吕某程违章指挥爬架分包单位与劳务分包单位人员在爬架和落地架上同时作业。

●在落地架未经验收合格的情况下，杨某违章指挥劳务分包单位人员上架从事外墙抹灰作业。

●在爬架下降过程中，杨某违章指挥劳务分包单位人员在爬架架体上从事墙洞修补作业。

（3）工程项目存在挂靠、违法分包和架子工持假证等问题。

●南京特辰采用挂靠前海特辰资质方式承揽爬架工程项目。

●前海特辰违法将劳务作业发包给不具备资质的李某个人承揽。

●爬架作业人员（李某、廖某红、龚某等4人）持有的架子工资格证书存在伪造情况。

（4）工程监理不到位。

●苏某公司发现爬架在下降作业存在隐患的情况下，未采取有效措施予以制止。

●苏某公司未按住建部有关危大工程检查的相关要求检查爬架项目。

●苏某公司在明知分包单位项目经理长期不在岗和相关人员冒充项目经理签字的情况下，未跟踪督促落实到位。

（5）监管责任落实不力。

市住建局建筑施工安全管理方面存在工作基础不牢固、隐患排查整治不彻底、安全风险化解不到位、危大工程管控不力，监管责任履行不深入、不细致，没有从严从实从细抓好建设工程安全监管各项工作。

鉴于上述原因分析，调查组认定，该起事故因违章指挥、违章作业、管理混乱引起，交叉作业导致事故后果扩大。事故等级为"较大事故"，事故性质为"生产安全责任事故"。

6. 事故的责任认定

（1）司法机关已采取措施人员（8人）。

●刘某伟，南京特辰项目部安全员，因涉嫌重大责任事故罪，已于2019年4月30日被扬州经济技术开发区人民检察院批准逮捕。

●肖某彪，南京特辰安全部负责人、爬架工程项目实际负责人，因涉嫌重大事故责任罪，已于2019年4月30日被扬州经济技术开发区人民检察院批准逮捕。

●李某平，南京特辰总经理，爬架工程项目合同签约人，南京特辰爬架工程项目的实际施工单位负责人（挂靠前海特辰）。因涉嫌重大责任事故罪，已于2019年4月30日被扬州经济技术开发区人民检察院批准逮捕。

●胡某，中建某局该项目总工、生产经理，因涉嫌重大责任事故罪，已于2019年4月30日被扬州经济技术开发区人民检察院批准逮捕。

●吕某程，中建某局该项目安全员，因涉嫌重大责任事故罪，已于2019年4月30日被扬州经济技术开发区人民检察院批准逮捕。

●赵某云，浙蜀公司该分包项目负责人，因涉嫌重大责任事故罪，已于2019年4月30日被扬州经济技术开发区人民检察院批准逮捕。

●李某，南京特辰劳务承揽人，因涉嫌重大责任事故罪，已于2019年3月31日被公安机关取保候审。

●张某平，前海特辰法定代表人兼总经理，因涉嫌重大责任事故罪，已于2019年3月31日被公安机关取保候审。

（2）建议追究刑事责任人员（6人）。

●廖某红，南京特辰架子工班组长，带领班组人员违章作业导致事故发生，对事故发生负有直接责任。涉嫌重大责任事故罪，建议司法机关追究其刑事责任。

●杨某，中建某局该项目工程部经理，明知落地架未经监理单位检查验收合格，安排浙蜀公司的员工在落地架从事外墙抹灰和补螺杆洞作业，对事故后果扩大负有直接责任。涉嫌重大责任事故罪，建议司法机关追究其刑事责任。

●谢某，中建某局该项目安全部经理，出差时安排已有工作任务的吕某程代管落地架的使用安全，使得安全管理责任得不到落实；作为安全部经理，对爬架的安全检查管理缺失，对事故负有直接责任。涉嫌重大责任事故罪，建议司法机关追究其刑事责任。

●张某德，苏某公司该项目总监理工程师，负责项目监理全面工作，对项目安全管理混乱的情况监督检查不到位，在明知分包单位项目经理长期不在岗和相关人员冒充项目经理签字的情况下，未跟踪督促落实到位；发现爬架有下降作业未采取有效措施予以制止；未按照住建有关危大工程检查的要求检查爬架项目；3月21日，发现爬架正在下行且存在安全隐患的情况下，未立即制止或下达停工令，对事故负有直接监理责任。涉嫌重大责任事故罪，建议司法机关追究其刑事责任。

●管某铭，中共党员，市安监站总工办主任兼副总工程师，牵头负责监督一科专项检查及安全大检查工作。在进行安全检查及组织专家对爬架进行检查时，未按相关规定和规范开展检查和核对安全设施，未及时发现重大安全隐患，对事故负有直接监管责任。涉嫌玩忽职守罪，建议司法机关追究其刑事责任。

●徐某，市安监站监督一科副科长（聘用人员），负责监督一科日常检查工作。在进行安全检查及组织专家对爬架进行检查时，未按相关规定或规范开展检查和核对安全设施，未及时发现重大安全隐患。3月21日上午，接到监理员李某杰的报告后，未及时赶到现场制止，也未及时向领导汇报，对事故负有直接监管责任。涉嫌玩忽职守罪，建议司法机关追究其刑事责任。

以上人员属于中共党员或行政监察对象的，待司法机关做出处理后，及时给予相应的党纪政务处理。

（3）建议给予行政处罚人员（10人）。

●欧某飞，前海特辰该爬架项目经理，二级建造师资格证书。作为爬架分包项目的项目经理，安全生产第一责任人，长期不在岗履行项目经理职责，对事故发生负有责任。建议由市住建局依法查处，并报请上级部门吊销其二级建造师注册证书，5年内不予注册。

●赵某来，中建某局该项目经理，一级建造师资格证书。未落实项目安全生产第一责任人职责，对爬架分包单位项目经理长期不在岗，未采取有效措施；未安排专职安全人员承担生产任务；在安全部经理谢某离岗时，未增加现场安全管理人员（吕某程兼其职责），对事故发生负有责任。建议由市住建局依法查处，并报请上级部门吊销其一级建造师注册证书，5年内不予注册。

●胡某，南京特辰该爬架工程项目工程部负责人，负责爬架班组任务安排；参与南京特辰对爬架防坠落导座拆除商讨会议，对拆除防坠落导座建议未予制止，对事故发生负有责任。建议由南京特辰予以开除处理。

●林某球，浙蜀公司扬州地区负责人（该项目负责人），对施工现场安全管理监督不到位，对事故发生负有责任。建议由市住建局依法查处。

●鞠某，浙蜀公司该分包项目安全员，对施工现场安全管理监督不到位，未及时制止交叉作业，导致事故扩大，对事故发生负有责任。建议由市住建局依法查处，并报请有关部门吊销其安全生产考核合格证书。

●朱某洲，苏某公司该项目专业监理工程师，注册监理工程师。未按规定参与爬架作业前检查和验收；未按照危大工程检查要求检查爬架项目，对事故发生负有监理责任。建议由市住建局依法查处，并报请上级部门吊销其监理工程师注册证书，5年内不予注册。

●李某杰，苏某公司该项目监理员兼资料员，3月13日，在施工总承包单位提交的《爬架进行下降操作告知书》后，未进行跟踪；21日上午，发现爬架有下降作业，未采取有效措施制止作业，对事故发生负有监理责任。建议由市住建局依法查处。

●祝某阳，苏某公司该项目监理员，发现爬架有下降作业，未采取有效措施制止，对事故发生负有监理责任。建议由市住建局依法查处。

●王某，中航宝胜海洋电缆有限公司总经理助理、该项目经理，未认真履行施工现场建设单位统一协调，管理职责，现场安全管理混乱；明知爬架分包单位项目经理长期不到岗，未有效督促总包、分包单位及时整改；未认真汲取2018年"7·1"高处坠落死亡事故教训，对事故发生负有管理责任。建议由中航宝胜海洋电缆有限公司给予撤职处理。

●王某，中航宝胜海洋电缆有限公司设备部经理、该项目安全员，明知爬架分包单位项目经理长期不到岗，未有效督促总包、分包单位及时整改；未督促监理单位认真履行监理职责，对事故发生负有管理责任。建议由中航宝胜海洋电缆有限公司给予撤职处理。

### 7. 事故的处理建议

（1）前海特辰违反了《中华人民共和国安全生产法》第二十二条第六款、第四十一条、第四十五条，以及《建筑工程施工发包与承包违法行为认定查处管理办法》第八条第三项的有关规定，对事故发生负有责任。

根据《中华人民共和国安全生产法》第一百零九条第二款的规定，建议由市应急管理局依法给予行政处罚。同时，建议由市住建局函告有关部门给予其暂扣安全生产许可证和责令停业整顿的行政处罚。

前海特辰允许南京特辰以其名义承揽工程的行为，违反了《建设工程质量管理条例》第二十五条的规定，建议由市住建局依法查处。

（2）中建某局违反了《中华人民共和国安全生产法》第十九条，第二十二条第五款、第六款、第七款，第四十六条第二款，以及《建设工程安全生产管理条例》第二十八条的有关规定，对事故发生负有责任。

根据《中华人民共和国安全生产法》第一百零九条第二款的规定，建议由市应急管理局依法给予行政处罚。同时，建议由市住建局依法查处。

（3）南京特辰未取得资质证书并以前海特辰名义承揽工程和将工程劳务违法分包给李某个人的行为，违反了《建设工程质量管理条例》第二十五条的规定，建议由市住建局依法查处，并报请或函告有关部门给予其暂扣安全生产许可证和责令停业整顿的行政处罚。

（4）苏某公司未按规定对爬架工程进行专项巡视检查和参与组织验收，以及明知前海特辰项目经理欧某飞长期不在岗履职、爬架下降未经验收擅自作业等安全事故隐患，未要求其暂停施工的行为，违反了《建设工程安全生产管理条例》第十四条和《危险性较大的分部分项工程安全管理规定》第十八条、第十九条、第二十一条的规定。

建议由市住建局依法查处，并报请上级部门给予其责令停业整顿的行政处罚。

### 案例五　塔吊司机爬塔吊时坠落事故

这起塔吊司机爬塔吊时坠落事故，最终认定不是责任事故！不带安全带不违规！

**1. 事件概况**

2020 年 3 月 12 日 13 时 45 分左右，位于台山市台城南区雅居乐花园一建筑工地发生一起坠落事故，造成 1 人死亡。经现场勘查、专家分析和对相关人员询问，通过综合分析研判，事故调查组认定该起事故是一起非生产安全责任事故。

**2. 事件时间**

2020 年 3 月 12 日。

**3. 事件经过**

2020 年 3 月 12 日 13 时 45 分左右，塔吊司机宗某坤根据项目机械管理员代某的工作安排，准备爬上 6 号塔吊驾驶室内作业。宗某坤先是乘坐 10 号楼施工升降机到 29 层，然后沿主楼楼梯走到天面层，从天面层安全过道进入塔吊塔身内爬直梯，再从内爬直梯向上攀爬前往距离天面层约 16.8 m 高的司机操作室，在沿塔吊内爬直梯攀爬过程中，宗某坤不慎从约 110 m 标高的位置坠落到离地面约 15 m 的标准节斜撑杆处。此时，项目机械管理员代某刚好从工地仓库走出来，突然听到从高处传来塔身被碰撞的声音，他目睹了塔吊司机宗某坤从高处坠落的过程，立刻报告项目现场负责人王某平，并马上拨打 120 急救电话。随后代某立即和工友罗某高、王某、阳某明等 4 人赶往坠落标准节处搭建简易平桥，将宗某坤抬运至地面等待救援。

**4. 事件后果**

14 时 15 分，120 急救车到达施工现场，经医生抢救无效后确认宗某坤死亡。接报后，市应急、公安、住建、台城街道办等部门快速响应赶赴现场，成立应急处置小组，各司其职，做好现场保护、围闭等现场秩序稳控工作，对施工现场情况进行初次勘查，初步了解事故发生经过，摸清建筑工地的各级分包关系及责任人，责令该项目全面停止施工，配合部门做好现场处置工作。

**5. 事故现场勘查情况**

事故地点位于台山市某项目工地 10 号楼南侧 QTZ100 型塔式起重机（工地自编号 6 号塔吊），10 号楼层数 33 层，建筑高度约 100 m，塔吊安装高度约 120 m，共安装 41 个标准节，每个标准节高度 2.8 m。塔吊司机上下通道为塔身内部的直爬梯，每一标准节均设置了休息平台和护圈，塔身内有多处护圈呈现被碰撞变形现象，直爬梯和塔吊标准节结构完好无异样。死者头部、胸部、手脚等身体多处部位受碰撞擦伤严重，头部未见安全帽（注：经勘查在塔吊的底部发现受碰撞脱落的安全帽），左脚穿戴防滑鞋，右脚赤裸（注：经勘查在塔吊上部距司机驾驶室 13 ~ 14 m 的休息平台发现受碰撞脱落的一只防滑鞋），身上并未携带其他工具（注：经勘查在塔吊底部及周边也未发现有摔落的工具）。具体综合调查情况为：

（1）工程合同签订情况。经查，本工程发包方雅某公司与承包方振某公司于2018年6月20日签订建筑施工合同；雅某公司与宏某监理公司于2018年6月20日签订建筑工程监理合同；施工总承包单位振某公司与专业分包单位鹤某机械公司于2018年12月12日签订塔吊安装服务专业分包合同。工程参建各单位的施工承发包合同、监理合同、专业分包合同均合法有效，未发现违规发包、分包、承包情况。

（2）施工单位履职情况。经查，振某公司及其从业人员的资质、资格均符合法定条件要求，相关安全生产许可证、人员安全生产考核证均在有效期内，特种作业人员均持证上岗。企业、项目部人员管理架构基本健全，各人员岗位职责明确；企业已设立安全生产管理机构，配备专职安全生产管理人员，相关安全生产管理制度、操作规程基本健全；工程项目部已编制应急救援预案并多次组织开展应急演练；企业基本按要求落实主体责任，相关人员基本按要求履行职责。在安全教育培训方面，企业能落实对新入职员工开展三级安全教育培训和安全技术交底，项目部每天均组织召开班组晨会对施工人员进行安全技术交底。此外，由于受新冠疫情影响，该工地春节后于2020年2月25日才正常复工，停工时间长达一个半月左右，春节假期远远长于往年。复工后，项目部已经落实开展全面的安全生产隐患排查并进行全员安全教育培训，在培训中增加了疫情防控教育的内容，做到疫情防控及安全生产两手抓、两不误。

（3）监理单位履职情况。经查，宏某监理公司已经按照有关规定及合同约定条款配备项目总监理工程师和监理人员，已编制相关工程监理规划、工程监理实施细则和监理工作管理制度，总监理工程师有定期主持召开项目工程例会，对危大工程的实施过程进行安全旁站，对日常施工过程及春节后复工进行监理巡查和检查。相关人员基本按规定落实监理职责。

（4）建设单位履职情况。经查，雅某公司依法将工程发包给具备相应资质的施工单位（振某公司），并将安全措施费列入工程项目预算，按期足额支付给施工单位，并落实了在安全生产方面协调参建各方的职责。

（5）宗某坤接受安全教育培训情况。经查，振某公司台山市雅居乐花园项目部于2019年9月21日通过网上招聘宗某坤担任塔吊司机。宗某坤在上岗前，于2019年9月23日至9月27日分别3次接受项目部的安全教育和技术交底；2020年春节后工地复工，宗某坤于2020年2月27日至3月6日又分别接受了3次三级安全教育和技术交底，并有亲笔签名记录。事发当天早上，项目部机械管理员代某还组织塔吊司机、司索指挥员召开安全技术交底晨会。

6. 关于宗某坤是否违反操作规程的认定

经现场勘查，宗某坤在事发时已经按规定佩戴了安全帽和防滑鞋等劳动防护用品，随身并无携带任何维修工具或用品，可推断宗某坤在事发时是在攀爬塔吊直爬梯前往驾驶舱作业而不是进行检修作业。对于攀爬塔吊是否要求佩戴安全带，技术组经查阅相关规范、特种设备操作培训教程，并征询江门市建筑业协会起重机械分会专家技术意见后认定：根据当前建筑业有关法律法规、塔吊司机培训教材及行业的实际情况，均没有要求塔吊司机在装有护圈的爬梯攀爬过程中必须佩戴安全带。因此，宗某坤在攀爬塔吊时未佩戴安全带并不违反操作规程。

7. 事故原因分析

1）身体原因导致坠落事故发生

事故发生后，现场勘查发现在距司机驾驶室 13～14 m 塔吊标准节内休息平台上有该司机的一只防滑鞋，塔吊底部有该司机脱落的安全帽，据此显示，宗某坤上岗前已按要求佩戴安全帽、防滑鞋等防护装备。在发现防滑鞋处的平台往上 6 m 左右有一爬梯护圈被撞变形，判断宗某坤坠落始点估计在距司机驾驶室不远处，可能是攀爬过程中不慎踩空失足跌落或可能有突发性身体不适导致失足坠落，在坠落过程不断与塔身结构发生碰撞，导致防滑鞋及安全帽脱落，中间有多处爬梯护圈被撞击变形现象，最后身体被阻挡在离地面约 15 m 高处标准节内斜撑杆上。根据常理，人遇到突发应急情况的本能反应情况分析，如突然失足，第一本能反应应是快速伸出四肢去攀抓周边的附着物品进行自救，这样一来就会在下坠的起始阶段与塔吊产生横向碰撞，产生水平方向的推力，向外偏离；或者四肢伸展开来后受塔身构件的竖向反作用力，身体受到承托而止跌。但实际上宗某坤是直接从一个内径只有 70 cm 直径的爬梯内筒垂直摔下近 100 m，而未遇阻挡发生横向偏离或竖向承托，据此，技术组推断宗某坤在坠落前已经知觉模糊或者昏厥而未能做出本能的避险自救反应。

2）情绪原因导致坠落事故发生

事故发生后，经向项目部负责人及其同事询问得知，宗某坤当天没有喝酒，平时也没有喝酒的习惯，但据项目负责人反映，死者春节复工后与同事相处过程中，曾表现出对家庭状况的感慨，十分挂念久未见面的儿子，情绪表现悲观难过。技术组再进一步深入了解，宗某坤的家庭情况较为复杂，2007 年与妻子侯某离婚，双方唯一的儿子由妻子抚养；侯某离异 2 年后已另行婚配；宗某坤在台山无其他亲属，年迈的母亲在黑龙江老家颐养，春节长假期间，死者逗留台山而没有回到黑龙江老家过年。同时，从台城街道办事处提供的《雅居乐"3·12"意外事故善后处理工作情况汇报》显示，宗某坤的家属在完成调解赔偿事宜后，表示不愿意将死者骨灰带回老家安葬，而是直接选择在台山市三合镇富贵山墓园进行了树葬。这种处理方式对于一般情况下正常的家庭伦理及落叶归根的民间习俗而言，存在着让人难以理解的情况，在某种程度上反映了宗某坤与亲人之间的亲情关系较为淡薄。上述情况从侧面反映了宗某坤带着不稳定的情绪攀爬塔吊的可能性较大，间接导致事故的发生。

经技术小组会同有关专家综合分析研判，认为造成此次事故的原因有两个：一是塔吊司机宗某坤在攀爬塔吊内直爬梯前往塔吊驾驶室的过程中，由于个人身体原因导致不慎意外坠落；二是春节后复工，宗某坤上岗时情绪及精神状态不稳定等个人原因，间接导致其失足坠落。

3）事故性质认定

经现场勘查、专家分析和对相关人员询问，通过综合分析研判，事故调查组认定该起事故是一起非生产安全责任事故。

8. 事故防范和整改措施

（1）广州振某建设有限公司要吸取事故教训，强化对从业人员的安全教育和培训，及时掌握员工的身心健康及情绪动态，杜绝施工人员在情绪失常或身体不适的情况下上岗作业，确保施工安全。

（2）全市建筑施工企业要深刻吸取事故教训，立刻开展全员安全警示教育活动，使每一个从业人员均受到此次坠落事故的警示教育，全面提高工人的安全生产意识。

（3）全市建筑施工企业要进一步落实安全生产主体责任，完善安全生产规章制度，建立跟踪督促整改制度，加强对从业人员的安全教育培训，加强对施工现场的安全检查、隐患排查，切实整改生产安全事故隐患，确保各项安全措施落实到位。

（4）各镇（街）、各有关部门要举一反三，加强本辖区、本行业领域建设项目的安全监管，全面加强安全检查和隐患排查治理力度，严厉打击各类非法违法行为；督促企业落实安全生产主体责任，强化安全施工措施，及时排查整改安全生产隐患，确保各项建设项目安全有序进行，严防各类安全事故的发生。

**其他典型案例**

▌典型案例1

1. 事件时间

2004年9月。

2. 事件经过

由某隧道股份有限公司总包，上海某建设工程有限公司分包的九亭镇一工地，上海某建设工程有限公司一木工被起吊的木方碰倒，从4 m高处的支撑管上坠落至基坑底部，内衬墙钢筋扎入其颈部。事故现场见图2-16。

3. 事件后果

陆某某，男，38岁，江苏省海门市人，当场死亡。

图2-16　事故现场

▌典型案例2

1. 事件时间

2006年4月。

2. 事件经过

重庆某个厂房工地上一个办公楼的建设之中，采用的是双排脚手架，但脚手架上未铺脚手板。当时正在进行加高脚手架搭设作业，一名架子工在传递钢管时，由于钢管过重，架子工抓不牢导致钢管倾倒、滑落，站在他后方的架子工老张（35岁）伸手去抓该钢管，脚一滑从20多m的脚手架上摔落。

3. 事件后果

老张四肢摔断（见图2-17），住院6个月，从此无法干重活。目前，该名工人正在桥梁二队承台墩身二班担任辅助工。

图2-17　事故伤害部位

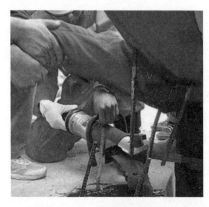

图 2-18 钢筋穿透身体

图 2-19 事故现场

**■典型案例 3**

**1. 事件时间**

2010 年 8 月。

**2. 事件经过**

小王在 6 m 高的二楼上扛着两块木板经过一处横梁时，脚下一块木板突然翘起，身体一下失去平衡，他向楼下坠落，下意识地丢掉木板去抓旁边的东西，却没有抓住，他重重地落到了地上，而地上正好是已经浇灌了水泥露出接头的钢筋，被钢筋穿透了身体（见图 2-18），动弹不得。

**3. 事件后果**

小王伤势很严重，差点危及性命，自此无法再干重活。

**■典型案例 4**

**1. 事件时间**

2016 年 7 月。

**2. 事件经过**

山东省龙口市徐福街道东海园区某小区施工现场发生施工升降机坠落事故。升降机自 18 层楼处坠落，机内共有 8 人，坠落发生后被立即送往医院。事故现场见图 2-19。

**3. 事件后果**

升降机内 8 人经全力抢救无效死亡。

**■典型案例 5**

**1. 事件时间**

2016 年 11 月。

**2. 事件经过**

某市丰城发电厂三期在建项目发生冷却塔施工平台坍塌特别重大事故。造成 74 人遇难、2 人受伤。事故现场救援见图 2-20。

**3. 事件后果**

这是新中国成立以来建筑行业伤亡最为严重的事故，影响恶劣，教训惨痛。2016 年 11 月 28 日凌晨，公安机关将涉嫌重大责任事故罪的 9 名责任人依法刑事拘留。

图 2-20 事故现场救援

**典型案例 6**

1. 事件时间

2019 年 8 月 14 日。

2. 事件经过

2019 年 8 月 14 日 5 时 30 分,某市城市建设管理局南四环快速化高架桥施工工程九工区,发生高空坠落事故(见图 2-21)。

3. 事件后果

造成 1 人死亡。

图 2-21 高架桥高空坠落

**高度较低的高坠事故案例**

我们常见的高坠事故,往往都是从较高的地方坠落导致的。但你有没有想过,其实从不高的地方坠落也很危险!

**0.6 m 高处坠亡**

1. 事件时间

2019 年 8 月 25 日。

2. 事件经过

2019 年 8 月 25 日上午,某公司厂长陈某云维修输送带,9 时左右,因需要有人帮忙拉动输送带的链条,陈某云便叫裴某安过来帮忙,因高度不够,裴某安就站在离地约 0.6 m 的铁制平台上拉输送带的链条,在拉输送带链条的过程中,链条突然松动,身体往后仰,从平台上摔落,头部撞击到地面,随后及时送至市人民医院抢救。

3. 事件后果

裴某安经抢救无效死亡。

4. 事故发生原因及性质

1)直接原因

裴某安在拉动输送带链条时,因链条突然松动,身体往后仰,从站立的约 0.6 m 的平台上摔落,头部撞击到地面。

2）间接原因

（1）卜某芳，某公司负责人，未依法履行安全生产管理职责。未实施本单位安全教育培训计划，未督促、检查本单位的安全生产工作，未能及时发现和消除本单位生产安全事故隐患。

（2）某公司安全生产主体不落实，安全生产管理缺失。未落实安全生产责任制，未落实安全教育培训制度，未落实安全隐患排查整治制度，对作业现场的安全生产检查和隐患排查流于形式，未能及时发现和消除事故隐患。

事故性质经调查认定，这起事故是一起一般生产安全责任事故。

## "7·27"——2 m高处跌落事故

2020年7月27日，广东某电厂在进行 #2 机组润滑油间及给水泵区域消防水管改造项目过程中发生1名外包单位（东莞某建设有限公司，以下简称"外包单位"）施工作业人员从约2 m高处跌落事故。

### 1. 事件经过

2020年7月27日9时36分，外包单位工作负责人陈某持 "#2机润滑油间及给水泵区域消防水管改造"热机工作票（工作票编号RC001442）进行 #2 机润滑油泵房消防水改造施工作业，工作负责人陈某把人字梯当作直梯斜靠在 2A 冷油器上使用，当陈某爬上梯子约2 m高度时（梯子高度3.5 m），梯子滑倒，陈某从梯子上坠地。

### 2. 事故发生原因

事件直接原因是陈某高处作业时违规把人字梯当直梯使用，直接斜靠在设备上，并且在没有工作监护和做好防止梯子滑倒措施的情况下，登梯过程中梯子滑倒从而坠地。

## 2.5 m高处跌落身亡

2020年2月22日，安徽太湖县某新材料科技有限公司发生一起高坠事故，造成1人受伤，经送医院抢救无效于2月24日死亡，该起事故直接经济损失106.4万元。

### 1. 事件经过

2020年2月22日，太湖某新材料科技有限公司准备复工，安排涂布车间员工余某华等三人负责一号涂布线的清洁工作，上午8时53分，余某华在清洁一号涂布线时，攀爬至涂布线烘箱顶部（见图2-22），不慎坠落，后经抢救无效于2月24上午9时许死亡。

图 2-22　坠落位置

2. 事故发生原因

太湖某新材料科技有限公司涂布车间普工余某华未采取佩戴安全帽、安全带等防护措施，未履行高处作业审批、现场作业监护等安全措施，攀爬至涂布线烘箱顶部进行清扫作业，导致在清扫过程中不慎从涂布线烘箱顶部（高度约 2.5 m）坠落摔伤，后经医院抢救无效死亡。事故当事人余某华违章作业，是该起事故发生的直接原因。

图 2-23　1.37 m 坠亡

### 1.37 m，高处坠落之死

2018 年 3 月 25 日，两名散工给深圳某肠粉店安装招牌，在给招牌安装铁皮雨棚时，其中一人爬上了店铺门口一堵高约 1.37 m 的矮墙（见图 2-23），又拿来一个胶水桶（高约 0.4 m）垫在脚下，因脚下不稳失去重心，跌落至地面导致头部摔伤，后经抢救无效死亡。

### 1.9 m，高处坠落事故

据天津安监局通报，2018 年 7 月 11 日 8 时 30 分左右，天津市广发源市场管理有限公司一施工人员在红卫桥便民菜市场进行吊顶作业过程中，从脚手架上坠落至地面（高约 1.9 m），经抢救无效死亡（见图 2-24）。

图 2-24　1.9 m 高处坠落事故

1.0 m，高处坠落致死

江苏省住房和城乡建设厅通报一起事故：2019 年 8 月 26 日 19 时 50 分左右，由中铁十五局集团城市建设工程有限公司施工总承包，江苏省华夏工程项目管理有限公司监理的南京市建邺区北圩路 41 号南京晓庄学院网格学院改造项目工程工地，发生一起高处坠落生产安全事故，致 1 人死亡。

据了解，当时这名河南夏邑男性工人，在二层食堂过道部位站在人字梯上（站立高度约 1 m）安装消防喷淋头时，不慎从人字梯上滑落摔倒至地面，项目部立即拨打 120，急救车到达后将其送至江苏省人民医院抢救，经抢救无效于当晚 9 时 47 分左右死亡。

低处坠落伤亡原因分析

我们也可以来算算，一个体重 100 kg 的人从 1.8 m 处坠落，在没有防护措施的情况下，人体负荷会是多少？

没错，两辆小汽车的重量！所以说，从事高处作业的人员必须有强烈的安全意识，千万不得盲目冒险作业。

## 三、高空坠落十大关键风险点防范

我们常常称高空作业工人为"蜘蛛侠"，他们经常攀爬高墙、飞檐走壁，关于高空作业风险防范，您了解多少呢？

2019 年住建部发布《关于 2018 年房屋市政工程生产安全事故和建筑施工安全专项治理行动情况的通报》。2018 年，全国房屋市政工程生产安全事故按照类型划分，高处坠落事故 383 起，占总数的 52.2%。高空作业时，安全工作需要做到万无一失，才能保障安全。针对 10 种高处坠落类型（见图 2-25），要充分掌握事故风险点，采取有效防范措施。

① 洞口坠落　　② 脚手架坠落　　③ 悬空坠落　　④ 踩破轻型屋面坠落
⑤ 拆除工作中坠落　⑥ 从屋面沿口坠落　⑦ 梯子上作业坠落　⑧ 天花板上检修坠落
⑨ 龙门吊转料平台上坠落　⑩ 临边坠落

图 2-25　10 种高处坠落类型

### （一）洞口坠落

洞口作业：孔、洞口旁边的高处作业，包括施工现场及通道旁深度在 2 m 及 2 m 以上的桩孔、沟槽与管道孔洞等边沿作业。例如，施工预留的上料口、通道口、施工口等。

洞口坠落包括电梯井、风井、烟井、采光井、预留洞口坠落等（见图2-26）。

1. 易引发事故风险点

（1）洞口操作不慎，身体失稳。

（2）走动时候，不小心身落洞口。

（3）坐躺在洞口边缘休息失误落入洞口。

（4）在洞口旁边嬉闹起哄打架，无意坠入洞口。

（5）洞口没有安全防护措施。

（6）安全防护措施不牢、不合格或损坏未及时检查。

（7）没有醒目警示标志。

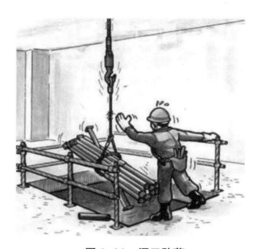

图2-26 洞口坠落

2. 预防措施

（1）预留洞口、通道口、电梯井口、楼道口、接料平台边口、阳台边口等都必须有牢固、有效的安全防护措施，如盖板、围栏、安全防护栏杆、安全网等。

（2）禁止在洞口嬉闹，或侥幸跨越洞口及从洞口盖板上行走。

（3）在洞口操作要小心，不要背朝洞口。

（4）洞口安全防护措施如有损坏，必须及时修缮。

（5）洞口安全防护措施、警示标志严禁擅自移动位置或拆除。

（6）洞口必须挂设醒目标志示警。

**（二）脚手架坠落**

脚手架：施工现场为工人操作并解决垂直和水平运输而搭设的各种支架。脚手架坠落见图2-27。

1. 易引发事故风险点

（1）脚踩探头脚手板。

（2）走动时踩空、绊、跌。

（3）操作时弯腰转身不慎碰到杆件等身体失稳。

（4）坐在栏杆架子上或站在栏杆、高空架子上作业或在脚手架上休息嬉闹。

（5）脚手板没有满铺或铺设不稳。

（6）没有扎防护栏杆或防护栏杆已经损坏。

（7）操作层下没有铺安全防护层。

（8）脚手架离墙面距离超过20 cm，没有防护措施。

（9）脚手架超载损坏。

图2-27 脚手架坠落

（10）在脚手架上再用砖垫高或隔脚手板操作。

2. 预防措施

（1）实行脚手架搭设验收和安全检查制度。

（2）对职工进行工地脚手架安全操作和纪律教育。

（3）脚手板要平稳，不得有探头脚手板。

（4）要扎设牢固的防护栏杆。从第五步架起，有架起架设竹笆栏或拉设安全立网。

（5）从第二步起，每隔一步架设一安全防护层。

（6）脚手架不得超过 270 kg/m²，堆砖单行侧放，不超过 3 层。

（7）脚手架离墙面间距大于 20 cm 时，至少每一步架要铺设一层防护层。

**（三）悬空坠落**

悬空作业：在周边临空状态下进行高处作业。其特点是在操作者无立足点或无牢靠立足点条件下进行高处作业。例如，在吊篮内进行的高处作业。悬空坠落见图 2-28。

图 2-28　悬空坠落

图 2-29　踩破轻型屋面坠落

1. 易引发事故风险点

（1）立足面狭小，作业用力过猛，身体失稳，重心超出立足地。

（2）脚底打滑或不慎踩空。

（3）随重物坠落。

（4）身体不舒服行动失稳。

（5）没有系安全带或没有正确使用安全带或走动时取下。

（6）安全带挂钩不牢固，或没有牢固的挂钩地方。

2. 预防措施

（1）加强施工计划和各地施工单位、各工种的配合。尽量利用脚手架等安全设施，避免或减少悬空高处作业。

（2）操作人员要加倍小心，避免用力过猛，身体失稳。

（3）悬空高处作业人员必须穿软底防滑鞋。

（4）身体有病或疲劳过度、精神不振等，不宜从事高空作业。

（5）悬空高处作业人员要正确使用安全带。

（6）悬空高处作业人员要定期检查身体，禁止高血压、精神病人高空作业。

**（四）踩破轻型屋面坠落**

踩破轻型屋面坠落见图 2-29。

1. 易引发事故风险点

（1）没有使用板梯。

（2）作业人员没系安全带。

（3）作业人员操作或移动时不慎踩破石棉瓦或其他轻型屋面机构。

2.预防措施

（1）使用板梯。

（2）操作时要谨慎，移动时要小心，不得直接踏踩石棉瓦或其他轻型屋面机构。

（3）高空作业人员要牢系安全带。

（4）在轻型材料屋面下面（两屋架下弦间）拉设安全防护网作为第二道防护。

**（五）拆除工作中坠落**

拆除工作中坠落见图2-30。

1.易引发事故风险点

（1）站在不稳定部件上面从事拆除等工作。

（2）拆除脚手架、井架、龙门架等没有系安全带。

（3）拆除井架、龙门架没有预先拴好临时钢丝网。

（4）人随重物坠落。

（5）操作者用力过猛，身体失稳。

（6）楼板架上堆放拆除的材料超载，造成压断楼板等坍塌。

图2-30　拆除工作中坠落

2.预防措施

（1）从事拆除工作人员应站在稳定牢固部位或搁设脚手板。

（2）拆除脚手架、井架时，操作者应按规范正确系好安全带。

（3）拆除井架、龙门架应按规定拴好临时钢丝缆风绳。

（4）从事拆除工作人员必须严格执行安全操作规程，操作时避免用力过猛，身体失稳。

（5）楼板、脚手架上不要堆放大量拆降下来的材料，避免超载作业。

**（六）从屋面沿口坠落**

从屋面沿口坠落见图2-31。

1.易引发事故风险点

（1）屋面坡度大于25°，无防滑、防坠落安全措施。

（2）在屋面不慎身体失稳。

（3）身体不适，突然头晕休克，导致从屋面高空坠落。

图2-31　屋面沿口坠落

（4）沿口构件不牢或踩断，人随之坠落。

2. 预防措施

（1）在屋面上作业人员应穿软底防滑鞋。

（2）屋面坡度尽量不要大于 25°，当大于 25° 时，应采取防滑措施。如：使用防滑板梯。

（3）对高空作业人员要定期体检身体，严禁高血压、精神病人、酒醉人员、过度疲劳人员高空上岗作业。

（4）在屋面上作业不能背向沿口移动。

（5）使用外脚手架工程施工时，外排立杆要高出沿口 1~1.5 m，并扎设竹笆围栏或挂安全立网，沿口一步要满铺脚手板防护层。

（6）没有使用外脚手架进行工程施工时，应在屋檐下张设安全网。

图 2-32　梯子上作业坠落

图 2-33　天花板上检修坠落

**（七）梯子上作业坠落**

梯子上作业坠落见图 2-32。

1. 易引发事故风险点

（1）使用坏梯子或梯子超载断裂。

（2）梯脚无防滑措施、使用时滑倒或垫高使用。

（3）梯子没有靠稳或斜度大。

（4）人字架两片间没有用绳或链拉牢。

（5）在梯子上作业方法不当。

（6）人在梯子上移动梯子。

2. 预防措施

（1）使用梯子前要进行安全检查。

（2）不得两人在同一梯子上作业和悬挂重物。

（3）人在梯子上不得移动梯子。

（4）在梯子上作业不能直接双脚平立在同一梯档上，应有一脚勾住梯档。

（5）梯脚要有防滑措施。

（6）人字梯两边下端应用绳或链、铅丝拉牢。

（7）梯子不得垫高使用。

（8）梯脚要靠牢稳，梯子与面夹角不得大于 60°~70°，上端尺应与牢固构件扎牢或设专人扶住梯子。

**（八）天花板上检修坠落**

天花板上检修坠落见图 2-33。

1. 易引发事故风险点

（1）光线太暗，操作时没有铺脚手板或沿屋架上弦走动时不慎踩空。

（2）由于个人生理或身体的原因，在操作时，不慎坠落。

2. 预防措施

（1）专职电工或水电工为屋顶穿电缆线或在天花板上检修工作时应有足够的照明。操作时应铺脚手板，挂设安全带。

（2）严禁高血压、精神病人、酒醉人员、过度疲劳人员上岗作业。

**（九）龙门吊转料平台上坠落**

龙门吊转料平台上坠落见图2-34。

1. 易引发事故风险点

（1）龙门吊转料平台搭设不符合规范；搭设材料钢管、踏脚板不合格，致平台倒塌，人员坠落。

（2）龙门吊转料平台邻边无防护，没有用1.2 m高的安全防护栏杆及安全防护网做防护，人员不小心从龙门吊转料平台口邻边坠落。

（3）龙门吊转料平台没有照明装置，晚上工人作业，不小心从高空坠落。

图2-34　龙门吊转料平台上坠落

（4）龙门吊转料平台无安全防护门，或有安全防护门但无扣钩卡，或有防护门及扣钩卡但无人落实，致使工人不小心坠落。

（5）工人在龙门吊转料平台打架或嬉戏，不小心坠落。

2. 预防措施

（1）龙门吊转料平台搭设要符合规范；搭设材料钢管、踏脚板合格，踏脚板偏数及拉接钢筋质量和数量要合格。

（2）龙门吊转料平台邻边设置安全1.2 m高的安全防护栏杆及安全防护网做防护。

（3）龙门吊转料平台装设照明装置，晚上工人作业，要倍加小心。

（4）龙门吊转料平台按装符合规范的安全防护门，并在安全防护门上安装扣钩卡，防护门及扣钩卡安排专人落实看管。

（5）严禁工人在龙门吊转料平台侧或其上打架或嬉戏，否则给予重罚。

**（十）临边坠落**

临边作业：施工现场中，工作面边沿无围护设施或围护设施高度低于80 cm时的高处作业。临边坠落见图2-35。

1. 易引发事故风险点

（1）楼层周边、屋顶面周边、阳台周边、转料平台周边、楼道周边、顶棚及屋面造型周边等建筑作业面周边，无防护，没有安设安全防护栏或安设防护栏没有验收不合格，作业人员不慎高空坠落。

（2）作业人员违章作业，在邻边嬉戏或喝酒后作业不慎坠落。

（3）邻边防护栏损坏或被人移走没有及时发现，导致人员坠落。

图2-35　临边坠落

（4）作业人员在邻边打架，导致人员坠落。

（5）作业难度大，作业困难，防护不到位或有防护但没按规范要求施工，没经过验收，防护不到位、不合格，工人作业时不慎坠落。

2. 预防措施

（1）做好安全防护，搭设安全防护栏，高层装设踢脚板，最好拉设安全防护网，并经过验收合格。

（2）作业人员严格按照安全操作规程作业，杜绝嬉戏或喝酒后上楼作业。

（3）定时检查楼层临边防护栏，及时发现损坏或被工人无故移走的安全防护设施，并对无故损坏、偷盗安全防护设施有关人员给予重罚。

（4）杜绝作业人员在邻边打架，否则给予警告、批评或重罚。

（5）在作业难度大、作业困难时，安全防护一定要到位。

（6）防护设施要按规范要求施工，经过技术验收合格才能作业。

（7）工人严格按要求佩戴安全劳保用品安全带、安全帽等，严防高空坠落。

## 四、高处坠落事故"六不施工"要求

多年来，高处坠落事故多发、频发，造成较多人员伤亡且呈上升趋势。为防范和减少高处坠落事故的发生，精准防控风险，按照安全生产"一线三排"工作要求，需达到高处坠落事故"六不施工"要求。

### （一）未进行安全教育交底不施工

为了加强工程施工安全生产管理，保护职工和临时协作人员的人身安全与集体财产，施工单位应严格落实三级安全教育及安全技术交底制度（见表2-1），安全教育应将预防高处坠落的相关内容作为宣讲、提醒的重点。未经安全教育及安全技术交底的工人，一律不得进入施工现场作业。通过专门的安全生产教育培训，提高高处作业人员安全意识和安全操作技能。

表 2-1　施工安全教育培训、技术交底审查记录

安监 A-22

| 施工企业 | | | | | |
|---|---|---|---|---|---|
| 项目名称 | | | | | |
| 安全教育培训及技术交底记录 | 时间 | 安全培训教育或技术交底内容 | 经办人员 | 主管责任人 | 监理登记人 |
| | | | | | |
| | | | | | |
| | | | | | |
| | | | | | |
| | | | | | |
| | | | | | |

填表说明：

1. 本表一式一份，项目监理机构保存，以备监理单位、建设单位、施工安全监督机构检查。

2. 本表所填内容要真实、准确、全面，在整个安全监理过程中监理人员要检查各分部分项工程及危险岗位的安全教育与安全交底的落实情况，并评价其实际效果，分析施工安全管理态势，存在问题与不足时应书面通知施工单位整改。

3. 本表后宜附施工单位各种安全教育培训的教材、记录和书面技术交底等资料。

**（二）未落实高处作业管理不施工**

为规范项目高处作业的监管工作，杜绝高处作业操作安全隐患，加强高处施工作业的管控，确保高处作业安全、有序进行。

（1）施工单位应组织高处作业人员定期检查身体，严禁患有高血压、心脏病的人员从事高处作业。

（2）当作业人员出现身体不适、疲劳过度、精神不振等情况时，禁止从事高处作业。

（3）高处作业现场必须安排监护人员，负责作业现场的安全确认、监护、通信联络等工作，作业期间不得离开现场。

（4）应加强特种作业人员持证上岗管理，从事高处作业的特种作业人员必须取得有关主管部门颁发的特种作业操作资格证（见图2-36）。

（5）及时制止高处作业人员"违章作业、违章指挥、违反劳动纪律"的"三违"现象。

图2-36 必须培训持证上岗

（6）制定高处作业审批制度，作业前要严格遵守作业审批程序，对作业施工环境进行风险辨识，对作业人员进行相关技术交底。做到不审批不作业、不辨识不作业、不培训不作业。

未落实上述高处作业管理措施的，一律不得开展施工作业。

**（三）安全防护用品无保障不施工**

施工总承包单位应将专业分包和劳务分包单位的安全帽、安全带纳入统一管理，实施统一采购，落实进场验收及见证送检制度，严禁从业人员佩戴自购、自带的安全帽、安全带（见图2-37）。安全管理人员应每天对高处作业人员佩戴及使用安全防护用品情况进行检查，及时纠正违章行为。未落实高处作业安全防护用品保障的，一律不得开展施工作业。

**（四）不编制实施专项施工方案不施工**

涉及危险性较大的分部分项工程的施工作业，施工单位应将预防高处坠落作为专项施工方案中的重要内容，结合工程实际编制专项措施。作业过程中应严格按照经审批的专项施工方案进行施工并组织验收，验收不合格的，一律不得进行下一道工序施工。

**（五）安全防护不到位不施工**

施工单位应针对不同作业环节、各专业工种可能面临的高处坠落风险，完善高处作业有关劳动防护措施的配备，针对不同类型的高处作业设置防护栏、安全网等（见图2-38），现场要设置相应的安全警示标志，安全防护及管理不到位的，一律不得开展施工作业。

图 2-37　必须做好个人防护　　　　　图 2-38　必须落实工程措施

### （六）未开展安全巡查不施工

施工单位应每天安排专职安全管理人员对高处作业安全措施的落实情况进行巡查（见表 2-2），对巡查发现的问题应留存照片、影像资料及台账并严格落实闭环管理。未开展安全巡查，安全作业条件不满足要求的，一律不得开展施工作业。在巡查工地时，要求施工单位要切实加强施工安全管理，做好工地安全防护，加强日常安全隐患自查等工作，切勿因赶工期，导致安全事故的发生。

表 2-2　安全巡查表

| 工程名称 | |
|---|---|
| 工程地址 | |
| 巡查人员 | 职务： |
| | 姓名： |
| 施工安全巡查情况 | |
| 现场劳务纠纷及施工矛盾情况 | |
| 参建方签字 | 建设单位： |
| | 监理单位： |
| | 施工单位： |

# 第二节 物体打击篇

物体，一个苹果、一个铅笔、一根木棍，都可以称为物体。物理学里，物体是一群物质的聚集，被认定为独一的。例如，一个篮球可以被认为是一个物体；但是，篮球本身乃是由许多粒子形成的。总体来讲，自然界客观存在的一切有形体的物质，都称为物体。其存在形式可以是气态、液态，也可以是固体。物体是具有宏观形状、宏观体积或宏观质量的物质。在我们日常遣词造句当中，并没有将物体特定为哪一样东西，比如这台显微镜将物体放大了 100 倍，在这里物体可以是任何一个事物。

俗话说"东西是死的，人是活的"，但在施工作业现场，却经常会遇到物体"主动"伤人的事件。是的，本该是死的物体，却突然"活"了过来，突然间有了意识，成了一件伤人的利器，不是把人砸伤，就是砸死！这种事情虽听起来离奇诡异，却在工地上时常发生。"突然失控的木料""从天而降的砖块""飞溅的石料"等（见图 2-39 ~ 图 2-41）。如果物体也会说话，它们会说些什么呢？

图 2-39 失控的木料

图 2-40 从天而降的砖块

图 2-41 飞溅的石料

"突然失控的木料"应该会说："怪我了？一车的木料谁都不掉，偏偏掉我，我也不知道怎么说，说什么都是我的错，但我还是弱弱地问一句，你放得不稳、不牢，还不让我滚，臣妾做不到呀！"

听听"从天而降的砖块"会怎么说:"唉!别欺负我没长眼,长眼睛的都知道,我自己掉下来那是不可能的,都是没把我砌筑牢固了!"

再听听"飞溅的石料"说些什么:"为什么要小瞧我,没看见我在忙吗,也不走远点,我都控制不住体内的洪荒之力了。"

看了这些,你又想说些什么?或许是又急又怕,在多重因素作用下,可能我们日常生活中的一枚鸡蛋、一颗铁钉、一粒石子,都不再是原来的面貌(见图2-42),可能是:

鸡蛋不再是鸡蛋,而是"炸弹"

铁钉不再是铁钉,而是"铁锤"

石子不再是石子,而是"陨石"

"物的不安全状态",真的让人担心意外和明天,不知道哪一个会先到来?

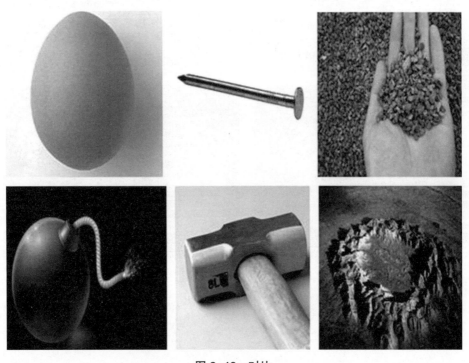

图2-42　对比

## 一、何为物体打击

### (一)物体持击的定义

物体打击是指失控的物体在惯性力或重力等其他外力的作用下产生运动,打击人体而造成人身伤亡事故。本类事故适用于下落物、飞来物、滚石、崩块等造成的伤害。比如,林区伐木作业的"回头棒""挂枝"伤害,打桩作业锤击等,都属于此类伤害。不包括主体机械设备、车辆、起重机械、坍塌等引发的物体打击。物体打击伤害是作业现场常见的伤害之一,特别是在施工周期短,劳动力、施工机具、物料投入较多的交叉作业时常有发生。它具有高致残、致死率,事故频率高,极少造成多人伤亡等特点。

### （二）物体打击事故类型

物体打击是工程安全六大伤害之一，常见事故类型如表2-3所示。

表2-3　常见事故类型

| 序号 | 常见事故类型 |
| --- | --- |
| 1 | 在高空作业中，由于工具零件、砖瓦、木块等物从高处掉落伤人 |
| 2 | 人为乱扔废物、杂物伤人 |
| 3 | 起重吊装、拆装、拆模时，物料掉落伤人 |
| 4 | 设备带"病"运行，设备中物体飞出伤人 |
| 5 | 设备运转中，违章操作，用铁棍捅卡料，铁根飞弹出伤人 |
| 6 | 压力容器爆炸的飞出物伤人 |
| 7 | 放炮作业中乱石伤人等 |

### （三）物体打击危险环境

有些生产作业人员在生产作业中，常不知不觉地将自身置于有物体打击的有险环境之中；或是违反操作规程，使自己的作业成为有险作业，结果引发了物料打击伤害自己或他人的严重后果。在生产作业过程中，由于生产过程遇到的情况千变万化，每个生产作业人员的素质和安全意识程度不同，也有可能因违章操作或疏忽大意，而发生将自己置于物体打击因素有险的环境出现发生伤害事故。

1. 盲目穿行

高空吊装、高空输送机架下是危险区，若下边没有设置醒目的禁止穿行标志，或生产作业人员为贪图方便，盲目穿行架下，一旦上方物件、物料下落，就有可能发生砸伤事故。

2. 颠倒生产作业程序

在生产作业过程中，若为追求进度，颠倒了应有的程序，冒险蛮干，就有可能引发物体断裂打击事故。

## 二、物体打击典型案例解析

### 案例一　"8·24"一般物体打击事故

违章作业，冒入危险场所，遭遇飞来横祸！

1. 事件概况

2017年8月24日17时20分许，在某市沙田镇福禄沙村石塘尾小组工地东引桥左幅33号的盖梁平台，发生一起物体打击事故，造成一人死亡。

2. 事件时间

2017年8月24日。

3. 事件经过

2017年8月23日，因受台风天气的影响，广东省某公路工程有限公司的安全经理张某汉，在位于某市沙田镇福禄沙村石塘尾小组工地上检查时，发现工地东引桥左幅33

号的盖梁平台松动，存在重大隐患。张某汉于是将情况汇报给广东省某公路工程有限公司，广东省某公路工程有限公司便派业务经理何某去找人将东引桥左幅 33 号的盖梁平台拆除。何某便找来闻某，并且达成口头协议，由闻某承接该工地东引桥左幅 33 号的盖梁平台拆除作业。闻某承接后，聘请了吊车司机朱某辉和两名散工侯某清、侯某。工程内容：广东省某公路工程有限公司一次性付款 20000 元人民币给闻某，闻某就负责将东引桥左幅 33 号的盖梁平台拆除并将拆下来的材料运走，吊机及吊机司机等人员由闻某聘请。于 2017 年 8 月 24 日 17 时 20 分许，站在平台上的指挥员闻某用对讲机叫吊车司机朱某辉起吊，朱某辉便用对讲机问闻某，是否确定可以起吊第二根工字钢，闻某回答朱某辉说可以。朱某辉就起吊第二根工字钢，那工字钢却突然呈现不规则摆动，直接摆向正在指挥的闻某，闻某因躲避不及，就被工字钢撞击到头部，闻某的头盔都被撞飞，闻某大叫一声后就倒在平台上。事故部位见图 2-43。

图 2-43　事故部位

4. 事件后果

事故造成 1 人死亡，造成直接经济损失约 80 万元人民币。

5. 事故原因分析

1）事故单位

●广东省某公路工程有限公司，该公司在某市沙田镇福禄沙村石塘尾小组工地上建东引桥。

●闻某的施工队（施工队由闻某、侯某清、侯某和朱某辉四人组成）。朱某辉是该施工队的吊车司机，该施工队的吊车的合格证编号是 CC20100179。

2）事故原因

（1）直接原因。

指挥手闻某作业违章，冒险进入危险场所，站在危险区域内指挥，斜吊的角钢吊运过程中出现大幅度摆动击中指挥手，从而发生了起重伤害事故。

（2）间接原因。

闻某本人对安全生产的认识不足，安全防范意识淡薄，没有熟悉安全操作规程，闻某虽然按规定佩戴安全帽，但当时距离工字钢 1 m 左右。另外，作为起重作业的指挥手，闻某未经过指挥作业信号的培训，不具有担任该项工作的资质，不具备判断距离、高空和净空的能力，违反《起重机械安全规程 第一部分 总则》（GB 6067.1—2015）的相关规定，冒险进入危险场所，站在危险区域内指挥吊运作业。当吊起的工字钢突然呈现不规则摆动，直接摆向正在指挥的闻某时，因其躲避不及，就被工字钢撞击到头部。

3）事故性质

经调查组调查认定，"8·24"一般物体打击事故是一起死亡 1 人的一般生产安全责任事故。

6. 事故的责任认定

●死者闻某：作为本次拆除作业的承包者和指挥员，安全意识淡薄，在没有熟悉安全操作规程下指挥吊机，虽然事发时有按规定佩戴安全帽，但没有撤离到安全距离，属违规作业，导致事故发生，对事故负有责任。

●广东省某公路工程有限公司：该公司已将拆除作业发包给闻某施工队，且当时广东省某公路工程有限公司的安全经理张某汉在现场监工，统一发放劳保用品给施工队，对施工队的安全生产工作统一协调、管理。积极配合救援工作，积极做好善后处理工作，在事故发生后的 3 天内抚恤好死者家属，并且对死者家属做出了补偿。

7. 事故的处理建议

闻某作为本次拆除作业的承包者和指挥员，对事故的发生负有责任，鉴于其在事故中死亡，建议不追究其责任。

事故涉及其他法律责任，如是否构成民事侵权等责任，建议当事各方通过其他法律途径解决。

### 案例二　"4·3"物体打击事故

安全管理不到位，致 1 人死亡，总经理、总监、安全总监、安全员等多人被追责！

1. 事件概况

2018 年 4 月 3 日 17 时 10 分，某市东三环 107 辅道快速化工程第八标段 K12+996（C48 仓）在模板加固过程中发生一起物体打击事故，造成 1 人死亡，直接经济损失约 95 万元。事故调查处理意见见图 2-44。

2. 事件时间

2018 年 4 月 3 日。

3. 事件经过

2018 年 4 月 3 日 13:30，安阳某公司安排木工班组进入隧道内进行中墙模板加固作业，施工人员 30 余人。当天风力东北风 4~5 级，局部 6~7 级，施工现场按规范要求塔吊停止作业，该施工现场无塔吊吊装作业，地面以上作业停止，无

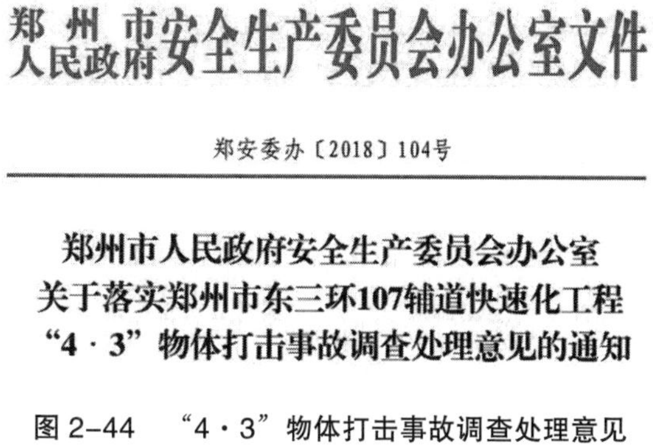

郑州市安全生产委员会办公室文件

郑安委办〔2018〕104号

郑州市人民政府安全生产委员会办公室
关于落实郑州市东三环107辅道快速化工程
"4·3"物体打击事故调查处理意见的通知

图 2-44　"4·3"物体打击事故调查处理意见

交叉施工现象。按照安阳某公司木工班长向某生的工作安排，木工杜某秀与杨某平到达 C48 仓中墙位置加固中墙模板。在加固模板的过程中，杜某秀需要用到长约 1 300 mm、直径 16 mm 的螺纹钢筋作为疏通工具，疏通模板对拉螺杆孔，方便穿入对拉螺杆，现场疏通和加固模板过程中会造成对拉螺杆晃动。由于作业位置高低不同，杜某秀作业时需要在上下攀爬，到不同的位置做重复性工作。17:10，当杜某秀在中墙底部调整加固模板时，由于模板和对拉螺杆的晃动，造成随手放置在上方约 4.3 m 处用于疏通工具的螺纹钢坠落，扎入杜某秀的左耳后颈枕部。杜某秀工作期间佩戴有安全帽，事发时安全帽未脱落。工友杨某平与杜某秀距离约 6 m，做同样的工作。杨某平突然听到杜某秀"啊"的一声喊叫，此时发现杜某秀跪在地上，闭着眼睛，双手在身前慢慢放下，缓缓向后躺下，颈部插着长 1 300 mm 的疏通工具。杨某平立即大声呼救。由于隧道内模板支撑架比较密集，无法将伤者杜某秀抬出作业地点，闻讯赶来的 20 余名工人就开始拆除伤者周围的钢管脚手架，并拨打 120 急救电话。项目部管理人员和工友将杜某秀抬出地面，并配合医护人员的抢救。

**4. 事件后果**

4月3日19:08，伤者杜某秀被送到某市大学第一附属医院急诊重症监护室进行救治。诊断病例显示伤者：伤口直径约 20 mm，深 40~50 mm。经医生会诊及两次 CT 拍片后，23:45 进入手术室，次日 04:45 返回病房，主治医生告知家属手术非常成功，随后转入重症监护室进行救治。2018 年 4 月 8 日 05:30，医院告知家属及项目部陪护人员杜某秀病情突然恶化，06:00，经医院抢救无效死亡。

**5. 事故原因分析**

1）直接原因

工人杜某秀自身安全意识淡薄，事故防范意识差，在施工作业过程中将疏通工具放置在易滑落的危险位置，加之模板和支架晃动，致使坠落造成伤亡。

2）间接原因

（1）安阳市某建筑劳务有限责任公司对工人的安全教育和引导、对工具的使用和安全管理不到位，主要负责人督促检查作业部位的安全状况不细致。未及时发现并消除施工现场存在的生产安全事故隐患。

（2）中国水利水电某局有限公司对施工现场安全管理和施工组织不细致，对分包单位安全管理不够严格。现场主要管理人员对事故隐患排查治理工作安排不够详细。

（3）某市中兴工程监理有限公司对安全管理工作重视不够，对危险源辨识存在疏漏，事故发生当天未安排对中墙模板加固专项施工进行跟踪检查。

3）事故性质认定

经事故调查组的调查认定，本次事故是一起一般生产安全责任事故。

**6. 事故处理建议**

根据对事故原因的分析，调查组提出事故责任划分及处理意见如下。

1）事故责任人的处理建议

●杜某秀，安阳市某建筑劳务有限责任公司木工班工人，自身安全意识淡薄，事故防范意识差，在施工作业过程中将疏通工具放置在易滑落的危险位置，致使坠落造成伤亡。对此次事故的发生负有直接责任。鉴于其已死亡，建议不再追究其责任。

●端木某丰，安阳市某建筑劳务有限责任公司总经理，对项目安全生产工作不够重视，对安全管理制度要求不严，对现场安全工作督促、检查不到位，未及时消除生产安全事故隐患。对事故的发生负有主要责任。违反了《中华人民共和国安全生产法》第十八条第五项之规定，依据《中华人民共和国安全生产法》第九十二条第一项之规定。建议由安全生产监督管理部门对其处以 2017 年年度收入 30%（108 000 元 ×30%=32 400 元）罚款的行政处罚。

●端木某明，安阳市某建筑劳务有限责任公司项目安全员，对施工作业现场安全作业条件检查不到位、不细致，对工人的安全教育和技术交底不细致，对事故的发生负有重要责任。依据《河南省建设工程生产安全事故报告处理暂行规定》（豫建建〔2007〕162 号）第十条之规定，建议由建设行政主管部门暂扣其安全生产考核证书，停止其招标投标 180 天。

●张某忠，某市中兴工程监理有限公司项目总监，未能严格履行监理职责，对项目危险因素认识不够，对现场安全检查安排不够认真仔细，对事故的发生负有重要责任。依据《河南省建设工程生产安全事故报告处理暂行规定》（豫建建〔2007〕162 号）第十条之规定，建议由建设行政主管部门停止其招标投标 90 天。

●宋某飞，中国水利水电某局有限公司项目专职安全员，不落实现场安全管理规定，对施工现场的安全生产条件巡检不到位，不及时制止作业人员的违章行为。对事故的发生负有重要责任。依据《河南省建设工程生产安全事故报告处理暂行规定》（豫建建〔2007〕162 号）第十条之规定，建议由建设行政主管部门暂扣其安全生产考核证书，停止其招标投标 180 天。

●王某武，系中国水利水电某局有限公司项目安全总监，未认真履行安全生产管理职责，未能及时对施工现场的安全隐患进行认真检查，并消除生产中存在的生产安全事故隐患，对此事故的发生负有重要责任。建议依据《河南省建设工程生产安全事故报告处理暂行规定》（豫建建〔2007〕162 号）第十条第一款之规定，由建设行政主管部门暂扣其安全生产考核证书，停止其招标投标 180 天。

●李某升，系中国水利水电某局有限公司项目经理，未认真履行安全生产管理职责，未能做好本项目的安全生产督促、检查工作，未能及时发现并消除生产中存在的安全事故隐患，对事故的发生负有重要责任。依据《河南省建设工程生产安全事故报告处理暂行规定》（豫建建〔2007〕162 号）第十条之规定，建议由建设行政主管部门暂扣其安全生产考核证书，停止其招标投标 90 天。

●郭某明，系中国水利水电某局有限公司第一分局局长，未认真履行安全生产管理职责，未能及时发现并消除生产中存在的安全事故隐患，对事故的发生负有主要责任。死者杜某秀受伤后，入院治疗救治，于 4 月 8 日上午 6 点抢救无效死亡，未及时报告事故情况，构成迟报，造成不良社会影响。违反了《生产安全事故报告和调查处理条例》（国务院令第 493 号）第九条第一款之规定，依据《生产安全事故报告和调查处理条例》（国务院令第 493 号）第三十五条第二项之规定，建议由安全生产监督管理部门对其处以 2017 年年度收入的 80%（178 200 元 ×80% =142 560 元）罚款的行政处罚。

2）事故责任单位的处理建议

●安阳市某建筑劳务有限责任公司，对工人的安全教育和引导、对工具的使用和安全管理不到位，主要负责人对现场安全工作督促、检查不到位，未及时发现并消除施工现场存在的生产安全事故隐患，造成事故的发生，对事故的发生负有主要责任。违反了《中华人民共和国安全生产法》第四条之规定，依据《中华人民共和国安全生产法》第一百零九条第一项之规定，建议由安全生产监督管理部门对其处以 35 万元罚款的行政处罚。

●中国水利水电某局有限公司，对施工现场安全管理和施工组织不细致、不完善，在安全管理方面存在疏漏，对分包单位安全管理不够严格。现场主要管理人员对事故隐患排查治理工作安排不够详细，对事故的发生负有重要责任。建议由建设行政主管部门对其进行约谈。

●某市中兴工程监理有限公司，对安全管理工作重视不够，履行监督职责存在疏漏，事故发生当天未安排对中墙模板加固专项施工进行跟踪检查，现场主要管理人员对危险源辨识不清、认识不足，对事故的发生负有重要责任。建议由建设行政主管部门对其进行约谈。

7. 整改意见和防范措施

●安阳市某建筑劳务有限责任公司，要建立健全公司关于生产工具的专项安全管理制度，强化责任意识，重视安全管理工作。要加强现场安全检查，及时发现并制止施工现场的安全隐患；强化安全培训教育和法律法规的学习，提高管理人员的法律法规认识水平，提高从业人员的安全意识和自我保护能力。

●中国水利水电某局有限公司，要加强施工现场安全管理，提高管理人员的法律法规认识水平，认真组织学习《生产安全事故报告和调查处理条例》，规范事故报告制度。不断完善事故隐患排查治理工作，明确分工，责任到人。自查自纠，在公司内部开展一次生产安全大检查，重点检查各施工现场中存在的物的不安全因素及管理情况，提高安全生产责任意识，建立安全工作常抓不懈的长效机制。

●某市中兴工程监理有限公司，要进一步提高施工安全监理工作水平，及时发现施工现场存在的不安全因素，严格执行隐患排查制度和跟踪落实隐患整改情况，依照法律、法规和工程建设强制性标准实施监理。

●建筑行业管理部门要加大巡查、检查力度，建立完善建设行业安全风险分级管控和隐患排查治理双重预防机制，将事故防患于未然。

### 案例三　"5·14"物体打击事故

1# 节段梁倾倒坠落，致 1 人死亡，1 人重伤！现场负责人被追究刑事责任！

1. 事件概况

2019 年 5 月 14 日，某市四环线及大河路快速化工程 PPP 项目东四环标段总包一部发生物体打击事故，致 1 人死亡，1 人重伤（见图 2-45）。

2. 事件时间

2019 年 5 月 14 日。

郑安委办〔2020〕59号关于落实郑州市四环线及大河路快速化工程PPP项目
东四环标段总包一部"5·14"物体打击事故调查处理意见的通知
来源：本站 时间：2020-06-28 09:52

# 郑州市安全生产委员会办公室文件

郑安委办〔2020〕59号

## 郑州市安全生产委员会办公室
## 关于落实郑州市四环线及大河路快速化工程
## PPP项目东四环标段总包一部"5·14"物体
## 打击事故调查处理意见的通知

图2-45　"5·14"物体打击事故调查处理意见

3. 事件经过

2019年5月13日，位于某市东四环与航海东路交叉口东北角铁建中原东四环项目部一分部17Y005-004-01-W节段梁吊装就位。

5月14日9时左右，余某杰、温某肖、门某华、滚某格、王某钢、温某结共6人进行17Y005-004-01-W节段梁拼装精装就位调节。精调过程中，测量员郭某涛将梁段标高及位置数据告诉班组长温某结。温某结通过对讲机告诉温某肖，让余某杰、温某肖、门某华、滚某格、王某钢先用沙桶、垫片一点一点地调整节段梁的位置及标高，温某结在梁上，温某肖在梁下，王某钢在西南角，门某华在东南角，滚某格在东北角，余某杰在西北角。

温某肖把垫片垫好以后，准备用电焊把那几个垫片加固焊接，以防垫片滑落。电焊时焊渣掉落，王某钢就从东南角跑到西南角躲避焊渣。门某华站在西北角，用手动泵操作三向千斤顶，同时温某肖在焊接临时支柱垫片过程中，节段梁突然发生倾斜，节段梁顶面的精轧螺纹钢临时锚固拉脱，临时钢管支柱失稳倾倒，节段梁向西北角掉落，门某华被砸伤，温某肖被节段梁砸伤致死。

4. 事故应急救援处置情况

事故发生后，铁建某工程有限公司于9时10分把事故情况报送至某市建筑安全监督站，经开区管委会于11时30分接到属地派出所事故快报后，组织人员协同消防、公安、安监、潮河办事处等有关部门和单位人员第一时间赶到事故现场，组织对事故进行应急处置，铁建某工程有限公司于12时40分将事故纸质版报送至经开区安监局。工地现场负责人联系120对温某肖和门某华现场施救后，确认温某肖死亡，立即把伤者门某华送至某地市中医骨伤病医院治疗。

5. 事故原因分析

1）直接原因

17Y1005-004-01-W节段梁拼装支架搭设不符合方案要求，在精调过程中产生水平力，导致拼装支架失稳，致使1#节段梁倾倒坠落。

2）间接原因

（1）17ZY005墩1#节段梁精调时未使用吊机吊挂节段梁，0#块顶面临时张拉台座设置不符合施工要求。

（2）总包单位铁建某工程有限公司在该项目安全管理中安全管理体系存在漏洞，未有效落实安全生产责任制，未严格按照方案施工，未严格履行钢管支架搭设验收制度；在节段梁精调施工时，无安全管理人员现场检查和盯控。

（3）分包单位贵州某土木工程有限公司项目管理混乱，在施工中未组织对作业人员进行安全教育和安全技术交底，作业现场无专职安全员。

（4）监理单位河南某工程建设监理有限公司未充分履行监理职责。未按要求对拼装支架进行验收，且在节段梁精调时无监理人员现场旁站。

（5）建设单位未充分履行安全生产主体责任，对施工项目组织、监理项目组织和施工安全未进行有效管理。

3）事故性质认定

经调查分析认定，某市四环线及大河路快速化工程PPP项目东四环标段总包一部"5·14"物体打击事故是一起一般生产安全责任事故。

6. 事故处理建议

1）建议移交司法机关处理的人员

雷某坤，贵州某土木工程有限公司现场负责人。安全管理工作不到位；未建立、健全项目工程安全管理体制；未编制分包单位施工组织设计和安全施工方案；未及时发现和消除存在的重大安全隐患；未进行技术交底；未对工程施工安全进行严格管理和控制。对事故发生负有直接责任。建议由司法机关依法处理。

2）对相关责任人员的处理建议

●韩某建，贵州某土木工程有限公司总经理。作为公司的主要负责人，未能有效落实本单位安全生产责任制；安全人员配备不到位，不能按要求督促、检查本单位的安全生产工作，未及时消除生产安全事故隐患；安全管理存在较大漏洞。对事故的发生负有主要责任。依据《中华人民共和国安全生产法》第九十二条第一项之规定，建议由安全生产监督管理部门对其处以2018年年收入30%（人民币23 760元）罚款的行政处罚。

●张某勇，铁建某工程有限公司项目经理。安全管理工作不到位；未根据施工需要配备施工、技术和安全管理人员；对下属未有效履行安全生产职责的行为监督检查不到位。对事故发生负有重要责任。依据《河南省建设工程生产安全事故报告处理暂行规定》第十条第一款之规定，建议由建设行政主管部门暂扣其安全生产考核证书，停止其招标投标90天。

●刘某，河南某工程建设监理有限公司项目总监。对项目的安全管理不到位；安全生产责任制未得到完全有效落实；对下属人员未能有效履行安全监督职责，监督检查不到位。对事故发生负有重要责任。建议由建设行政主管部门停止其招标投标90天。

3）对相关责任单位的处理建议

●贵州某土木工程有限公司。安全生产责任制落实不到位；未严格遵守安全操作规程；在施工中未组织对作业人员进行安全教育和安全技术交底，作业现场无专职安全员，施工现场安全检查不及时，项目管理混乱，施工中存在违章作业现象。对事故发生负有主要责任。依据《中华人民共和国安全生产法》第一百零九条第一项之规定，建议由安全生产监督管理部门对其处35万元罚款的行政处罚。

●铁建某工程有限公司。建立健全安全管理体系及制度不到位；未认真落实安全生产责任；未根据施工需要配备施工、技术和安全管理人员；未对劳务分包单位在施工、安全等方面未进行有效管理。对事故发生负有重要责任。建议由某地市城乡建设局依据相关法律法规对其进行处理。

●河南某工程建设监理有限公司。关键部位旁站监理不到位；对项目管理存在漏洞，对项目总承包单位、劳务分包单位安全管理行为及安全管理措施落实等方面管理不规范。对事故发生负有重要责任。建议由某地市城乡建设局依据相关法律法规对其进行处理。

●某市交投东四环项目管理有限公司。未充分履行安全生产主体责任；未对施工项目组织、监理项目组织和施工安全进行有效管理，未切实履行建设单位安全管理职责，未对施工、监理单位进行有效管理。对事故发生负有重要责任。建议由某地市城乡建设局依据相关法律法规对其进行处理。

●某地市建设安全监督站。未按照管行业必须管安全的原则，全面落实行业主管部门直接监管的要求；未认真履行《安全生产法》第六十二条、第六十七条赋予行业领域主管部门的职责。对事故发生负有行业安全监管责任。建议由某地市城乡建设局对某地市建设安全监督站做出处理。

7. 事故防范措施建议

●贵州某土木工程有限公司：加强安全责任制的落实；作业人员加强岗位安全技术学习和培训，严格遵守安全操作规程；纠正不安全施工行为，消除安全隐患。

●铁建某工程有限公司：建立健全安全管理体系及制度，认真落实安全生产责任，根据施工需要配备施工、技术和安全管理人员，严格检查和验收，加强对劳务分包单位的安全管理，制定岗位安全操作规程，加强安全教育培训及安全交底，完善及实施节段梁拼装架设安全措施。

●河南某工程建设监理有限公司：做好安全监理，尤其是加强质量和安全关键部位旁站监理，加强对总承包单位、劳务分包单位安全管理行为及安全管理措施落实的监理。

●某市交投东四环项目管理有限公司：切实履行建设单位安全管理职责，对施工、监理单位进行有效管理，对施工项目组织、监理项目人员和施工安全进行管理。

●某地市建设安全监督站：加大巡查、检查力度，建设行业安全风险分级管控和隐患排查治理双重预防机制，将事故防患于未然。

### 案例四  "12·15"物体打击事故

未经专项特种设备操作培训，1人死亡，经济损失达百万！

**1. 事件概况**

2019年12月15日，在某高速公路改扩建二期项目一钢筋棚发生一起物体打击事故，造成一名现场作业人员当场死亡。本起事故直接经济损失约125万元。

**2. 事件时间**

2019年12月15日。

**3. 事件经过**

某高速公路改扩建二期工程是浙江省2019年重点建设项目，路线沿原某高速公路线位，经金华、衢州。2019年10月10日总承包单位浙江某交通建设有限公司将柯城路段分包给浙江某市政园林有限公司施工。为配套工程，浙江某市政园林有限公司在姜家山乡柯城农商城东侧区土地储备中心收储地块设置钢筋车间进行钢筋加工。2019年12月15日上午，刘某、代某东等人在钢筋车间加工钢筋，具体是把长约9 m、重约2 t的钢筋捆用电动单梁起重机（俗称航吊）吊运至钢筋切割机进行切割、折弯。刘某和代某东两人一组，起吊过程是刘某先用钢丝绳套住钢筋捆一端，代某东操作电动单梁起重机往上吊，将钢筋捆抬升，接着刘某将枕木伸到抬起的钢筋捆下方，再将另一根钢丝绳伸进去套牢；两端都套好后使用电动钢梁起重机吊运。上午10时40分左右，正当刘某低头把枕木伸入吊起的钢筋捆下时，因重力作用钢筋捆发生弯曲，钢丝绳侧滑并脱落，钢筋捆掉落砸在刘某头部。

**4. 事件后果**

刘某头部颅骨破裂，当场死亡。

**5. 事故原因分析**

1）直接原因

刘某安全意识淡薄，违反吊装作业规程，吊装作业时把头探入钢筋吊物下方，致使自己处于不安全状态下。

代某东安全意识淡薄，未经专项特种设备操作培训，电动钢梁起重机操作技能缺乏，起吊高度过高，导致钢丝绳侧滑脱落，钢筋捆掉落。

2）间接原因

浙江某市政园林有限公司经营范围未严格履行安全生产管理职责，对员工的安全生产教育和培训不到位，特别是未对属于特种设备的电动单梁起重机的操作进行专项岗前培训，致使作业人员不具备必要的安全意识和岗位安全操作技能。浙江某市政园林有限公司经营范围未建立、健全钢筋车间的安全生产规章制度和操作规程，致使作业人员无章可循。

浙江某市政园林有限公司经营范围未在钢筋车间设置安全警示标志，不能提高作业人员警惕性，避免伤害事故的发生。

3）事故类别、等级及性质

经调查认定，某高速改扩建工程"12·15"物体打击事故是一起生产安全责任事故，事故类别：物体打击；事故等级：一般。

6. 事故处理意见

1）建议给予行政处罚的单位和个人

●浙江某市政园林有限公司，违反安全生产规定，主体责任落实不到位，未尽安全保障义务，对从业人员的岗前安全生产教育、培训不到位，安全生产规章制度和操作规程不健全，未在有较大危险因素的生产经营场所和有关设施、设备上设置明显的安全警示标志。浙江某市政园林有限公司的上述行为违反了《中华人民共和国安全生产法》第四条、第二十五条和第三十二条，对事故的发生负有责任，建议由区应急局依法处罚。

●葛某丽，作为企业主要负责人，未能严格落实安全生产管理职责，组织制定并督促实施安全生产教育和培训计划不到位，未能建立、健全安全生产规章制度和操作规程，违反了《中华人民共和国安全生产法》第十八条第（二）、（三）项的规定，对事故的发生负有责任，建议由区应急局依据安全生产法律法规进行处罚。

2）责成有关单位做出处理的人员

浙江某市政园林有限公司杭金衢改扩建二期工程项目部，未能对现场进行有效的安全管理，致使从业人员缺乏必要的安全技能、施工现场存在安全隐患，责成 浙江某市政园林有限公司依据公司规定对项目部相关负责人做出处理。

3）建议免予处罚的责任者

刘某，安全意识淡薄，吊装作业时将头深入到吊起的钢筋捆下方，致使自己处于不安全状态下，对事故的发生负有责任，鉴于其已经在事故中死亡，不予追究。

## 案例五　“5·2”物体打击事故

钢制模具上未设置防护措施，致 1 人死亡！

1. 事件概况

2020 年 5 月 2 日 11 时 29 分，位于巢湖市夏阁镇的安徽某路桥建设集团有限公司芜合高速改扩建 HWWZ-01 标项目部预制厂内发生一起物体打击事故，造成一名工人死亡（见图 2-46）。

2. 事件时间

2020 年 5 月 2 日。

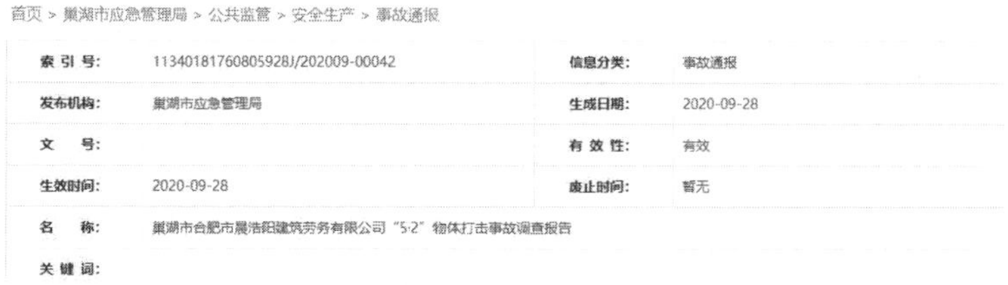
首页 > 巢湖市应急管理局 > 公共监管 > 安全生产 > 事故通报

| | | | |
|---|---|---|---|
| 索 引 号: | 11340181760805928J/202009-00042 | 信息分类: | 事故通报 |
| 发布机构: | 巢湖市应急管理局 | 生成日期: | 2020-09-28 |
| 文　　号: | | 有 效 性: | 有效 |
| 生效时间: | 2020-09-28 | 废止时间: | 暂无 |
| 名　　称: | 巢湖市合肥市晨浩铝建筑劳务有限公司“5·2”物体打击事故调查报告 | | |
| 关 键 词: | | | |

图 2-46　“5·2”物体打击事故调查报告

3. 事件经过

5 月 2 日上午 8 时许，晨某阳劳务公司会同某吊装公司对项目部预制厂内散放的钢制模具进行整理，集中堆放。工作流程是先将钢制模具吊装至货车上，然后由货车运至厂区临时存放点，再用吊车将钢制模具从货车上吊运至临时存放点。晨某阳劳务公司工人焦某、杭某负责系、解绳扣，某吊装公司工人杨某虎负责指挥，黄某洋为吊装司机。10时许，临时存放点第二层第一块钢制模具已吊装、安放到靠墙位置。在即将吊运第二块钢制模具时，原先放置的第一块钢制模具，因上下两块钢制模具自身结构不规则而失稳，突然向墙一侧倾倒，导致站在上面的工人杭某摔落至第一层第一块钢制模具夹缝内的地面上。现场指挥杨某虎听到杭某呼救后，连忙组织施救（见图2-47）。11时10分，120急救车到达现场，将杭某送往安徽医科大学附属巢湖医院抢救。

图 2-47　事故现场图

4. 事件后果

杭某经救治无效死亡。接到事故报告后，巢湖市公安局、应急管理局和夏阁镇政府负责人先后赶赴现场，了解事故原因，指导现场救援，协调处理善后工作。5月7日，晨某阳劳务公司与死者家属达成善后赔偿协议，善后工作完成。

5. 事故原因分析

1）直接原因

杭某站在无防护措施的钢制模具上实施高处作业，钢制模具发生倾倒，导致坠落，是造成事故的直接原因。

2）间接原因

●晨某阳劳务公司。未按规定对从业人员进行安全生产教育和培训，违反了《安全生产法》第二十五条第一款规定；高处作业时，未为从业人员提供劳动防护用品，违反了《安全生产法》第四十二条规定。

●某吊装公司。未配备兼职安全管理人员，违反了《安全生产法》第二十一条第二款规定；未按规定对从业人员进行安全生产教育和培训，违反了《安全生产法》第二十五条第一款规定；起重吊装作业前，未编制吊装作业的专项施工方案，未进行安全技术措施交底，违反了《建筑施工起重吊装工程安全技术规范》（JGJ 276—2012）3.0.1

规定。

3）事故性质

经调查认定，巢湖市合肥市晨某阳建筑劳务有限公司"5·2"物体打击事故是一起一般生产安全责任事故。

6.事故处理建议

1）建议免于追究责任人员

杭某站在无防护措施的钢制模具上实施高处作业，对事故发生负有直接责任。鉴于其已在事故中死亡，建议免于追究其责任。

2）建议给予行政处罚人员

●成某龙，晨某阳劳务公司法定代表人。未组织制订本单位安全生产教育和培训计划，未按规定组织实施对从业人员进行安全生产教育和培训，未建立健全本单位安全生产责任制，未制定本单位的安全生产规章制度、操作规程，督促、检查本单位的安全生产工作不力，未及时消除生产安全事故隐患，对事故发生负有责任。依据《安全生产法》第九十二条第（一）项规定，建议由市应急管理局给予其上一年年收入百分之三十罚款的行政处罚。

●邓某，晨某阳劳务公司安全生产管理人员。未按照要求组织或参与对从业人员进行安全生产教育培训，未组织或参与拟订本单位安全生产规章制度、操作规程，未及时排查事故隐患，对事故发生负有责任。依据《安全生产违法行为行政处罚办法》（国家安监总局令第15号）第四十五条第（一）项规定，建议由市应急管理局给予其6000元罚款的行政处罚。

●陈某，某吊装公司法定代表人。未组织制定并实施本单位安全生产教育和培训计划；督促、检查本单位的安全生产工作不力，未及时消除生产安全事故隐患，对事故发生负有责任。依据《安全生产违法行为行政处罚办法》（国家安监总局令第15号）第四十五条第（一）项规定，建议由市应急管理局给予其6000元罚款的行政处罚。

3）建议给予行政处罚单位

●晨某阳劳务公司。未按规定对从业人员进行安全生产教育和培训，高处作业时，未为从业人员提供劳动防护用品，对事故发生负有责任。依据《安全生产法》第一百零九条第（一）项规定，建议由市应急管理局给予其22万元罚款的行政处罚。

●某吊装公司。未配备兼职安全管理人员，未按规定对从业人员进行安全生产教育和培训，起重吊装作业前，未编制吊装作业的专项施工方案，未进行安全技术措施交底，对事故发生负有责任。依据《安全生产违法行为行政处罚办法》（国家安监总局令第15号）第四十五条第（一）项规定，建议由市应急管理局给予其2万元罚款的行政处罚。

7.事故防范措施建议

●晨某阳劳务公司。要深刻汲取事故教训，严格落实建筑企业安全生产主体责任。要建立健全本单位安全生产责任制，制定本单位的安全生产规章制度、操作规程；要制定本单位安全生产教育和培训计划，并按规定对从业人员进行安全生产教育和培训；要建立健全生产安全事故隐患排查治理制度，及时发现并消除事故隐患。

●某吊装公司。要严格落实企业安全生产主体责任。要建立健全安全生产管理机构或者配备专兼职安全管理人员；要制订本单位安全生产教育和培训计划，并按规定对从业人员进行安全生产教育和培训；要加强对吊装作业的安全管理，起重吊装作业前，编制吊装作业的专项施工方案并按规定进行安全技术措施交底。

### 案例六 "7·24" 物体打击事故

脚手架管坠落，1人死亡，项目现场全面停工整顿！

**1. 事件概况**

2020年7月24日，某电厂新建工程项目发生1起物体打击伤亡事故，造成1名施工人员死亡。

**2. 事件时间**

2020年7月24日。

**3. 事件经过**

某电厂新建工程项目脱硫综合楼为3层混凝土框架结构，总高21.45 m，由安徽某公司负责施工。该工程于2019年7月26日开工建设，原劳务分包单位安徽某建设有限公司，因劳务纠纷于2020年6月5日停工。现劳务分包单位为安徽翰锦工程建设有限公司，该公司于6月16日进场开始剩余工程施工，7月6日结构到顶。7月23日开始进行11.95 m层脚手架拆除，7月24日凌晨4时30分木工班组将已拆除的脚手架管周转至地面，6时30分施工队安排南某某（死者，62岁）进行脚手架管归类码放作业。7月24日16时17分，南某某在脱硫综合楼外地面清理脚手架管时，被上方掉落的一根脚手架管砸中安全帽顶部，当场倒地昏迷。现场作业人员立即拨打120急救电话，并启动应急预案。事故现场见图2-48。

图2-48 事故现场图

**4. 事件后果**

16时42分，120救护车到达现场进行紧急抢救。16时49分，心电图显示南某某已无生命体征。

5.应急处置

16时55分，锡盟某电厂项目管理部向锡盟某能源分公司报告事故情况，并按规定报告地方政府相关部门、行业监管部门、集团公司。锡盟某能源公司启动应急预案，相关领导及人员赶赴现场，安排部署应急救援及事故处置，协调善后工作。

6.整改意见和防范措施

（1）配合做好善后工作。锡盟某电厂要配合施工、总包等单位全力做好善后相关工作，同时配合地方政府、监管单位做好事故调查工作。

（2）做好事故调查处理。根据集团公司领导指示，由集团公司安环部、电力部牵头组织，纪检组参加，成立事故调查组，按照"四不放过"原则做好事故调查处理工作，尽快查明事故原因，堵塞安全管理漏洞，厘清责任，对相关单位及责任人严肃追责。

（3）锡盟某电厂新建工程项目现场全面停工整顿。深入查找、剖析事故暴露的问题，全面梳理管控流程，切实落实管理责任，采取有力措施彻底整改。同时做好人员稳定、心理疏导工作，落实现场停工后停水、停电等防范措施，防止发生次生事故。

## 三、物体打击事故发生的原因

### （一）施工管理、安全监督管理不到位

（1）在施工组织管理上，施工负责人对交叉作业重视不足，安排两组或以上的施工人员在同一作业点的上下方同时作业，造成交叉作业。

（2）片面追求进度，不合理地安排作业时间，不合理地组织施工，要求工人加班加点，导致安全监管缺失。

（3）安全监护不到位。

### （二）人的不安全行为

人的不安全行为是人的生理和心理特点的反映，主要表现在身体缺陷、错误行为和违纪违章三方面（见表2-4）。

表2-4　危险因素／危害因素

| 人的因素 | 1.心理、生理性危险、有害因素 | ■负荷超限（体力、听力、视力、其他）；<br>■健康状况异常；<br>■从事禁忌作业；<br>■心理异常（情绪异常、冒险心理、过度紧张、其他心理异常）；<br>■辨识功能缺陷（感知延迟、辨识错误）；<br>■其他心理、生理性危险、有害因素 |
|---|---|---|
| | 2.行为性危险、有害因素 | ■指挥错误（指挥失误、违章指挥、其他指挥错误）；<br>■操作失误（误操作、违章操作、其他操作失误）；<br>■监护失误；<br>■其他错误行为性凶险、有害因素 |

续表 2-4

| 物的因素 | 1. 物理性危险、有害因素 | ■设备、设施、工具、附件缺陷（强度不够、刚度不够、稳定性差、密封不良、耐腐蚀性差、应力集中、外形缺陷、外露运动件、操纵缺陷差、制动器缺陷、控制器缺陷、其他）；<br>■防护缺陷（无防护、防护装置和设施缺陷、防护不当、支撑不当、防护距离不够、其他防护缺陷）；<br>■电伤害（带电部位裸露、漏电、静电、电火花、其他）；<br>■噪声（机械性噪声、电磁性噪声、流体动力性、其他）；<br>■振动危害（机械性振动、电磁性振动、其他） | |
| --- | --- | --- | --- |
| 环境的因素 | 1. 室内作业场环境不良 | ■室内地面差；<br>■室内作业场所杂乱；<br>■室内梯架缺陷；<br>■房屋基础下沉；<br>■房屋安全出口缺陷；<br>■作业场所空气不良；<br>■室内给、排水不良；<br>■其他 | ■室内作业场所狭窄；<br>■室内地面不平；<br>■地面、墙和天花板上的开口缺陷；<br>■室内安全通道缺陷；<br>■采光照明不良；<br>■室内温度、湿度、气压不适；<br>■室内涌水； |
| | 2. 室外作业场环境不良 | ■恶劣气候与环境；<br>■作业场地狭窄；<br>■作业场地不平；<br>■脚手架、阶梯和活动梯架缺陷；<br>■建筑物和其他结构缺陷；<br>■作业场地基础下沉；<br>■作业场地安全出口缺陷； | ■作业场地和交通设施湿滑；<br>■作业场地杂乱；<br>■航道狭窄、有暗礁和险滩；<br>■地面开口缺陷；<br>■门和围栏缺陷；<br>■作业场地安全通道缺陷；<br>■作业场地光照不良 |

**（三）机械、特质或环境的不安全状态**

（1）物的不安全状态主要表现在设备、装置的缺陷，作业场所的缺陷、物质自身的危险源。

（2）不安全的环境因素，如雷、雨、风、雪、高温、寒等。

**（四）个人劳动保护措施不全面**

安全技术及管理措施不到位、使用不规范的施工方法，造成物体处于不安全状态。

（1）作业人员进入施工现场没有按照要求佩戴安全帽，或者安全帽不合格。

（2）平网、密目网防护不严，不能很好地封住坠落物体（见图 2-49），这种情况下，极易发生物体打击事故。

（3）物体脚手板未满铺或铺设不规范，作业面缺少踢脚板等情况，也会引发安全事故。

（4）拆除工程未设警示标志，周围未设护栏或未搭设防护棚。

图 2-49 防护不到位

## 四、预防物体打击的措施

当前，工程建设施工当中，引起物体打击伤害的原因很多，究其根本在于"物的不安全状态"。

为了减少物的不安全状态，避免人的不安全行为，这就要求施工作业人员在机械运行、物料传接、工具存放过程中，必须按规定操作，防止物件坠落造成伤人事故。

（1）交叉作业时，下层作业位置应处于上层作业的坠落半径之外，在坠落半径内时，必须设置安全防护棚（见图 2-50）或其他隔离措施。

（2）安全防护棚宜采用型钢或钢板搭设或用双层木质板搭设，并能承受高空坠物的冲击。防护棚的覆盖范围应大于上方施工可能坠落物件的影响范围（见图 2-51）。

图 2-50 安全防护棚设置

图 2-51 安全防护棚

（3）短边边长或直径小于或等于 500 mm 的洞口，应采取封堵措施，封堵材料见图 2-52。

（4）进入施工现场的人员必须正确佩戴安全帽（见图 2-53）。

图 2-52　封堵材料　　　　　　图 2-53　安全帽

（5）高处作业现场所有可能坠落的物件均应预先撤除或固定。所存物料应堆放平稳，随身作业工具应装入物料袋（见图 2-54）。作业中的走道、通道板和登高用具应清扫干净。作业人员传递物件应明示接稳信号，用力适当，不得抛掷。

（6）临边防护栏杆（见图 2-55）下部挡脚板下边距离底面的空隙不应大于 10 mm。操作平台或脚手架作业层采用冲压钢脚手板时，板面冲孔直径应小于 25 mm。

 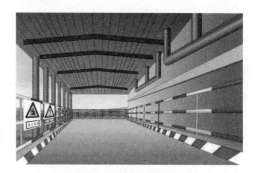

图 2-54　物料袋　　　　　　图 2-55　临边防护栏杆

（7）悬挑脚手架、附着式升降脚手架底层应采取可靠封闭措施（见图 2-56）。

图 2-56　悬挑脚手架等封闭

（8）临近边坡的作业面、通行道路，当上方边坡的地质条件较差，或采用爆破方法施工边坡土石方时，应在边坡上设置阻拦网、插打锚杆或覆盖钢丝网进行防护（见图2-57）。

（9）施工现场人员不得在起重机覆盖范围内和有可能坠物的区域逗留（见图2-58）。

图2-57　临近边坡作业面防护

图2-58　危险区域

## 五、物体打击事故的应急措施

（1）发生物体打击事故后，抢救的重点放在对颅脑损伤、胸部骨折和出血上进行处理，并马上组织抢救伤者脱离危险现场（见图2-59），尽快送医院进行抢救治疗，以免再发生损伤。

（2）在移动昏迷的颅脑损伤伤员时，应保持头、颈、胸在一直线上，不能任意旋曲。若伴颈椎骨折，更应避免头颈的摆动，以防引起颈部血管神经及脊髓的附加损伤。

（3）观察伤者的受伤情况、受伤部位、

图2-59　急救措施

伤害性质，如伤员发生休克，应先处理休克。遇呼吸、心跳停止者，应立即进行人工呼吸；处于休克状态的伤员要让其安静、保暖、平卧、少动。

（4）出现颅脑损伤，必须维持呼吸道通畅。昏迷者应平卧，面部转向一侧，以防舌根下坠或分泌物、呕吐物吸入，发生喉阻塞。有骨折者，应初步固定后再搬运。

（5）防止伤口污染。在现场，相对清洁的伤口，可用浸有双氧水的敷料包扎。污染较重的伤口，可简单清除伤口表面异物，剪除伤口周围的毛发，但切勿拔出创口内的毛发及异物、凝血块或碎骨片等，再用浸有双氧水或抗生素的敷料覆盖包扎创口。

（6）在运送伤员到医院就医时，昏迷伤员应侧卧位或仰卧偏头，以防止呕吐后误吸。对烦燥不安者，可因地制宜地予以手足约束，以防伤及开放伤口。脊柱有骨折者应用硬板担架运送，勿使脊柱扭曲，以防途中颠簸使脊柱骨折或脱位加重，造成或加重脊髓损伤。急救现场见图 2-60。

图 2-60　急救现场

# 第三节　触电伤害篇

电是静止或移动的电荷所产生的物理现象。在现实生活中，电的机制给出了很多众所熟知的效应，例如闪电、摩擦起电、静电感应、电磁感应等。早在对电有任何具体认知之前，人们就已经知道发电鱼（electric fish）会发出电击。根据公元前 2750 年撰写的古埃及书籍，这些鱼被称为"尼罗河的雷使者"，是所有其他鱼的保护者。电是能量的一种形式，它是自然界发生的，所以不是"发明"的。关于是谁发现的，有很多误解。有些人认为本杰明·富兰克林发现了电力，但他的实验仅仅帮助建立了闪电和电力之间的联系，仅此而已。

如今的生活是不能离开电的，电话、电视、电脑、空调、电灯、电热水器、电吹风等，如果一下子没有了电，我们这么多的电子产品、生活电器就成了一块废铁，世界将变得暗淡无光。

　　触电，是人情感的交流，你注视她，她注视你，感觉就像看爱情电影看到高潮部分一样。触电，可以唤起激情。"像这样触电，就够我快乐熔化……就这样触电，直到爆炸……"这首出自周杰伦作曲、S.H.E演唱的《触电》，像是情人的一见钟情，恍若触电，既甜蜜又危险。那么，触电到底是一种什么样的感觉呢？生活用血淋淋的例子告诉我们：触电可并不美好。人们往往存在这样一种认识："不接触到高压线路便不会触电"，这实际上是一种认识误区。在高压输电线和高压配电装置周围存在着强大的电场，处在电场内的导体会因静电感应作用而出现感应电压，当人们触及这些带有感应电压的物体时，便会有感应电通过人体流向大地，进而出现电伤害。

　　从医学角度来讲，触电也被称为"电击伤"，是指超过一定极量的电流通过人体产生的机体损伤或功能障碍。轻则，局部皮肤可被电火花烧灼至焦黄色或灰褐色，甚至局部炭化，电流通过人体可引起肌肉强烈收缩，伤后出现头晕、心悸、面色苍白等现象；重则昏迷，心跳、呼吸骤停甚至死亡（见图2-61、图2-62）。

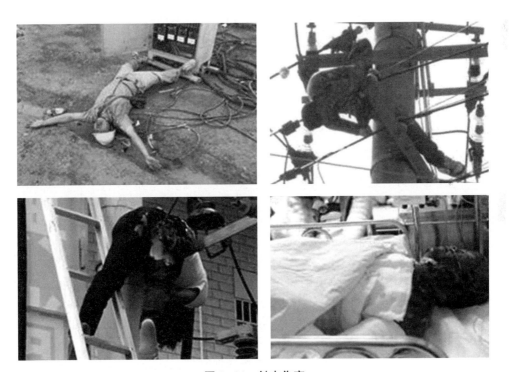

图2-61　触电伤害

　　万家灯火的温馨，离不开电的支持，但如果对电"不注意"，或将引发悲剧。根据国家统计局数据统计，2016年我国每年全国死亡人口大约890万人，非正常死亡人数超过320万人，每年因触电造成死亡人数均超过8 000人。在我们的生活中，触电死亡事故比比皆是，泉州3岁男童拔插头触电身亡，宁波女童插座触电身亡事件，深圳浴室触电身亡事件……这些案例，无一不在时刻提醒着我们，"生命无小事，用电要安全"。

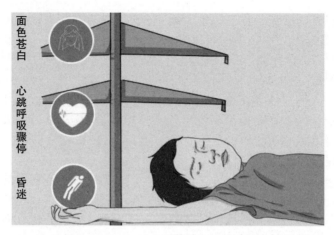

面色苍白

心跳呼吸骤停

昏迷

图 2-62　触电伤害级别

俗话说"电老虎"，电的脾气并不好，谁要是乱碰它，就会被咬到，想甩都甩不掉。然而，电又是无处不在的，我们看的电视，用的冰箱、洗衣机、电脑、手机，哪一样离了电都不行。

同样，在工地上，机械的运转、现场照明等都需要用电，电是工程施工不可缺少的重要资源，但是不懂得安全用电知识就容易造成触电身亡、电气火灾、电器损坏等意外事故，所以，"安全用电，性命攸关"。

## 一、何为触电伤害

### （一）触电伤害的定义

电是静止或移动的电荷所产生的物理现象。在现实生活中，电的机制给出了很多众所熟知的效应，例如闪电、摩擦起电、静电感应、电磁感应等。电是现代生活中不可或缺的能源，人们在享受电带来的种种便利时，如使用不当或稍有不慎，就可能发生触电事故。

一般情况下，把不慎接触带电的家用电器，或误触断裂的通电线路称为触电。触电对人的伤害主要是电灼伤和电击伤。

●电灼伤主要是局部的热、光效应，轻者只见皮肤灼伤，重者可伤及肌肉、骨骼，电流入口处的组织会出现黑色炭化。

●电击伤则是指由于强大的电流直接接触人体并通过人体的组织伤及器官，使它们的功能发生障碍而造成的人身伤亡。

不论是电灼伤还是电击伤，其造成的损失程度一般都与伤者触电时电流强弱、电压高低、电流接触时间长短及电流经过人体途径和是否有绝缘保妒（穿胶底鞋、站在干燥的木板）有关。

触电伤害是工程行业常见的事故伤害之一，与其他事故比较，其特点是事故的预兆性不直观、不明显，而事故的危害性非常大。当流经人体的电流小于 10 mA 时，人体不会产生危险的病理生理效应；但当流经人体的电流大于 10 mA 时，人体将会产生危险的病理生理效应，随着电流的增大、时间的增长，将会产生心室纤维性颤动，乃至人体窒息（"假死"），在瞬间或在两三分钟内就会夺去人的生命。因此，在保护设施不完备的情况下，人体触电伤害是极易发生的。所以，施工中，应做好预防工作，发生触电事故时要正确处理，抢救伤者。

### （二）生活中常见危险涉电动作

电对于我们来说是最重要的一种东西，如果少了电，世界将会是一片黑暗。但用电不当，也会随之带来巨大的危害。下面我们就来一起看看生活中存在哪些用电的"高危动作"吧！

#### 1.随意攀爬电塔

所有的电网电塔都有明显的"严禁攀爬"标识（见图 2-63），因为攀爬电塔是极其危险的行为，误碰触带电设备可能会触电，造成人身伤亡事故。

根据《电力安全工作规程发电厂和变电站电气部分》（GB 26860—2011）的"非作业安全距离"，10 kV 及以下带电的电力线路设备"非作业安全距离"为 0.7 m，即禁止靠近 10 kV 及以下配电设备 0.7 m 以内。人体安全电压为 36 V。

图 2-63　禁止攀爬标示

#### 2.户外线路个人私拉乱接

近年来，由于电动车充电引发的安全事故屡见不鲜。不少小区内、私宅都存在电动车私拉乱接电线充电的现象（见图 2-64），这些现象都存在不小的隐患。

图 2-64　小区私拉乱接电线

私拉乱接电线极容易引起断电、火灾等事故，给自身和周边居民带来财产和人身安全的威胁，根据《中华人民共和国电力法》相关规定，还要承担相应的罚款。

私拉乱接或违规搭挂线路，能造成电力设备损坏，进而引发火灾、中断通信信号和电力线路短路、倒杆、停电等事故，甚至引发居民意外触电伤亡。根据《中华人民共和国电力法》第六十五条：违反本法第三十二条规定，危害供电、用电安全或者扰乱供电、用电秩序的，由电力管理部门责令改正，给予警告；情节严重或者拒绝改正的，可以中止供电，可以并处五万元以下的罚款。

3. 在高压配电箱乱涂乱画

在高压配电箱乱涂乱画或张贴广告（见图2-65），不仅影响供电、用电秩序，还影响市容。

图 2-65　高压配电箱乱涂乱画

根据《中华人民共和国电力法》第六十五条：违反本法第三十二条规定，危害供电、用电安全或者扰乱供电、用电秩序的，由电力管理部门责令改正，给予警告；情节严重或者拒绝改正的，可以中止供电，可以并处五万元以下的罚款。

4. 在涉水的路灯、公交站广告牌附近行走

2018年6月8日晚，广东多地遭遇台风"艾云尼"袭击，连续数十小时的狂风暴雨，使佛山等地成为"水城"。

在佛山禅城区汾江中路某公交站有人触电倒地。经过核实，触电者是一对母女，此后两人经抢救无效死亡。

惨痛的教训让警钟长鸣，涉水走近路灯、公交站广告牌附近（见图2-66），

图 2-66　涉水危险

千万千万不能靠近！

因路灯、广告牌为用电设施，电力线路一般在地下敷设，如因水浸覆盖电力线路，将有可能造成线路漏电的情况，水浸部分将产生危险电压，如果冒险经过，将有可能造成人身触电伤亡的事故。

### （三）电流对人体的作用因素

1. 与通过人体电流的大小有关

通过人体的电流越大，人体的生理反应就越明显，感觉就越强烈，引起心室颤动所需的时间越短，致命的危险性就越大。人体对电流的反应见表 2-5。

表 2-5 人体对电流的反应

| 电流值 | 人体反应 |
| --- | --- |
| 100 ~ 200 μA | 对人体无害反而能治病 |
| 1 mA 左右 | 引起麻痹的感觉 |
| 不超过 10 mA 时 | 人尚可摆脱电源 |
| 超过 30 mA 时 | 感到剧痛，神经麻痹，呼吸困难，有生命危险 |
| 达到 100 mA 时 | 只要很短时间使人心跳停止 |

2. 与通电时间的长短有关

●通电时间愈长，人体电阻因出汗等原因而降低，导致通过人体电流的增加，触电的危险性亦随之增加。

●通电时间愈长，愈容易引起心室颤动，即触电的危险性愈大。

据研究表明，高压电流作用于机体时间小于 0.1 s 不会引起死亡，但作用 1 s 便可引起死亡（见图 2-67）。

图 2-67 人体与通电时间

3. 与电流的种类有关

●电流可分为直流电、交流电。交流电可分为工频电和高频电。这些电流对人体都有伤害，但伤害程度不同。

●人体忍受直流电、高频电的能力比工频电强，所以工频电对人体的危害最大。

4. 与电流通过人体的途径有关

●电流通过人体的途径，以经过心脏为最危险（见图 2-68）。因为通过心脏会引起心室颤动，较大的电流还会使心脏停止跳动，这都会使血液循环中断而导致死亡。

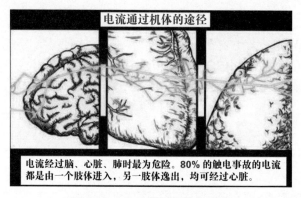

图 2-68　电流通过机体的途径

●从左手到胸部是最危险的电流途径。从手到手、从手到脚也都是很危险的电流途径。从脚到脚是危险性较小的电流途径。

5. 与触电者的健康状况有关

●肌肉发达者和成年人比儿童摆脱电流的能力强，男性比女性摆脱电流的能力强。

●电击对患有心脏病、肺病、内分泌失调及精神病等的患者最危险，他们的触电死亡率最高。

●对触电有心理准备的，触电伤害轻。

6. 与人体电阻的影响有关

人体电阻，基本上按表皮角质层电阻的大小而定，但由于皮肤状况、触电接触等情况不同，电阻值亦有所不同。如皮肤较湿、触电时接触紧密，人体电阻就小，则通过的触电电流就大，所以，触电后的危险性也就增加。

## 二、触电伤害典型案例解析

### 案例一　"7·27"触电事故

雨后带电作业，1 人死亡！多人给予处罚！

1. 事件概况

2016 年 7 月 27 日 18 时许，慈溪市某市政建设有限公司位于龙山镇的一工地内发生一起触电事故，造成 1 人死亡。

2. 事件时间

2016 年 7 月 27 日。

3. 事件经过

2016 年 7 月 27 日 15 时左右，刘某德与其他工友共计 10 名左右到事故工地上班，刘某德负责把水泥原料倒进搅拌机内。16 时左右，事故工地开始下暴雨，17 时左右雨止，继续施工。18时左右，工地已经下班，曾某，事故工地搅拌机操作工，看到刘某德准备用塑料桶内的水洗手（塑料桶放在搅拌机旁，高约 1.2 m，直径约 0.8 m，水位约 10 cm），第一次，刘某德未接触到塑料桶内的水，第二次，刘某德拿一条毛巾试图用塑料桶内的水将毛巾弄湿时，刘某德还没弯下腰，便开始"啊、啊"地叫喊，曾某马上跑到工地对面的配电房（距离约 20 m）把总电源关掉，回到事故现场后，她看到刘某德后仰倒在了地上，口吐白沫。刘某德马上被送医院抢救。

4. 事件后果

经现场勘验、调查询问综合分析，由于塑料桶旁架有搅拌机施工电线，电线高约 1.6 m，电线老旧破损，雨后已经带电，刘某德在准备弯腰弄湿毛巾时，不慎触碰电线导致触电，经医治无效死亡。

5. 事故原因分析

1）事故原因

（1）直接原因。

慈溪市某市政建设有限公司，建筑工程临时用电线路架设不规范，且所用电线老旧破损，刘某德安全意识淡薄触碰电线后触电身亡。

（2）间接原因。

●慈溪市某市政建设有限公司，对从业人员安全生产教育培训不到位；未认真组织开展安全生产事故隐患排查治理工作。

●周某，慈溪市某市政建设有限公司法定代表人，未能按《安全生产法》规定，督促、检查本单位安全生产工作，及时消除生产安全事故隐患。

●严某郑，慈溪市某市政建设有限公司安全管理人员，未发现事故场地架设线路安全隐患。

●宁波某工程管理有限公司，监理工作组织不到位；王某，宁波某工程管理有限公司监理员，监理工作不到位，未及时发现安全生产事故隐患。

●胡某蔚，慈溪市某市政建设有限公司电工，建筑工程临时用电线路架设不规范，且所用电线老旧破损。

2）事故性质

综上分析，本起事故是一起生产安全责任事故。

6. 事故的责任认定

（1）刘某德安全意识淡薄，不慎触碰漏电电线导致触电身亡，对本起事故负有责任。鉴于其已在本起事故中死亡，故不予追究。

（2）慈溪市某市政建设有限公司，建筑工程临时用电线路架设不规范，且所用电线老旧破损，存在安全隐患；对从业人员安全生产教育培训不到位；未认真组织开展安全生产事故隐患排查治理工作，对本起事故负有责任。建议市安全监管局对该公司做出行政处罚。

（3）周某，慈溪市某市政建设有限公司法定代表人，未能按《安全生产法》规定，有效督促、检查本单位安全生产工作，及时消除生产安全事故隐患，对本起事故负有责任。建议市安全监管局对周某做出行政处罚。

（4）严某郑，慈溪市某市政建设有限公司安全管理人员，未发现事故场地架设线路安全隐患，对本起事故负有责任。建议市住建局对严某郑做出暂停其安全生产执业资格的行政处罚。

（5）宁波某工程管理有限公司，监理工作组织不到位；王某，宁波某工程管理有限公司监理员，监理工作不到位，未及时发现安全生产事故隐患，对本起事故负有责任。建议市安全监管局对宁波某工程管理有限公司和王某做出警示教育。

（6）胡某蔚，慈溪市某市政建设有限公司电工，建筑工程临时用电线路架设不规范，且所用电线老旧破损，对本起事故负有责任。建议慈溪市某市政建设有限公司对胡某蔚做出处理。

7. 事故的处理建议

（1）慈溪市某市政建设有限公司，要举一反三，认真吸取事故教训；要规范搭接电线，不得使用不符合要求的电线；要切实加强安全生产教育培训工作，努力提高从业人员安全意识；要认真组织开展安全生产事故隐患排查治理工作，防范各类事故发生。

（2）周某，慈溪市某市政建设有限公司法定代表人，要深刻吸取教训，进一步提高安全生产法制意识，按规定督促、检查本单位安全生产工作，及时消除安全事故隐患，防止类似事故再次发生。

（3）严某郑，慈溪市某市政建设有限公司安全生产管理人员，要认真学习安全生产法律、法规规定，及时排查整治生产安全事故隐患，防止类似事故再次发生。

（4）宁波某工程管理有限公司，要严格组织监理工作；王某，宁波某工程管理有限公司监理员，要总结教训，严格从事监理工作，及时消除生产安全事故隐患，防止类似事故再次发生。

（5）胡某蔚，慈溪市某市政建设有限公司电工，要规范搭接电线，不得使用不符合要求的电线，防止类似事故再次发生。

### 案例二 "8·20" 触电事故

操作不当，发生意外触电事故，造成1人死亡，多人被追责！

1. 事件概况

2016年8月20日上午8时许，在由某水利工程有限公司承建的新沟河延伸拓浚工程某市桥梁施工Ⅱ标友谊桥工地，发生一起触电事故，致1名施工作业人员死亡（见图2-69）。

2. 事件时间

2016年8月20日。

3. 事件经过

2016年8月20日上午8时许（因8月19日夜，3号桥墩接桩部位新浇筑混凝土而未做施工安排），友谊桥工地钢筋工班组小组长吴某携带电焊机至友谊桥3、4号桥墩之间的三级配电箱处，在使用电焊机连接电源时不慎触电。事发时，钢筋工班组倪某庆在工棚外循声至事发现场，发现吴某已触电倒地。随后与闻声赶来的项目部其他人员报120急救电话，并随120急救车将其送至惠山区人民医院进行救治。

**图2-69 "8·20"触电事故的调查报告**

4. 事件后果

事故发生后，在医院对吴某进行抢救期间，某水利公司施工队长王某春于8点45分电话报告项目部曹某岗。直至8月22下午，王某春代表公司与死者家属谈妥并签订完死者赔偿协议后，曹某岗、王某春携死者家属前往惠山公安分局杨市派出所报称吴某于8月20日在友谊桥工地触电死亡，并要求开具火化证明。

5. 事故原因分析

1）事故原因

（1）直接原因。

钢筋工吴某安全意识淡薄，在未经专门的安全技术培训并考核合格且未经派工的情况下，擅自使用电焊机连接施工场所的电源，操作不当，导致触电事故。

（2）间接原因。

①某水利公司新沟河延伸拓浚工程某市桥梁施工Ⅱ标项目部对施工作业人员临时用电安全教育培训不到位，尤其对"未经专门的安全技术培训并考核合格"的规定教育不到位，造成吴某安全意识淡薄，这是本起事故发生的主要原因。

②某水利公司对新沟河延伸拓浚工程某市桥梁施工Ⅱ标项目部安全管理不严，未严格督促检查项目部的安全生产工作，尤其在变更项目经理过程中（8月19日陈某经公司同意辞职离开项目部），既没及时派出新任项目经理，也未指定该项目部临时负责人，导致项目部在8月19日至24日期间无主要负责人对项目部实施管理工作，同时未能及时发现和纠正吴某未经专门的安全技术培训并考核合格而上岗作业和安全教育培训不到位的问题，这是本起事故发生的重要原因。

根据《生产安全事故报告和调查处理条例》（国务院令第493号）第九条和《〈生产安全事故报告和调查处理条例〉罚款处罚暂行规定》（国家安全生产监督管理总局第13号）第五条第一项之规定，某水利公司报告事故的时间超过规定时限的，属于迟报。

2）事故性质

综上所述，该起事故是某水利公司安全管理不严、施工作业人员安全意识淡薄而造成的生产安全责任事故。

6. 事故的责任认定

（1）某水利公司新沟河延伸拓浚工程某市桥梁施工Ⅱ标项目部钢筋工吴某安全意

识淡薄，在未经专门的安全技术培训并考核合格且未经派工的情况下违章作业，擅自使用电焊机连接施工场所电源，导致事故发生，应对本起事故的发生负有直接责任。鉴于其已在事故中死亡，不再追究其责任。

（2）某水利公司新沟河延伸拓浚工程某市桥梁施工Ⅱ标项目部安全管理员李某、施工队长王某春，未严格履行岗位职责，对钢筋工班组管理不严，安全教育、特种作业管理不到位，应对本起事故的发生负有主要责任。建议由某水利公司按照公司安全生产奖惩制度对其严肃处理。

（3）某水利公司总经理徐某林，全面负责公司生产经营活动，是公司安全生产第一责任人，未认真履行安全生产职责，对项目部安全生产工作督促检查不力，未及时发现和纠正公司安全教育、特种作业管理制度不落实，同时在事故发生后迟报，应对本起事故的发生负有重要责任。建议由安全生产监督管理部门依法给予其相应的行政处罚。

（4）某水利公司安全生产责任制不落实，公司总经理、项目经理等管理人员未认真履行安全生产管理职责，公司安全教育培训、特种作业管理等制度落实不到位，应对本起事故的发生负有责任。公司生产安全事故报告制度不落实，发生生产安全事故后迟报事故。建议由安全生产监管部门依法给予其相应的行政处罚。

7. 事故的处理建议

（1）某水利公司新沟河延伸拓浚工程某市桥梁施工Ⅱ标项目部应深刻吸取事故教训，全面落实安全生产责任制度，确保各级各类人员充分履行安全岗位职责；要加强施工技术管理，针对工程实际和施工特点，完善施工组织设计和安全专项方案，并严格落实安全技术交底制度，向施工作业人员详细说明施工安全的要求；要严格落实公司安全生产教育培训等安全生产规章制度，强化对施工现场的安全管理，确保安全生产。

（2）某水利公司应深刻吸取事故教训，进一步健全安全生产责任制，加强企业内部安全生产考核，增强各级各类人员履责意识；要严格专项施工方案编制、审批制度，根据工程实际和施工特点，及时调整和完善施工安全技术措施；要加强对承建工程的安全检查，督促项目部及时消除存在的事故隐患；要督促各工程项目部严格执行生产安全事故报告制度，按照规定及时上报发生的生产安全事故，杜绝事故迟报行为的再次发生。

（3）新沟河建设处作为建设单位，应认真吸取事故教训，切实加强对施工单位的管理，督促施工单位严格落实安全生产主体责任，认真开展事故隐患排查治理工作，及时帮助指导施工单位整改存在的事故隐患，确保安全生产。

（4）某市水利局作为水利行业安全生产监督管理部门，应认真吸取事故教训，坚持"谁主管、谁负责"的原则，加强对本市水利工程建设的安全监管，督促新沟河建设处和相关企业切实履行安全生产主体责任，确保水利行业安全生产形势稳定发展。

### 案例三 "6·12"一般触电事故

1人死亡，经济损失超百万，2人负刑事责任，13人被追责！多家企业受处罚！

1. 事件概况

2018 年 6 月 12 日 15 时 50 分左右，位于某市灌东盐场区域内的某市灌东高效生态农业项目一期市政综合工程一标段附属道路西段桥梁工程，在梁板吊装作业过程中，发生一起触电事故，造成 1 人死亡，直接经济损失约 140 万元（见图 2-70）。

图 2-70 "6·12" 一般触电事故调查报告

2. 事件时间

2018 年 6 月 12 日。

3. 事件经过

2018 年 6 月 10 日，江苏某公司通知卞某春实施桥梁板吊装作业。卞某春接到通知后到该项目施工现场察看施工进展情况，看到路面已铺好，遂于次日雇用货车运来安装在桥梁两端 10 m 长的 15 块桥梁板，并调来自己的一部 35 t 汽车吊苏 JU 7668 进行吊装。在吊装作业中，卞某春负责现场指挥和监督。至 2018 年 6 月 12 日中午 11 时左右，桥梁两端的 22 块桥梁板全部安装到位。

2018 年 6 月 12 日下午，高某峰等人驾驶货车将 16 m 长桥梁板运输桥梁西侧。因 16 m 桥梁板的吊装需要两台汽车吊协同作业，卞某春遂联系刘某林驾驶一部 25 t 汽车吊苏 JF 3435 参与吊装作业，并口头约定费用 700 元。2018 年 6 月 12 日 15 时左右，汽车吊驾驶员刘某林驾驶吊车到达施工现场。刘某林先从货车上卸下 4 块桥梁板，然后将吊车倒到桥梁西侧已安装好的边跨桥梁板面的南侧，停放后车头向西，并将 4 根支腿伸展支撑到位。吊车就位后，货车驾驶员高某峰亦将停在路边仍装有两块桥梁板的货车倒至桥西紧邻汽车吊的北侧（车头亦向西），车停好后，高某峰离开驾驶室站在汽车吊尾部东侧支腿架旁。16 时许，刘某林在信号工和安全员没有就位的情况下，进入驾驶室，操作吊车臂准备吊装桥梁中跨桥板。在起重机主吊臂伸缩提升过程中，主吊臂与高压线之间产生电火花，导致汽车吊车体带电。桥梁板运输车驾驶员高某峰由于手臂与吊车右后方伸缩支腿接触，导致其被电流击倒，并从西跨桥面东侧坠入河中。

4. 事件后果

事故发生后，现场人员组织救助伤员，并拨打 "110" 报警电话和 "120" 急救电话。在 "120" 救护车未赶到的情况下，用私家车将伤者送至响水县陈家港嘉明医院进行抢救，后经抢救无效死亡。响水县公安局灌东派出所成立事故处理工作组，协助开展善后处理工作，稳控死者家属情绪。2018 年 6 月 13 日，江苏某市政公司等事故相关单位与死者家属达成赔偿协议，善后处理工作结束。

5. 事故原因分析

1）事故原因

（1）直接原因。

①在架空输电线路附近吊装作业无可靠安全距离。在架空输电线路附近从事吊装作业时，施工单位未按《建筑施工起重吊装工程安全技术规范》（JGJ 276—2012）第3.0.16条"起重机靠近架空输电线路作业时，必须与架空输电线路始终保持不小于国家现行标准《施工现场临时用电安全技术规范》（JGJ 46）规定的安全距离（起重机与 10 kV 架空线路边线的垂直、水平最小安全距离分别为 3.0 m、2.0 m）。当需要在小于规定的安全距离范围内进行作业时，必须采取严格的安全保护措施，并应经供电部门审查批准"的规定，避开架空输电线或采取必要的安全防护措施。

②汽车起重机司机在吊装作业过程中，对现场环境，特别是对处于起重机主吊臂上方的高压架空线路疏于观察，盲目进行吊装作业，导致起重机主吊臂伸缩提升时触碰输电线路，从而引发事故。

（2）间接原因。

①江苏某建设公司违法分包桥梁板安装作业项目，施工现场管理混乱。该公司安全生产责任制不落实，安全生产组织和责任体系不健全；将桥梁板安装作业违法分包给江苏某公司。在进行架空输电线路附近起重吊装作业前，未编制专项施工方案，未按规定对从事吊装作业人员组织安全技术交底；作业时，未明确吊装指挥人员现场指挥，未安排专职安全生产管理人员进行现场监督检查，致使施工现场存在的违规行为未能及时发现和纠正，是这起事故发生的主要原因。

②江苏某公司非法承揽桥梁板安装作业项目。该公司无桥梁安装施工资质，非法承揽桥梁板安装作业项目，并将吊装作业违法分包给无资质个人组织实施；桥梁板吊装作业时，公司未安排专门人员进行现场安全管理，是这起事故发生的主要原因。

③江苏某市政公司未认真履行施工总承包单位管理职责。公司未按与盐城某开发公司签订的施工合同约定派驻项目负责人、安全管理人员，以包代管，未实质性对该桥梁工程实施管理，是这起事故发生的次要原因。

④某监理中心未正确履行监理工作职责。对江苏某建设公司将桥梁板吊装作业项目违规分包给江苏某公司的行为失察；对施工单位在架空输电线路附近实施吊装作业未落实危险作业管理制度，监督检查不到位，未及时发现施工人员违章作业行为，是这起事故发生的次要原因。

⑤盐城某开发公司对施工单位安全生产工作统一协调、管理不力，安全检查及隐患排查整治不到位，是这起事故发生的次要原因。

2）事故性质

经调查认定，这起事故是一起一般生产安全责任事故。

6. 事故的责任认定

1）事故相关人员责任认定及处理建议

●高某峰，男，桥梁板运输车驾驶员。安全意识淡薄，吊装作业时，擅自逗留在施工作业区范围，导致其触电落水，经抢救无效死亡，对事故的发生负有直接责任。鉴于其在事故中死亡，建议免予追究责任。

●刘某林，男，汽车吊驾驶员。在吊装作业过程中，对现场环境，特别是对处于起重机主吊臂上方的高压架空线路疏于观察，盲目进行吊装作业，对事故的发生负有直接责任。因涉嫌构成犯罪，建议由公安机关依法处理。

●卞某春，男，桥梁板吊装作业承包人。无资质承揽桥梁板安装作业项目，在进行架空输电线路附近起重吊装作业前，未按规定对从事吊装作业人员进行安全技术措施交底；作业时，卞某春未认真履行职责进行现场指挥和协调，未能及时发现和纠正施工现场违章作业行为，对事故的发生负有主要责任。因涉嫌构成犯罪，建议由公安机关依法处理。

●张某友，男，江苏某公司董事长。未认真履行企业主要负责人安全管理职责，将吊装作业违法分包给无资质个人组织实施，对安全生产工作督导不力，对事故的发生负有主要领导责任。建议由某市安监局依法对其进行行政处罚。

●王某燕，男，江苏某建设公司施工现场负责人。未认真履行安全生产管理职责，在进行架空输电线路附近起重吊装作业前，未组织编制专项施工方案，未按规定对从事吊装作业人员组织安全技术交底；作业时，未明确吊装指挥人员现场指挥，未安排专职安全生产管理人员进行现场监督检查。建议由某市城建局提请发证机关暂扣其安全生产考核合格证。

●董某道，男，江苏某建设公司副总经理。作为施工项目负责人，未认真履行安全生产管理职责，对该桥梁工程安全生产工作督查指导不到位，对事故的发生负有主要领导责任。建议由某市城建局提请发证机关暂扣其安全生产考核合格证。

●张某，男，江苏某建设公司总经理。作为公司主要负责人，未认真履行安全生产管理职责，未严格落实安全生产责任制，违法分包桥梁板安装作业项目，对桥梁工程安全生产工作督查指导不到位，对事故的发生负有重要领导责任；此外，作为公司主要负责人，对未按规定向安监部门和建设主管部门上报事故信息负有责任。建议由某市安监局依法对其进行行政处罚。

●左某，女，江苏某市政公司安全员。未认真履行安全管理职责，施工现场安全隐患排查治理不认真，对事故的发生负有次要责任。建议由某市城建局提请发证机关暂扣其安全生产考核合格证。

●单某明，男，江苏某市政建设集团项目经理。未到项目现场履行项目经理职责，对事故的发生负有次要责任。建议由某市城建局提请发证机关吊销其市政一级建造师证书及安全生产考核合格证。

●张某峰，男，江苏某市政公司总经理。未认真履行安全生产管理职责，未严格落实安全生产责任制，对事故的发生负有主要领导责任；此外，作为公司主要负责人，对未按规定向安监部门和建设主管部门上报事故信息负有责任。建议由某市安监局依法对其进行行政处罚。

●吕某同，男，某监理中心某市灌东高效生态农业项目一期综合市政工程项目监理部总监理工程师代表，负责现场监理工作。对施工单位在架空输电线路附近起重吊装作业前未编制专项施工方案、未按规定对从事吊装作业人员组织安全技术交底，以及施工人员违章作业行为监督检查不到位，对事故的发生负有次要责任。建议由某市城建局提请发证机关暂扣其注册监理工程师证书。

●成某霞，女，某监理中心某市灌东高效生态农业项目一期综合市政工程项目监理部总监理工程师。未认真履行监理工作职责，对该桥梁工程监理工作组织不力，对事故的发生负有主要领导责任。建议由某市城建局提请发证机关暂扣其注册监理工程师证书。

●杨某军，男，某监理中心总经理。主持公司全面工作，对工程项目监理部履行监理职责情况督查指导不到位，对事故的发生负有重要领导责任。建议由某市城建局对其进行通报批评。

●卞某兵，男，盐城某开发公司规划建设部副部长，负责施工合同的全面履行和项目安全生产管理工作。对施工单位安全生产工作统一协调、管理不力，安全检查及隐患排查整治不到位，对事故的发生负有次要责任。建议由某市安监局依法对其进行行政处罚。

●张某振，男，盐城某开发公司副总经理，分管公司安全生产工作。对施工单位安全生产工作统一协调、管理不力，对事故的发生负有主要领导责任。建议由某市安监局依法对其进行行政处罚。

●吴某才，男，盐城某开发公司总经理，主持公司全面工作。对公司项目建设安全生产工作督导不到位，对事故的发生负有重要领导责任。建议由市监委对其进行提醒谈话。

2）事故相关单位责任认定及处理建议

●江苏某建设公司。公司安全生产责任制不落实，安全生产组织和责任体系不健全；将桥梁板安装工程违法分包给江苏某公司；在进行架空输电线路附近起重吊装作业前，未编制专项方案，未按规定组织对从事吊装作业人员安全技术交底；作业时，未明确吊装指挥人员现场指挥，未安排专职安全生产管理人员进行现场监护，未及时发现施工现场违章作业行为，对这起事故的发生负有主要责任。建议由某市安监局依法对其进行行政处罚，并由某市城建局提请发证机关暂扣其安全生产许可证。

●江苏某公司。该公司无桥梁安装施工资质，非法承揽桥梁板安装作业项目，并将吊装作业违法分包给无资质个人组织实施；桥梁板吊装作业时，公司未安排专门人员进行现场安全管理，对这起事故的发生负有主要责任。建议由某市安监局依法对其进行行政处罚。

●江苏某市政公司。未认真履行施工总承包单位管理职责，未按与盐城某开发公司签订的施工合同约定派驻项目负责人、安全管理人员，以包代管，未实质性对该桥梁工程实施管理，对这起事故的发生负有次要责任。建议由某市安监局依法对其进行行政处罚。

●某监理中心。未正确履行监理工作职责，对江苏某建设公司将桥梁板吊装作业项目违规分包给江苏某公司的行为失察；对施工单位在架空输电线路附近实施吊装作业未落实危险作业管理制度情况监督检查不到位，未及时发现施工人员违章作业行为，对这起事故发生负有次要责任。建议由某市城建局依法对其进行行政处罚。

●盐城某开发公司。对施工单位安全生产工作统一协调、管理不力，安全检查及隐患排查整治不到位，对这起事故的发生负有次要责任。建议由某市安监局依法对其进行行政处罚。

7. 事故的处理建议

（1）切实强化企业安全生产主体责任的落实。工程项目的建设、施工、监理等各方参建责任主体必须把落实安全生产主体责任作为安全生产工作的出发点和落脚点，全面树立安全法治观念，把牢法律底线，严守安全红线。要认真吸取该起事故教训，举一反三，依法全面落实各项安全生产保障措施。企业主要负责人要不断强化主体责任意识和安全第一意识，认真履行安全生产各项法定职责，组织细化完善各岗位安全生产责任制，并严格对各岗位人员安全生产工作开展日常考核，确保安全生产职责有效落实。

（2）项目建设单位要切实加强项目安全管理。盐城某开发公司要严格按照规定，在工程项目施工前，办理建设工程相关土地、规划、施工许可手续。要与施工单位、监理单位签订专门的安全生产管理协议，或者在施工合同中约定各自安全生产管理职责，并落实专门人员对工程施工安全生产工作统一协调、管理。要加强日常安全检查，及时发现和纠正施工项目违法转包分包行为，并督促施工单位、监理单位依法落实安全责任，加强事故隐患排查治理，保障施工项目安全有序开展。

（3）项目承建单位要切实加强施工安全管理。江苏某市政公司作为施工单位，要认真履行施工合同，不得将工程项目分包给不具备相应施工资质的单位。要建立项目管理班子，组织制定安全施工措施，加强事故隐患排查治理，严格施工现场管理。针对临近高压输电线作业等危险作业，要严格执行危险作业管理制度，制订专项作业方案，明确安全防范措施，设置作业现场安全区域，并落实专人现场统一指挥和监督。要对施工作业人员进行安全教育培训和安全技术交底，培训不合格不得安排上岗。

（4）项目监理单位要切实履行监理职责。某监理中心要严格执行监理方案和监理程序，强化对施工项目发包情况的监督。要严格对专项施工方案进行审查，确保施工安全技术措施符合施工规范。要加大日常安全检查和巡查力度，特别是对危险作业，要跟班旁站，及时督促施工单位消除施工现场安全隐患，确保安全施工。

（5）规范事故信息报送工作。各单位都要加强生产安全事故信息报告工作，要按照《生产安全事故信息报告和调查处理条例》（国务院令第493号）的规定，建立完善事故信息报告制度，落实事故报告责任。事故发生单位主要负责人要严格按照信息上报时限要求，及时向事故发生地县级以上人民政府安监部门和负有安全生产监督管理职责的部门，准确报告生产安全事故信息内容，坚决杜绝迟报、漏报甚至谎报、瞒报事故行为的发生。响水县要建立事故信息报告联动机制，公安部门对接报的涉及生产安全事故的信息要及时转报安监局和其他有关部门。

（6）落实安全生产监管责任。盐城滨海新区管委会要按照盐城市委、市政府《关于加快盐城滨海新区（盐城滨海新区临港经济区）发展意见》（盐发〔2018〕5号）精神，理顺体制机制，建立健全机构，充实监管力量，落实属地管理职责，加强对辖区范围内建设工程的安全监管。市国土局、规划局、城建局等各相关部门要加强对盐城滨海新区日常监督、管理、指导和服务，确保相关监管工作能够高效规范开展。响水县政府在盐城滨海新区机构机制未能正常履行安全监管职责前，依法切实履行好属地安全监管职责。

### 案例四　"7·24"一般触电事故

电缆绝缘层损坏，发生触电事故，造成 1 人死亡，劳务公司、监理部门、项目部多人追责！

**1. 事件概况**

2019 年 7 月 24 日 20 时 40 分许，位于嘉定区某镇 JDC2-0203 单元 11-01 地块商业项目工地，发生一起触电事故，造成 1 人死亡，直接经济损失 120 万元。

**2. 事件时间。**

2019 年 7 月 24 日。

**3. 事件经过**

2019 年 7 月 24 日，扬州某建筑劳务有限公司水工带班夏某与工人李某波在室外安装虹吸雨水管，一直到 17 时 30 分许下班，还有少部分工作没有完成，夏某及李某波想加班做完。18 时 30 分许，夏某及李某波吃过晚饭后继续进行虹吸雨水管安装，由于室外管道材料不够了，夏某与李某波就去负一楼拆以前已经安装但后来需要改装的管道，夏某又喊来了甘某泉帮忙打下手。20 时许，夏某和李某波爬到了负一楼西北角顶部的一个夹层里，甘某泉在负一楼地面向二人递送切割机、开关箱等工具，由于连接开关箱的电缆线很乱，站在负一楼地面的甘某泉就在整理电缆线以方便夏某拉开关箱，在夹层的夏某拉了一会儿整理完的电缆线后，就对甘某泉说"长度够了"，夏某就拿着开关箱往夹层里走并递给李某波。20 时 40 分许，刚递完开关箱的夏某突然听见甘某泉在下面"啊"的叫了一声，夏某连忙从夹层上爬下，发现甘某泉头南脚北平躺在地面上，右手发抖，夏某急忙去拔掉旁边配电箱上连接开关箱电缆线的插头。夏某拔掉配电箱内连接开关箱的插头后，查看到甘某泉还有一丝呼吸，随即拨打了"120"急救电话，并向某公司水专业工程师尹某明汇报了情况。接着夏某和李某波对甘某泉进行心肺复苏，10 多分钟后，"120"救护人员赶到现场对甘永泉实施抢救。

**4. 事件后果**

21 时 40 分许，"120"救护人员宣布甘某泉抢救无效死亡。公安部门出具的死亡确认书确认甘某泉死亡原因为"电击死"。

**5. 事故原因分析**

1）事故发生的原因

（1）直接原因。

电缆绝缘层损坏，导致相线导体裸露。甘某泉在移动电缆时，未经电工切断电源，且未穿戴和配备好相应的劳动防护用品是导致事故发生的直接原因。

（2）间接原因。

①未严格落实安全生产责任制，用电作业现场安全管理缺失，安全生产规章制度和操作规程未认真执行，是事故发生的间接原因之一。

②对施工作业人员安全生产教育培训及安全技术交底针对性不强，致使施工作业人员在用电作业过程中未采取可靠的安全防护措施，未配备相应的劳动防护用品，是事故

发生的间接原因之二。

③工地项目部对分包单位的安全生产工作督促不够，对分包单位施工现场监督检查不力，未能及时发现并消除用电作业现场存在的事故隐患，未能及时发现并制止用电作业人员的违章作业行为，是事故发生的间接原因之三。

④施工监理不力，未能及时发现并消除用电作业现场存在的事故隐患，未能及时发现并制止用电作业人员的违章作业行为，是事故发生的间接原因之四。

2）事故性质

根据事故调查取证及事故现场的检查情况，事故调查组认定本起事故为一起一般等级的生产安全责任事故。

6.事故的责任认定及处理建议

1）对事故责任者的责任认定和处理建议

●扬州某建筑劳务有限公司水工甘某泉安全意识缺乏，在移动电缆时，未经电工切断电源，且未按规定穿戴和配备好相应的劳动防护用品，对事故发生负有直接责任。鉴于其已在事故中死亡，建议不再追究其责任。

●扬州某建筑劳务有限公司水工带班夏某安全意识缺乏，未认真履行安全生产责任，对施工作业人员安全生产教育培训及安全技术交底针对性不强，现场安全管理缺失，对事故发生负有管理责任。责成扬州某建筑劳务有限公司按照公司相关规定对其进行处理，并将处理结果上报事故调查组。

●扬州某建筑劳务有限公司安全员周某未认真履行安全生产责任，对施工作业人员安全生产教育培训及安全技术交底针对性不强，现场安全监管缺失，对事故发生负有管理责任。责成扬州某建筑劳务有限公司按照公司相关规定对其进行处理，并将处理结果上报事故调查组。

●扬州某建筑劳务有限公司现场负责人李某圣，全面负责华瑞公司施工现场工作，未严格落实施工现场安全生产责任，现场安全管理缺失，对事故发生负有管理责任。责成扬州某建筑劳务有限公司按照公司相关规定对其进行处理，并将处理结果上报事故调查组。

●上海某建筑工程监理有限公司项目安全监理丁某伫，施工监理不力，未能及时发现并消除用电作业现场存在的事故隐患，未能及时发现并制止用电作业人员的违章作业行为，对事故发生负有管理责任。责成上海某建筑工程监理有限公司按照公司相关规定对其进行处理，并将处理结果上报事故调查组。

●上海某建筑工程监理有限公司项目监理总监周某，施工监理不力，未能及时发现并消除用电作业现场存在的事故隐患，对事故发生负有管理责任。责成上海某建筑工程监理有限公司按照公司相关规定对其进行处理，并将处理结果上报事故调查组。

●江苏某集团有限公司项目部水专业工程师尹某明，对分包单位的安全生产工作督促不够，对分包单位施工现场监督检查不力，未能及时发现并消除用电作业现场存在的事故隐患，未能及时发现并制止用电作业人员的违章作业行为，对事故发生负有管理责任。责成江苏某集团有限公司按照公司相关规定对其进行处理，并将处理结果上报事故调查组。

●江苏某集团有限公司项目部安全员蒋某健，对分包单位的安全生产工作督促不够，对分包单位施工现场监督检查不力，未能及时发现并消除用电作业现场存在的事故隐患，未能及时发现并制止用电作业人员的违章作业行为，对事故发生负有管理责任。责成江苏某集团有限公司按照公司相关规定对其进行处理，并将处理结果上报事故调查组。

●江苏某集团有限公司项目经理张某，全面负责项目部工作，对分包单位的安全生产工作督促不够，对分包单位施工现场监督检查不力，对事故发生负有领导责任。建议区应急管理局依据《中华人民共和国安全生产法》第九十二条第（一）项之规定给予行政处罚。

2）对事故单位的责任认定和处理建议

扬州某建筑劳务有限公司安全生产责任制及安全管理规章制度不健全且未严格落实，《安全技术操作规程》制定不细；教育和督促员工严格执行本单位的安全生产规章制度和安全操作规程工作不到位，致使员工安全意识缺乏；电气设备管理不到位，用电作业现场无可靠的安全防护措施，安全管理缺失，未及时发现并消除用电作业现场存在的事故隐患，对事故的发生负有重要责任。建议区应急管理局依据《中华人民共和国安全生产法》第一百零九条第（一）项之规定给予行政处罚。

### 案例五 "8·16"触电事故

接地保护失效，电缆破损，2人触电死亡！电工被追究刑事责任！

1. 事件概况

2020年8月16日22时许，安徽某建筑材料有限公司作业人员在中铁某局集团第三建设有限公司承建的合肥市畅通二环工程一标段项目工地内拆除围挡时，发生一起触电事故，造成2人死亡（见图2-71）。

庐阳区中铁十局集团第三建设有限公司 "8·16"触电事故调查报告

图2-71 "8·16"触电事故调查报告

2. 事件时间

2020年8月16日。

3. 事件经过

8月16日19时左右，安徽某公司郑某、陈某4、陈某3、陈某玉和2名作业人员在事故工地进行一期围挡拆除和二期围挡安装,陈某4、陈某玉和2名作业人员在事故道路靠近嘉山路进行二期安装围挡,陈某3单独一人用角磨机拆除一期围挡,郑某在工地巡查。因门卫室空调和工地照明需要用电,王某超打电话给杨某杰让其送电,杨某杰随后将二级总配电箱的电闸推上送电。22时许,陈某3持角磨机拆除围挡至钢模板旁时,身体碰到钢模板触电倒下,在场作业人员以为是角磨机带电,随后,陈某4将角磨机电源断开,郑某在对陈某3进行施救时也触电。事故现场见图2-72。

图 2-72　事故现场

4. 事件后果

陈某3触电后,郑某打电话给王某超说有人触电,随后,郑某对陈某3进行施救,也触电倒下。陈某4立即拨打了合肥急救中心120电话。22时15分左右,王某超和宋某康、汪某庆等人到达事故现场,王某超和宋某康分别去两边的配电箱断开电源,同时通知杨某杰断开一级配电箱电源。电源断开后约6分钟救护车到达事故现场,王某超、汪某庆和急救人员一起将陈某3和郑某送往安徽省第二人民医院进行救治,后2人经抢救无效死亡,事故造成直接经济损失370万元。8月20日,事故单位与死者家属达成赔偿协议,善后工作结束。

5. 事故原因分析

1)事故发生原因

(1)直接原因。

二级总配电箱保护零线(PE线)虚接,接地电阻过大,接地保护线不能构成有效回路,致使接地保护装置处于失效状态,PE电流无法传导入地;钢模板放置在电缆上,导致电缆护套和绝缘层破损,电缆内芯与钢模板接触,电缆通电后钢模板带电,陈某3在进行围挡拆除作业时碰到钢模板触电,随后郑某施救时也触电,是这起事故发生的直接原因。

（2）间接原因。

●芜湖某公司，安排不具备资格的人员驾驶叉车，且叉车驾驶人将钢模板放置在电缆上，导致其护套和绝缘层破损，钢模板带电。

●中铁某局三公司项目部，安全管理体系较为混乱，未按规范设置临时用电工程且未认真组织验收，未对施工现场安全用电情况进行巡查并排除不安全因素；未规范管理特种设备作业人员，叉车驾驶人不具备资格；现场管理松散，违规放置电缆，且未及时发现钢模板压在电缆上。

●中铁某局三公司，未严格履行安全生产主体责任，未有效督促项目部落实安全管理制度，未及时发现纠正项目部安全管理体系混乱的问题。

●安徽某监理公司，未严格履行监理职责，对临时用电工程验收把关不严，未发现临时用电工程存在的安全隐患；未认真履行特种设备作业人员资格的审查职责，未发现叉车驾驶人不具备资格。

●市重点局，履行管理职责不力，未有效督促项目总包单位、监理单位认真履行安全管理职责。

●市建筑监督站，履行监督管理职责不力，依据国家标准组织事故项目的临时用电工程检查不认真，未发现施工现场临时用电工程存在的安全隐患。

2）事故性质

经调查认定，庐阳区中铁某局集团第三建设有限公司"8·16"触电事故是一起生产安全责任事故。

6. 事故的责任认定

1）建议追究刑事责任人员

●杨某杰，中铁某局三公司聘用电工，未按照国家标准设置临时用电工程，未正确敷设施工现场的电缆，是导致事故发生的直接原因，涉嫌重大劳动安全事故罪，建议由公安机关依法立案侦查。

●于某江，芜湖某公司项目综合班组班组长，事故叉车驾驶人，违规将施工现场的钢模板放置在电缆上，导致电缆护套和绝缘层破损，电缆内芯与钢模板接触，电缆通电后钢模板带电，是导致事故发生的直接原因，涉嫌重大责任事故罪，建议由公安机关依法立案侦查。

2）建议给予行政处罚人员

●刘某1，中铁某局三公司总经理，负责公司的全面工作。未认真督促、检查项目部的安全生产工作，对项目部存在的安全管理制度不落实和安全管理体系混乱的隐患失察，对事故发生负有管理责任。依据《安全生产法》第九十二条第（一）项之规定，建议由合肥市应急管理局对其进行行政处罚。

●宋某康，中铁某局三公司畅通二环一标段项目部常务副经理，分管项目生产经营工作。未纠正施工现场临时用电工程不规范的问题，未发现施工现场电缆放置不规范、钢模板放置在电缆上的问题，对事故发生负有管理责任。依据《安全生产违法行为行政处罚办法》第四十五条第（一）项之规定，建议由合肥市应急管理局对其进行行政处罚。

●许某，安徽某监理公司项目监理部安全工程师。未正确履行监理职责，未严格验收临时用电工程，未发现施工现场配电箱及电缆设置不规范的问题，对事故发生负有监理责任。依据《安全生产违法行为行政处罚办法》第四十五条第（一）项之规定，建议由合肥市应急管理局给予其行政处罚。

●陈某2，芜湖某公司总经理兼畅通二环一标段项目现场负责人。安排不具备资格的人员从事叉车作业，对事故发生负有管理责任。依据《安全生产违法行为行政处罚办法》第四十五条第（一）项之规定，建议由合肥市应急管理局给予其行政处罚。

3）建议给予问责处理人员

●李某明，中铁某局三公司畅通二环一标段项目部经理。未严格履行职责，未发现项目部存在的临时用电和隐患排查制度不落实的问题，对事故发生负有管理责任。依据《安全生产领域违法违纪行为政纪处分暂行规定》第十二条第（三）、（七）项之规定，建议给予其政务记过处分。依据安徽省住房城乡建设厅《关于加强全省建筑工程质量安全工作的若干意见》规定，由城乡建设部门按规定暂扣其安全考核证书。

●汤某干，安徽某监理公司项目监理部总监理工程师。履行监理职责不力，组织对施工现场临时用电工程验收把关不严，对特种设备作业人员资格审查不认真，对事故发生负有监理责任。依据安徽省住房城乡建设厅关于印发《安徽省建设工程生产安全事故分类处罚标准》的通知，建议由城乡建设部门依规停止其执业资格。

●孙某川，中共党员，市重点局四级主任科员，事故项目负责人。对项目的安全管理实效性不强，未有效督促项目总包单位、监理单位认真履行安全管理职责。对以上问题负有监管责任。依据《中国共产党问责条例》第七条第（九）项和第八条第二款第（二）项之规定，建议给予其诫勉。

●刘某2，中共党员，市建筑监督站六科监督员，负责畅通二环一标段项目质量安全工作。未认真对照国家标准对施工现场临时用电工程进行检查，未发现临时用电工程存在的安全隐患。对以上问题负有监管责任。依据《中国共产党问责条例》第七条第（九）项和第八条第二款第（二）项之规定，建议给予其诫勉。

4）建议给予行政处罚单位

●中铁某局三公司，未严格履行安全生产主体责任，未有效督促项目部落实安全管理制度，未及时发现纠正项目部安全管理体系混乱的问题。事故项目存在未按规范设置临时用电工程、违规放置电缆、未规范管理特种设备作业人员、钢模板放置在电缆上等事故隐患，对事故发生负有主要责任。依据《安全生产法》第一百零九条第（一）项之规定，建议由合肥市应急管理局对其进行行政处罚。

●安徽某监理公司，未严格履行监理职责，对临时用电工程验收把关不严，未认真履行特种设备作业人员资格的审查职责，对事故发生负有监理责任。依据《安全生产违法行为行政处罚办法》第四十五条第（一）项之规定，建议由合肥市应急管理局对其进行行政处罚。

●芜湖某公司，未正确履行安全管理职责，安排不具备资格的人员驾驶叉车，叉车驾驶人员将钢模板放置在电缆上导致其护套和绝缘层破损，钢模板带电，对事故发生负有责任。依据《安全生产违法行为行政处罚办法》第四十五条第（一）项之规定，建议由合肥市应急管理局对其进行行政处罚。

5）建议做出行政处理的单位

市重点局，组织对项目的安全管理实效性不强，未有效督促项目总包单位、监理单位认真履行安全管理职责，对事故发生负有管理责任。由市城乡建设局责令其暂停在全市的在建建设项目，开展安全隐患排查整治。排查整治结束后，由项目监督机构复查合格后方可复工。

6）建议做出书面检查的单位

市建筑监督站，未严格履行监督管理职责，项目监管人员未依据国家标准组织事故项目的临时用电工程检查，对事故发生负有监管责任。责成其向合肥市城乡建设局做出深刻书面检查。

7. 事故防范和整改措施

●中铁某局三公司，要深刻吸取事故教训，认真学习贯彻《建筑法》《安全生产法》《建设工程安全生产管理条例》等法律法规，严格落实各项管理制度，加强作业现场安全管理，督促从业人员规范作业，加大安全检查力度，及时消除作业现场存在的各类事故隐患，确保施工安全。

●芜湖某公司，要建立健全安全生产责任制，按照《安全生产规章制度》《安全生产操作规程》等组织施工，加强施工现场安全管理，安排具有特种设备操作资格的人员从事特种设备作业，督促从业人员规范操作，严防事故发生。

●安徽某监理公司，要认真执行《建设工程监理规范》《安徽省建设工程安全生产管理办法》等规定，严格落实安全监理规划、安全监理实施细则、临时用电安全监理实施细则等提出的举措，强化建设工程监理制度和总监理工程师负责制度的执行力，加强对施工现场的巡查力度，及时发现隐患并责令施工单位整改，真正承担起安全监理责任。

●市重点局，要认真梳理项目管理职责，结合建设项目特征，精准施策，激发总包单位和监理单位履行安全管理职责的自觉性和积极性，提高建设项目的管理效能，实现安全施工。

●市建筑监督站，要认真吸取事故教训，切实履行监管责任，加强对建设、总包、监理等与施工相关单位的监督检查，加强对施工现场的检查、巡查，督促各建设参与方严格落实安全责任，督促各建设方加强对施工现场和从业人员的管理，及时排查消除物的不安全状态和人的不安全行为，坚决遏制建设施工领域事故多发的势头。

## 三、施工现场临时用电隐患

施工现场临时用电一旦出问题，后果很可怕，第一，人员遭受电击，轻则受伤，重则死亡；第二，造成电气火灾，造成严重经济损失；第三，损坏设备。为避免事故特别是人员电击伤亡事故，必须加强临时用电的管理工作，纠正施工用电中的不良行为和习惯性违章。常见施工现场临时用电隐患有以下几类。

（1）《临电用电组织设计》明确接地型式实施 TS-S 系统，具体实施按 TN-C 进行，违反《施工现场临时用电安全技术规范》（JGJ 46—2005）第1.0.3条之规定（强制性条文）。接地线路见图2-73。

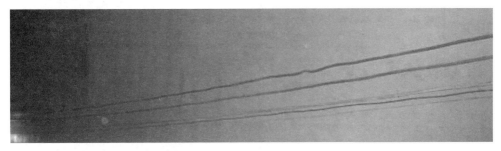

图 2-73 接地线路

（2）总配电室、落地式开关柜的电缆进出孔洞和配电室上部洞口不堵塞（见图2-74），一旦老鼠、蛇、猫、飞禽等进入，就会引起短路，这样的事故时有发生。

图 2-74 落地配电柜电缆进出洞口未堵

（3）施工现场的施工机具，如电焊机、对焊机、碘钨灯等外壳不接PE线；钢筋弯曲机、钢筋剪切机、切割机、台钻、打气泵等电动机的接线盒内的专用PE端子95%以上不接PE线，而且多数的操作把手无绝缘套（见图2-75）。这是最普遍、最严重的违规。

（4）三电相动机电源电缆不配置4芯电缆，接线盒内的PE专用端子不接PE线（见图2-76）。

图 2-75 接线不规范

图 2-76 电动机未引入 PE 线

（5）开关柜（总配电箱）不设 PE 母线、N 母线端子排。二级配电箱不设 PE 线、N 线端子排，乱拉乱接。PE、N 排无标识（见图 2-77）。

（6）现场开关箱的门不上锁、门损坏严重。如某工地的一台落地式开关柜，不但前门大开，甚至连背板都没有（见图 2-78），很典型，也很严重。

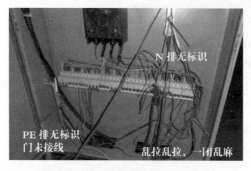

图 2-77　PE、N 排无标识

图 2-78　开关柜门未关

（7）配电箱内的 N 线、PE 线端子排设置不齐全，有的根本不设置（见图 2-79），即使设置了两种端子排，但大多未进行正确标识。

（8）设置有 PE、N 线排，但规格太小（二次线用的端子），根本无法接线，不匹配，不实用，成为摆设（见图 2-80）。

图 2-79　开关箱未设置 N 排、PE 排

图 2-80　PE、N 线排不适用，且无标识

## 四、施工现场临电安全管理

临时用电工作属于危险性较高的电工作业，故相关规程规范对临时用电都有很高的安全技术方面的要求。尤其是雨水肆虐的季节，临时用电接线若不遵守规范，将对作业电工或作业区域人员造成触电的伤害。为贯彻国家安全生产的法律法规，执行施工现场临时用电安全技术规范，落实安全生产管理制度，保障项目施工现场用电安全，防止触电和电气火灾事故发生，应制定施工现场临时用电规定。

### （一）常见临时用电设备

在工地施工中，常常涉及临时用电，临时用电是指基建工地及其他需要在电力部门立户表计之外，新接电源的用电时间一般不超过 1 年。常见临时用电设备包括线路、设备，比如电缆、电线、开关、设备（电焊机、手持电动工具）等。要使用质量合格的电工产品，临时用电设备必须装设漏电保护器。

### （二）临时用电安装要点

（1）使用周期在 1 个月以上的临时用电线路，应采用架空方式安装。

（2）使用周期在 1 个月以下的临时用电线路，可采用架空或地面走线的方式。

（3）临时用电线路经过有高温、振动、腐蚀、积水及机械损伤等危害的部位，不得有接头，并应采取相应的保护措施。

（4）控制箱布置及元器件装设、电缆敷设及接线等，每个环节都要遵守相关规程要求，规范接线、安全作业。在潮湿环境下进行电气作业，务必要按安全规程的要求做好防止触电的措施。

### （三）临时用电"六大"安全要求

1. 施工现场用电要求

1）配电箱和开关箱的配置使用规范

（1）配电箱。

●一级总箱。配置计量表、电流电压表、电源总隔离开关分路隔离开关、漏电开关，接地接零排。

●二级配电箱。具备电源总隔离开关、分路隔离开关，断路器插座应按规定的位置紧固在绝缘板上，不得歪斜和松动。

●三级末端开关移动箱。必须设置隔离开关和漏电保护器（动作电流 30 mA 或 15 m 动作时间 0.1 s），N 排、PE 排进出线卡和电器元件必须固定在绝缘板上。

（2）开关箱配置使用规范。

●配电系统应设置总配电箱和分配电箱实行分段分层面配电。分配电箱距离不大于 30 m。开关箱用于控制固定式设备水平距离不大于 3 m。

●动力配电箱与照明电箱宜分别设置。若合置在同一个配电箱内，动力和照明线应分路设置。

●开关应由三级电箱配电。配电箱的总回路和分路必须装有明显断开点。

●配电箱、开关箱应设在干燥、通风及常温场所，否则应做相应防护处理。电箱设置位置周围应有足够二人同时工作的空间和通道，不准堆放任何妨碍操作、维修的物品。

●配电箱、开关箱内的电源开关、电器安装应牢固，不得歪斜松动。连接导线采用绝缘导线，排列整齐，不得有外露带电部位。安装板上必须分别配置专用保护接零的端子板，每个接线桩不大于 2 根线。

电箱开关箱内的工作零线应通过接线端子板连接，配电箱、开关箱的金属箱体、金属电器安装板，以及箱内电器的不应带电金属底座、外壳等必须保护接零，保护零线通过接线端子板连接。

箱中导线进出线口应在箱体下底面，进出线应加护套，分路成束，并做成防水弯。

进入开关箱电源线严禁用插销连接。

●箱内电器必须可靠完好,不准使用破损、不合格的电器。电器元件应具有产品合格证,并纳入技术档案资料内。配电箱应编号,标明其名称、值班电工姓名、维修电话。箱内应贴有配电系统图,标明电器元件参数及分路名称,有检查记录,严禁使用倒顺开关。

●电箱内应设置总隔离开关和分路隔离开关,以及总熔断器和分路熔断器(或总自动开关和分路自动开关)。总开关电器的额定值、动作整定值应与分路开关电器的额定值、动作整定值相适应。

●每台用电设备应有各自专用开关箱,必须实行"一机一闸一漏一箱"制。严禁用同一开关箱直接控制 2 台及以上用电设备(含插座)。

●开关箱中必须装设符合标准的漏电保护器。其设置位置应在电源隔离开关的负荷侧边和开关箱电源隔离开关负荷侧边。开关箱内漏电保护器额定漏电动作电流不大于 30 mA,额定漏电动作时间应小于 0.1 s。两级配电箱中漏电保护动作电流、动作时间均应匹配,使之具有分级分段保护功能。

●电箱内 L1、L2、L3、N、PE 线必须分色,其颜色分别为黄、绿、红、浅蓝、绿/黄双色线。多股线应冷压或烫锡。

●总、分配电箱输出端宜采用压接和接线柱,开关箱输出端应采用 ZM 14–ZM 13 插座。

●电焊机开关箱内应装二次空载降压和触电保护器。

●电箱检查、维修时,必须将其前一级相应电源开关分闸断电,并悬挂停电标志牌,严禁带电作业。

●配电箱、开关箱内不得放置杂物,保持清洁。且不准挂接其他临时用电设备。施工现场停止作业大于 1 h 时,应将动力箱断电上锁。电箱熔断器的熔体更换时,严禁用不符合原规格的熔体代替。

2)其他用电设备安全使用规定

●移动工具、手持工具等用电设备应有各自的电源开关,必须实行"一机一闸"制,严禁两台或两台以上用电设备(含插座)使用同一开关。

●在水下或潮湿环境中使用电气设备或电动工具,作业前应由电气专业人员对其绝缘进行测试。带电零件与壳体之间,基本绝缘不得小于 2 MΩ,加强绝缘不得小于 7 MΩ。

●使用潜水泵时应确保电机及接头绝缘良好,潜水泵引出电缆到开关之间不得有接头,并设置非金属材质的提泵拉绳。

●使用手持电动工具应满足图 2–81 所示安全要求。

2. 电缆敷设规定

● 架空线必须采用绝缘铜线,严禁使用裸线。现场除总箱进线可采用架空线外,其余均采用五芯电缆,现场严禁使用四芯电缆外加一根 PE 线代替五芯电缆。做好绝缘检测工作,包括绝缘试验和外观检查。现场绝缘试验指绝缘电阻试验。外观检查指绝缘机构物理性能的观察和检查,包括是否受潮,表面有无粉尘、纤维或其他污物,有无裂纹或放电痕迹,表面光泽是否减退,有无脆裂,有无破损,弹性是否消失,运行时有无异味等项目。

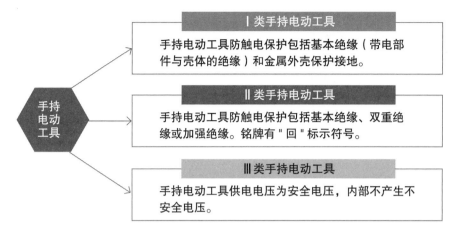

图 2-81 手持电动工具类型及安全要求

●架空线需设在专用立杆上，钢索配线的立杆支架间距不宜大于 12 M。

●架空线必须有过负荷保护。可以采取下列任一种过保护电器：①自动空气断路器（空气开关），其过负荷脱扣电流整定值。②熔断器。其熔体额定熔断电流值≤被保护线路导线的安全电流值。

此外，由于漏电开关一般有空气开关的功能，故也可兼作过负荷保护电器使用。

●电缆干线应采用埋地敷设时，严禁沿地面明敷，电缆在室外直接埋地深度不小于 0.6 m，并在电缆上下各均匀敷设不小于 50 mm 厚度细纱，然后覆盖硬质保护层。电缆接头应设在地面上接线盒内。

●电缆穿越建筑物、构筑物、道路、易受机械损伤的场所及引出地面从 2 m 高度至地下 0.2 m 处，必须加设防护套管。

●电缆架空敷设时，应沿墙壁或电杆设置，并用绝缘子固定，严禁用金属裸线作绑线。橡皮电线最大弧垂距地不小于 2.5 m（若低于 2.5 m 时需改用低压电）。

●进户线过墙应穿管保护，距地面高度不低于 2.5 m，并采取防雷措施。

●潮湿场所或埋地非电缆配线必须穿管敷设，管口应密封。采用金属管敷设时必须保护接零。

3. 现场临时用电照明规定

●照明设置：在一切需要照明的工作作业区、作业场所、料具堆场、道路、仓库、办公室、食堂和宿舍均设一般照明、局部照明或混合照明，以保障作业和生活安全。

●照明器具的形式和防护等级必须与使用环境条件相适应，其质量应符合规范、标准的规定，室外灯具采用防水型。

●照明电压规范：①一般场所为 220 V。②潮湿和易触及带电场所为 24 V 的低压照明。③特别潮湿场所和锅炉、容器内为 12V 的低压照明。④手持行灯照明和灯具离地面高度低于 2.5 m，楼层通道等为 36 V 的低压照明。

●警戒照明设置：对于施工现场临边洞口，必须按规定设置醒目的红色警示灯，以示警戒。

●照明配电应单独设置，若与动力配电箱合用，动力和照明应分路设置，并有漏电保护、过负荷保护。

●灯具金属外壳和金属支架应做接零保护。

●采用安全电压照明线路应清晰，布线整齐，接头处用绝缘布包扎。

●灯具离地高度室外大于 3 m、室内大于 2.5 m，大功率的金属卤化灯和钠灯应大于 5 m。

●在一个工作场所内，不得只装局部照明。

●严禁使用电炉、碘钨灯、大功率灯泡烘烤衣物，以防电气失火。

4. 电气防火措施规定

●各电器设备及电线的主要部位应采取相应绝缘保护。

●装设短路漏电保护装置，电线入箱应有显明分断点。

●电器位置应尽量避免开易燃易物品，或采取相应可靠防火措施。

●配电箱、开关箱四周严禁堆放杂物、易燃品，并应具有二人操作场地，且道路应保持畅通。使用中严禁设备超负荷工作，保证正常运转。

●正确按器具说明使用电热设备。施工照明应安全、可靠。

●电气设备着火，应立即切断电源，并用黄砂和干粉灭火器进行灭火，严禁用水灭火。

●电杆及危险场所用电应有安全防护措施。

●现场应制定和认真执行防火制度，且配置相应电气灭火设施。

●高层建筑工地设置专用消防水泵或与施工合用水泵，其电源线应专线敷设。

● 750 W 以上大功率照明灯具应用支架支撑，照明灯具下方不得堆放可燃物品，其垂直距离必须距可燃构件和可燃物水平间距 50 cm 以上，电源引入线应有隔热防护措施。

5. 施工用电安全保证措施

●必须贯彻"安全第一，预防为主，综合治理"的方针，各区域项目部应重视安全，健全各级安全法规与制度，落实措施，杜绝违章指挥和违章操作行为。

●加强对电气技工管理，电工必须持证上岗，且经过安全技术培训，考试合格后方能上岗。

图 2-82 安全用电

●加强安全用电宣传（见图 2-82），增强全体施工人员电气安全知识，懂得掌握触电急救的正确方法。

●建立施工现场用电技术资料，检测数据信息库做到每天一巡视、每周一检查、每月一维修，并做好相应记录。

●使用电气设备应经过验收，合格后方能使用。对电气设备（电源箱、电焊机、移动式及手持式电气设备）应加强管理、维修、保养。

●架设临时电源线，施工现场应专人管理，必须经项目经理或项目技术负责人签发审批单。加强对施工现场电气设备日常检查并记录在案，贯彻并落实安全交底制度。

●认真贯彻执行电气标准和法规。采取相应临时用电技术措施。①加强现场用电管理的合理布局，接入补偿电容器提高功率因数。②注意平衡施工用电线路三相负荷平衡。禁止一切擅自接线破坏三相负载平衡。

●做好环境控制，做到周边有警示标志，与高压线的距离应符合安全要求。设备布置应合理，尽量避免布置在潮湿、多烟雾及炎热、高温、周边有导电体及危险品存在的环境中。

●所有断开开关应贴有标签，注明供电回路和临时用电设备。所有临时插座都应贴上标签，并注明供电回路和额定电压、电流。所有开关箱、配电箱（配电盘）应有安全标识，在安装区域内，应在其前方1 m远处的地面上用黄色油漆或黄色安全警戒带做警示。

6. 编制临时用电施工组织设计

●临时用电总容量在50 kW及机械设备在5台以上的编制临时用电施工组织设计，临时用电总容量在50 kW及机械设备在5台以下的编制安全用电措施，编制人员、值班电工要有有效证件的复印件。

●做好临时用电验收记录，项目部根据临时用电施工组织设计、施工用电管理方案、安全用电措施进行验收，验收结果有数值要求的，做到数字量化反映。业主、总包、监理有要求时，应在自查合格的基础上请业主、总包、监理验收签字。

●项目部要与施工班组和各分包施工队伍签好临时用电协议，目的是接受项目部临时用电规范化管理，符合安全用电要求，杜绝和减少事故、事件的发生。

●申请临时用电许可证。由临时用电单位提出申请，生产单位负责人组织电气专业人员对临时用电施工组织设计进行审核，对临时用电安全措施和用电设备进行检查并签字确认后，生产单位负责人批准。临时用电许可证的有效期限一般不超过一个班次，最长不能超过15天，用电时间超过15天应重新办理临时用电许可证。临时用电结束后，临时用电单位应及时通知生产单位按照临时用电施工组织设计中的拆除方案拆除临时用电线路。线路拆除后，生产单位应指派电气专业人员进行检查验收，并签字确认。临时用电单位和生产单位负责人签字关闭临时用电许可证。

# 第四节　机械伤害篇

21世纪的今天，人们的生活离不开机器。从出门到回家、上班和下班，机器在我们的生活中如影随形。

早在远古时代，我们的祖先就发明了简单的纺织机械，并利用它们将棉、麻等植物进行加工制作，用于遮盖与避寒。在当今社会，机械与人类衣着的关系也越来越密切。在今天这样现代化的社会，我们的衣服由简单粗糙到复杂而精细。所以，我们的衣着离不开机械（见图2-83）。

"民以食为天"，食物是保障人类生存的基础物质，古时候，人类就对谷物加工方法做了不懈的尝试。开始人们把谷物放在大石块上，手握小石块来回搓动，吹去糠皮就得到了米。继而发明了石磨，而后又发明了水碾，进而以畜力代替人力碾米和磨粉。那时简单机械就在饮食中得到了应用。社会发展到今天，机械不仅对食物进行初加工，而且更加精细化，甚至融入到饮食文化，使我们的饮食变得多样化，变得更安全健康。所以，我们的饮食离不开机械（见图2-84）。

图 2-83　制衣机械

图 2-84　食品加工机械

房屋由木材和钢筋混凝土浇筑而成，在我们的住房当中，同样需要机械的辅助。一幢幢高楼大厦并非凭空而起，需要无数工序和机械配合来完成。如果没有机械的帮忙，如果用人背，恐怕一千个人、一万个人也很难完成吧！当今社会如此庞大的住房需求，如果没有机械的话，人们很可能会无家可归。所以，我们的住房离不开机械（见图2-85）。

图 2-85　房建机械

"一日千里"，是我们对交通的期许，高速公路、高铁、航空等交通项目的建设离不开机械（见图 2-86），同时我们拥有了形形色色的交通工具。小到一辆自行车，大到一列火车、一架飞机，无一不在为我们的出行而服务，无一不在为我们提供着各种各样的方便。所以，我们的出行离不开机械。

同我们的衣食住行一样，我们的娱乐、通信也离不开机械。人们的生活离不开机械，社会的发展离不开机械，机械无处不在，无处不起着重要的作用。

图 2-86　道路机械

然而，在机械使用过程中，机械伤害事故却频频出现（见图 2-87），每当谈及安全生产，总有人避之不及，觉得安全事故很遥远。其实，没发生事故前，很多人有类似想法，但如果能够重新来过，他们肯定会说"安全大过天"。

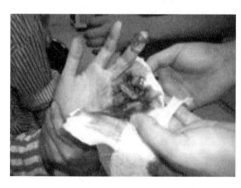

图 2-87　机械伤害图

2020 年 6 月 27 日，四川某机械设备有限公司在重庆铜梁西南水泥有限公司破碎车间检修板喂机时，链条滑动导致发生机械伤害事故，造成正在清理积料的重庆铜梁西南水泥有限公司 3 名作业工人死亡。2020 年 7 月 1 日，河南省应急管理厅发布通报，济源市济源钢铁集团有限公司原料厂 1 名工人在清料时被皮带机挤压后当场死亡。2020 年 12 月 1 日，河南省长垣县一施工项目发生塔吊倒塌事故，致 2 人死亡。

鲜活的生命，就这样被活活吞噬。转动的机械、流血的身躯、无助的工友、悲伤的亲人，血腥凄惨的现场让人不寒而栗……

冰冷的机器，如同嗜血的恶魔，面对死者的鲜血似乎更加冷酷、更加残忍、更加无情。隐患不除，生命不保。本来很容易整改的隐患，却迟迟不能消除，直至流血、流泪才痛惜，有何意义？

## 一、何为机械伤害

### （一）机械

1. 机械的定义

机械是指利用力学等原理组成的各种装置。各种机器、杠杆、枪炮等均是机械。《庄子·天地》："吾闻之吾师，有机械者必有机事。"晋·陆机《辩亡论》下："昔蜀之初亡，朝臣异谋，或欲积石以险其流，或欲机械以御其变。"宋·苏轼《东坡志林·筒井用水鞴法》："凡筒井皆用机械，利之所在，人无不知。"杨朔《前进，钢铁的大军》："他们都是工农出身的战士，一旦从敌人夺得机械，便能熟练地加以掌握。"

在古时候，通过一些工具减轻劳动力、提升生产效率，就发明了最初最古老的人工机器。直到工业革命的兴起，科学和工业需求快速增长，促使各种各样的机器爆发式发展，并对现代工业造成了深远的影响。在科学领域，科学探索、科学技术的验证，都离不开机器。人类不能到或者到不了的地方，机器可以去，人类做不到或者不能做的事情，机器可以做。机器的制造技术和先进与否，直观地体现了一个国家的科学科技发达程度。在工程建设领域，机器更是其重要的组成部分，机器的先进程度对工程行业发展有着直接影响。

2. 工程机械的定义

根据中国工程机械工业协会2011年6月1日发布与实施的中国工程机械工业协会标准《工程机械定义及类组划分》（GXB/TY 0001—2011），工程机械被定义为：凡土石方工程，流动起重装卸工程，人货升降输送工程，市政、环卫及各种建设工程、综合机械化施工，以及同上述工程相关的生产过程机械化所应用的机械设备，称为工程机械。工程机械是机械工业的重要组成部分之一。与交通运输业建设（铁路、公路、港口、机场、管道输送等）、能源业建设和生产（煤炭、石油、火电、水电、核电等）、原材料工业建设和生产（有色矿山、黑色矿山、建材矿山、化工原料矿山等）、农林水利建设（农田土壤改良、农村筑路、农田水利、农村建设和改造、林区筑路和维护、储木场建设、育材、采伐、树根和树枝收集、江河堤坝建设和维护、湖河管理、河道清淤、防洪堵漏等）、工业民用建筑（各种工业建筑、民用建筑、城市建设和改造、环境保护工程等）及国防工程建设诸领域的发展息息相关，也就是说，以上诸领域是工程机械的最主要市场。这些领域的现代化建设要求与目标也推动了工程机械的发展，同时这些领域的现代化建设也离不开工程机械。

3. 机械优势

（1）输出功率大，可长期稳定操作，不易疲劳。

（2）自动化程度高。

（3）准确性和速度比人好。

（4）灵敏度和反应能力高。

（5）耐用性强，可在人不适宜的环境下操作。

（6）可靠性高，不会受外界因素的影响。

（7）运转速度快，可连续运行。

（8）能同时完成多种作业，适应性强。

**（二）机械伤害的定义**

机械伤害主要指机械设备运动（静止）部件、工具、加工件直接与人体接触引起的夹击、碰撞、剪切、卷入、绞、碾、割、刺等形式的伤害。各类转动机械的外露传动部分（如齿轮、轴、履带等）和往复运动部分都有可能对人体造成机械伤害（见图2-88）。实际中主要指机械做出强大的功能作用于人体造成伤害，机械伤害人体最多的部位是手。

图 2-88　机械伤害图

**（三）机械伤害常见原因**

1. 人的不安全行为

（1）操作失误的原因。

●机械产生的噪声使操作者的知觉和听觉麻痹，导致不易判断或判断错误。

●依据错误或不完整的信息操纵或控制机械造成失误。

●机械的显示器、指示信号等显示失误使操作者误操作。

●控制与操纵系统的识别性、标准化不良而使操作者产生操作失误。

●时间紧迫致使没有充分考虑而处理问题。

●缺乏对动机械危险性的认识而产生操作失误。

●技术不熟练，操作方法不当。

●准备不充分，安排不周密，因仓促而导致操作失误。

●作业程序不当，监督检查不够，违章作业。

●人为的使机器处于不安全状态，如取下安全罩、切除联锁装置等。走捷径、图方便、忽略安全程序，如不盘车、不置换分析等。

（2）误入危区的原因。

● 操作机器的变化，如改变操作条件或改进安全装置时。

● 图省事、走捷径的心理，对熟悉的机器，会有意省掉某些程序而误入危区。

● 条件反射下忘记危区。

● 单调的操作使操作者疲劳而误入危区。

● 由于身体或环境影响造成视觉或听觉失误而误入危区。

● 错误的思维和记忆，尤其是对机器及操作不熟悉的新工人容易误入危区。

● 指挥者错误指挥，操作者未能抵制而误入危区。

● 信息沟通不良而误入危区。

● 异常状态及其他条件下的失误。

引起人的不安全行为的主要因素见图 2-89。

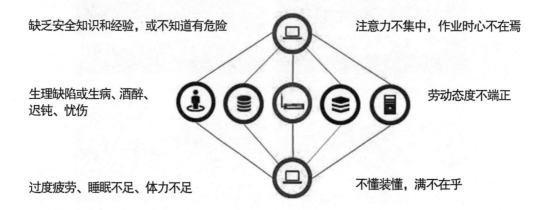

图 2-89　引起人的不安全行为的主要因素

## 2. 机械的不安全状态

机械的不安全状态，如机器的安全防护设施不完善，通风、防毒、防尘、照明、防震、防噪声及气象条件等安全卫生设施缺乏等均能诱发事故。所造成的伤害事故的危险源常常存在于下列部位：（1）旋转的机件具有将人体或物体从外部卷入的危险。机床的卡盘、钻头、铣刀、传动部件和旋转轴的突出部分有钩挂衣袖、裤腿、长发等而将人卷入的危险；风翅、叶轮有绞碾的危险；相对接触而旋转的滚筒有使人被卷入的危险。

（2）作直线往复运动的部位存在着撞伤和挤伤的危险。冲压、剪切、锻压等机械的模具、锤头、刀口等部位存在着撞压、剪切的危险。

（3）机械的摇摆部位又存在着撞击的危险。在工作时，也要固定好。

（4）机械的控制点、操纵点、检查点、取样点、送料过程等也都存在着不同的潜在危险因素。

## 二、机械伤害典型案例解析

### 案例一　"4·13"起重机倾覆重大事故

18 人死亡、33 人受伤，24 人被追责！

1. 事件概况

2016 年 4 月 13 日 5 时 38 分许，位于某市麻涌镇大盛村的中交第四航务工程局有限公司第一工程有限公司东莞某预制构件厂一台通用门式起重机发生倾覆，压塌轨道终端附近的部分住人集装箱组合房，造成 18 人死亡、33 人受伤，直接经济损失 1 861 万元。事故现场见图 2-90。

图 2-90　"4·13"起重机倾覆重大事故现场

2. 事件时间

2016 年 4 月 13 日。

3. 事件经过

4 月 13 日 5 时 38 分许，由于突发雷电大风强降雨，某市麻涌镇中交某航局一厂区一龙门架被大风吹倒，导致附近约 200 m² 的工棚坍塌。到 13 时 30 分止，工棚入住 133 人，自行撤离 88 人，搜救送院治疗 43 人。

4. 事件后果

造成 18 人死亡、33 人受伤，直接经济损失 1 861 万元。

5. 事故原因分析

1）事故原因

（1）直接原因。

经现场勘验，事故发生前，事故起重机的 4 个夹轨器齐全、有效且均可以正常投入使用，但均处于非工作的收起状态。经抗倾覆稳定性计算验证，事故起重机滑动至轨道终端时的速度已超过造成倾覆的临界速度，倾覆是必然的结果。调查认定，若夹轨器处于工作状态，事故起重机不会沿轨道滑动至终端并倾覆。通过反复的现场勘验、调查取证、模拟计算、专家论证、综合分析，查明事故的直接原因是：

①起重机遭遇到特定方向的强对流天气突袭。

②起重机夹轨器处于非工作状态。

③起重机受风力作用，移动速度逐渐加大，最后由于速度快、惯性大，撞击止挡出

轨遇阻碍倾覆。

④住人集装箱组合房处于起重机倾覆影响范围内。

（2）间接原因。

● 新某公司特种设备使用管理不到位。

● 某预制构件厂安全生产主体责任不落实。

● 四航局某公司对某预制构件厂安全生产工作疏于管理。

● 中交某航局安全生产责任制落实不到位。

● 某市质量技术监督局对事故发生单位特种设备安全监管不力。

● 某市麻涌镇经济科技信息局（质量技术监督工作站）工作不到位。

● 某市城市综合管理局麻涌分局未按照上级检查规范执行监督检查。

2）事故性质

经调查认定，东莞某预制构件厂"4·13"起重机倾覆重大事故是一起因强对流天气突袭而引发的重大责任事故。

6.事故的责任认定及处理建议

根据"4·13"事故省政府调查组的统一部署，按照监察机关参加安全生产事故调查的相关要求，省纪委、省监察厅一室牵头成立责任追究组，按照纪检监察机关职能定位和党纪政纪处分、问责处理的要求进行了证据完善和补充调查工作，对相关单位和人员的责任进行了认定。经查，共有24人应对事故发生负有责任。责任追究情况如下：

（1）移送司法机关4人，包括：新某公司劳务工、事故门式起重机最后使用人冯某松、新某公司派遣在预制构件厂的主管梁某海、预制构件厂机电部副部长成某勇和预制构件厂厂长谭某海。上述人员属于中共党员或行政监察对象的，待司法机关依法做出处理后，再根据干部管理权限，给予相关责任人员党纪、政纪处分，省监察厅将跟踪督办落实。

（2）给予党纪、政纪处分18人。

● 企业9人，处分由相关企业做出，包括：给予中交某航局安全总监兼安全管理部经理侯某相当于行政警告的处分；给予中交某航局某工程有限公司总经理、法人代表卢某荣相当于行政记过的处分；给予中交某航局某工程有限公司副总经理徐某华相当于行政记大过的处分；给予中交某航局某工程有限公司安全总监兼安全管理部经理吴某相当于行政降级的处分；给予中交某航局某工程有限公司东莞某预制构件厂党支部书记洪某彬相当于行政降级的处分；给予中交某航局某工程有限公司东莞某预制构件厂副厂长林某宁相当于行政撤职的处分；给予中交某航局某工程有限公司东莞某预制构件厂副厂长黄某军相当于行政降级的处分；给予中交某航局某工程有限公司东莞某预制构件厂安全部部长李某祥相当于行政撤职的处分；给予中交某航局某工程有限公司东莞某预制构件厂机电部部长邓某华相当于行政警告的处分。

● 行政系统9人，包括：给予某市质量技术监督局特种机电设备安全监察科科长黄某仪党内严重警告、行政记大过处分；给予某市质量技术监督局特种机电设备安全监察科副科长祁某明党内警告、行政记过处分；给予某市质量技术监督局特种机电设备安全监察科副科长陈某涛党内警告、行政记过处分；给予东莞麻涌镇经信局副局长兼麻涌镇质监站站长莫某垣党内严重警告、行政降级处分；给予某市麻涌镇经信局执法室主任兼麻涌镇质监站副站长萧某东撤销党内职务、行政撤职处分；给予某市城市综合管理局麻涌分局局长张某林党内严重警告、行政记过处分；给予某市城市综合管理局麻涌分局副局长周某能撤销党内职务、行政撤职处分；给予某市城市综合管理局麻涌分局巡查执法二中队队长徐某明党内严重警告、行政降级处分；给予某市城市综合管理局麻涌分局巡查执法二中队组长张某发党内严重警告处分。

（3）诫勉谈话2人。对某市城市综合管理局麻涌分局副局长卢某怀、某市城市综合管理局麻涌分局指挥调度股副股长罗某标等2人，由某市监察局等单位按照干部管理权限予以诫勉谈话。

同时，鉴于某预制构件厂及其主要负责人对事故发生负有责任，建议省安全监管局根据《中华人民共和国安全生产法》等法律法规的规定，对某预制构件厂及其主要负责人实施行政处罚。

鉴于新某公司对事故发生负有责任，建议省安全监管局根据《中华人民共和国安全生产法》等法律法规的规定，对新某公司实施行政处罚。

新某公司法定代表人何某卓未依法履行安全生产管理职责、健全安全生产责任制，未依法检查安全生产工作、及时消除特种设备作业人员习惯性违章及不具备操作资格上岗作业等事故隐患，对事故发生负有责任。建议省安全监管局根据《中华人民共和国安全生产法》等法律法规的规定，对新某公司法定代表人何某卓实施行政处罚。

此外，建议责成中交某航务工程局有限公司向中国交通建设股份有限公司做出深刻检查。

7. 事故防范措施

为切实贯彻落实党中央、国务院和省委、省政府领导的重要批示精神，深刻总结并吸取事故教训，有针对性地制定和落实防范措施，切实加强和改进安全生产工作，杜绝类似事故发生，提出以下建议：

（1）加强起重机安全管理。起重机使用单位要严格落实起重机安全管理各项制度，建立安全技术档案，完善安全操作规程，设立安全管理机构或配备安全管理人员，定期进行安全性能检验，加强日常安全检查和维护保养；要严格落实起重机作业人员持证上岗制度，核实并确保起重机作业人员资格证真实、有效；要认真做好灾害性天气来临前的隐患排查工作，清理起重机作业影响范围内人员密集场所，确保起重机夹轨器等抗风防滑装置齐全、有效并处于工作状态，严格执行起重机安全管理制度和岗位操作规程，落实安全防范措施，确保人员和设备安全。省质量技术监督局要牵头组织开展特种设备领域"打非治违"专项行动，重点打击特种设备作业人员习惯性违章和不具备操作资格上岗作业等问题，部署落实灾害性天气下的安全防范措施，严防此类事故再次发生。

（2）规范施工现场临时建设行为。各类工程建设单位要加强施工现场集装箱组合房、装配式活动房等临建房屋（宿舍、办公用房、食堂、厕所等）的安全管理，办公、生活区的选址应当符合安全要求，将施工现场的办公、生活区与作业区分开设置，并保持安全距离；要建立并落实施工现场集装箱组合房、装配式活动房等临建房屋的安全风险评估及专项安全检查制度，确保安全使用。对存在严重安全隐患的建筑施工临建房屋要坚决落实搬迁、拆除、撤人等强制措施，杜绝群死群伤事故。省住房城乡建设厅要牵头制定加强建筑施工现场临建房屋的安全管理规定，进一步规范施工现场临时建设行为。

（3）加强灾害性天气安全防范。各地、各部门和单位要落实《气象法》《广东省气象灾害防御条例》等有关规定，加强气象灾害监测预报、预警信息发布和传播、防雷减灾、气象应急保障、人工影响天气等气象灾害防御工作，要强化并落实灾害性天气可能诱发事故的风险评估和预警，加大气象灾害防御知识宣传和普及力度，提高公众尤其是重点企业的防灾减灾意识。要督促气象灾害防御重点企业完善应对灾害性天气的应急预案，经常性地开展应急演练，强化值班值守，密切关注并接收当地气象台站发布的灾害性天气警报和气象灾害预警信号，及时转移、撤离现场作业人员，尽力减少事故灾害损失。

（4）加强外包工程安全管理。发包单位要加强外包工程及外包队伍的安全管理，强化过程管控，将分包商和协作队伍纳入企业管理体系，杜绝以包代管、以罚代管和违法分包、层层转包现象；要督促外包队伍落实安全生产责任，切实加强作业现场的安全管理，严禁违章指挥、违章作业、违反劳动纪律的行为；要强化作业人员的安全培训教育，全面落实持证上岗和先培训后上岗制度；要在人员密集场所等重点部位、关键岗位推行风险等级管控和隐患排查治理双重预防性工作机制，及时消除各类安全隐患，提升安全保障能力和事故预防能力。

（5）加强中央驻粤企业安全生产工作。中交某航局要铭记教训、警钟长鸣，用事故教训警示所属各级企业，增强安全生产意识，督促所属各级企业切实落实安全生产主体责任，切实把安全生产责任落实到现场、班组和岗位；要规范生产经营行为，强化现场安全管理，不断改进和完善企业安全生产管理体系；要建立全方位的安全风险管控和自查、自改、自报的隐患排查治理体系，努力做到风险辨识及时到位、风险监控实时精准、风险预案科学有效，力争实现隐患排查治理工作常态化、规范化、制度化，全面提升安全生产工作水平。要依法及时向所在地政府及有关部门定期报告安全生产情况，主动接受地方政府及有关部门的监督和指导，发挥中央企业在安全生产中的带头作用。

**案例二　"10·20"机械伤害事故**

混凝土泵车倾斜，1人死亡，只因施工现场安全管理缺失。

1. 事件概况

2016 年 10 月 20 日 8 时 30 分许，在由无锡市亨某建设发展有限公司承建的 XDG-2012-90 号地块 B 块开发建设项目三期工程工地，无锡某混凝土制品有限公司在进行混凝土泵送作业时发生一起机械伤害事故，造成 2 名作业人员受伤，其中 1 名作业人员经医治抢救无效于当晚死亡。

2. 事件时间

2016 年 10 月 20 日。

3. 事件经过

XDG-2012-90 号地块 B 块开发建设项目三期工程位于原无锡市北塘区江海路与会

岸路交叉口东北侧，项目建设单位为无锡协信远信房地产开发有限公司。工程内容为地块上 6-11 号共 6 幢楼房的土石方、桩基、土建、安装等。总建筑面积 148 175.42 m²，合同总价 22 842.774 5 万元人民币。施工总承包单位为无锡市亨某建设发展有限公司（以下简称亨某公司）。2015 年 9 月，亨某公司组建施工项目部进场施工，项目经理刘某奎，技术负责人吴某，安全员薛某等，施工员孙某明，主要施工力量为一个瓦工班组（班组长骆某红）、两个木工班组和两个钢筋工班组。至 2016 年 10 月 20 日事故发生，工程形象进度为完成全部施工量的 70%。

根据施工进度安排，2016 年 10 月 18 日，施工员孙某明向无锡某混凝土制品有限公司报送了 10 月 20 日工地 11 号楼附楼二层楼面浇筑混凝土的方案，并说明了所需混凝土的工作量及泵送混凝土所需泵车管架的长度。

2016 年 10 月 20 日 7 时许，无锡某混凝土制品有限公司派遣泵车操作工蔡某宗（持证作业）和混凝土泵车驾驶员张某坤（持证作业）驾驶车号苏 J-AJ299 的混凝土泵车到达施工现场，蔡某宗和张某坤根据泵送作业现场条件选定了泵车停车位置，车头朝向作业楼面。然后开始架设泵车支腿。在施工现场其他作业人员的协助下，蔡某宗将随车携带的两块枕木中的一块垫入了泵车右后支腿下，将项目部提供的临时用木板垫入了右前支腿下；张某坤则将一块项目部提供的临时用木板垫入了泵车左前支腿下，泵车左后支腿未使用垫木支垫。随后蔡某宗上到作业楼面，遥控泵车支架伸至浇筑作业处，并操作泵车进行空操作，将混凝土输送管路打通。

8 时许，泵送作业开始，项目部瓦工班组作业人员肖某高、潘某荣手扶泵车输送管顶端布料管进行浇筑。8 时 30 分许，正在作业的混凝土泵车右前支腿突然顶穿下垫的木板，陷入木板下方的普通泥质地面，泵车发生倾斜，泵车布料管及臂架摆动并分别击中肖某高头部及潘某荣腰部，致其两人受伤。正在作业现场的瓦工班组长杨某平立即拨打 120 急救电话，并指挥其他作业人员将两名伤者抬至地面，随 120 急救车将两名伤者送 101 医院医治。

4. 事件后果

肖某高经抢救无效于当晚死亡，潘某荣确诊为腰部轻微骨折。

5. 事故原因分析

1）事故原因

（1）直接原因。

无锡某混凝土制品有限公司泵车操作工蔡某宗使用临时用垫木支撑泵车右前支腿，泵车作业时右前支腿下方局部土体在集中重载荷作用下产生变形，垫木瞬间被冲切破坏，泵车右前支腿下陷，造成泵车失稳，臂架下压摆动，击伤施工人员。这是本起事故发生的直接原因。

（2）间接原因。

● 无锡某混凝土制品有限公司安全管理存在漏洞，对外派混凝土泵车及作业人员进行混凝土泵送作业安全管理缺失，未依法督促检查泵送作业操作工严格按照泵车使用说明书和操作规程进行作业的情况，未能及时发现和纠正蔡某宗等作业人员使用强度和刚度严重不足的垫木进行泵车支腿垫护的违章行为。这是本起事故发生的主要原因。

●亨某公司安全管理存在薄弱环节，作为工程承建单位，对施工现场进行的混凝土泵送作业安全管理不到位，既未开展对进入施工现场泵送混凝土作业人员的安全教育，也未督促检查泵送混凝土作业人员严格执行操作规程的情况，未能及时纠正蔡某宗等作业人员使用强度和刚度严重不足的垫木进行泵车支腿垫护的违章行为。这是本起事故发生的重要原因。

2）事故性质

该起事故是一起因施工现场安全管理缺失而引发的生产安全责任事故。

6. 事故责任认定和处理建议

（1）无锡某混凝土制品有限公司安全生产责任制不落实，对外派混凝土泵车及作业人员进行混凝土泵送作业的安全管理工作缺失，应对本起事故的发生负有责任。建议由某市安全生产监督管理局依法给予其行政处罚。

●浦某宏，无锡某混凝土制品有限公司总经理，全面负责公司生产经营管理，是公司安全生产第一责任人。

存在问题及责任认定：履行岗位安全生产管理职责不到位，未组织开展对外派混凝土泵车及作业人员进行混凝土泵送作业的安全管理工作，应对本起事故的发生负有主要责任。

处理建议：依据由无锡市安全生产监督管理局依法给予其行政处罚。

●蔡某宗，事发混凝土泵车操作人员，无锡某混凝土制品有限公司临时雇用人员。具体负责事发混凝土泵车支腿固支及泵送作业。

存在问题及责任认定：采用强度和刚度严重不足的垫木进行混凝土泵车支腿支垫，对本起事故的发生负有直接责任。

处理建议：鉴于国家和行业均对混凝土泵车支腿垫木未有明确的强制性标准，建议由无锡某混凝土制品有限公司对其进行处理。

（2）亨某公司安全生产责任制不落实，作为工程承建单位，对施工现场进行的混凝土泵送作业安全管理不到位，应对本起事故的发生负有责任。建议由某市安全生产监督管理局依法给予其行政处罚。

●石某山，亨某公司法人代表、总经理，全面负责公司生产经营管理，是公司安全生产第一责任人。

存在问题及责任认定：履行岗位安全生产管理职责不到位，未严格督促检查公司承建的 XDG-2012-90 号地块 B 块开发建设项目三期工程项目部安全生产工作，应对本起事故的发生负有重要责任。

处理建议：依据由某市安全生产监督管理局依法给予其行政处罚。

7. 事故防范措施

（1）无锡某混凝土制品有限公司要深刻吸取事故教训，要根据本企业生产经营实际，进一步明确混凝土泵车泵送混凝土作业的安全操作规程，加强对泵送现场安全操作规程执行情况的监督检查，确保操作规程的落到实处。

（2）亨某公司要加强对混凝土浇筑作业的安全管理，严格对作业人员的安全教育和安全技术交底工作，切实提高作业人员安全作业的意识和能力；要强化对作业现场的检查和巡查，落实各项安全管理措施，确保相关操作规程执行到位，切实提高公司事故防范能力。

### 案例三　"12·10"吊车机械伤害事故

起吊打桩机出现机械故障，一工人未撤离危险区域，当场死亡。

1. 事件概况

2016 年 12 月 10 日 12 时 30 许，某市政建设有限公司在桂三高速三江连接线浔江大桥钢栈桥施工过程中，一吊车在起吊打桩机工程中，大臂折弯，副臂掉落，造成施工现场一工人被吊车副臂砸中头部当场死亡的机械伤害安全事故，直接经济损失 90 万元。

2. 事件时间

2016 年 12 月 10 日。

3. 事件经过

2016 年 12 月 10 日 12 时 30 分许，某市政建设有限公司在桂三高速三江连接线浔江大桥钢栈桥施工过程中，桂 B90352 号重型专项作业车在起吊打桩机时，大臂承重折弯，压迫副臂，使副臂脱落，坠落过程中砸中站在起重车操作室后面一名民工的头部，造成该民工头部受重击翻落地面。事故发生后，现场施工人员立即在第一时间拨打救护电话"120"，并拨打"110"报警。接警后，三江县古宜镇河西派出所干警和三江县 120 急救中心医护人员赶到现场进行施救。

4. 事件后果

经现场鉴定，确认伤者头部受伤过重当场死亡。

5. 事故原因分析

1）事故原因

（1）直接原因。

桂 B90352 号重型专项作业车在起吊打桩机时出现机械故障，大臂承重折弯，压迫副臂，使副臂脱落，坠落过程中砸中站在起重车操作室后吊臂起吊作业范围内的全某锋，是事故发生的直接原因。

（2）间接原因。

●某市政建设有限公司安全管理不到位、安全措施落实不到位、对施工人员安全教育培训不到位；吊车在起吊打桩机时，没有安排专门人员进行现场安全管理，不能确保特种设备作业操作规程的遵守和安全措施的落实。

●某市政建设有限公司桂三高速公路 GSTJ 03 标段项目经理部第 21 施工队负责人郑某怀安全管理不到位，未能有效督促、检查本单位的安全生产工作，未能及时发现、纠正和制止施工现场存在未安排专门司索人员就进行吊车起吊作业的安全隐患。

●某市政建设有限公司桂三高速公路 GSTJ 03 标段项目经理部第 21 施工队现场安全员杨某学和劳务队负责人宁某彬现场安全管理不到位，未能有效督促、检查本单位的安全生产工作，桂 B90352 号重型专项作业车在作业、施工过程中未按照起重机械安全操作规程进行现场管理和指挥，未安排专门司索人员进行吊车起吊现场安全管理和指挥作业，不能确保施工现场安全。

●全某锋安全意识淡薄，在桂 B90352 号重型专项作业车吊起打桩机时，没有及时撤离危险区域，确保自身在安全区内。

2）事故性质

根据事故原因分析认定，某市政建设有限公司三江县"12·10"桂三高速三江连接线浔江大桥钢栈桥吊车机械伤害事故是一起生产安全责任事故。

6. 事故责任认定及处理建议

（1）某市政建设有限公司安全管理不到位、安全措施落实不到位、对施工人员安全教育培训不到位；吊车在起吊打桩机时，没有安排专门人员进行现场安全管理，不能确保特种设备作业操作规程的遵守和安全措施的落实。对此事故负有重要责任。建议由三江侗族自治县安全生产监督管理局按相关的安全生产法律、法规，对某市政建设有限公司给予行政处罚。

（2）某市政建设有限公司桂三高速公路 GSTJ 03 标段项目经理部第 21 施工队负责人郑某怀安全管理不到位，未能有效督促、检查本单位的安全生产工作，未能及时发现、纠正和制止施工现场存在未安排专门司索人员就进行吊车起吊作业的安全隐患，对此事故负有管理责任。建议由三江侗族自治县安全生产监督管理局按相关的安全生产法律、法规，对郑某怀给予行政处罚。

（3）某市政建设有限公司桂三高速公路 GSTJ 03 标段项目经理部第 21 施工队现场安全员杨某学和劳务队负责人宁某彬负有现场管理责任。建议由某市政建设有限公司桂三高速公路 GSTJ 03 标段项目经理部给予第 21 施工队现场安全员杨某学和劳务队负责人宁某彬相应处理。

### 案例四　"4·20"起重伤害一般事故

违章操作是杀人，冒险作业是自杀，本可以好好活，只因习惯了那些违章行为！

1. 事件概况

2017 年 4 月 20 日 18 时左右，位于某市新北区国电常州某有限公司煤场挡风抑尘改造工程工地，山西某科技股份有限公司司机苑某操作汽车吊的吊篮在下降过程中，吊篮一端的吊带从汽车吊的吊钩内滑脱，吊篮失去平衡，站在吊篮中的沈某三从吊篮内坠落至地面，引发一起起重伤害事故，导致 1 人死亡。

2. 事件时间

2017 年 4 月 20 日。

3. 事件经过

2017 年 2 月 26 日，国电常州某有限公司与山西某科技股份有限公司签订了国电常州某有限公司煤场挡风抑尘改造防风抑尘墙工程项目施工合同，工程项目部经理为郝某华，安全员为刘某荣。工程监理单位为安徽某工程监理咨询有限公司，现场总监为王某忠，总监代表为孙某松。2017 年 2 月，山西某科技股份有限公司进场对国电常州某有限公司煤场挡风抑尘改造防风抑尘墙工程进行施工，主要工作是 #1、#2 煤场全封闭干煤棚两侧钢架组装焊接、防风抑尘墙安装等施工。4 月 11 日，山西某科技股份有限公司技术负责人翟某峰电话联系何某风，通知国电常州某有限公司要安装挡风墙，并达成口头协议：每平方米安装费9元。何某风便电话联系沈某前组织人员进场安装施工，因沈某前在外地施工，便安排王某伍负责带人到国电常州某有限公司，进行煤场挡风抑尘改造防风抑尘墙工程安装施工。4月17日，王某伍、沈某三和沈某兵3人来到国电常州某有限公司，翟某峰安排刘某荣负责接待。18至19日，国电常州某有限公司组织安全教育培训，山西某科技股份有限公司进行察看安装现场等准备工作。

20日，王某伍、沈某三和沈某兵3人来到#2煤场全封闭干煤棚挡风抑尘改造防风抑尘墙项目工地，进行组装吊篮、安装悬挑梁等工作。17时30分左右，王某伍等3人在高约18 m的钢架上安装、调整两个悬挑梁，尝试多种办法均未能安装到位。经过商量，由王某伍请山西某科技股份有限公司安全员刘某荣帮忙，借用公司汽车吊辅助安装悬挑梁，刘某荣便安排苑某驾驶汽车吊到达指定地点，王某伍等人用两根吊带穿在吊篮两侧钢架上，将吊带挂在汽车吊的小钩上，王某伍、沈某三站在吊篮内让汽车吊提升吊篮至钢架梁的最高处安装、调整两个悬挑梁并将吊篮上的两根工作钢丝绳和安全锁钢丝绳固定在悬挑梁的两端，沈某兵在地面看护。18时左右，悬挑梁安装、调整完毕，王某伍、沈某三两人站在吊篮内随汽车吊下降，其间，吊篮发生两次短暂震动，司机苑某未引起重视，继续操作吊车匀速下降距地面9 m左右时，突然，汽车吊臂发生较大震动，吊带的一端从吊钩内滑脱，吊篮失去平衡，导致吊篮倾斜，王某伍顺势抓住钢架梁，并沿钢架框从高处滑落至地面；沈某三反应不及，从吊篮内坠落至地面。周边工友立即拨打120急救、110报警，经120救护车急送至某市第四人民（肿瘤）医院抢救。

4. 事件后果

沈某三终因多发伤抢救无效死亡。

5. 事故原因分析

经现场勘察和分析，出事吊篮的西侧安全锁无钢丝绳穿入，而东侧的安全锁已穿入保险钢丝绳，保险钢丝绳的顶部与悬挑梁已连接固定。当吊篮随汽车吊开始下降时，东侧的安全锁发生作用，咬住了保险钢丝绳，使吊篮出现了东高西低的倾斜现象，这时汽车吊的吊带也出现东侧松弛而西侧绷紧的现象；当汽车吊继续下降，吊篮倾斜度继续变大，东侧安全锁承受的重量也变得更大，当重量超过安全锁额定承载力后，安全锁打滑，造成吊篮东侧突然下降，这时汽车吊的东侧吊带也受力绷紧，这就是汽车吊司机观察到吊篮的一次震动。前后发生两次短暂震动后，司机苑某未引起重视，当汽车吊继续下降时，吊篮东侧吊带又发生松弛，东侧吊带钩在汽车吊小钩上的部分，出现了吊带绕过钩头的现象，当安全锁打滑，造成吊篮东侧再次突然下降时，汽车吊的东侧吊带又受力绷紧，东侧吊带由于绕过了钩头，使吊钩保险受到横向作用力而失去了防脱钩的作用，东侧吊带滑出吊钩，造成吊篮倾覆，导致事故发生。

2017年4月18日，山西某科技股份有限公司向安徽某工程监理咨询有限公司提交王某伍等6人高处安装人员资质报审表（编号SF-AZ-RY-004），总监代表孙某松审查并签发6人资格证明齐全、合格有效，同意进场从事高处安装作业。

经现场勘察，涉事吊车车头朝南，停靠在#2煤场东侧道路上。北侧防风抑尘墙高约18 m，在抑尘墙东北侧有一吊篮，吊篮长约6.2 m、宽约0.5 m、高约1.5 m。

事故发生时，山西某科技股份有限公司项目部经理郝某华、技术负责人翟某峰，安徽某工程监理咨询有限公司现场总监王某忠、总监代表孙某松均不在施工现场。事故调查组经过调查、取证和分析，认为事故原因如下：

（1）直接原因。

吊车司机违章操作；安装人员未采取安全措施，冒险作业，是造成本起事故的直接原因，也是主要原因。

●吊车司机苑某用汽车吊提升吊篮，且作业人员站在吊篮内进行安装、调整作业，违反《起重吊装安全技术交底》中有关规定。当吊篮随汽车吊开始下降时，东侧的安全锁发生作用，咬住了保险钢丝绳，使吊篮出现了东高西低的倾斜现象，这时汽车吊的吊带也出现东侧松驰而西侧绷紧的现象；当汽车吊继续下降，吊篮倾斜度继续增大，东侧安全锁承受的重量也变得更大，当重量超过安全锁额定承载力后，安全锁打滑，造成东侧吊篮突然下降，这时汽车吊的东侧吊带也受力绷紧；当汽车吊继续下降时，东侧吊带又发生松驰，东侧吊带钩在汽车吊小钩上的部分，出现了吊带绕过钩头的现象，当安全锁打滑，造成吊篮东侧再次突然下降，汽车吊的东侧吊带又受力绷紧，东侧吊带由于绕过了钩头，使吊钩保险受到横向作用力而失去了防脱钩的作用，东侧吊带滑出吊钩，导致吊篮倾覆，是造成这起事故的主要原因。

●沈某三站在吊篮内冒险作业，未按规定系好安全绳，在下降时也未采取临时措施将安全带一端固定在吊篮钢架上，其不安全行为导致高处坠落，是造成本起事故的直接原因。

（2）间接原因。

吊篮安装现场安全管理不到位，施工现场监督检查不力；监理人员履行职责不到位，是造成本起事故的管理原因。

●山西某科技股份有限公司组织管理不严，对起重、吊篮安装安全管理规定执行不到位，未编制专项吊篮安装方案，使用无吊篮安装资格的人员从事吊篮安装，也未进行安全技术交底，吊装现场安全管理不到位，是造成本起事故的管理原因。

●安徽某工程监理咨询有限公司安全监理职责履行不到位，未及时督促施工单位编制专项安装方案、落实相关安全措施，消除事故隐患，是造成本起事故的监理原因。

6. 责任认定和建议处理意见

经调查取证和事故原因分析，事故调查组认为这是一起因吊车司机违章操作、安装人员冒险作业，吊装现场安全管理不到位而引发的生产安全责任事故，对有关责任单位和责任人提出建议处理意见如下：

●苑某，汽车吊司机，违反公司《起重吊装安全技术交底》《岗位危险告知书》的有关规定，在汽车吊及吊篮发生两次短暂震动后，未引起重视，停止作业，查找原因，排除安全隐患，且继续违章操作，导致事故的发生，对这起事故负有主要责任，建议由司法机关追究其相应的法律责任。

●沈某三，高处作业人员，违反公司《吊篮安装要点》中有关规定，且未将安全带扣在安全绳上，也未采取临时措施将安全带一端固定在吊篮钢架上，导致事故发生，对这起事故负有直接责任，鉴于其已在事故中死亡，不再予以追究。

●刘某荣，山西某科技股份有限公司安全员，未认真履行安全管理职责，发现安全隐患后阻止不力，对这起事故负有安全监督责任，建议由山西某科技股份有限公司按照公司管理规定对其进行处理。

●翟某峰，山西某科技股份有限公司技术负责人，未组织编制专项吊篮安装方案，也未进行专项安全技术交底，对这起事故负有管理责任，建议由山西某科技股份有限公司按照公司管理规定对其进行处理。

●郝某华，山西某科技股份有限公司项目经理，未认真履行项目经理职责，对这起事故负有管理责任，建议由山西某科技股份有限公司按照公司管理规定对其进行处理。

●孙某松，总监理工程师代表，履行职责不到位，未督促施工单位编制吊篮安装方案和隐患排查，现场监督检查不力，对这起事故负有监理责任，建议由安徽某工程监理咨询有限公司按照公司管理规定对其进行处理。

●山西某科技股份有限公司未认真落实企业安全生产主体责任，在吊装现场未安排专门人员进行现场安全管理，未加强施工现场安全检查；也未督促从业人员严格执行本单位的安全生产规章制度和安全操作规程，违反了《安全生产法》第四十条、第四十一条的规定，对这起事故公司负有管理责任，建议由某市安全生产监督管理局依据《安全生产法》第一百零九条的规定，对山西某科技股份有限公司实施行政处罚。

### 案例五　"5·11"起重伤害事故

桩机突发故障，将违章普工压伤致死，多人被处罚！

1. 事件概况

2019年5月11日8时20分许，某市某建设工程有限公司在机场路快速化改造工程二标段，进行雨水管道沟槽钢板桩支护作业过程中，因钢板桩桩机夹起的钢板桩脱落，造成1名施工人员被砸伤，经抢救无效死亡。

2. 事件时间

2019年5月11日。

3. 事件经过

2019年5月11日7时许，某市某建设工程有限公司桩机驾驶员丁某志和普工黄某平进入二标段雨水管道沟槽工地开始钢板桩支护作业。8时20分许，丁某志操作桩机夹起最后一根钢板桩垂直提升时，看到钢板桩从震动锤夹嘴滑落，同时发现黄某平站立于桩机侧后方，处于钢板桩倾倒方向，立即按喇叭警示。黄某平因未及时躲避，被钢板桩砸倒，腿部被压住。

4. 事件后果

事故发生后，丁某志立即召集工友徒手移动钢板桩未果，遂驾驶桩机移开钢板桩。黄某平随即被送往某市第四人民医院进行抢救，经抢救无效死亡。

5. 事故原因分析

1）事故原因

（1）直接原因。

桩机突发故障，导致起吊中的钢板桩脱落倾倒，将违章进入区域的普工压伤致死，这是造成本起事故的直接原因。

经现场勘查，某市某建设工程有限公司施工人员开挖雨水管道沟槽并进行钢板桩支护作业使用的桩机为日立建机（上海）有限公司生产的ZX450H挖掘机，2010年3月出厂。鉴于目前无专门的机构从事桩机性能检测，事故发生后，事故调查组委托某市盛泰机械设备有限公司（桩机生产厂家指定的产品技术服务商）对该桩机进行了性能测试，发现桩机有分路电磁阀内小阀芯卡滞现象，导致油缸瞬间供压不足，震动锤夹嘴突然松开，造成夹物滑脱。施工机械不安全状态是造成这起事故的主要原因。

黄某平在作业过程中负责起吊的钢板桩就位引导指挥，但桩机作业期间违章进入桩机吊臂回转区域内，其不安全行为也是造成这起事故的主要原因之一。

（2）间接原因。

施工单位安全管理和现场监管不到位，是造成本起事故的管理原因。

●桩机驾驶员丁某志作业时未按要求设置警戒区域，作业过程中疏于观察现场，未及时发现辅助其作业的黄某平的违章行为。

●某市某建设工程有限公司未安排专人对作业现场进行安全管理和监护，未及时制止员工的违章作业行为；未在有较大危险因素的设备上设置明显的安全警示标志；将桩机保养交由驾驶员丁某志个人负责且未安排专门的保养费用，导致桩机缺乏有效保养。

●吴江市某道桥工程有限公司常州项目部对分包单位进场施工机械维护保养工作监管不力，督促施工人员严格执行施工规定不到位。

2）事故性质

事故调查组认定，某市机场路快速化改造工程二标段"5·11"起重伤害事故是一起生产安全责任事故。

6. 事故责任认定及处理建议

1）相关责任人员的处理建议

●黄某平，某市某建设工程有限公司员工，违反施工作业相关安全规定，冒险进入吊臂回转区域，对事故发生负有重要责任，鉴于其在事故中死亡，免于追究责任。

●丁某志，某市某建设工程有限公司员工，对辅助其作业的员工缺乏指挥，对事故发生负有管理责任，建议由某市某建设工程有限公司按照有关规定严肃处理。

●黄某生，某市某建设工程有限公司主要负责人（法定代表人冯某平丈夫），未认真履行生产经营单位主要负责人安全生产法定职责，督促、检查安全生产工作和及时消除事故隐患工作不力，未结合施工实际建立完善安全生产责任制，并导致事故发生，对事故发生负有领导责任。依据《安全生产法》第九十二条规定，建议由某市应急管理局依法对其实施行政处罚。

●陆某，吴江市某道桥工程有限公司常州项目部安全负责人，未认真履行现场安全负责人工作职责，未及时组织安全检查并制止钢板桩支护作业过程中的违章行为，对事故发生负有责任。建议由吴江市某道桥工程有限公司按照公司有关规定予以处理。

●毕某华，吴江市某道桥工程有限公司常州项目部项目经理，未认真履行项目负责人工作职责，施工安全监管协调不力，对事故发生负有相应的责任。建议由吴江市某道桥工程有限公司按照公司有关规定予以处理。

2）相关责任单位的处理建议

●某市某建设工程有限公司安全管理基础薄弱，未及时排查消除事故隐患，施工现场安全监督检查不力，未督促施工人员严格执行安全管理规章制度和操作规程；施工机械维护保养不善，施工现场和桩机上未设置明显的安全警示标志，对事故发生负有管理责任。依据《安全生产法》第一百零九条的规定，建议由某市应急管理局依法对某市某建设工程有限公司实施行政处罚。

●吴江市某道桥工程有限公司安全管理存在漏洞，安全检查流于形式，对分包单位施工作业缺乏有效管控，对事故发生负有管理责任。建议由某市建设行政主管部门对吴江市某道桥工程有限公司安全分管负责人和常州项目部经理进行安全生产约谈。

### 案例六　"7·17"一般机械伤害事故

活人进去，血肉出来，机械伤害猛如虎！

**1. 事件概况**

2019年7月27日17时左右，沈阳某公路养护公司在辽阳市灯塔境内黑大线临时拌和站发生一起机械伤害事故，事故造成1人死亡，直接经济损失约101万元。

**2. 事件时间**

2019年7月27日。

**3. 事件经过**

2019年7月27日17时左右，设备操作工徐某在操作室将拌和设备停下后，就喊力工王某清、赵某库清理搅拌装置，准备下班。王某清、赵某库从爬梯上到搅拌装置处，将装置盖打开，开始清理搅拌器上的残留物料。王某清清理完后，就下去清理输送带下面物料。此时，设备操作工任某（上午班，16时左右回到设备处）在设备旁修黄油枪，徐某因在停设备前发现设备出料口的皮带刷不转了，停设备后去检查，没有发现不转原因，就回操作室启动设备检测，刚启动设备就听到有人喊，徐某走出操作室到搅拌装置看到赵某库被绞在搅拌器下面，立即回到操作室将设备停下。然后就去搅拌装置救人，王某清听到喊声，也回到搅拌装置和徐某一起往外拉赵某库，赵某库没有反应。徐某就拨打120、119电话，同时又向现场负责人魏某报告。

**4. 事件后果**

17时50分左右，120到达现场，装置内赵某库已经死亡。随后消防人员赶到现场开始破拆设备，往外取尸体，通过破拆搅拌器叶片，尸体于7月28日0时50分被抬出。

**5. 事故原因分析**

1）事故原因

（1）直接原因。

设备操作工徐某在停机后未切断搅拌设备电源的情况下，就允许力工王某清、赵某库进入搅拌装置开展清理工作，设备处于待机状态。操作工徐某在检测皮带刷故障原因再次启动设备时，因搅拌装置盖的动力传感自锁装置传感片螺帽松动，动力自锁装置失灵，徐某按下设备启动按钮，搅拌器转动，将正在作业的赵某库绞入。

（2）间接原因。

●操作工徐某作为搅拌设备安全责任人，未及时检查发现并消除搅拌装置盖的动力传感自锁装置传感片螺帽松动，动力自锁装置失灵存在安全隐患；未按要求在清理作业时关闭总电源开关、对清理作业人员进行监护；启动设备前未按规定仔细观察周围确认安全情况下，忽视搅拌装置内有人在进行清理作业，启动搅拌设备引发事故。

●沈阳某公路养护公司黑大线临时拌和站对工人安全教育培训不到位，致使工人安全意识淡薄，自我保护和互保意识差，忽视安全，不按照工作流程进行操作；现场安全检查不到位，对搅拌设备存在的安全隐患没有及时检查发现并消除；岗位安全操作规程不健全，没有针对清理作业岗位的安全操作规程。

●沈阳某公路养护公司对拌和站安全监督管理不到位，对新雇用工人未按规定进行安全教育培训，对现场存在的安全隐患没有及时检查发现并消除。

●辽阳某沥青拌和站对分包工程监督检查不到位，对沈阳某公路养护公司拌和站安全教育教训不到位，操作规程不健全等安全隐患没有检查发现。

2）事故性质

经调查认定，这是一起一般生产安全责任事故。

6.事故责任认定及处理建议

1）有关责任人员

●徐某，沈阳某公路养护公司搅拌设备操作工，搅拌设备安全责任人。未及时检查发现并消除搅拌装置盖的动力传感自锁装置传感片螺帽松动，动力自锁装置失灵存在安全隐患；未按要求在清理作业时关闭总电源开关、对清理作业人员进行监护；启动设备前未按规定仔细观察周围确认安全的情况下，忽视搅拌装置内有人在进行清理作业，启动搅拌设备引发事故。对该起事故负有主要责任，涉嫌重大责任事故罪，依据《刑法》第一百三十四条的规定，建议追究其刑事责任。

●卢某伟，沈阳某公路养护公司拌和站安全员，负责现场安全检查工作，配合负责人进行安全教育培训。对职工的安全教育和培训不到位，对现场安全检查不到位。对该起事故负有责任，责成沈阳某公路养护公司予以处理，并将处理结果报辽阳市应急管理局。

●魏某，沈阳某公路养护公司黑大线临时拌和站负责人，负责拌和站全面工作。未按规定对新工人进行安全教育培训，对搅拌设备存在的安全隐患没有及时检查发现并消除，没有组织制定清理作业岗位安全操作规程，对该起事故负有主要领导责任。责成沈阳某公路养护公司予以从重处理，并将处理结果报沈阳市应急管理局。

●薛某伟，沈阳某公路养护公司总经理，负责公司全面工作。作为企业安全生产第一责任人，落实企业安全生产主体责任不够到位，对黑大线临时拌和站安全管理监督检查不到位，对该起事故负有领导责任。依据《安全生产法》第九十二条第一项之规定，建议给予上年年收入30%罚款的行政处罚。

●王某君，中共党员，沈阳市某沥青拌和站有限公司副总经理，沈阳市2019年干线公路改造及中修工程第二标段项目经理，负责标段的全面工作。对沈阳某公路养护公司拌和站安全监督检查不到位。对该起事故负有责任，建议市国资委予以处理，并将处理结果报送市应急管理局。

2）事故单位

沈阳某公路养护公司对干部职工的安全生产教育培训不到位，工人作业时违反安全操作规程；安全生产管理不到位，安全管理制度不健全，对设备安全保护装置发生故障没有及时检查发现并消除。对该起事故负有责任，依据《安全生产法》第一百零九条第一项之规定，建议给予沈阳某公路养护公司 25 万元罚款的行政处罚。

## 三、机械伤害防护措施

机械伤害事故是工程建设行业比较常见的安全事故。机械伤害事故的后果严重，搅伤、挤伤、压伤、碾伤、被弹出物体打伤、磨伤等很容易造成肢体伤害。当发现有人被机械伤害的情况时，虽及时紧急停车，但因设备惯性作用，仍可对受害者造成致使性伤害，乃至身亡。

### （一）做到"四不伤害"

在防范机械伤害时，要做到"四不伤害"。"四不伤害"原则是指："我不伤害自己、我不伤害他人、我不被他人伤害、我保护他人不受伤害"（见图 2-91）。

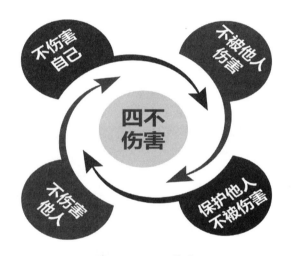

图 2-91  四不伤害

1. 不伤害自己

不伤害自己就是要提高自我保护意识，不能由于自己的疏忽、失误而使自身受到伤害。不伤害自己取决于自身的安全意识、安全知识、对工作任务的熟悉程度、岗位技能、工作态度、工作方法、精神状态、作业行为等多方面因素。要想做到不伤害自己，应做到以下方面：

第一，学会问自己。我是否了解这项工作任务，责任是什么？我具备完成这项工作的技能吗？这项工作有什么不安全因素？有可能出现什么差错？出现故障我该怎么办？事故发生前，在工作开始前、进行中、事后，我们都要多问问、多想想、多思考，将事故扼杀在萌芽阶段，做好安全预防工作。

第二，学会如何防止失误。①要有严谨的工作态度；②弄懂工作程序，严格按程序办事；③出现问题时停下来思考，必要时请求帮助；④遵章守规，谨慎小心工作，切忌贪图省事，干起活来毛、草、快。

第三，掌握保护自己的措施。①身体、精神保持良好状态，不做与工作无关的事；②劳动着装齐全，劳动防护用品符合岗位要求；③注意现场的安全标志；④不违章作业，拒绝违章指挥；⑤对作业现场危险有害因素进行充分辨识。

### 2. 不被他人伤害

不被他人伤害即每个人都要加强自我防范意识，工作中要避免他人的过失行为或作业环境及其他隐患对自己造成伤害。

第一，拒绝违章指挥，提高防范意识，保护自己。

第二，对作业场地周围不安全因素要加强警觉，一旦发现险情，要及时制止和纠正他人的不安全行为并及时消除险情。

第三，要避免由于其他人员工作失误、设备状态不良或管理缺陷遗留的隐患给自己带来的伤害。如发生危险性较大的中毒事故等，没有可靠的安全措施不能进入危险场所，以免盲目施救，自己被伤害。

第四，交叉作业时，要预见别人对自己可能造成的伤害，并做好防范措施。检修电气设备时必须进行验电，要防范别人误送电等。

第五，设备缺乏安全保护设备或设施时，例如旋转的零部件没有防护罩，员工应及时向上级主管报告，接到报告的人员应当及时予以处理。

第六，在危险性大的岗位（例如高空作业、交叉作业等），必须设有专人监护。特别提示：一旦发现"三违"现象，必须敢于抵制，及时果断处理险情并报告上级。如果想着"事不关己"，不及时制止，导致发生重特大事故，自己就有可能被伤害。

### 3. 不伤害他人

不伤害他人就是我的行为或行为后果不会给他人造成伤害，在多人同时作业时，由于自己不遵守操作规程，对作业现场周围观察不够及自己操作失误等原因，自己的行为就可能导致现场周围的人受到伤害。要想做到我不伤害他人，我应做到以下方面：

第一，自己遵章守规，正确操作，是我不伤害他人的基础保证。

第二，多人作业时要相互配合，要顾及他人的安全。

第三，工作后不要留下隐患；检修完机器时，未将拆除或移开的盖板、防护罩等设施恢复正常，就可能使他人受到伤害。

第四，高处作业时，工具或材料等物品放置不稳妥，一旦坠落就可能砸伤他人；动火作业完毕后现场未清理，残留火种可能引发火情。

第五，机械设备运行过程中，操作人员未经允许擅自离开工作岗位，如果其他人误触开关，就可能造成伤害等。

第六，拆装电气设备时，如果线路接头没有按规定包扎好，他人就有可能触电。

第七，起重作业要遵守"十不吊"，电气焊作业要遵守"十不焊"，电工作业要遵守电气安全规程等。特别提示：每个人在工作后作业现场周围仔细观察，做到工完场清，不给他人留下隐患。

### 4. 保护他人不被伤害

组织中的每个成员都是团队中的一份子，作为组织的一员有关心爱护他人的责任和义务，不仅要注意安全，还要保护团队的其他人员不受伤害。

　　任何人在任何地方发现任何事故隐患都要主动告知或提示给他人。提示他人遵守各项规章制度和安全操作规程。提出安全建议，互相交流，向他人传递有用的信息。视安全为集体荣誉，为团队贡献安全知识，与其他人分享经验。关注他人身体、精神状态等异常变化。

　　一旦发生事故，在保护自己的同时，要主动帮助身边的人摆脱困境。特别提示：也许你的一个提示就能挽救一个生命。能及时纠正你违章作业的人，才是你真正的朋友。

### （二）机械防护安全技术措施

　　机械防护安全技术措施一般分为直接、间接和指导性三类，直接安全技术措施是在设计机器时，考虑消除机器本身的不安全因素；间接安全技术措施是在机械设备上采用和安装各种安全防护装置，克服在使用过程中产生的不安全因素；指导性安全措施是制定机械安装、使用、维修的安全规定及设置标志，提示或指导操作程序，来保证作业安全。一般机械伤害可通过 14 项措施进行防范。

　　（1）检修机械必须严格执行挂牌上锁，断电，上锁，挂"禁止合闸"警示牌。机械断电后，必须确认其惯性运转已彻底消除后才可进行工作；机械检修完毕，试运转前，必须对现场进行细致检查，确认机械部位人员全部彻底撤离才可取牌合闸；检修试车时，严禁有人留在设备内进行点车（见图 2-92）。

**图 2-92　检修机械设备**

　　（2）对人手直接频繁接触的机械，必须有完好的机械防护及紧急制动装置。该制动钮位置必须使操作者在机械作业活动范围内随时可触及到；机械设备各传动部位必须有可靠的防护装置；各人孔、投料口、螺旋输送机等部位必须有盖板、护栏和警示牌；作业环境保持整洁卫生。

　　（3）各机械开关布局必须合理，必须符合规定标准。便于操作者紧急停车，避免误开动其他设备。

　　（4）对机械进行清理积料、捅卡料、上皮带腊等作业，应遵守停机断电挂警示牌制度（见图 2-93）。

　　（5）严禁无关人员进入危险因素大的机械作业现场，非本机械作业人员因事必须进入的，要先与当班机械作者取得联系，有安全措施才可同意进入。

（6）操作各种机械人员必须经过专业培训（见图2-94），能掌握该设备性能的基础知识，经考试合格，持证上岗，上岗作业中，必须精心操作，严格执行有关规章制度，正确使用劳动防护用品，严禁无证人员开动机械设备。

（7）供电的导线必须正确安装，不得有任何破损和漏电的地方（见图2-95）。

（8）电机绝缘应良好，其接线板应有盖板防护。

（9）操作前应对机械设备进行安全检查（见图2-96），先空车运转，确认正常后，再投入使用。

图2-93　停电检修标识

图2-94　机械人员专业培训

图2-95　导线安装

图2-96　机械设备安全检查

（10）机械设备在运转时，严禁用手调整；不得用手测量零件或进行润滑、清扫杂物等。

（11）机械设备运转时，操作者不得离开工作岗位。

# 第五节　坍塌事故篇

近年来，我国城市建设迅猛发展，伴随着城市地下空间的不断开发利用，全国各地频繁发生城市道路塌陷灾害事故。特别是近三年来，全国范围内路面塌陷问题频频出现。以河南某地市西三环来讲，在2014年仅半年时间就连塌15次（见图2-97），被人们形象地称为"路脆脆"。

图 2-97　某地市西三环坍塌路面

当前,地面塌陷事故频发不是错觉,而是事实!"马路瞬间消失""路面突然塌陷""汽车被马路咬住"都形象地形容了城市地面塌陷这一现象,城市地面塌陷的危害是很严重的。塌陷使大量的建筑物变形、倒塌,道路坍陷,水井干枯或报废,风景点破坏等,给城市的生产建设和人民生活造成了很大损失。

除了路面,桥梁坍塌事件也时刻揪动着人们的心,2020 年 11 月 1 日上午 9 时,天津南环铁路桥坍塌(见图 2-98)瞬间冲上热搜,牵动着国人的心,随后相关部门立即组织开展救援工作,救援工作于 18 时结束,8 人遇难,6 人受伤。遇难的 8 人中,大部分都是家中的顶梁柱,他们的死亡不仅仅是简单的离开,更是希望的坍塌、家庭的毁灭。

图 2-98　天津南环铁路桥坍塌

这件事,不禁让人联想起前些年的桥梁坍塌事件:小尖山大桥垮塌,造成 8 死 12 伤;湖南堤溪沱江大桥坍塌,造成 64 死 22 伤;无锡高架桥坍塌,造成 3 死 2 伤。原本坚固的大桥为什么说坍塌就坍塌,是哪个环节出现问题,抑或是作业建设中哪方面配合出现问题?或者说建设桥梁时本身就存在问题,工程质量监督不到位?施工作业中,施工者的安全保障是否到位?出现问题后,又应该找哪些人来负责与买单?这应该是当下必须弄清楚的一件事情。

无数悲剧的造成都是由不重视开始的、引起的。俗话说,"未雨绸缪早当先,居安思危谋长远"。不要等事故已经发生了，才想起来要重视工程安全建设与生产，才知道"安全作业""安全建设"的重要性。

## 一、何为坍塌事故

### （一）坍塌

坍塌，指物体在外力或重力作用下，超过自身的强度极限或因结构稳定性破坏而造成伤害、伤亡的事故，如挖沟时的土石塌方、脚手架坍塌、堆置物倒塌等（见图2-99），不适用于矿山冒顶片帮和车辆、起重机械、爆破引起的坍塌。元孟汉卿《魔合罗》第一折："元来是这屋宇坍榻，所以这般漏。"《初刻拍案惊奇》卷二四："那阁年深日久，没有钱粮修葺，日渐坍塌了些。"清李斗《扬州画舫录·小秦淮录》："募金巨万，见大寺观之坍塌者，出金修整。"魏巍《东方》第五部第一章："工事不断坍塌损坏，道路桥梁冲断多处。"

图2-99　不同坍塌事故

### （二）坍塌事故

坍塌事故是指物体在外力和重力的作用下，超过自身极限强度的破坏成因，结构稳定失衡塌落而造成物体高处坠落、物体打击、挤压伤害及窒息的事故。这类事故因塌落物自重大、作用范围广，往往伤害人员多，后果严重，为重大或特大人身伤亡事故。坍塌事故主要分为土方坍塌、模板坍塌、脚手架坍塌、拆除工程的坍塌、建筑物及构筑物的坍塌事故等五种类型。前四种类型一般发生在施工作业中，而后一种一般发生在使用过程中。

## 二、坍塌事故典型案例解析

坍塌是近年来最常见的一种安全事故，其危害性极大，严重影响了人们的生命安全。针对近两年的典型性坍塌事故案例，主要总结如下：

● 2020 年 11 月 1 日上午 9 日许，天津南环铁路维修有限公司在南环铁路桥梁维修过程中发生坍塌事故，造成 8 人遇难，其中 5 人现场遇难，3 人经医院全力抢救无效遇难，伤者中有危重伤员 1 人。

● 2020 年 9 月 12 日 8 时 45 分，陇南公路局西和公路段石峡作业组人员巡查时发现国道 567 线 K 64+790 ~ K 64+825 段（石峡镇库根村）左侧山体发生坍塌，坍塌山体侵占多半幅路面，导致交通阻塞。

● 2020 年 8 月 29 日 9 时 40 分左右，山西省临汾市襄汾县陶寺乡陈庄村聚仙饭店发生坍塌事故。经过 18 个小时的紧张救援，共搜救出 57 名被埋人员，其中 29 人遇难，7 人重伤，21 人轻伤。

● 2020 年 4 月 12 日，在贵阳云岩区马王街附近一工地上发生边坡垮塌事故，造成 1 人身亡。

● 2020 年 4 月 9 日，四川南充仪陇县新政镇康宁街与滨江大道交汇处污水管网抢修工程项目施工作业过程中，发生一起管沟边坡坍塌事故，造成 2 名工人死亡。

● 2020 年 4 月 9 日，安徽六安霍邱县夏店镇一工地上面发生了塌方事故，造成 3 名工人被埋。

● 2020 年 4 月 9 日上午 10 点 48 分许，仪陇县新政镇康宁街与滨江大道交会处污水管网抢修工程项目施工作业过程中，发生一起管沟边坡坍塌事故，造成现场两名工人被埋，一名工人送县人民医院经抢救无效死亡，另一名被埋工人被发现时，经现场医护人员确认，已无生命迹象。

● 2020 年 3 月 12 日 15 时 12 分左右，庐江县安徽星泽园林工程有限公司在进行庐江县新二中项目雨污水管道施工时发生坍塌事故，1 人经抢救无效死亡，2 人受伤。

● 2020 年 3 月 7 日 19 时 5 分，某省某市鲤城区常泰街道南环路发生一起酒店坍塌事故，现场搜救出受困人员 71 人，死亡 29 人（其中 27 人救出时已无生命体征，2 人送医抢救无效死亡）。

● 2019 年 11 月 15 日，河南省某地市金水区红专路与姚砦路口，金成时代广场 3 期在建工地发生基坑坍塌事故，造成 3 人死亡、1 人受伤。

● 2019 年 11 月 10 日 21 时，四川安捷伟业建设工程有限公司在沧州献县经济开发区一市政基础设施建设过程中发生一起坍塌事故，造成 1 人死亡。

● 2019 年 11 月 2 日，四川夹江县城龙腾湖湿地公园附近一工地，在顶管施工时发生垮塌事故，导致 2 人死亡。

● 2019 年 9 月 4 日，在上海崇明区利民路、高岛路口，几名工人在挖掘铺设线路管道的沟槽时，施工工地突然发生土方垮塌事故，现场有 3 名施工人员被垮塌的土方砸中。

● 2019 年 8 月 27 日 22 时许，位于肇庆市高要区禄步镇的汕湛高速公路清云段 TJ 10 段虎山隧道施工现场发生坍塌，造成 3 人死亡、1 人受伤，直接经济损失约 603 万元。

### 案例一 "2·7"透水坍塌重大事故

11 人死亡、1 人失踪、8 人受伤，33 人被处理，其中 11 名公职人员被追责问责。

1. 事件概况

2018 年 2 月 7 日晚上 7 时，佛山地铁二号线一期工程中交某航局标段绿岛湖至湖涌盾构区间右线工地突发透水，作业工人尝试堵漏未果，至晚上 8 时 40 分左右，现场透水面积扩大，导致隧道管片变形及破损，引发地面季华西路三十多米路段坍塌（见图 2-100、图 2-101）。造成 11 人死亡、1 人失踪、8 人受伤，直接经济损失约 5 323.8 万元。

图 2-100 "2·7"透水坍塌事故图　　图 2-101 "2·7"透水坍塌事故俯瞰图

2. 事件时间

2018 年 2 月 7 日。

3. 事件经过

2 月 7 日晚上 6 点至 7 点之间，季华西路路面交通一切正常，地下深处，中交某航局项目部负责的佛山地铁 2 号线绿岛湖至湖涌盾构区间有 30 多个员工与盾构机一起，正在向前掘进。就在 3 个月前，绿岛湖站完成了主体结构的施工。前方的盾构机已经掘进到了 800 环管片的位置，负责管片拼装、身处 500 环左右的翁某航心中隐约有点不安。因为在无意中他听到前方有一处位置一直在漏浆。

"咚"——隧道前方传来一声闷响，上下施工井口通道只有一条，为了有效通过，班组成员分 3 次疏散。来到地面，工友们开始清点人数，少了几个——依然能站在地面上的，基本都是最靠近井口的一批。而在盾构机那里，至少还有 4 个员工。站在地面，陆续听到第二、第三声闷响，那是风管、管片塌下来的声音。有工友在讨论，"泥浆一下子喷涌出来了，盾构机整个都是泥浆"。在地面，季华西路往南庄方向过一环桥底西侧 300 m 处开始出现路陷，面积越来越大。塌陷面积约两个篮球场大，该路段是中心城区主干道。经国务院安委办审核通过，省政府近日批复了广东省某市轨道交通 2 号线一期工程"2·7"透水坍塌重大事故调查报告（见图 2-102）。省政府调查组认定，这是一起责任事故。

图 2-102 "2·7"透水坍塌重大事故调查报告

4. 事件后果

造成 11 人死亡、1 人失踪、8 人受伤，直接经济损失约 5 323.8 万元。

5. 事故原因分析

调查组查明，事故的直接原因：一是事故发生段存在深厚富水粉砂层且临近强透水的中粗砂层，地下水具有承压性，盾构机穿越该地段时发生透水涌砂涌泥坍塌的风险高；二是盾尾密封装置在使用过程中密封性能下降，盾尾密封被外部水土压力击穿，产生透水涌砂通道；三是涌泥涌砂严重情况下在隧道内继续进行抢险作业，撤离不及时；四是隧道结构破坏后，大量泥砂迅猛涌入隧道，在狭窄空间范围内形成强烈泥砂流和气浪向洞口方向冲击，导致部分人员逃生失败，造成了人员伤亡的严重后果。

建设单位中交佛投公司将某市轨道交通 2 号线一期工程按照 EPC 工程总承包模式委托中国交建组织实施，其中 TJ 1 标段由中交某航局组织施工。中交某航局成立项目部全面履行 TJ 1 标段建设任务，下设一分部、二分部和盾构分部，分别由中交某航局三公司、中交某航局南方公司、中交某航局装备分公司组建。事故区间承建单位中交某航局三公司将事故区间在内的 4 站 3 区间盾构施工工程发包给中交某航局装备分公司实施，项目部和中交某航局装备分公司共同实施对盾构分部的安全生产管理。调查认定，中交某航局装备分公司、中交某航局三公司盾构施工安全风险管控不足，应急处置不当，未及时撤出作业人员，未采取有效的技术和管理措施及时消除盾尾密封性能下降等事故隐患，对事故发生负有责任。中交某航局安全生产责任制落实不力，对中交某航局装备分公司和中交某航局三公司安全生产违法违规行为失察。中交佛投公司对工程项目安全监督管理不力，未采取有效措施督促施工单位整改重大风险隐患问题。广州轨道监理公司安全生产监理责任落实不到位，未跟进重大风险隐患问题整改落实情况。佛山某公司未按要求向某市政府报告监督情况。某地华禹劳务公司未对派遣到事故区间的劳务工进行安全生产教育和培训。

调查认定，某市禅城区政府落实安全生产责任制不到位，对安全生产属地管理和行业主管部门履行安全生产责任不到位等问题失察；某市交通运输局对城市轨道交通工程项目安全监管不力，未严格按法定条件实施行政许可，对轨道交通建设工程事故隐患治理督促不力、执法不严；某市国土和规划局（轨道办）对城市轨道交通工程项目行政许可审批不严、综合协调督促不力；某市禅城区轨道办对城市轨道交通工程项目属地安全监管不严；某市公安消防局未严格履行有关法定职责；某市禅城区人力资源和社会保障局对用人单位日常巡视检查不力；某市安全生产监督管理局履职不到位、工作存在不足。

6. 事故的责任认定

事故发生后，党中央、国务院和广东省委、省政府高度重视，中央和省领导等先后做出重要指示批示。受省委、省政府主要负责同志委托，广东省常务副省长林少春带队赶到事故现场指挥、督导事故救援、善后、抢险和事故调查处理等工作。原国家安全监管总局、住房城乡建设部派出工作组及时赶到现场指导。2月8日，省政府批准成立由省政府副秘书长张爱军任组长，省纪委和省公安厅、省住房城乡建设厅、省交通运输厅、省安全监管局、省法制办、省总工会及某市政府负责同志参加的"2·7"重大事故省政府调查组对事故进行调查。调查组聘请了国内岩土、结构、水文地质、机电、安全工程等方面的9名专家组协助调查。

调查组坚持"四不放过"和"科学严谨、依法依规、实事求是、注重实效"的原则，通过现场勘验、查阅资料、调查取证、检测鉴定和专家论证，查明了事故发生的原因、经过、人员伤亡和直接经济损失等情况，认定了事故的性质和责任，提出了对有关责任人员和责任单位的处理建议，分析了事故暴露出的突出问题和教训，提出了事故防范的措施建议。

调查组对33名责任人员提出了处理意见。其中，免予追究责任1人（已在事故中死亡）；公安机关已对2名企业人员立案侦查并采取强制措施；建议对16名央企相关人员、2名地方企业相关人员、11名地方政府及其相关职能部门的公职人员相应的党纪政务处分和问责处理；另案处理1人。调查组还建议责成中国交建向国务院国资委做出深刻检查；责成某市委、市政府向省委、省政府做出深刻检查；由某市政府责令某市交通运输局、国土和规划局（市轨道办）对未严格按法定条件做出的行政许可决定予以改正；由安全监管部门依法对中交某航局装备分公司、中交某航局三公司及其主要负责人实施行政处罚，由某市交通行政主管部门依法对华禹劳务公司、广州轨道监理公司违法行为做出处理。

7. 事故的处理建议

一是参建各方没有牢固树立安全发展理念，真正把安全放在首位；二是参建各方对复杂地质条件下的地铁盾构施工安全风险意识淡薄、措施不力；三是风险处置不科学，现场指挥不当；四是项目部对盾构分部安全管理体制不顺，统一管理流于形式；五是城市轨道交通盾构施工技术标准、规程和管理规定滞后；六是职能部门安全监管缺乏行业针对性。

针对上述问题，调查组提出了5个方面的事故防范措施建议：一是加强复杂地质条件下盾构施工安全风险防范，有效防范遏制重特大安全事故；二是加强盾构施工过程中关键指标的监测监控，有效提高重大险情的应急救援能力；三是加强轨道交通工程建设管理，提高风险管控能力；四是全面落实中央驻粤建筑企业安全生产主体责任，自觉接受属地政府部门安全监管；五是切实履行轨道交通工程建设安全监管职责，严查严处工程建设领域各类非法违法行为。

**案例二　"7·18"架桥机坍塌较大事故**

法定代表人、项目经理、总监等 5 人死亡！十余家单位 34 人被追责！这起事故值得警醒。

1. 事件概况

2019 年 7 月 18 日，陕西某县定军山镇水磨湾，国道 108 某县段一级公路改扩建工程 SG-3 标，汉江 2 号大桥架桥机在作业过程中突然发生解体倾覆（见图 2-103），造成 5 人死亡、4 人重伤、3 人轻伤。

图 2-103　"7·18"架桥机坍塌事故图

2. 事件时间

2019 年 7 月 18 日。

国道 108 勉县段一级公路改扩建工程 SG-3 标段汉江 2 号大桥"7·18"架桥机坍塌较大事故调查报告见图 2-104，以下是调查报告内容（部分摘取）：

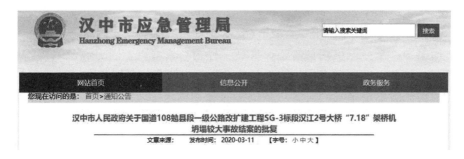

图 2-104　"7·18"架桥机坍塌较大事故

3. 事件经过

2019 年 7 月 18 日 14 时 0 分，张某架桥队作业人员在姚某指挥下开始架设 2 跨左幅

1号梁（重95 t）。人员分工为：杨某建操作控制手柄，董某红（前端）、史某江（后端）观察瞭望，王某永、杨某武负责从梁场向现场运梁。

14时10分，某县县委领导在某县交通运输局局长陈某勤、银某公司法定代表人崔某贤等人的陪同下，到达2跨架桥机右侧（右幅桥面）视察重点项目建设进展情况。银某公司项目部经理姚某，西安某公司监理员路某安，豫某公司总监理工程师王某霞，项目管理处职工谭某军、付某平、季某、齐某鹏，以及中某公司SG-3标项目部支某睿、肖某、胡某安、王某涛、李某博等10多人均聚集在2跨右幅架桥机附近。

14时20分，1号梁在2跨左幅3号梁上方纵移到位。

14时25分，架桥机吊挂1号梁横移至2跨左幅1号位准备下降就位时，伴随着"咔嚓"响声，架桥机左前支腿钢筒支撑销轴突然脱落，左支撑钢筒回缩下沉，1号箱梁以箱梁几何重心为中心逆时针旋转，架桥机向右侧甩尾，带动架桥机右主梁桁架连同右前支腿前冲约5 m脱离2号桥墩盖梁悬空坠落，左支撑钢筒断裂向右后方倾倒，架桥机瞬间倾覆解体。因主梁的旋转使吊载的1号梁后部与已就位的3号梁刮擦缠绕，1号梁将3号梁拽出桥墩盖梁一同坠落桥下在建的阳安铁路二线轨道上。解体后向右滚转倾翻的架桥机右主梁桁架前端将王某霞、谭某军、崔某贤、姚某、付某平、董某红、季某、王某涛、肖某9人砸中压在桥面上，齐某鹏、胡某安、李某博3人在闪避中不同程度软组织擦伤。

14时50分左右，119消防救援队伍和120急救人员到达事故现场，将姚某、付某平、董某红、季某、王某涛、肖某、齐某鹏、胡某安救出送某县人民医院救治，李某博自行到医院检查并住院治疗。姚某、付某平送医途中经检查已死亡。

4. 事件后果

姚某、付某平、崔某贤、王某霞等5人死亡。

●项目经理姚某，男，30岁，银某公司国道108汉中至勉县公路扩建工程汉江2号大桥上跨阳安铁路工程管理服务项目部项目经理，是汉江2号大桥2、3、4跨混凝土箱梁架设施工的实际组织、指挥者，身为施工现场主要负责人，忽视自身安全，贸然进入凶险作业区域，导致自身身亡，对事故负主要责任。本应移送司法机关追究刑事责任，鉴于其已在事故中死亡，免于追究。

●公司法定代表人崔某贤，男，55岁，银某公司法定代表人，违规承揽工程施工服务项目；拍板决定使用中某公司引入的张某施工队及其架桥机；身为施工单位主要负责人，忽视自身安全，贸然进入危险作业区域，导致自身身亡，对事故负主要领导责任。本应移送司法机关追究刑事责任，鉴于其已在事故中死亡，免于追究。

●总监理工程师王某霞，女，38岁，豫某公司国道108勉县段（新街子六一村至武侯镇水磨湾）一级公路改扩建工程JL-5合同段总监理工程师。鉴于其已在事故中死亡，免于追究。

5. 事故原因分析

1）事故原因

（1）直接原因。

●事故架桥机左前支腿钢筒支撑销轴安装不当，在架桥机运行中逐渐退出脱落，导致架桥机在负重状态下突然失稳倾覆解体。

●事故架桥机购置于 2011 年 5 月，事故发生时已使用 8 年之久，未按《架桥机安全规程》（GB 26469—2011）规定进行安全评估，金属结构件锈蚀、磨损严重，有多处改动、焊接加固、维修痕迹，多处安装不符合规范要求，部分金属结构有陈旧性断裂，架桥机整体安全性能较差，已不具备基本的安全技术条件。

（2）间接原因。

第一，资料造假，违规安装、使用特种设备。

●张某 2011 年 5 月购买河南省某建筑设备有限公司 QJLY30-120 型架桥机，随机资料丢失后，通过民权某路桥设备有限公司内部人员获取"民权某路桥设备有限公司"《架桥机合格证》（2018 年 2 月）、《特种设备制造许可证》、《特种设备安装改造修理许可证》、《WJQ120-30A3 型架桥机产品安装使用说明书》和图纸，加盖伪造的"民权某路桥设备有限公司"印章，以旧充新，以假充真，承揽桥梁架设工程活动，并非法从事特种设备安装。

●中某公司 SG-3 标项目部编制的《汉江 2 号桥架梁施工方案》，未对汉江 2 号大桥架梁使用的架桥机安全技术条件、安装单位、安装人员和操作人员资格提出明确要求；未严格审查张某施工队及其架桥机的合规性，违规将架梁工程项目分包给张某；利用张某提供的假资料，办理《特种设备安装改造维修告知书》；组织张某招聘的杨某建等不具备特种设备安装资格的人员以"民权某路桥设备有限公司"的名义非法安装架桥机；使用张某提供的虚假的"民权某路桥设备有限公司"空白安装文书编造安装资料申请监督检验，骗取合格结论；未办理架桥机使用登记即投入使用；默许杨某建等人无证上岗，操作特种设备从事架梁作业。

●银某公司施工资质与其承担的建设工程施工项目不符；制定的《汉江 2 号大桥上跨阳安铁路工程（K 89+735）架梁专项施工方案》未对架桥机安全技术条件和操作人员资格等要素提出明确要求，违反中国铁路西安局集团有限公司对《架梁专项施工方案》的审查意见中对架桥机型号要求等规定，违规使用张某施工队的架桥机和无证作业人员。

第二，违规监检，结论失实。

质检中心未遵守《起重机械安装改造重大修理监督检验规则》（TSG 7016—2016）规定对架桥机安装过程进行监督检验；未对资料和实物审查确认，未发现该架桥机资料造假、资料与实物不符的重大问题；未发现中某公司 SG-3 标项目部和张某冒用"民权某路桥设备有限公司"特种设备安装资质组织不具备安装作业资格的人员安装架桥机的违法行为；未对架桥机安装主要环节（如空载试验、额定荷载试验、静荷载试验、动荷载试验和过孔试验等）进行现场监督，未发现架桥机左前支腿支撑销轴安装不当，主要受力构件存在私自改装维修的重大隐患；违规出具《特种设备检验工作意见通知书》，检验结论严重失实。

第三，现场管理混乱。

汉江 2 号大桥 2、3、4 跨架梁施工位置特殊、环境复杂，参与各方对其安全风险缺乏足够的认识，没有建立统一的组织指挥机构，没有制定统一的管控措施和应急预案，各自为政，致使大量与作业无关人员贸然进入架梁作业危险区域，导致事故后果扩大。

第四，建设项目参建单位安全生产主体责任不落实。

● 中某公司 SG-3 标项目部总工程师闫某东、项目经理黄某军先后因事长期离开工地，不到岗履职，中某公司未及时对项目部主要组成人员进行调整，安全生产主体责任缺失；中某公司对 SG-3 标项目部违规分包行为失察。

● 银某公司没有同中某公司签订安全生产管理协议，未落实双方安全生产管理责任。

● 张某承揽汉江 2 号大桥架梁施工，未坚守现场履行施工管理职责。

● 豫某公司 JL-5 驻地监理办对中某公司 SG-3 标项目部总工程师闫某东、项目经理黄某军长期离开工地不到岗履职的问题未及时制止和纠正；未严格审查汉江 2 号大桥架梁使用的架桥机安全技术条件、安装单位、安装人员和操作人员资格，批准中某公司 SG-3 标项目部编制的《汉江 2 号桥架梁施工方案》。

● 西安某公司国道 108 汉中至某县公路扩建工程汉江 2 号大桥上跨阳安铁路工程监理站未严格审查汉江 2 号大桥 2、3、4 跨架梁施工使用的架桥机安全技术条件和操作人员资格，批准银某公司编制的《汉江 2 号大桥上跨阳安铁路工程（K 89+735）架梁专项施工方案》；对银某公司违反中国铁路西安局集团有限公司对《架梁专项施工方案》审查意见的违规行为未及时发现并予以纠正；对银某公司与中某公司协调配合缺失、现场安全管理混乱的隐患失察。

● 国道 108 某县段一级公路改扩建工程项目管理处对参建单位协调不够，监督不力，对各方违法违规行为失察失管。

第五，安全监管不到位。

● 某县市场监督管理局未认真履行特种设备安全监察职责，对事故架桥机安装、是否按规定监督检验和使用情况监督不到位。

● 某县交通运输局未认真履行行业安全生产监管职责，对道路交通建设工程项目安全生产监管工作不到位。

● 市交通质监站未认真履行建设工程安全生产监督职责，对施工安全监督检查工作不到位。

第六，汉中市市场监督管理局对市质检中心违规监督检验失察失管。

第七，中共某县县委、县人民政府未认真落实"党政同责""一岗双责"原则，对重点项目建设安全生产工作领导不力。

2）事故性质

通过对事故原因的分析，事故调查组认定：该事故是一起严重违反《中华人民共和国安全生产法》《中华人民共和国特种设备安全法》的较大生产安全责任事故。

6. 应汲取的教训

（1）部分特种设备安全监管法律法规和规范要求滞后，已不能适应特种设备生产、安装维修改造、使用及监管工作的需要，导致特种设备市场造假猖獗，以旧充新、以假充真、以次充好、张冠李戴，给特种设备安全生产带来极大的威胁。

（2）特种设备监管和监督检验人员从数量和质量上都难以满足特种设备市场发展的需要；监督检验机构质量保证体系有待健全，检测检验人员职业操守有待提高。

（3）使用特种设备的建筑施工单位对特种设备法律法规和技术规范知之甚少，出于赶工期、降成本的本能，忽视特种设备特有的危险性，图省事，凭侥幸，不惜弄虚作假使用不符合安全技术条件的特种设备。

（4）建筑施工现场安全管理混乱的问题未得到根本扭转。

7. 事故责任认定及处理建议

1）责任单位（11个）

●中某公司：安全生产主体责任不落实，违反《中华人民共和国安全生产法》第三条、第四条之规定；中某公司SG-3标项目部编制的《汉江2号桥架梁施工方案》未对汉江2号大桥架梁使用的架桥机安全技术条件、安装单位、安装人员和操作人员资格提出明确要求，未严格审查张某施工队及其架桥机的合规性，违规将架梁工程项目分包给张某，违反《中华人民共和国安全生产法》第四十六条之规定；利用张某提供的假资料，办理《特种设备安装改造维修告知书》；组织张某招聘的杨某建等不具备特种设备安装资格的人员以"民权某路桥设备有限公司"的名义非法安装架桥机；使用张某提供的虚假的"民权某路桥设备有限公司"空白安装文书编造安装资料申请监督检验，欺骗检测检验机构；未办理架桥机使用登记违规投入使用；默许杨某建等人无证上岗，违规操作特种设备从事架梁作业，违反《中华人民共和国特种设备安全法》第十四条、第二十一条、第三十三条，《特种设备安全监察条例》第十四条、第十五条、第十七条、第二十四条、第二十五条、第二十六条、第三十九条之规定；未与银某公司签订安全生产管理协议，未落实双方安全生产管理责任，未对架梁作业危险区域进行严格警戒和有效管控，大量无关人员违规进入架梁作业危险区域，导致事故后果扩大，违反《中华人民共和国安全生产法》第四十五条之规定，应对事故负主要责任。建议建设行政主管部门依法暂扣中某公司《安全生产许可证》并责令其停业整顿90日；建议由汉中市应急管理局依法对中某公司给予罚款的行政处罚；建议纳入《陕西省生产经营单位安全生产不良记录"黑名单"》管理。

●银某公司：是汉江2号大桥2、3、4跨混凝土箱梁架设施工的实际组织、指挥者，制定的《汉江2号大桥上跨阳安铁路工程（K89+735）架梁专项施工方案》未对架桥机安全技术条件和操作人员资格等要素提出明确要求，违反中国铁路西安局集团有限公司对《架梁专项施工方案》的审查意见中对架桥机型号的规定，违规使用张某施工队的架桥机和无证作业人员，违反《特种设备安全监察条例》第二十三条、第二十四条、第三十九条之规定；银某公司没有同中某公司签订安全生产管理协议，未落实双方安全生产管理责任，双方均未对架梁作业危险区域进行严格警戒和有效管控，大量无关人员违规进入架梁作业危险区域，导致事故后果扩大，违反《中华人民共和国安全生产法》第四十五条之规定，应对事故负主要责任。建议建设行政主管部门依法暂扣其《安全生产许可证》并责令其停业整顿120日；建议由汉中市应急管理局依法对银某公司给予罚款的行政处罚；建议纳入《陕西省生产经营单位安全生产不良记录"黑名单"》管理。

●豫某公司：JL-5驻地监理办对中某公司SG-3标项目部主要成员长期离开工地不到岗履职的问题未及时制止和纠正；未严格审查汉江2号大桥架梁使用的架桥机安全技术条件、安装单位、安装人员和操作人员资格，违规批准中某公司SG-3标项目部编制的《汉江2号桥架梁施工方案》，未尽监督职责，违反《建设工程安全生产管理条例》

第十四条，《特种设备安全监察条例》第二十三条、第二十四条、第三十九条之规定，应对事故负监督责任。建议建设行政主管部门责令其停业整顿 90 日；建议纳入《陕西省生产经营单位安全生产不良记录"黑名单"》管理。

●西安某公司：国道 108 汉中至某县公路扩建工程汉江 2 号大桥上跨阳安铁路工程监理站未严格审查汉江 2 号大桥 2、3、4 跨架梁施工使用的架桥机安全技术条件和操作人员资格，违规批准银某公司编制的《汉江 2 号大桥上跨阳安铁路工程（K 89+735）架梁专项施工方案》；对银某公司违反中国铁路西安局集团有限公司对《架梁专项施工方案》审查意见的错误行为未及时发现并予以纠正；对银某公司与中某公司协调配合缺失、现场管理混乱的隐患失察，违反《建设工程安全生产管理条例》第十四条，《特种设备安全监察条例》第二十三条、第二十四条、第三十九条之规定，应对事故负主要监督责任。建议建设行政主管部门责令其上级公司某地中原铁道建设工程监理有限公司停业整顿 120 日；建议纳入《陕西省生产经营单位安全生产不良记录"黑名单"》管理。

●市质检中心：检测检验质量管理体系不健全，未遵守《起重机械安装改造重大修理监督检验规则》（TSG 7016—2016）规定对架桥机安装过程进行监督检验；检验人员未对资料和实物审查确认，未发现该架桥机资料造假、资料与实物不符的重大问题；未发现中某公司 SG-3 标项目部和张某冒用"民权某路桥设备有限公司"特种设备安装资质组织不具备安装作业资格的人员安装架桥机的违法行为；未对架桥机安装主要环节（如空载试验、额定荷载试验、静荷载试验、动荷载试验和过孔试验等）进行现场监督，未发现架桥机左前支腿支撑销轴安装不当，主要受力构件存在私自改造、维修的重大隐患；违规出具结论严重失实的《特种设备检验工作意见通知书》，致使事故架桥机存在的重大事故隐患未能及时暴露，误导监管部门和相关单位的工作，造成严重后果，违反《中华人民共和国特种设备安全法》第五十二条、第五十三条，《特种设备安全监察条例》第四十四条、第四十五条、第四十七条之规定，应对事故负主要监督责任。建议汉中市监察委员会对市质检中心进行专项监察，对其领导班子进行问责；建议责成市场监管局对其进行全面整顿，并在 2019 年度综合考核中实施一票否决。

●国道 108 某县段一级公路改扩建工程项目管理处：对参建单位协调不够，监督不力，对各方违法违规行为失察失管，违反《建设工程安全生产管理条例》第四条之规定，应对事故负管理责任。建议某县监察委员会对其进行问责；建议责成其向某县人民政府写出书面检讨。

●某县市场监管局：未正确履行特种设备安全监察职责，对事故架桥机安装、监督检验和使用情况监督检查工作不到位，违反《中华人民共和国特种设备安全法》第五十七条、《特种设备安全监察条例》第五十三条之规定，应对事故负监管责任。建议某县监察委员会对其领导班子进行问责；建议责成其向某县人民政府写出书面检讨。

●某县交通运输局：未认真履行行业安全生产监管职责，对建设工程项目安全生产监管工作不到位，违反《中华人民共和国安全生产法》第九条之规定，应对事故负监管责任。建议某县监察委员会对其领导班子进行集体诫勉谈话；建议责成其向某县人民政府写出书面检讨。

●市交通质监站：市交通质监站未认真履行建设工程安全生产监督职责，对施工安全监督检查工作不到位，违反《陕西省交通建设工程安全生产监督实施意见》相关规定，应对事故负一定监管责任。建议责成市交通局对其领导班子进行警示提醒、批评教育。

●汉中市市场监督管理局：在办理告知后，将告知单抄送市质检中心，并通知某县市场监管局依据有关法规对该架桥机进行监管，但对市质检中心违规监督检验有失察失管之处，应对事故负一定监管责任，建议责成其向汉中市人民政府写出深刻书面检讨。

●中共某县县委、县人民政府：未认真落实"党政同责""一岗双责"规定，对重点项目建设安全生产工作领导不力，应对事故负领导责任。建议责成中共某县县委、县人民政府分别向中共汉中市委、汉中市人民政府写出深刻书面检讨。

2）责任人（34人）

（1）建议追究刑事责任的责任人7人（其中2人死亡免于追究）。

●张某，男，31岁，河南民权县人，事故架桥机所有权人。该架桥机购置于2011年5月，事故发生时已使用8年之久，未按《架桥机安全规程》（GB 26469—2011）规定进行安全评估，私自改造主要受力构件，安全技术档案缺失，冒用其他架桥机生产单位的随机资料，利用已不能满足基本安全技术条件的特种设备承揽工程施工项目；冒用其他架桥机安装单位资质、格式文书，非法组织特种设备安装；承揽汉江2号大桥架梁施工任务，不坚守现场履行施工管理职责，安排不具备特种设备操作资格的人员从事特种作业，造成严重后果，对事故负主要责任。建议移送司法机关追究刑事责任（已被某县公安局采取刑事强制措施）。

●杨某建，男，55岁，河南民权县人，事故架桥机操作手。非法从事特种设备安装和操作，造成严重后果，对事故负直接责任。建议移送司法机关追究刑事责任（已被某县公安局采取刑事强制措施）。

●支某睿，男，32岁，陕西西安未央区人，中某公司SG-3标项目部副经理，在原项目经理黄某军于2018年底离开项目部后主持项目部工作。在将汉江2号大桥混凝土箱梁架设任务分包给张某时，未严格遵守《中华人民共和国特种设备安全法》和《特种设备安全监察条例》的规定认真审查架桥机安全技术条件，使用张某提供的虚假架桥机随机资料办理架桥机安装告知书；组织张某安排的不具备特种设备安装资格的人员安装架桥机，利用张某提供的虚假架桥机安装文件组织编造事故架桥机安装资料申请监督检验，骗取检验结论；未与银某公司项目部签订安全生产管理协议，未落实双方安全生产管理责任；默许张某安排的不具备特种设备操作资格的人员操作架桥机，造成严重后果，对事故负主要领导责任。建议移送司法机关追究刑事责任，建议由住建部门纳入建筑施工领域安全生产不良信用记录和诚信"黑名单"管理。

●姚某，男，30岁，银某公司国道108汉中至某县公路扩建工程汉江2号大桥上跨阳安铁路工程管理服务项目部项目经理，是汉江2号大桥2、3、4跨混凝土箱梁架设施工的实际组织、指挥者，编制的《汉江2号大桥上跨阳安铁路工程（K 89+735）架梁专项施工方案》未对架桥机安全技术条件和操作人员资格等要素提出明确要求；违反中国铁路西安局集团有限公司对《架梁专项施工方案》的审查意见中对架桥机型号的规定，违规使用张某施工队的架桥机和无证作业人员；未与中某公司SG-3标项目部签订安全生产管理协议，未落实双方安全生产管理责任；未对架梁作业危险区域进行严格警戒和管控，大量无关人员违规进入架梁作业危险区域，导致事故后果扩大；身为施工现场主要负责人，忽视自身安全，贸然进入危险作业区域，导致自身身亡，对事故负主要责任。本应移送司法机关追究刑事责任，鉴于其已在事故中死亡，免于追究。

●崔某贤，男，55岁，银某公司法定代表人，违规承揽工程施工服务项目；拍板决定使用中某公司引入的张某施工队及其架桥机；身为施工单位主要负责人，忽视自身安全，贸然进入危险作业区域，导致自身身亡，对事故负主要领导责任。本应移送司法机关追究刑事责任，鉴于其已在事故中死亡，免于追究。

●王某彬，男，41岁，市质检中心起重机械检验室起重机械专业检验师（劳务派遣员工）。未严格遵守《起重机械安装改造重大修理监督检验规则》（TSG 7016—2016）规定对架桥机进行监督检验，未对资料和实物进行审查确认，未发现该架桥机资料造假、资料与实物不符的重大问题；未发现中某公司SG-3标项目部和张某冒用"民权某路桥设备有限公司"特种设备安装资质组织不具备安装作业资格的人员安装架桥机的违法行为；未对架桥机安装主要环节（如空载试验、额定荷载试验、静荷载试验、动荷载试验和过孔试验等）进行现场监督，未发现架桥机左前支腿支撑销轴安装不当，主要受力构件存在私自改装焊接的重大隐患；指使他人出具《特种设备检验工作意见通知书（1）》，检验结论严重失实，造成严重后果，对事故负重要责任。建议主管部门依法吊销其起重机械检测检验资格，建议由汉中市监察委员会立案查处，追究刑事责任。

●朱某，男，30岁，市质检中心起重机械检验室起重机械检验员（劳务派遣员工）。未严格遵守《起重机械安装改造重大修理监督检验规则》（TSG 7016—2016）规定参与对架桥机进行监督检验，受他人指使制作结论严重失实的《特种设备检验工作意见通知书》，造成严重后果，对事故负重要责任。建议主管部门依法吊销其起重机械检测检验资格，建议由汉中市监察委员会立案查处，追究刑事责任。

（2）34名责任人中，建议给予党、政纪处分和其他处理的责任人27人（其中1人死亡免于追究）。

中某公司（8人）

●吕某杰，男，49岁，中某公司SG-3标项目部安全员，未正确履行职责，建议中某公司按公司内部管理制度予以处理。

●赵某航，男，35岁，中某公司SG-3标项目部安全员，未正确履行职责，建议中某公司按公司内部管理制度予以处理。

●刘某，男，31岁，中某公司SG-3标项目部副经理，参与事故架桥机造假活动，对事故负一定责任。建议中某公司撤销其SG-3标项目部副经理职务，解除劳动合同。

●肖某，男，34岁，中某公司国道108改扩建工程某县过境段一级公路SG-3标项目部副总工程师，建议中某公司撤销其SG-3标项目部副总工程师职务；建议由住建部门纳入建筑施工领域安全生产不良信用记录和诚信"黑名单"管理。

●闫某东，男，59岁，中共党员，中某公司国道108改扩建工程某县过境段一级公路SG-3标项目部总工程师，2016年7月即离开项目部，长期脱离工地技术负责人岗位，建议中共中某公司委员会对其给予党纪处分；建议中某公司撤销其SG-3标项目部总工程师职务。

●黄某军,男,49岁,中某公司国道108改扩建工程某县过境段一级公路SG-3标项目部经理,公路工程专业一级建造师。自2018年底因事离开工地,长期脱离施工现场。建议住建部暂停其公路工程专业一级建造师资格一年;建议中某公司撤销其SG-3标项目部经理职务。

●孔某升,男,34岁,中共预备党员,中某公司安全部长兼项目管理中心主任。建议中共中铁某局沪昆客专江西段站前工程HKJX-1标项目经理部委员会对其给予党纪处分,建议中某公司撤销其安全部长兼项目管理中心主任职务。

●王某彬,男,50岁,中某公司法定代表人兼执行董事,对事故负主要领导责任,建议中某公司罢免其法定代表人兼执行董事职务;建议汉中市应急管理局依法给予处个人上一年收入40%罚款的行政处罚;建议由住建部门纳入建筑施工领域安全生产不良信用记录和诚信"黑名单"管理。

银某公司(2人)

●张某,男,35岁,中共党员,银某公司副经理,建议中共陕西西铁工程建筑有限公司委员会对其给予党纪处分;建议陕西西铁工程建筑有限公司撤销其银某公司副经理职务。

●刘某,女,44岁,银某公司副经理,分管公司安全技术部,未正确履行职责,建议陕西西铁工程建筑有限公司按照公司管理制度给予处理。

豫某公司(2人)

●王某霞,女,38岁,豫某公司国道108某县段(新街子六一村至武侯镇水磨湾)一级公路改扩建工程JL-5合同段总监理工程师。鉴于其已在事故中死亡,免于追究。

●葛某立,男,43岁,豫某公司法定代表人、总经理,对事故负有一定责任,建议责成市交通质监站对其进行谈话训诫。

西安某公司(3人)

●路某安,男,67岁,西安某公司国道108汉中至某县公路扩建工程汉江2号大桥上跨阳安铁路工程监理站驻地监理员。建议西安某公司对其予以解聘。

●李某珠,男,66岁,中共党员,西安某公司国道108汉中至某县公路扩建工程汉江2号大桥上跨阳安铁路工程监理站总监理工程师。建议中共陕西西铁工程建筑有限公司委员会对其给予党纪处分;建议西安某公司对其予以解聘。

●石某放,女,62岁,中共党员,西安某公司总经理,安排他人挂名西安某公司国道108汉中至某县公路扩建工程汉江2号大桥上跨阳安铁路工程监理站监理工程师,实际从未到岗工作,涉嫌弄虚作假,对事故负一定领导责任。建议中共西安铁路局集团有限公司离退休管理部党工委对其给予党纪处分,建议某地中原铁道建设工程监理有限公司解除其西安某公司总经理职务。

市质检中心(4人)

●唐某,女,53岁,市质检中心总工程师,分管市质检中心质量管理体系。对市质检中心质量管理体系建设领导不力,工作不到位,对事故负一定责任。建议中共汉中市纪委监委驻市市场监管局纪检监察组对其进行诫勉谈话。

●李某,男,38岁,中共党员,市质检中心起重机械检验室主任。受理事故架桥机监督检验任务后人员安排失当，对现场监督检验工作管理不到位，对监督检验人员违规出具结论失实的《特种设备检验工作意见通知书》行为失察失管，对事故负重要责任。建议汉中市监察委员会立案查处。

●张某智，男，51岁，中共党员，市质检中心副主任，分管起重机械检验室。对分管工作出现重大违规行为失察失管。建议汉中市监察委员会立案查处。

●张某彬，男，53岁，中共党员，市质检中心主任，主持市质检中心全面工作。对市质检中心质量管理体系不健全，特种设备监督检验出现重大违法违规行为，出具失实检验结论负有重要责任。建议汉中市监察委员会立案查处。

某县市场监督管理局（3人）

●陈某，男，48岁，中共党员，某县市场监督管理局特种设备安全监察股负责人。对事故架桥机现场监督检查时未审查安装单位资质和安装人员资格，对事故架桥机未经监督检验已安装完成、未经登记就投入使用的违规行为失察失管，对事故负重要监管责任。建议某县监察委员会立案查处。

●朱某静，男，50岁，中共党员，某县市场监督管理局副局长（2019年8月离任），分管特种设备安全监察股。对特种设备安全监察工作领导不力，对分管股室工作疏漏失察，对事故负一定领导责任。建议某县监察委员会立案查处。

●何某明，男，52岁，中共党员，某县市场监督管理局局长（2019年11月离任），主持某县市场监督管理局全面工作，对特种设备安全监管工作重视不够、领导不力，对事故负领导责任。建议某县监察委员会对其进行诫勉谈话，建议责成其向某县人民政府写出书面检讨。

国道108某县段一级公路改扩建工程项目管理处（1人）

●曾某军，男，51岁，中共党员，某县交通运输局原副局长，主持国道108某县段一级公路改扩建项目管理处日常工作。作为项目建设单位重要负责人，对项目参建单位重大违法违规行为失察失管，对事故负重要领导责任。建议某县监察委员会立案查处。

某县交通运输局（1人）

●陈某勤，男，50岁，中共党员，某县交通运输局局长，国道108某县段一级公路改扩建项目管理处主任。对行业安全生产工作监管不到位，对重点项目建设安全管理掌控不力，对项目管理处工作监管不到位，应对事故负领导责任。建议某县监察委员会对其进行诫勉谈话，建议责成其向某县人民政府写出书面检讨。

市交通质监站（2人）

●许某晖，男，53岁，中共党员，市交通质监站国道108汉中至某县（新街子六一村至武侯镇水磨湾）一级公路改建工程项目监督负责人。对建设工程项目安全生产工作监督检查不到位，对事故负一定监管责任。建议责成其向市交通质监站写出书面检讨。

●杜某安，男，53岁，市交通质监站站长。对项目监督组日常工作监督管理不到位，对事故负一定领导责任。建议责成其向市交通运输局写出书面检讨。

某县人民政府（1人）

●田某敏，女，42岁，中共党员，中共某县县委常委、某县人民政府副县长，分管道路交通工作，对道路交通建设工程项目安全生产工作领导不力，发生较大安全生产事故，建议责成其向某县人民政府写出深刻书面检讨。

### 案例三　"11·26"云南安石隧道涌水突泥事故

12死、10伤，追责26人！项目经理、总工、监理、安全员全部处理！

1. 事件概况

2019年11月26日18时许，由某省公路工程集团有限公司承建的云凤高速公路第二合同段安石隧道出口发生突泥涌水事故（见图2-105），造成12死、10伤，直接经济损失2 525.01万元，追责26人。

图2-105　"11·26"涌水突泥事故图

2. 事件时间

2019年11月26日。

3. 事件经过

当时安石隧道右洞已掘进641 m。26日17时21分许，掌子面发生突泥涌水，导致在仰拱作业的5人被困，工友立即组织现场救援。18时10分许，发生二次突泥涌水。

4. 事件后果

造成12死、10伤，直接经济损失2 525.01万元，追责26人。

5. 事故原因分析

调查报告显示，调查组认定，某市某县云凤高速公路安石隧道"11·26"涌水突泥事故是一起隧道工程建设过程中涌水突泥地质灾害导致的重大生产安全事故（见图2-106）。调查发现，该项目在勘查、设计、施工、管理等环节虽然存在一些问题，但该隧道水文地质条件复杂，按现行公路建设勘查技术规范难以发现致灾因素，加之致灾因素的隐蔽性和成灾过程的突发性、间歇性等特点，施工过程中难以预判。但是，施工企业在第一次涌水突泥后，应对措施不力，现场指挥和管控措施不到位，事发后现场管理混乱，工人救人心切，自发盲目施救导致事态扩大。

图 2-106　"11·26"涌水突泥事故现场图

6. 事故责任认定及处理建议

调查报告建议对 26 名责任人员进行追责。

（1）涉事央企相关人员 3 人。

●陈某涛，勘察设计单位分公司总经理、项目勘察设计负责人。建议给予党内警告处分以及相应的行政处罚。

●王某涛，勘察设计单位分公司总工、项目勘察分项负责人兼勘察三审。建议给予党内严重警告处分，暂停其在本省勘察设计注册工程师执业资格 1 年。

●王某伯，勘察设计单位二级资深专家、项目勘察设计后期服务负责人。给予政务记过处分，暂停其在本省勘察设计注册工程师执业资格 1 年。

（2）涉事地方企业相关人员 17 人。

●覃某河，总承包部项目经理。给予政务记过处分，处以上一年收入 60% 的罚款。

●安某，总承包部项目总工。其给予政务记过处分。

●鲍某平，总承包部安全副经理。给予党内严重警告处分。

●吴某，土建项目经理。其给予政务记大过处分，撤销其项目经理职务。

●冉某，土建项目总工程师。给予政务记过处分。

●陈某举，土建项目安全副经理。给予延长党员预备期 1 年。

●蔡某峰，土建分部第一工区工区长。给予政务记过处分。

●章某然，土建分部安全负责人。给予政务警告处分。

●吴某，项目高级监理工程师。给予党内严重警告处分，吊销其执业资格证书，5 年内不予注册。

●邱某林，项目专业监理工程师。暂停其在本省监理工程师执业资格 1 年。

●李某升，项目高级监理工程师。暂停其在本省监理工程师执业资格 1 年。

●刘某华，第三方检测单位副所长、项目检测负责人。给予党内严重警告处分。

●陈某金，建设单位副总经理（主持工作）、该项目分管领导。给予党内严重警告处分。

●李某，建设单位指挥部董事长、总经理。给予党内严重警告处分。

● 叶某权，建设单位指挥部分管安全生产副总经理。限给予党内警告处分。

● 雷某洪，建设单位指挥部安全监管部部长。撤销其安全监管部部长职务。

● 林某国，劳务派遣单位原法定代表人、实际控制人。处以上一年收入60%的罚款。

### 案例四 欣佳酒店"3·7"坍塌事故

71人死伤！施工组织者等12人被逮捕，11人取保候审，7人移送司法，42人受处分！这起事故教训惨痛。

1.事件概况

2020年3月7日19时14分，位于某省某市鲤城区的欣佳酒店所在建筑物发生坍塌事故（见图2-107），违法增加夹层，将四层改建成七层，导致建筑失稳，整体坍塌，造成71人死伤（29人死亡、42人受伤），直接经济损失5 794万元。欣佳酒店实际控制人、承包经营人、违法施工组织者、设计/勘察/检测单位等12人被逮捕，11人取保候审，49名公职人员受处分，其中7人移送司法。

图2-107 某省某市欣佳酒店"3·7"坍塌事故图

2.事件时间

2020年3月7日。

3.事件经过

2020年3月7日17时40分许，欣佳酒店一层大堂门口靠近餐饮店一侧顶部一块玻璃发生炸裂。18时40分许，酒店一层大堂靠近餐饮店一侧的隔墙墙面扣板出现2~3 mm宽的裂缝。19时6分许，酒店大堂与餐饮店之间钢柱外包木板发生开裂。19时9分许，隔墙鼓起5 mm；1分钟后，餐饮店传出爆裂声响。19时11分许，建筑物一层东侧车行展厅隔墙发出声响，墙板和吊顶开裂，玻璃脱胶。19时14分许，目击者听到幕墙玻璃爆裂巨响。19时14分17秒，欣佳酒店建筑物瞬间坍塌（见图2-108），历时 3 秒。事发时楼内共有 71 人被困，其中外来集中隔离人员 58 人、工作人员 3 人、其他入住人员 10 人。事故发生后，应急管理部和某省立即启动应急响应。

图 2-108　建筑物坍塌后现场航拍照片（从北向南）

4. 事件后果

经过 112 小时全力救援，至 3 月 12 日 11 时 04 分，人员搜救工作结束，搜救出 71 名被困人员，其中 42 人生还，29 人遇难。

5. 事故原因分析

（1）建筑物增加夹层，竖向荷载超限，是导致坍塌的根本原因。

（2）焊接加固作业扰动引发坍塌。事故责任单位泉州市某机电工贸有限公司将欣佳酒店建筑物由原四层违法增加夹层改建成七层，达到极限承载能力并处于坍塌临界状态，加之事发前对底层支承钢柱违规加固焊接作业引发钢柱失稳破坏（见图 2-109），导致建筑物整体坍塌。

图 2-109　C6 钢柱屈曲变形与加固焊接情况

6. 事故责任认定及处理建议

福建省泉州市欣佳酒店"3·7"坍塌事故调查报告公布见图 2-110。

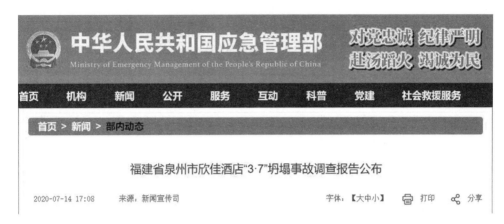

图 2-110 福建省泉州市欣佳酒店"3·7"坍塌事故调查报告

7. 事故责任单位

（1）泉州市某机电工贸有限公司：①违法违规建设、改建。②伪造材料骗取相关审批和备案。③违法违规装修施工和焊接加固作业。④未依法及时消除事故隐患。

（2）欣佳酒店：①伪造材料骗取消防审批。②串通内部人员骗取特种行业许可。③未依法采取应急处置措施。

（3）技术服务机构：某省建筑工程质量检测中心有限公司、福建某建筑设计有限公司、福建省某消防检测有限公司、福建省某装饰设计有限公司、某大学设计研究院有限公司违规承接业务，出具虚假报告，制作虚假材料帮助事故企业通过行政审批。

8. 事故单位处罚

●某市新星机电工贸有限公司。予以罚款，依法吊销工商营业执照，撤销消防设计备案、消防竣工验收备案。

●欣佳酒店。吊销工商营业执照、《特种行业许可29证》、《公众聚集场所投入使用、营业前消防安全检查合格证》、《卫生许可证》等证照，撤销消防设计备案、消防竣工验收备案。

●福建省建筑工程质量检测中心有限公司。予以罚款，吊销该公司建设工程质量检测机构综合类资质证书；吊销郑某洪的福建建设工程检测试验人员岗位证书，吊销林某宏的二级建造师资格证书和福建建设工程检测试验人员岗位证书，吊销江某锴的二级建造师资格证书和福建建设工程检测试验人员岗位证书，吊销陈某的二级建造师资格证书和混凝土结构、砌体结构、钢结构、工程振动检测的审批上岗证；列入建筑市场主体"黑名单"。

●福建某建筑设计有限公司。予以罚款，并记入信用档案；列入建筑市场主体"黑名单"。

●福建省某消防检测有限公司。予以罚款。

●福建省某装饰设计有限公司。予以罚款。

### 9. 事故责任人处罚

#### 1）23人采取刑事强制措施

泉州市某机电工贸有限公司法定代表人杨某锵、泉州市某建设工程公司法定代表人蔡某辉等23名相关责任人员被公安机关依法立案侦查并采取刑事强制措施。

（1）逮捕12人。

● 泉州市某机电工贸公司、欣佳酒店实际控制人杨某锵以涉嫌重大责任事故罪、伪造国家机关证件罪于4月9日被逮捕。

● 泉州市某家居公司驾驶员黄某图以涉嫌伪造国家机关证件罪、提供虚假证明文件罪于4月9日被逮捕。

● 违法建筑施工组织者蔡某辉、欣佳酒店承包经营人林某珍以涉嫌重大事故责任罪于4月9日被逮捕。

● 某省建筑工程质量检测中心有限公司林某宏、郑某洪、江某锴、陈某以涉嫌提供虚假证明文件罪于4月9日被逮捕。

● 田某炳以涉嫌提供虚假证明文件罪于4月14日被逮捕。

● 原某市住宅建筑设计院工作人员庄某严、李某生以涉嫌重大事故责任罪于4月21日被逮捕。

● 某勘察设计研究院工作人员陈某以涉嫌伪造公司印章罪于4月21日被逮捕。

（2）取保候审11人。

欣佳酒店承包经营人林某金及其他人员共11人以涉嫌重大责任事故罪被取保候审。

#### 2）7人移送司法机关追究刑事责任

某市国土资源局原局长赖某族、鲤城区人大常委会原副主任陈某水、某市公安局鲤城分局原副局长张某辉等7名公职人员涉嫌严重违纪违法被某省纪检监察机关立案审查调查，移送司法机关追究刑事责任。

● 赖某族，某市国土资源局原局长，已退休，给予开除党籍处分、取消退休待遇，移送司法机关处理。

● 陈某水，某市鲤城区人大常委会原副主任，2009年11月至2016年7月任某市鲤城区政府党组成员、副区长，给予开除党籍、开除公职处分，移送司法机关处理。

● 刘某礼，某市消防救援支队应急通信与车辆勤务站原站长，给予开除党籍、开除公职处分，移送司法机关处理。

● 张某辉，某市公安局鲤城分局原党组成员、副局长，给予开除党籍、开除公职处分，移送司法机关处理。

● 王某彬，某市公安局鲤城分局治安大队原副大队长，给予开除党籍、开除公职处分，移送司法机关处理。

● 吴某晓，某市公安局鲤城分局治安大队一中队原指导员，给予开除党籍、开除公职处分，移送司法机关处理。

● 张某良，某市鲤城区临江街道党工委原书记，2012年3月至2017年1月任某市鲤城区常泰街道党工委书记，给予开除党籍、开除公职处分，移送司法机关处理。

3）42人给予党纪政务处分及诫勉

某省纪检监察机关对该起事故中存在失职失责问题的41名公职人员给予党纪政务处分，1人予以诫勉。其中：省管干部9人、某市管及以下干部33人；主要领导责任14人、重要领导责任5人、监督责任2人、直接责任21人；厅级干部7人、处级干部13人、其他22人。

（1）省管干部（9人）

●王某礼，某市委副书记、市长，给予政务记过处分。

●李某辉，莆田市委副书记、市长，2012年1月至2015年9月任某市政府副市长，给予政务警告处分。

●林某良，某省住房和城乡建设厅党组书记、厅长，给予政务记过处分。

●张某宁，某市委副书记，2015年10月至2016年9月任某市政府副市长，2016年9月至2018年12月任某市委常委、市政府副市长，给予政务警告处分。

●苏某赐，某省文化和旅游厅党组成员、副厅长，2011年6月至2016年6月任某市鲤城区委书记，给予党内严重警告处分。

●洪某强，某市委常委、市政府副市长，给予政务记过处分。

●黄某春（女），某市人大常委会副主任，2011年7月至2016年6月任某市鲤城区区长，2016年6月至2020年1月任某市鲤城区委书记，给予党内严重警告、政务记大过处分。

●刘某霜，2020年1月至今任某市鲤城区委书记，给予党内警告处分。

●苏某辉，2020年1月至今任某市鲤城区委副书记、代区长，给予政务记过处分。

（2）某市管及以下干部（33人）

●王某生，某市公安局党委委员、副局长，给予党内警告处分。

●钟某成，某市住房和城乡建设局党组书记、局长，给予党内严重警告处分。

●林某杰，某市住房和城乡建设局党组成员、副局长，给予政务记过处分。

●陈某平，某市城市管理局党组副书记、局长，给予政务记大过处分。

●黄某奇，已退休，2011年8月至2015年10月任某市城市管理行政执法局党组副书记、局长，给予党内严重警告处分。

●郑某锋，某省消防救援总队法制与社会消防工作处副处长，2012年6月至2014年3月任某市公安消防支队防火监督处审核科科长，给予党内警告处分。

●郭某宗，某市鲤城区政协主席、区人大常委会党组书记，2012年7月至2016年7月任某市鲤城区委副书记，给予留党察看一年、政务撤职处分，降为三级调研员。

●许某程，晋江市政协主席、党组书记，2016年6月至2020年1月任某市鲤城区政府党组书记、区长，给予政务记大过处分。

●刘某升，已退休，2006年12月至2013年8月任某市鲤城区委常委、纪委书记，给予党内严重警告处分。

●黄某阳，某市鲤城区委常委、区政府党组副书记、常务副区长，给予留党察看一年、政务撤职处分，降为一级主任科员。

●章某华，已退休，2009年11月至2016年7月任某市鲤城区政府党组成员、副区长，给予党内警告处分。

●吴某林，某市鲤城区政府党组成员、副区长，给予撤销党内职务、政务撤职处分，降为一级主任科员。

●张某，某市鲤城区住房和城乡建设局原党组书记、局长，给予开除党籍、政务撤职处分，降为二级科员。

●刘某一，2014年辞去公职，2008年5月至2012年11月任某市鲤城区建设局党组成员、副局长，2012年11月至2014年5月任某市鲤城区住房和建设局党组成员、副局长，给予党内严重警告处分。

●张某曼，某市鲤城区住房和城乡建设局党组成员、副局长，给予政务记大过处分。

●李某宏，某市鲤城区建设工程质量站站长，给予政务记过处分。

●曾某鑫，某市鲤城区住建局行政审批股负责人，给予政务记过处分。

●林某铭，某市鲤城区城市管理局市政公用股股长，给予政务记过处分。

●陈某生，某市鲤城区委政法委副书记，2008年5月至2016年10月任某市鲤城区城市管理行政执法局局长，给予撤销党内职务、政务撤职处分，降为四级主任科员。

●陈某产，某市鲤城区退役军人事务局党组书记、局长，2016年10月至2018年12月任某市鲤城区城市管理行政执法局局长，给予留党察看二年、政务撤职处分，降为一级科员。

●林某春，某市鲤城区城市管理局党组书记、局长，给予政务记大过处分。

●曹某，某市鲤城区城市管理局党组成员、副局长，给予政务记大过处分。

●郑某宏，某市鲤城区发展和改革局项目办科员，2012年5月至2016年1月任某市鲤城区城市管理行政执法局常泰分队分队长，给予诫勉。

●韩某华，某市鲤城区城市管理局常泰分队原代理负责人、分队长，给予留党察看二年、政务撤职处分。

●庄某斌，某市公安局常泰派出所四级警长，给予留党察看一年、政务撤职（降衔）处分。

●洪某坛，某市公安局鲤城分局治安大队三级警长，给予留党察看一年、政务撤职（降衔）处分。

●林某群，某市鲤城区消防救援大队大队长，给予党内警告处分。

●张某，某市鲤城区消防救援大队10级专业技术职务，给予党内严重警告处分。

●张某龙，某市鲤城区人力资源和社会保障局党组书记、局长，2006年11月至2008年5月任某市鲤城区纪委副书记，2008年5月至2016年7月任某市鲤城区纪委副书记、区监察局局长，给予党内警告处分。

●倪某佳，某市鲤城区常泰街道党工委书记，给予撤销党内职务、政务撤职处分，降为四级主任科员。

●易某腾，某市鲤城区发展和改革局党组书记、局长，2012年3月至2017年2月任某市鲤城区常泰街道办事处主任，给予留党察看二年、政务撤职处分，降为一级科员。

●蔡某生，某市鲤城区常泰街道办事处副主任，给予政务记大过处分。

●陈某勇，某市鲤城区常泰街道上村社区居委会主任，给予党内严重警告处分。

**案例五 "4·10"一般坍塌事故**

象山县沈海高速连接线在建工程发生模板坍塌，建设公司、劳务公司、监理公司负责人被处罚。

1. 事件概况

2020年4月10日19时15分左右，位于象山县定塘镇大湾山村的宁波舟山港石浦港区沈海高速连接线新桥至石浦段 TJ 2 标段左幅 75-1 墩柱施工现场发生一起模板坍塌事故，造成1人死亡、1人受伤，直接经济损失人民币140余万元。

2. 事件时间

2020年4月10日。

3. 事件经过

2020年4月8日，根据浙江某交通建设有限公司项目部的工作安排，任某良所在下部结构班组的工作任务为浇筑左幅 75-1 和左幅 75-2 墩柱混凝土。4月10日下午，2个墩柱的钢筋隐蔽工程和模板安装验收完毕；当晚18时许，夜间施工照明设施配齐后，任某良所在班组开始进行左幅 75-1 墩柱的混凝土浇筑作业，其中任某良和先某伦、胡某有和王某金分成两组，轮流在作业平台上进行浇筑，刘某飞负责在地面放料，混凝土泵车司机马某洋及罐车司机王某阳同时进场配合浇筑作业。当晚19时15分许，浇筑作业基本完毕，胡某有和王某金离开作业平台进入梯笼，任某良和先某伦则在作业平台进行收尾工作，此时，墩柱模板突然爆裂坍塌，任某良和先某伦连同作业平台一同坠落至地面。事故发生后，就在现场附近的下部结构班组长钱某旭第一时间赶到，和王某金等在场人员立即展开施救，同时拨打120急救电话和通知相关领导。获悉模板坍塌后，当地派出所、浙江某交通建设有限公司项目部相关管理人员、宁波某工程咨询监理有限公司监理办相关监理人员、120医护人员、当地政府等相继赶到现场，一同参与施救，医护人员和钱某旭等人将受伤的任某良和先某伦送往象山县红十字台胞医院进行救治。

4. 事件后果

当晚20时33分，任某良经救治无效死亡；21时40分，先某伦被转院至象山县第一人民医院救治，后又转院至宁波市第六医院，病情稳定，后进行了康复治疗。4月16日，在当地政府部门的协调下，事故相关单位浙江某交通建设有限公司和宁波某劳务发展有限公司积极与死者家属进行协商并签订赔偿协议，事故善后工作平稳有序，死者家属情绪稳定。先某伦病情稳定，后进行了康复治疗。

5. 事故原因分析

1) 事故原因

(1) 直接原因。

经现场勘查、专家认证，事故调查组认定本起事故直接原因为：由于模板焊缝存在缺陷、法兰连接螺栓缺失、混凝土浇筑速度过快等综合因素导致下节模板脱焊爆裂坍塌。

(2) 间接原因。

第一，浙江某交通建设有限公司未认真落实其安全生产主体责任，对宁波某劳务发展有限公司的监督管理不到位。

● 未加强对安全生产责任制落实情况的监督考核，未保证安全生产责任制的落实，违反了《安全生产法》第十九条和《公路水运工程安全生产监督管理办法》第二十七条的规定。

●未将任某良、先某伦等被派遣劳动者纳入本单位的统一管理，未如实记录安全生产教育和培训的时间、内容、参加人员及考核结果等情况，违反了《安全生产法》第二十五条和《公路水运工程安全生产监督管理办法》第三十九条的规定。

●在夜间墩柱浇筑时，对项目部未安排安全员全过程监督检查等事故隐患，未能及时发现并予以消除，违反了《安全生产法》第三十八条的规定。

第二，宁波某劳务发展有限公司未认真落实其安全生产主体责任，安全生产管理不力。

●未依法对任某良、先某伦等被派遣劳动者进行必要的安全生产教育和培训，违反了《安全生产法》第二十五条和《公路水运工程安全生产监督管理办法》第十五条的规定。

●施工期间，对于劳务合同约定的技术负责人实际未到岗到位等事故隐患，未能及时发现并予以消除，违反了《安全生产法》第三十八条的规定。

第三，宁波某工程咨询监理有限公司履行监理责任不到位，未严格按照法律法规规定实施监理。

●未对浙江某交通建设有限公司和宁波某劳务发展有限公司的劳务合作合同执行情况实施严格检查，以至于合同约定的荣崎公司技术负责人、文明施工专管员长期未到岗到位，违反了《浙江省交通建设工程质量和安全生产管理条例》第十一条的规定。

●实施监理过程中，对浙江某交通建设有限公司和宁波某劳务发展有限公司存在的安全生产管理制度及安全操作规程不落实、作业现场安全巡查和监管不到位等事故隐患未能及时督促整改，违反了《安全生产法》第三十八条和《公路水运工程安全生产监督管理办法》第三十一条的规定。

2）事故性质

事故调查组认定该事故是一起一般生产安全责任事故。

6. 事故责任认定及处理建议

1）建议给予行政处罚的责任人员

●顾某杰，浙江某交通建设有限公司的总经理，未认真履行其安全生产主要负责人工作职责，未能严格督促、检查本公司的安全生产工作，未能及时发现并消除公司项目部存在的安全生产责任制不落实、现场管理措施不到位等生产安全事故隐患，对事故的发生负有领导责任，事故调查组建议由象山县应急管理局依法对顾某杰做出行政处罚。

●张某进，宁波某劳务发展有限公司法定代表人兼总经理，未认真履行其安全生产主要负责人工作职责，未能严格督促、检查本公司的安全生产工作，未能及时发现并消除公司现场管理措施不到位等生产安全事故隐患，对事故的发生负有领导责任，事故调查组建议由象山县应急管理局依法对张某进做出行政处罚。

●王某，宁波某工程咨询监理有限公司的法定代表人、董事长兼总经理，未认真履行其安全生产主要负责人的职责，未能严格督促、检查本公司的安全生产工作，未能及时发现并消除公司监理办履职不到位等生产安全事故隐患，对事故的发生负有领导责任，事故调查组建议由象山县应急管理局依法对王某做出行政处罚。

2）建议给予行政处罚的责任单位

●浙江某交通建设有限公司，未认真落实其安全生产主体责任，对事故的发生负有管理责任，事故调查组建议由象山县应急管理局依法对该公司做出行政处罚。

●宁波某劳务发展有限公司，未认真落实其安全生产主体责任，对事故的发生负有管理责任，事故调查组建议由象山县应急管理局依法对该公司做出行政处罚。

●宁波某工程咨询监理有限公司，未能依照法律法规实施监理，对事故的发生负有管理责任，事故调查组建议由象山县应急管理局依法对该公司做出行政处罚。

### 案例六　"9·10"广西乐业隧道塌方事故

突发洞顶岩石塌方，9人死亡，乐业隧道坍塌事故结案：现有技术难以完全查明的特殊不良地质灾害！

1. 事件概况

2020年9月10日18时许，某省某县乐业大道左洞540 m处进行隧道施工时，突发洞顶岩石塌方（见图2-111），造成9人死亡。

图2-111　"9·10"较大隧道坍塌事故

2. 事件时间

2020年9月10日。

3. 事件经过

2020年9月10日14：00，上岗隧道9名施工人员（其中1名为现场值班人员）进入左洞掌子面ZK 0+651 ~ ZK 0+653段进行初期支护配套作业。现场值班人员在开挖台车后方位置指导作业，台车下部右侧1名施工人员及台车上部右侧一架位置1名施工人员、二架位置6名施工人员进行掌子面ZK 0+651 ~ ZK 0+653段钢拱架右侧安装支护作业。

17时40分许，台车上部二架6名作业人员发现掌子面ZK 0+651 ~ ZK 0+653段拱顶出现掉块现象，立即往开挖台车右侧扶梯下撤，同时在现场值班施工管理人员后方左侧拱顶初支混凝土块掉落，现场值班施工管理人员立即通知台车上作业的施工人员撤离，随即往洞口方向奔跑。现场值班施工管理人员撤离至桩号ZK 0+668，台车上部右侧7

名施工人员撤离至台车扶梯中部，台车下部右侧 1 名施工人员撤离至桩号 ZK 0+658 时；在桩号 ZK 0+651 ~ ZK 0+675 右侧拱顶及拱腰发生坍塌，塌方尺寸纵向约 24 m，环向约 19 m，从初支混凝土掉块到完全坍塌整个过程时间持续 3 s，造成正在洞内施工的 9 名施工人员（其中 1 名为现场值班人员）被压埋。接到报告后，乐业县委、县政府高度重视，县委书记立即赶往现场，并指挥县领导组织公安、消防、医院、应急等部门人员赶到现场开展救援工作。

4. 事件后果

造成 9 人死亡。

5. 事故原因分析

1）直接原因

乐业大道道路工程一期上岗隧道左洞 ZK 0+651 ~ ZK 0+675 段坍塌是隧道围岩局部微地质构造组合突变与裂隙面强烈溶蚀作用叠加产生的不良效应，具有隐伏性和不可预见性，在开挖条件下，被切断岩层受贯通斜层理与节理组合控制且溶蚀裂隙面弱化分离作用强烈，造成临空岩层多方向同时失去束缚，突然脱离母岩产生重力式顺层下滑，造成该段隧道洞身周边围岩、初支遭受严重破坏。该事故是按现行公路勘察、设计、施工技术规范规程和现有地质勘察技术与手段难以完全查明的特殊不良地质致灾引发的暗挖隧道坍塌事故。具体原因分析如下：

（1）坍塌段岩层走向与洞轴线基本平行（见图 2-112），岩层倾角 42°，一旦切除支撑约束，即具备顺层滑动的基本条件。

图 2-112　坍塌段岩层情况

（2）岩溶地区垂直循环带的单斜地层经地质历史的溶蚀作用易形成贯通性、延展性好的溶蚀裂隙面，该溶蚀裂隙面由闭合状态经溶蚀作用逐步发展为无层间结合力的溶蚀裂隙面，构成本次坍塌体的顶部界面。

（3）掌子面右侧岩层在25～30 m处发育有X节理(如144°∠29°与198°∠70°两组)，经溶蚀切割，连接脆弱，易折断拉裂形成本次坍塌体的右侧界面。

（4）呈南北走向倾西的平行节理（如260°∠42°、265°∠68°及270°∠39°等），构成本次坍塌体的前后界面。

（5）洞身右侧发育有一定规模的溶洞，在溶洞形成过程中，加剧了厚层灰岩的层间溶蚀作用，降低层间抗剪强度，构成本次坍塌的下部界面。

（6）本段洞身开挖后，拱部开挖轮廓线相交于溶蚀裂隙面，溶蚀裂隙面下方的巨厚岩层整体切断，构成左侧临空界面。

届时，坍塌体6个不利界面偶然形成，右侧岩层失去了支撑，产生了顺层偏压的态势，随着隧道向前开挖延伸造成洞轴方向悬空面长度不断增加，下滑重力累增，最终造成右侧岩层顺层失稳下滑坍塌（见图2-113）。因此，本次坍塌是一个隐蔽性的不利结构面组合在开挖条件下发生的突发性、不可预见性的坍塌事故。

**图 2-113　近距离拍摄的隧道坍塌现场**

2）间接原因

（1）某市市政工程设计研究院及其粤桂分院勘察报告对场地局部岩溶发育规律复杂性分析不够全面，隧道分段地质评价不够详细，对岩流裂隙面形成与隐状性不利组合对隧道的影响认识不充分，地质专业人员未能全程驻场参与施工过程。

（2）广西某工程集团有限公司及其乐业县乐业大道道路工程（含隧道工程）一期项目经理部对岩溶隧道可能遇到的危害风险认识不全面，对隧道可能遇到的垮塌风险分析预判不足，超前地质预报工作方法单一，应急预案和安全技术交底针对性不强。

（3）广西某工程管理咨询有限公司及其乐业县乐业大道道路工程（含隧道工程）一期项目监理部专业地质监理工程师配备不足，监理日志记录较简单，不能充分反映工程现场情况，巡视施工单位安全交底不够严格，审核施工单位安全生产事故应急预案不够严谨。

（4）广西某投资集团有限公司未认真监督广西某工程集团有限公司（子公司）严格执行有关安全生产法律、法规和规章制度。

3）事故性质

经调查认定，该起事故是一起隧道工程建设中因不良地质致灾引发的较大隧道坍塌事故。

6.事故的责任认定及处理建议

1）责任单位的处理建议

建议由百色市应急管理局按照《安全生产法》第一百零九条第（二）项规定对天津市市政工程设计研究院粤桂分院、广西某工程集团有限公司乐业县乐业大道道路工程（含隧道工程）一期项目经理部、广西某工程管理咨询有限公司乐业县乐业大道道路工程（含隧道工程）一期项目监理部的违法行为做出行政处罚。

2）责任人员处理建议

（1）天津市市政工程设计研究院粤桂分院颜某锋，天津市市政工程设计研究院乐业县乐业大道道路工程（含隧道工程）一期项目勘察专业项目负责人，编制的勘察报告对场地局部岩溶发育规律复杂性分析不够全面，隧道分段地质评价不够详细，对岩流裂隙面形成与隐状性不利组合对隧道的影响认识不充分，隧道施工时未能全程驻场参与施工过程。建议由天津市市政工程设计研究院依照公司内部管理规定进行处理。

（2）广西某工程集团有限公司乐业县乐业大道道路工程（含隧道工程）一期项目经理部。

●张某，乐业县乐业大道道路工程（含隧道工程）一期项目经理部隧道工程师，未将岩溶隧道可能遇到的坍塌风险进行全面的、有重点性和针对性的交底。建议由广西某工程集团有限公司依照公司内部管理规定进行处理。

●张某芬，乐业县乐业大道道路工程（含隧道工程）一期项目经理部总工程师，未将岩溶隧道可能遇到的坍塌风险进行全面的、有重点性和针对性的交底，未认真做好事故应急预案的编制工作，未编制隧道坍塌的现场处置方案。建议由广西某工程集团有限公司依照公司内部管理规定进行处理。

●谢某龙，广西某工程集团有限公司乐业县乐业大道道路工程（含隧道工程）一期项目经理部经理，未严格执行本单位各项安全管理制度，所委托的第三方开展的超前地质预报工作方法单一，未认真开展安全交底，对岩溶隧道可能遇到的风险认识不够，编制的应急救援预案针对性、可操作性不强。建议由广西某工程集团有限公司依照公司内部管理规定进行处理。

（3）广西某工程管理咨询有限公司乐业县乐业大道道路工程（含隧道工程）一期项目监理部。

●何某龙，乐业县乐业大道道路工程（含隧道工程）一期项目监理部见证员，未认真开展日常监理工作，填写的监理日志记录不全。建议由广西某工程管理咨询有限公司依照公司内部管理规定进行处理。

●郑某平，乐业县乐业大道道路工程（含隧道工程）一期项目监理部监理员，未认真巡视广西某工程集团有限公司安全交底情况。建议由广西某工程管理咨询有限公司依照公司内部管理规定进行处理。

●胡某鸿，乐业县乐业大道道路工程（含隧道工程）一期项目监理部项目总监代表、专业监理工程师，未认真指导、检查监理员工作，未认真巡视广西某工程集团有限公司安全交底情况，未认真组织编写监理日志，造成监理日志记录不全，未认真审核安全生产事故应急预案。建议由广西某工程管理咨询有限公司依照公司内部管理规定进行处理。

●韦某，乐业县乐业大道道路工程（含隧道工程）一期项目监理部监理工程项目负责人、总监理工程师，未认真巡视广西某工程集团有限公司安全交底情况，未认真组织编写监理日志，造成监理日志记录不全，未认真审核施工单位安全生产事故应急预案。建议由广西某工程管理咨询有限公司依照公司内部管理规定进行处理。

（4）有关公职人员。

对于在事故调查过程中发现的乐业县住房和城乡建设局及其有关公职人员未严格按照法规要求审批施工许可证，未对乐业大道道路工程上岗隧道的安全生产、工程质量、文明施工等进行监督管理等问题，建议移交市纪委监委依法依规调查处理。

3）其他

（1）建议市安委办对乐业县人民政府、乐业县住房和城乡建设局、同乐镇人民政府、广西乐业大道投资有限公司、广西某工程集团有限公司、广西某工程管理咨询有限公司、天津市市政工程设计研究院等单位进行约谈警示（市安委办已落实约谈警示）。

（2）建议广西某投资集团有限公司向自治区人民政府做出检讨，抄送自治区国有资产监督管理委员会、自治区应急管理厅、自治区住房和城乡建设厅；广西某工程集团有限公司向广西某投资集团有限公司做出检讨，抄送自治区国有资产监督管理委员会、百色市人民政府。

7. 事故防范和整改措施

（1）各级人民政府在抓发展的过程中，要牢记安全发展理念，强化底线思维和红线意识，真正把安全发展理念落到实处。要深刻吸取此次事故的惨痛教训，举一反三，采取有针对性的防范措施，加强辖区范围内建设工程项目的施工管理，有效防范事故发生。乐业县人民政府要严格落实"党政同责、一岗双责"要求及属地管理责任，对乐业大道道路工程的安全生产工作进行再分析、再研究、再部署、再落实，坚决堵塞安全监管漏洞。进一步明确各部门对乐业大道道路工程安全监管责任，加大监督检查和监管执法力度，全面排查治理建筑施工领域风险隐患，牢牢守住安全底线。同乐镇人民政府要提高认识，要调整充实安全监管人员，切实解决国土规建环保安监站（综合行政执法队）负责人长期缺位问题。要督促国土规建环保安监站（综合行政执法队）落实监管职责，加大辖区村镇规划建设检查监督力度，履行属地管理责任。

（2）各级建设工程管理部门要吸取事故教训，强化工作措施，开展建筑施工领域安全生产专项整治活动。要进一步厘清市政建设项目安全监管责任，堵塞监管盲区和漏洞。要以案为鉴，督促建筑企业切实履行安全生产主体责任，确保各项目施工安全。要结合建筑施工安全专项整治三年行动，举一反三，对辖区内的市政基础设施建设项目开展全面安全生产大排查大整治，对发现的隐患，要实行台账管理，边查边改、立整立改，确保不留盲区、不留死角，整改到位，从源头杜绝事故发生。乐业县住房和城乡建设局要强化安全监管执法，严格按照"强监管严执法年"的工作要求，对存在重大安全隐患而拒不整改的企业，一律按上限处罚，并将该企业纳入安全生产诚信"黑名单"管理。对建设单位未履行基本建设程序，施工单位无方案野蛮施工，监理单位不按法律法规实施监理的违法违规行为，绝不能姑息迁就，坚决制止施工项目"带病"建设。乐业县交通运输局要按照安全生产专项整治三年行动计划和"强监管严执法年"的工作要求，结合部门职责，开展交通建设工程安全检查。要发挥交通建设部门技术优势，指导市政道路（隧道）建设安全管理。要认真履行《乐业大道道路工程（含隧道工程）一期项目PPP项目合同》约定的义务，对乐业大道道路工程安全生产情况进行监督，并向乐业县政府提交年度监督检查报告。配合住建部门开展市政道路（隧道）安全检查，对于发现的隐患和问题，要及时通报住建部门进行处理。

（3）全市辖区内项目建设各方要认真落实安全生产主体责任，加强安全生产管理，排查整治存在的隐患和问题，确保施工安全。要按照规定配齐专业技术人员和安全管理人员，严格现场安全施工，尤其要加强对危险性较大的分部分项工程的安全管理，将安全生产责任落实到岗位，落实到人头，做到安全投入到位、安全培训到位、基础管理到位、应急救援到位，严守法律底线，确保安全生产。乐业大道道路工程（含隧道工程）一期项目施工各方要提高溶蚀裂隙发育对工程危害的认识。

在隧道地质勘察过程中，当存在可溶性岩层走向与开挖轴线夹角较小即顺层问题时，要分析岩溶特征及其裂隙溶蚀对层理面黏结力产生弱化可能形成贯通性分离面。特别是当隧道开挖整体切断单岩层（或数层）形成临空面并有持续向前延伸的趋势时，要高度注意调查、观察被切断岩层的上下层间现状的溶蚀状况，分析层理与节理等诸结构面的组合关系，可能会诱发或产生岩体顺层滑动的危险。

要加强隧道工程地质工作。针对岩溶隧道工程地质的复杂性，在隧道建设过程中，各方需配足专业地质人员并须全程参与，加强超前地质预报工作。同时，应加强对隧道周边隐伏岩溶的探测，提高分析和预防能力。地质人员应做到随时开挖、随时观察地质情况变化、随时进行探测和综合研判，及时进行设计调整，以保证工程安全顺利完成。要强化安全风险评估和动态管理工作。切实加强复杂地质条件下隧道施工安全风险防范意识，在施工过程中，应结合地勘、超前预报及揭示的地质情况，综合分析出现的不良地质现象可能给施工带来的危害，实时开展施工风险预测，采取相应的工程措施，加大风险管控力度。

## 三、坍塌事故防范措施

坍塌是指施工基坑（槽）坍塌、边坡坍塌（见图2-114）、基础桩壁坍塌、模板支撑系统失稳坍塌（见图2-115）及施工现场临时建筑（包括施工围墙）倒塌等。

### （一）防止坍塌事故的基本安全要求

（1）必须认真贯彻住建部《重申防止坍塌事故的若干规定》和《关于防止坍塌事故的紧急通知》精神，在项目施工中，必须针对工程特点编制施工组织设计，编制质量、安全技术措施，经甲乙方及监理单位审批后实施。

（2）工程土方施工，必须单独编制专项的施工方案，编制安全技术措施，防止土

图 2-114　边坡坍塌

图 2-115　模板支撑系统失稳坍塌

方坍塌，尤其是制定防止毗邻建筑物坍塌的安全技术措施。

①按土质放坡或护坡。施工中，按土质的类别，较浅的基坑要采取放坡的措施，对较深的基坑要考虑采取护壁桩、锚杆等技术措施，必须有专业公司进行防护施工。

②降水处理。对工程标高低于地下水以下的，首先要降低地下水位，对毗邻建筑物，必须采取有效的安全防护措施，并进行认真观测。

③基坑边堆土要有安全距离，严禁在坑边堆放建筑材料，防止动荷载对土体的震动造成原土层内部颗粒结构发生变化。

④土方挖掘过程中，要加强监控。

⑤杜绝"三违"现象。

（3）模板作业时，对模板支撑宜采用钢支撑材料作支撑立柱，不得使用严重锈蚀、变形、断裂、脱焊、螺栓松动的钢支撑材料和竹杆作立柱。支撑立柱基础应牢固，并按设计计算严格控制模板支撑系统的沉降量。支撑立柱基础为泥土地面时，应采取排水措施，对地面平整、夯实，并加设满足支撑承载力要求的垫板后，方可用以支撑立柱。斜支撑和立柱应牢固拉接，形成整体。

（4）严格控制施工荷载，尤其是楼板上集中荷载不要超过设计要求。

**（二）发生坍塌事故的应急措施**

（1）当施工现场的监控人员发现土方或建筑物有裂纹或发出异常声音时，应立即报告给应急救援领导小组组长，并立即下令停止作业，并组织施工人员快速撤离到安全地点。

（2）当土方或建筑物发生坍塌（见图 2-116）后，造成人员被埋、被压的情况下，应急救援领导小组全员上岗，除应立即逐级报告给主管部门之外，还应保护好现场，在确认不会再次发生同类事故的前提下，立即组织人员抢救受伤人员。

（3）当少部分土方坍塌时，现场抢救组专业救护人员要用铁锹进行撮土挖掘，并注意不要伤及被埋人员；当建筑物整体倒塌，造成特大事故时，由市应急救援领导小组统一领导和指挥，各有关部门协调作战，保证抢险工作有条不紊地进行（见图 2-117）。要采用吊车、挖掘机进行抢救，现场要有指挥并监护，防止机械伤害及被埋或被压人员。

（4）被抢救出来的伤员，要由现场医疗室医生或急救组急救中心救护人员进行抢救，用担架把伤员抬到救护车上，对伤势严重的人员，要立即进行吸氧和输液，到医院后组织医务人员全力救治伤员。

图 2-116 房屋坍塌

图 2-117 坍塌抢救现场

（5）当核实所有人员获救后，将受伤人员的位置进行拍照或录像，禁止无关人员进入事故现场，等待事故调查组进行调查处理。

（6）对在土方坍塌和建筑物坍塌死亡的人员，由企业及市善后处理组负责对死亡人员的家属进行安抚，伤残人员安置和财产理赔等善后处理工作。

# 第六节　火灾伤害篇

香烟是男人的零食，一支烟，对于男人来说，究竟意味着什么？是理智和欲望！

2018 年 7 月 12 日 15 时许，深圳市公安局光明分局玉塘派出所接到报警称：在公明田寮村的一仓库着火。接报后，玉塘所民警立即赶赴现场处置，组织疏散员工，封锁现场，做好现场警戒并协助消防现役官兵灭火（见图 1-118）。由于发现及时、处置迅速，明火很快就被扑灭了，现场也无人员伤亡。火灾扑灭后，民警进入火灾现场对起火原因进行调查。经过民警仔细勘察分析，发现现场监控视频中曾有一名男子在火灾发生的墙外驻足，同时还有一个朝墙内丢东西的动作。民警反复细致查看，发现男子丢弃的小东西竟然是一个烟头，而且在男子丢完烟头后一小会儿，火灾现场就有浓烟冒起。

图 2-118 火灾救援现场

在我们的日常生活当中，电动车是最常见的一种代步工具，电动车电瓶热失控爆燃事件不止一次发生，目前从技术上解决电池安全问题，还有很长的路要走。虽然本质安全不好实现，但人的行为是可以控制的。应立法解决，将电动车上楼与喝酒开车一样定性为违法行为，从而避免类似悲剧的再次发生！2021年5月10日晚上，四川省成华区一小区电梯内发生电动车起火事件，造成5人受伤，里面还包括一名婴儿。

从网传监控视频中看到：一电梯内有五人，一男子扶着一辆电瓶车，电梯关门瞬间，电瓶车起火，电梯内被火光浓烟包裹。

由于当时电梯已经启动，该女子最终将车辆拉出至6楼走廊。万幸的是走廊上的喷淋灭火装置迅速启动，物业人员也迅速赶来将火控制并报警，该起火灾并未造成人员伤亡。

类似事故频发，2019年10月20日早上7时广东省汕头市德政路附近某出租楼一楼靠墙充电的电动车突然爆炸，三声巨响后大火迅速包裹了整个车身，浓烟充斥了整个楼道，两分钟爆炸30次，扑灭后仍旧爆炸！电动车电梯内爆燃警示：电动车不上楼！

根据应急管理部消防救援局发布的2020年全国火灾及消防救援队伍接处警情况，全年共接报火灾25.2万起，未发生特别重大火灾，较大火灾稳中有降，一般火灾形势总体向好；及时出动扑救各类火灾事故，共接警出动128.4万起，是新中国成立以来任务量第二多的年份。

在一场又一场火灾面前，人类显得那么渺小和脆弱；一个又一个遇难数字背后，是多少家庭的崩塌，多少拼搏心血的付诸东流。

人生其实就像一道减法，过一天，少一天，见一面，就少一面。生命比我们想的还要短暂，我们永远都不知道，哪一天会是自己的最后一天，所以，想做的事要不留遗憾地赶紧做，因为你永远都不知道下一秒会发生什么。

## 一、何为火灾伤害

### （一）火灾

从现有资料看，人类最迟在50万～60万年前才开始用火。人类发展历史告诉我们，用火是继石器制作之后，在人类获取自由的征途上又一件划时代的大事，它开创了人类进一步征服自然的新纪元，火在人类征服自然界中发挥着巨大的作用。

然而，如果利用不好，火会将我们所拥有的一切毁于一旦。

火灾是指在时间或空间上失去控制的燃烧所造成的灾害。在各种灾害中，火灾是最经常、最普遍地威胁公众安全和社会发展的主要灾害之一。

《消防词汇 第1部分：通用术语》（GB/T 5907.1）将火灾定义为在时间和空间上失去控制的燃烧所造成的灾害。

《火灾统计管理规定》（公通字〔1996〕82号）明确了所有火灾不论损害大小，都列入火灾统计范围。以下情况也列入火灾统计范围：

● 易燃易爆化学物品燃烧爆炸引起的火灾。

● 破坏性试验中引起非实验体的燃烧。

● 机电设备因内部故障导致外部明火燃烧或者由此引起其他物件的燃烧。

● 车辆、船舶、飞机以及其他交通工具的燃烧（飞机因飞行事故而导致本身燃烧的除外），或者由此引起其他物件的燃烧。

　　人类能够对火进行利用和控制，是文明进步的一个重要标志。所以说，人类使用火的历史与同火灾作斗争的历史是相伴相生的，人们在用火的同时，不断总结火灾发生的规律，尽可能地减少火灾及其对人类造成的危害。在遇到火灾时，人们需要安全、尽快地逃生。

　　**（二）火灾类型**

　　《火灾分类》（GB/T 4968）根据可燃物的类型和燃烧特性，分为 A、B、C、D、E、F 六大类（见表 2-6）。

表 2-6　火灾分类

| 火灾分类 | 可燃物的类型 | 燃烧特性 |
|---|---|---|
| A 类火灾 | 固体物质火灾 | 这种物质通常具有有机物质性质，一般在燃烧时能产生灼热的余烬。如木材、干草、煤炭、棉、毛、麻、纸张、塑料（燃烧后有灰烬）等火灾 |
| B 类火灾 | 液体或可熔化的固体物质火灾 | 如煤油、柴油、原油、甲醇、乙醇、沥青、石蜡等火灾 |
| C 类火灾 | 气体火灾 | 如煤气、天然气、甲烷、乙烷、丙烷、氢气等火灾 |
| D 类火灾 | 金属火灾 | 如钾、钠、镁、钛、锆、锂、铝镁合金等火灾 |
| E 类火灾 | 带电火灾 | 物体带电燃烧的火灾 |
| F 类火灾 | | 烹饪器具内的烹饪物（如动植物油脂）火灾 |

　　**（三）火灾等级划分**

　　根据 2007 年 6 月 26 日公安部下发的《关于调整火灾等级标准的通知》，新的火灾等级标准由原来的特大火灾、重大火灾、一般火灾三个等级调整为特别重大火灾、重大火灾、较大火灾和一般火灾四个等级（见表 2-7）。

表 2-7　火灾等级及严重程度

| 火灾等级 | 严重程度 |
|---|---|
| 特别重大火灾 | 造成 30 人以上死亡，或者 100 人以上重伤，或者 1 亿元以上直接财产损失的火灾 |
| 重大火灾 | 造成 10 人以上 30 人以下死亡，或者 50 人以上 100 人以下重伤，或者 5 000 万元以上 1 亿元以下直接财产损失的火灾 |
| 较大火灾 | 造成 3 人以上 10 人以下死亡，或者 10 人以上 50 人以下重伤，或者 1 000 万元以上 5000 万元以下直接财产损失的火灾 |
| 一般火灾 | 造成 3 人以下死亡，或者 10 人以下重伤，或者 1 000 万元以下直接财产损失的火灾 |

　　**注：**"以上"包括本数，"以下"不包括本数。

　　**（四）火灾凶险性**

　　火灾危险性是指火灾发生的可能性与暴露于火灾或燃烧产物中而产生的预期有害程度的综合反应。

　　生产的火灾危险性根据生产中使用或产生的物质性质及其数量等因素，分为甲、乙、丙、丁、戊类。注：同一座仓库的任一防火分区内储存不同火灾危险性物品时，该仓库或防火分区的火灾危险性应按其中火灾危险性最大的类别确定。丁、戊类储存物品的可燃包装重量大于物品本身重量的 1/4 的仓库，其火灾危险性应按丙类确定。

储存物品的火灾危险性根据储存物品的性质及其数量等因素，分为甲、乙、丙、丁、戊类。以下是各类不同仓库类别的储存物品的火灾危险性特征：

（1）甲类：

●闪点小于 28 ℃的液体。

●爆炸下限小于 10% 的气体，以及受到水或空气中的水蒸汽的作用，能产生爆炸下限小于 10% 气体的固体物质。

●常温下能自行分解或在空气中氧化能导致迅速自燃或爆炸的物质。

●常温下受到水或空气中水蒸汽的作用，能产生可燃气体并引起燃烧或爆炸的物质。

●遇酸、受热、撞击、摩擦及遇有机物或硫磺等易燃的无机物，极易引起燃烧或爆炸的强氧化剂。

●受撞击、摩擦，或与氧化剂、有机物接触时能引起燃烧或爆炸的物质。

（2）乙类：

●闪点大于等于 28 ℃，但小于 60 ℃的液体。

●爆炸下限大于等于 10% 的气体。

●不属于甲类的氧化剂。

●不属于甲类的化学易燃危险固体。

●助燃气体。

●常温下与空气接触能缓慢氧化、积热不散引起自燃的物品。

（3）丙类：

●闪点大于等于 60 ℃的液体。

●可燃固体。

（4）丁类：难燃烧物品。

（5）戊类：不燃烧物品。

注：同一座仓库或仓库的任一防火分区储存不同火灾危险物品时，该仓库或防火分区的火灾危险性按其中危险性最大的类别确定。

当符合下述条件之一时，可按火灾危险性较小的部分确定：

（1）火灾危险性较大的生产部分占本层或本防火分区面积的比例小于 5%，或丁、戊类厂房内的油漆工段小于 10%，且发生火灾事故时不足以蔓延到其他部位，或火灾危险性较大的生产部分采取了有效的防火措施。

（2）丁、戊类厂房内的油漆工段，当采用封闭喷漆工艺，封闭喷漆空间内保持负压、油漆工段设置可燃气体自动报警系统或自动抑爆系统，且油漆工段占其所在防火分区面积的比例小于等于 20%。

**（五）火灾现状**

通过应急管理部消防救援局发布 2020 年全国火灾及接处警情况，具体我们能看到以下方面：全年火灾继续保持平稳向好的总体走势。

（1）从火灾基本情况看，初步统计，全国共接报火灾 25.2 万起，死亡 1 183 人，受伤 775 人，直接财产损失 40.09 亿元，与 2019 年相比，火灾四项指数分别下降 1.4%、13.6%、12.8% 和 0.5%，在火灾总量与上年接近持平的情况下，伤亡人数明显减少。

（2）从火灾等级看，全年共发生较大火灾 65 起，比上年减少 10 起、下降 13.3%，也是近 8 年来较大火灾起数最少的一年（见图 2-119）；发生重大火灾 1 起，与上年持平，连续第二年将重大火灾起数控制在单起，是新中国成立以来较少的年份之一；未发生特别重大火灾，连续 5 年未发生群死群伤恶性火灾事故。

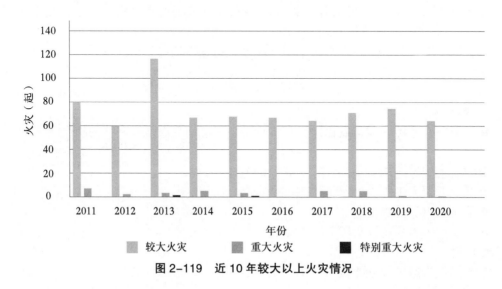

图 2-119　近 10 年较大以上火灾情况

## 二、火灾伤害典型案例解析

### 案例一　"6·17"火灾事故

无证违章，2 人死亡，多人被追责！

1. 事件概况

2013 年 6 月 17 日 17 时 30 分，由河北某建筑工程有限公司第三项目部负责施工的鹿华热网续建项目替代裕西、北城工程隔压站项目，在隧道内管道施工过程中发生一起火灾事故，致 2 人死亡，直接经济损失 151 万元。

2. 事件时间

2013 年 6 月 17 日。

3. 事件经过

2013 年 6 月 17 日下午，分包单位河北某建筑工程有限公司第三项目部管道安装班的李某等四人对穿槐安路隧道口竖管组合进行对口操作时，在使用焊割设备对管口的平整度进行修整过程中，焊割飞溅物掉落到 18 m 深的原有一级管道（位于隧道南端竖井以北 4.5 m 处 Φ1 200 mm 的钢管）上，引燃该管道上的聚氨酯保温瓦壳。17 时 30 分许，施工现场燃起黑烟，位于隧道北端口的王某梁、徐某民相继逃离洞口，返回地面，李某、张某未能及时逃生。在发现施工现场燃起黑烟后，省电建一公司安全员米某军立即拨打了 119、120 电话求救，19 时许，消防官兵将火扑灭后和施工人员进入隧道，将张某、李某二人救出，120救护车将二人送往和平医院进行救治。

4.事件后果

由于救治无效，张某、李某二人于次日上午死亡。事故发生后，河北某建筑工程有限公司第三项目部对善后事宜进行了妥善处理，在消防部门救援结束后，向某市安监局报告了事故情况。

5.事故原因分析

1）事故原因

（1）事故直接原因。

张某、李某二人在焊割作业时未采取妥善的防燃措施，导致焊割飞溅物掉落时引燃隧道内原有的三根南北向一级管网上的聚氨酯保温瓦壳，致使聚氨酯保温层燃烧，是造成此次火灾事故的直接原因。

（2）事故的间接原因。

●河北某建筑工程有限公司第三项目部对施工人员安全管理不严，致使施工人员安全意识淡薄，无视相关安全操作规程，无证违章从事焊割操作。

●河北某建筑工程有限公司第三项目部施工人员不能严格遵守相关安全管理制度及操作规程，严重违反《建设工程施工现场消防安全技术规范》有关规定及要求，未对作业现场的可燃物进行清理，且没有按规定配备灭火器材。

●河北某建筑工程有限公司第三项目部安全管理人员违反《建设工程施工现场消防安全技术规范》相关要求，在动火作业过程中未设置动火监护人进行现场监护。

●河北省某建设第一工程公司鹿华热网续建项目部未能严格执行安全技术交底制度，未认真执行施工动火作业规范，对施工现场安全防护措施管理不到位。

●河北某建设监理有限责任公司鹿华热网续建项目部对该工程施工现场安全生产工作监督检查不到位，监理人员对施工现场巡查不力。

2）事故性质

调查组认为该事故是一起因施工人员无证违章从事焊割作业，安全生产管理不到位而引发的生产安全责任事故。

6.事故责任认定及处理建议

事故发生后，某市政府副市长李某宇、秘书长孟某林、副秘书长宋某宏及市安监局、市建设局相关领导和有关人员第一时间赶到事故现场，指挥调度现场处置、救援等相关工作。依据《生产安全事故报告和调查处理条例》的规定，市政府连夜成立了由市安监局牵头，市监察局、市公安局、市建设局、市总工会等部门有关人员组成的事故调查组，聘请3名技术专家组成专家组，并邀请市检察院派员参加。事故调查组通过勘察现场、查阅有关技术资料、调查询问有关人员和专家论证，查清了事故发生的经过和原因，认定了事故性质，提出了对有关责任人员、责任单位的处理建议和事故防范整改措施，形成了调查报告。

1）对有关责任人员的处理建议

●李某，男，河北某建筑工程有限公司第三项目部管道安装班力工。擅自违规使用无安全防护的焊割设备进行管口面平整对口作业，导致焊割飞溅物掉落时引燃管道上的聚氨酯保温瓦壳，对该事故发生负有直接责任。鉴于李某已在事故中死亡，不再追究其相关责任。

●张某，男，河北某建筑工程有限公司第三项目部管道安装班力工。擅自违规使用无安全防护的焊割设备进行管口面平整对口作业，导致焊割飞溅物掉落时引燃管道上的聚氨酯保温瓦壳，对该事故发生负有直接责任。鉴于张某已在事故中死亡，不再追究其相关责任。

●杨某好，男，河北某建筑工程有限公司第三项目部管道安装班班长。未能及时发现和制止李某、张某违规使用焊割设备，对该事故发生负有主要责任。责成河北某建筑工程有限公司依照内部规定对其开除处理，并报某市安监局备案。

●王某政，男，河北某建筑工程有限公司第三项目部现场安全员。在李某、张某进入施工现场并擅自违规使用焊割设备作业时，未按规定进行安全监护，对施工现场安全防护措施缺失失察，未尽到安全生产监管职责和义务，对该事故发生负有主要责任。责成河北某建筑工程有限公司依照内部规定对其开除处理，并报某市安监局备案。

●石某勇，男，河北某建筑工程有限公司第三项目部施工队长。不能严格执行安全技术交底制度，未认真告知作业人员施工现场存在的重大安全隐患，且没有及时发现和制止，对该事故发生负有主要责任。责成河北某建筑工程有限公司依照内部规定对其开除处理，并报某市安监局备案。

●石某宝，男，河北某建筑工程有限公司第三项目部负责人。安全生产管理不到位，未能保证相关安全管理规定有效落实，安排不具备资格的人员行使现场安全员职责，对该事故的发生负有管理责任。其行为已经违反了《安全生产法》第十七条第四项的规定。建议由某市安全生产监督管理局依据《生产安全事故报告和调查处理条例》第三十八条第一项的规定，对石某宝处上一年年收入 30% 的罚款，计人民币 1.2 万元。

●王某田，男，河北某建筑工程有限公司法人，主持公司全面工作。作为该公司安全生产工作第一责任人，未认真履行安全生产管理职责，及时消除生产安全事故隐患，对该事故的发生负有领导责任。其行为已经违反了《安全生产法》第十七条第四项的规定。建议由某市安全生产监督管理局依据《生产安全事故报告和调查处理条例》第三十八条第一项的规定，对王某田处上一年年收入 30% 的罚款，计人民币 1.65 万元。

●米某军，男，河北省某建设第一工程公司鹿华热网续建项目部安全员。在李某、张某进入施工现场并擅自违规使用焊割设备作业时，未按规定进行安全监护，对施工现场动火安全防护措施缺失失察，未尽到安全生产监管职责和义务，对该事故发生负有主要责任。责成河北省某建设第一工程公司依照内部规定对其停职并调离工作岗位处理，公司内部通报批评，并报某市安监局备案。

●孙某进，男，河北省某建设第一工程公司鹿华热网续建项目部项目经理，对安全生产管理工作重视不够，导致相关安全管理制度不能有效落实，对该事故发生负有管理责任。责成河北省某建设第一工程公司依照内部规定对其通报批评，建议自受处分之日起，责令其 2 年内不得担任本行业项目负责人职务，并报某市安监局备案。

●何某恒，男，河北省某建设第一工程公司安全保卫部主任，安全意识不牢固，对该项目安全生产管理工作监督指导不够，对该事故的发生负有直接领导责任。责成河北省某建设第一工程公司依照内部规定对其作出深刻检查，公司内部通报批评，并报某市安监局备案。

●夏某科，男，河北某建设监理有限责任公司鹿华热网续建项目部现场总监代表，对该工程施工现场安全生产工作监督检查不够，对动火作业有关手续审核不严，对该工程施工现场巡查监管力度不够，对该事故的发生负有监理不到位的责任。责成河北某建设监理有限责任公司依照内部规定对其通报批评，并报某市安监局备案。

●刘某超，男，河北某建设监理有限责任公司鹿华热网续建项目部现场总监，对安全监理工作重视不够，对项目内隐蔽工程的安全生产工作管理不到位，对该事故的发生负有监管不力的责任。责成河北某建设监理有限责任公司依照内部规定对其通报批评，并报某市安监局备案。

●袁某普，男，河北某建设监理有限责任公司总经理，作为公司安全生产工作第一责任人，未认真履行安全生产管理职责及时消除生产安全事故隐患，对该事故的发生负有领导责任。其行为已经违反了《安全生产法》第十七条第四项的规定。建议由某市安全生产监督管理局依据《安全生产法》第八十一条第二款的规定，给予袁某普处人民币2万元的罚款。

2）对事故责任单位的处理建议

河北某建筑工程有限公司第三项目部作为直接责任单位，未按规定进行工程报验审批施工，对现场存在的重大安全隐患未能及时发现并制定相应的安全防护措施，工人违章作业管理不到位，对该事故的发生负有主要责任。以上事实违反了《安全生产法》第四条的规定。建议由某市安全生产监督管理局依据《生产安全事故报告和调查处理条例》第三十七条第一项的规定，对河北某建筑工程有限公司第三项目部处人民币15万元的罚款。

7. 事故防范和整改措施建议

●河北某建筑工程有限公司第三项目部要认真吸取事故教训，对施工现场开展安全生产大检查，彻底消除安全隐患，制定并严格遵循安全生产责任制度、安全生产管理制度和岗位操作规程，预防各类事故的再次发生。

●河北某建筑工程有限公司第三项目部要严格遵守工程报验审批制度，强化对施工人员的安全生产教育和管理，特别是确保特种作业人员持证上岗，严禁违规、冒险作业。

●河北某建筑工程有限公司对本公司安全管理体系进行自检，强化安全教育及安全生产制度建设，完善并严格落实隐患排查治理制度。

●河北省某建设第一工程公司鹿华热网续建项目部要严格执行安全生产有关制度规定，确保各级安全管理人员履职到位，加强施工现场隐患排查治理制度建设，同时要完善合同管理，规范合同履行手续。

●河北某建设监理有限责任公司鹿华热网续建项目部立即对项目内特种作业人员开展一次清理整顿，造册登记，严禁无证违章上岗操作；严格执行分项工程报验审批制度，进一步加强施工现场巡检力度，杜绝违规冒险作业情况发生。

●某鹿华热电股份有限公司要在所属项目内全面开展隐患排查治理专项行动，坚决制止和纠正"三违"行为。特别是针对有限空间作业加强现场监管巡查，切实做到安全生产、文明施工，杜绝类似事故的再次发生。

### 案例二　"10·29"较大施工火灾事故

某高速公路赤石特大桥焊割作业时失火，无人员伤亡，直接经济损失超 1 000 万元。

1. 事件概况

2014 年 10 月 29 日 15 时 50 分许，江苏某工程技术有限公司工人在中铁某局股份有限公司承建的某高速公路赤石特大桥 19A 标 6 号桥墩左幅塔顶上焊割作业时失火，导致大桥 9 根斜拉索断裂，断索侧桥面下沉（见图 2-120），大桥受损，直接经济损失 1 058.57 余万元。

2. 事件时间

2014 年 10 月 29 日。

3. 事件经过

1）基本情况

（1）施工单位：中铁某局股份有限公司（以下简称中铁某局）及中铁某局汝某高速公路第 19A 合同段项目部（以下简称某局项目部）。

经公开招标，中铁某局于 2010 年 2 月 25 日获某省高速公路建设开发总公司中标通知书。2010 年 3 月 26 日，某省高速公路建设开发总公司与中铁某局签订了《合同协议书》，明确汝某高速公路第 19A 合同段由中铁大桥局承建。2010 年 3 月，中铁某局以某局五公司为主组建中铁某局汝某高速公路第 19A 合同段项目部，项目部经理江某。

（2）分包单位：江苏某技术有限公司。

图 2-120　事故部位

2014年10月25日，获中铁某局某高速公路第19A合同段项目部以邀请采购的形式中标，专业分包承揽某高速公路赤石特大桥主塔涂装工程。

（3）分包单位：威某工程有限公司（以下简称"威某公司"）。

2013年8月5日，经中铁某局内部公开招标程序中标，专业分包承揽汝某高速公路赤石特大桥主塔斜拉索安装工程。

（4）监理单位：某省某建设工程监理有限公司（以下简称"监理公司"）。

经公开招标，该公司于2008年7月21日获某省高速公路建设开发总公司中标通知书。2008年10月10日，某公司与监理单位签订了监理合同协议书，某高速公路19A合同段属于该公司监理范围。

（5）建设单位：某省高速公路建设开发总公司及汝某高速公路建设开发有限公司（以下简称"某公司"）。

（6）质量安全监管部门：某省交通建设质量安全监督管理局（以下简称"某省交通质安局"）。

2）相关人员基本情况

●佘某亚，男，江苏某技术有限公司合同工，涂装施工人员，2014年8月25日被聘用，具有高处安装、维护、拆除作业操作证书，证号：T43072519700129327 X，发证机关为江苏省安全生产监督管理局，有效期至2017年1月20日。网购金属焊接（切割）特种作业操作证书，涉嫌使用伪造的国家机关证件。

●徐某金，男，江苏某技术有限公司合同工，电工，负责涂装施工现场管理，2014年8月27日被聘用，具有建筑电工操作资格证，证号：苏C012011000221，有效期至2017年4月8日。

●张某光，男，江苏某技术有限公司合同工，涂装施工人员，2014年10月4日被聘用，具有高处安装、维护、拆除作业操作证书，证号：T522629198310110017，发证机关为河南省安全生产监督管理局，有效期至2020年11月21日；未取得金属焊接（切割）特种作业操作证书。

●张某，男，江苏某技术有限公司合同工，涂装施工人员，2014年9月2日被聘用，具有高处安装、维护、拆除作业操作证书，证号：T432426197610295715，发证机关为河南省安全生产监督管理局，有效期至2020年11月21日；未取得金属焊接（切割）特种作业操作证书。

3）工程前期的相关情况

2013年10月18日，中铁某局汝某高速公路第19A合同段项目部组织施工完成了赤石特大桥6号墩塔顶浇筑施工及验收工作。2014年10月27日，安徽威某工程有限公司基本完成了6号墩斜拉索安装施工，因未完成斜拉索张拉，部分斜拉索HDPE护筒没有安装进入塔内，对暴露的钢索采用了易燃的聚乙烯彩条布包裹。2014年9月30日和10月15日，中铁大桥局项目部的涂装打磨专业分包施工方案和开工申请分别获监理有限公司批准。2014年10月25日，中铁某局汝某高速公路第19A合同段项目部与江苏某技术有限公司签订了6号墩涂装打磨专业分包合同，由江苏某技术有限公司负责对6号墩涂装打磨施工。

4）事故发生经过

2014 年 10 月 29 日 13:30 左右，江苏某技术有限公司现场管理人员徐某金在对施工安全技术要求交底不到位的情况下，带领佘某亚、张某光、张某 3 名工人到 6 号墩进行涂装施工、吊篮吊臂焊装作业。14:30 分左右，佘某亚、张某到达 6 号墩左幅塔顶，徐某金联系塔吊将电焊机等设备吊到 6 号墩塔顶，张某光协助吊设备。15:00 左右，张某光也到达 6 号墩左幅塔顶，三人开始焊装吊篮吊臂工字钢；首先在南侧中间安装吊臂工字钢，由于塔顶水泥平台有竖立的预埋钢筋（Φ40 mm 和 Φ16 mm 高 500 mm 左右），导致吊臂工字钢无法焊接就位，于是佘某亚采取在 5 号墩施工时的钢筋熔断作业方法，操作电焊钳将 3 根 Φ16 mm 的挡位钢筋熔断，焊接了第一根吊臂工字钢（宽 160 mm、长 1 600 mm）；接着，又在塔顶西南角操作电焊钳熔断 Φ16 mm 的钢筋，准备焊接第二根吊臂工字钢（宽 160 mm、长 2 300 mm）；此时（16:00 许），张某光发现塔顶有烟冒出，张某光、张某两人往西边斜拉索方向往下察看，发现 22# 索靠塔外边部位有明火；两人随即用随身携带的饮用水倒下去灭火，但没有效果；佘某亚等三人在塔顶没找到灭火设施，马上用吊绳将张某光放到 22# 索边的位置，张某光发现 21# 索也起火了，张某光想用手套去扑灭 22# 索上的火苗，由于钢绞线护套 HDPE 及套内的保护油脂燃烧，已成胶态状，无法灭掉，张某光返回到塔顶；佘某亚马上用对讲机请求下方救援并下到塔里面，看到 22#、21# 索的钢锚梁和塔壁之间的位置起火，锚头位置没有起火，火苗在往下滴，附近没有找到灭火器，佘某亚就用衣服去扑火，也无法灭掉。由于电梯不能到达塔顶，下方救援人员就用塔吊运送灭火器；约 16:10，22# 索燃烧部位断裂，缆索坠落时打倒桥下方安全通道支架，压倒 6 号桥墩配电箱，配电箱损坏造成施工现场停电，致使送灭火器的塔吊吊篮停在半空，灭火器送不到位；16:40 左右经抢修电力恢复，塔吊把 6 个灭火器送上塔顶，张某光用灭火器在塔内灭火，火势没有得到控制；至 17:10 左右，6 号桥墩左幅塔上共有 9 根斜拉索因火灾受损相继被拉断。约 17:30，抢险人员指挥塔吊将两桶水（大约 300 kg）吊上塔顶，张某在塔壁外面用安全帽浇水灭火，佘某亚在塔顶向塔内浇水灭火，火势难以控制，情急之下，佘某亚使劲将一桶水全部倒下，明火才最终被扑灭。18:00 左右，经宜章县消防大队消防队员确认火全部熄灭。

事故共造成 6 号桥墩左幅塔 9 根斜拉索被拉断（见图 2-121），断索侧桥面下沉约 2 192 mm、未断索一侧桥面下沉约 916 mm，部分桥面出现裂纹，事故中无人员伤亡。

4. 事件后果

事故直接经济损失费合计 1 058.57 万元。

5. 事故原因分析

1）事故原因

（1）直接原因。

图 2-121　事故图

大某公司负责施工现场管理的徐某金在没有到大桥局项目部施工报备的情况下，安排佘某亚、张某光、张某3人到6号墩塔顶进行吊臂焊装作业。佘某亚（无金属焊接特种作业资格证书）违章使用电焊进行钢筋熔断作业，高温熔渣掉落到塔顶下方斜拉索外包的聚乙烯彩条布上，引燃彩条布，继而引燃斜拉索钢绞线黑色HDPE护套，燃烧的护套熔融滴落引燃下方斜拉索。燃烧的斜拉索在预应力和高温的作用下断裂，造成9根斜拉索断裂，断索侧桥面下沉，大桥受损。

根据湖南湖大土木建筑工程检测有限公司的试验分析，斜拉索每根钢索的燃烧时间不会超过35分钟，火焰最高温度为718 ℃，0应力状态下钢绞线经受的最高温度为672 ℃，斜拉索的过火温度范围360 ~ 550 ℃，钢丝拉断后的截面收缩率在0.34 ~ 0.66。

施工过程中，当高温熔渣引燃外包裹的彩条布，继而引燃斜拉索钢绞线黑色HDPE护套后，由于斜拉索钢丝存在初始应力，斜拉索初始应力推断斜拉索在外层HDPE护套和白色HDPE护筒燃烧，引起钢绞线升温，钢绞线内钢丝在高温作用下被逐根拉断，并引起应力重分布，剩余钢绞线的应力水平不断提高，导致拉断临界温度不断降低，直到低于400 ℃，产生斜切脆性断口，斜拉索全部拉断。

（2）间接原因。

●江苏某技术有限公司安全生产主体责任不落实，违规组织施工。一是驻现场项目经理不在驻地，现场安全管理处于失控状态。二是施工现场安全管理不到位。现场管理人员徐某金对施工安全技术要求交底不到位的情况下，带领佘某亚、张某光、张某3名工人到6号墩进行涂装施工、吊篮吊臂焊装作业。违规指挥组织无金属焊接特种作业操作证的人员进行电焊熔断钢筋作业。三是对特种作业人员管理混乱。公司现场安全员陈某军于2011年为佘某亚网购特种作业资格证。四是消防安全管理不到位。公司没有对现场施工作业人员进行消防安全教育、培训；在没有对施工现场消防安全隐患进行排查的情况下，违规组织动火作业。五是应急救援预案管理不到位。没有组织员工进行高空应急救援演练，出现失火情况，没有第一时间上报。

●中铁某局项目部安全生产主体责任不落实。一是对分包单位管理缺位，没有履行总包单位施工现场安全生产工作统一协调、监督、管理的职责，施工项目"以包代管"，没有对江苏某技术有限公司和威某公司交叉作业进行协调，对江苏某技术有限公司的现场施工没有进行有效监督。二是施工现场安全管理不到位，对分包单位违规违章施工行为失察。现场安全员未到施工点进行安全巡查，未严格执行施工组织设计、风险评估中的安全技术措施。三是对施工人员的安全培训教育及管理工作不到位。对施工单位特种作业人员没有检查效果资质证件，对佘某亚无特种作业人员操作证在施工现场从事电焊作业的行为失察。没有按公司安全生产管理规定对涂装工程施工人员安全技术培训交底。四是隐患排查不到位。没有及时处理6号墩塔顶预埋两次钢筋的安全隐患；没有发现斜拉索外包裹存在易燃的消防安全隐患。五是应急管理和消防安全管理不到位。施工现场消防器材配置不足，消防器材放置位置标识不明，不便于及时取用。事发前没有组织开展过高空消防演练，此次施工火灾事故发生后的救援情况反映出平时消防安全管理和应急救援演练的不足。

●某省某建设工程监理有限公司安全管理责任落实不到位。一是对施工单位现场安全监理不到位，对江苏某技术有限公司违规动火和违规电焊熔断钢筋等行为监管不力。二是安全隐患排查监管不力。没有排查出大桥斜拉索外包裹材料存在消防安全隐患监管不力。三是特种作业人员持证上岗监管不力。对大某公司现场施工人员无证违规作业监管不力。四是监理人员专业能力缺乏，工序不清、措施不清，旁站难以起到监管的作用，监理处安全管理不到位。现场监理员潘某未取得监理员证书就上岗，事故当天监理员潘某并未对6号塔涂装作业吊篮吊点安装进行检查，未到作业点进行安全巡查。

●某省高速公路建设开发总公司及某省汝某高速公路建设开发有限公司对建设工程质量与安全生产管理不到位，对施工方分包工程安全隐患排查不到位。一是对中铁某局、江苏某技术有限公司和监理公司的安全生产工作督促指导不力。二是督促开展消防安全隐患排查工作不到位。工作中没有及时督促施工单位、监理公司开展隐患排查整治工作，消除大桥斜拉索外包裹消防安全隐患。三是督促特种作业人员持证上岗工作不力。对江苏某技术有限公司现场施工人员无证上岗、违规动火焊接和违规电焊熔断钢筋等行为失察。

●某省交通质安局安全监管不到位。一是对某省高速公路建设开发总公司、中铁某局、江苏某技术有限公司和监理公司的安全生产工作督促指导不力。二是对江苏某技术有限公司现场施工人员无证上岗违规作业行为失察。

2）事故性质

经调查认定，此次事故是一起较大生产安全责任事故。

6.事故责任认定及处理建议

1）移送公安机关立案追究刑事责任的人员

●佘某亚，江苏某技术有限公司赤石特大桥6号墩现场施工作业班班长、作业员，无金属焊割特种作业操作证，违规使用电焊机进行钢筋熔断作业，对事故发生负有直接责任。涉嫌重大责任事故罪，移送公安机关依法追究刑事责任。

●徐某金，江苏某技术有限公司赤石特大桥6号墩施工现场管理员，负责涂装施工现场管理，对施工作业人员安全技术交底不到位，对佘某亚无特种作业操作证使用电焊机进行钢筋熔断作业的违规行为没有制止，对事故发生负有直接责任。涉嫌重大责任事故罪，移送公安机关依法追究刑事责任。

2）检察机关已立案追究刑事责任的人员

●华某，中共党员，汝某高速公路建设开发有限公司良田工作站副站长，负责赤石特大桥现场施工管理等工作。涉嫌玩忽职守罪，宜章县人民检察院已对其采取取保候审的强制措施。

●易某，汝某高速公路建设开发有限公司监理部、安环部负责人。涉嫌玩忽职守罪，宜章县人民检察院已对其采取取保候审的强制措施。

●肖某，中共党员，汝某高速公路建设开发有限公司安全专干、总工办工作人员，协助赤石特大桥现场施工管理等工作。涉嫌玩忽职守罪，宜章县人民检察院已对其采取取保候审的强制措施。

以上人员属于中共党员或行政监察对象的，待司法机关做出处理后，由当地纪检监察机关或具有管辖权的单位及时给予相应的党纪、政纪处分。除上述人员外，对于其他涉及事故的人员是否构成犯罪，由司法机关依法独立开展调查。

3）建议给予党纪、政纪处分人员

●刘某，中铁某局股份有限公司汝某高速公路第 19A 合同段项目部经理助理、一工区经理，6 号墩施工负责人。对 6 号墩分包工程施工现场安全管理工作组织不力，安全检查不到位，对事故负有直接监管责任。建议由某省监察厅发函中国中铁股份有限公司（以下简称中铁公司）监察部门，按照中铁公司的相关规定给予其行政记大过处分。

●张某，中铁某局股份有限公司汝某高速公路第 19A 合同段项目部安环部安全员，6 号墩安全员。对 6 号墩分包工程施工现场安全交底不到位，现场监督检查不力，未发现和制止施工现场的违章作业行为，对事故发生负有直接监管责任。建议由某省监察厅发函中铁公司监察部门，按照中铁公司的相关规定给予其行政记大过处分。

●王某，中共党员，中铁某局汝某高速公路第 19A 合同段项目部副总工、6 号墩技术负责人。对赤石特大桥 6 号墩塔顶预埋两次钢筋的安全隐患整改不到位，对现场违规动火、违章操作行为和监管不力失察，对事故的发生负主要领导责任。建议由某省监察厅发函中铁公司监察部门，按照中铁公司的相关规定给予其行政记大过处分。

●李某，中共党员，2014 年 2 月至今担任中铁某局股份有限公司汝某高速公路第 19A 合同段项目部工程技术部长。对赤石特大桥 6 号墩塔顶预埋两次钢筋的安全隐患整改不到位，对现场违规动火、违章操作行为和监管不力失察，负主要领导责任。建议由某省监察厅发函中铁公司监察部门，按照中铁公司的相关规定给予其行政记大过处分。

●杨某，中共党员，中铁某股份有限公司汝某高速公路第 19A 合同段项目部生产副经理。对施工现场安全管理不到位，对分包单位违规动火、违章操作行为和监管不力失察，对事故的发生负有重要领导责任。建议由某省监察厅发函中铁公司监察部门，按照中铁公司的相关规定给予其行政记过处分。

●胡某，中铁某局股份有限公司汝某高速公路第 19A 合同段项目部安环部部长。对施工现场安全隐患排查、施工人员的安全培训教育及管理、应急管理和消防安全管理不到位，对事故的发生负有重要领导责任。建议由某省监察厅发函中铁公司监察部门，按照中铁公司的相关规定给予其行政记过处分。

●高某，中铁某局股份有限公司汝某高速公路第 19A 合同段项目部生产副经理、安全总监。履行总包单位对施工现场安全生产工作统一协调、监督、管理的职责不到位，对江苏某技术有限公司的现场施工没有进行有效监督，对事故的发生负有重要领导责任。建议由某省监察厅发函中铁公司监察部门，按照中铁公司的相关规定给予其行政警告处分。

●张某，中铁某局股份有限公司汝某高速公路第 19A 合同段项目部总工。履行总包单位对施工现场安全生产工作统一协调、监督、管理的职责不到位，对大某公司的现场施工没有进行有效监督，对赤石特大桥 6 号墩塔顶预埋两次钢筋的安全隐患整改不到位，对事故的发生负有重要领导责任。建议由某省监察厅发函中铁公司监察部门，按照中铁公司的相关规定给予其行政警告处分。

●江某，中共党员，中铁某局股份有限公司汝某高速公路第 19A 合同段项目部经理。对项目施工和分包单位安全管理工作监督检查不到位，对事故的发生负有重要领导责任。建议由某省监察厅发函中铁公司监察部门，按照中铁公司的相关规定对其诫勉谈话。

●郑某，中共党员，某省交通建设工程监理有限公司副经理，赤石特大桥 19 标监理组驻地高监，主持汝某高速公路第五监理处全面工作。对赤石特大桥 6 号墩塔顶预埋两次钢筋的审查把关不严，对施工现场的违规动火作业监管不力，负有主要领导责任。根据《中国共产党纪律处分条例》第一百三十三条的规定，建议给予其党内严重警告处分。

●谢某，省汝某高速公路建设开发有限公司总监、安全生产领导小组副组长，负责赤石特大桥安全生产工作。对赤石特大桥 6 号墩塔顶预埋两次钢筋的审查把关不严，对施工现场违规动火、违章操作行为和监管不力失察，负有主要监管责任。根据《行政机关公务员处分条例》第六条、第二十条的规定，建议给予其行政记过处分。

●蔡某，中共党员，省汝某高速公路建设开发有限公司总经理，安全生产领导小组组长，主持公司全面工作。履行赤石特大桥建设单位的安全生产职责不到位，负有重要领导责任。建议对其诫勉谈话。

●刘某，省交通质安局副主任科员，负责赤石特大桥质安监督工作。对施工现场违规动火、违章操作行为和监管不力失察，负有重要领导责任。建议对其诫勉谈话。

●欧某，省交通质安局安全监督科科长，负责赤石特大桥质量安全监督工作。对施工现场违规动火、违章操作行为和监管不力失察，负重要领导责任。建议对其诫勉谈话。

4）有关责任人（单位）的行政处罚建议

●陈某军，江苏某技术有限公司赤石特大桥项目部安全员。对 6 号墩涂装施工现场安全交底不到位，现场安全监督检查不力，未制止施工现场的违章操作行为，对事故发生负有直接监管责任。建议由江苏某技术有限公司按照企业内部制度予以处理。

●张某光，江苏某技术有限公司合同工，涂装作业施工人员。在现场参与焊装吊篮吊臂工字钢作业，未制止无证人员违规进行焊割作业。对事故发生负有责任。建议由江苏某技术有限公司按照企业内部制度予以处理。

●张某，江苏某技术有限公司合同工，涂装作业施工人员。在现场参与焊装吊篮吊臂工字钢作业，未制止无证人员违规进行焊割作业，对事故发生负有责任。建议由江苏某技术有限公司按照企业内部制度予以处理。

●周某革，中共党员，江苏某技术有限公司项目经理兼分管安全、技术负责人。对施工现场安全管理不力，对特种作业人员管理、消防安全管理和应急救援预案管理工作不到位，对事故的发生负有直接监管责任。建议由某省安监局给予其罚款的行政处罚。

●周某振，中共党员，江苏某技术有限公司安质环保部经理。督促开展现场安全管理不力，执行对特种作业人员管理、消防安全管理和应急救援预案管理等工作不到位，对事故的发生负有主要领导责任。建议由某省安监局给予其罚款的行政处罚。

●田某明，江苏某技术有限公司副总经理。公司安全生产主体责任不落实，对施工现场的安全管理、特种作业人员管理、消防安全管理和应急救援预案管理等工作不到位，对事故的发生负主要领导责任。建议由某省安监局给予其罚款的行政处罚。

●晁某，江苏某技术有限公司副总工，分管安质环保部工作。督促各部门执行对施工现场的安全管理、特种作业人员管理、消防安全管理和应急救援预案管理等工作不到位，对事故的发生负有重要领导责任。建议由某省安监局给予罚款的行政处罚。

●李某跃，中共党员，江苏某技术有限公司党支部书记、总经理。公司安全生产主体责任不落实，对赤石特大桥施工现场的安全管理、特种作业人员管理、消防安全管理和应急救援预案管理等工作不到位，对事故的发生负有重要领导责任。建议由某省安监局给予罚款的行政处罚。

●潘某，某省交通建设工程监理工程有限公司监理员（6号墩现场监理），对施工现场违规动火、违章操作等监管不力，对事故的发生负有直接监管责任。建议由某省交通建设工程监理工程有限公司按照公司内部制度对其予以处理。

●李某华，2013年3月至2015年2月担任某省交通建设工程监理工程有限公司赤石特大桥19标监理组安全专干，对施工现场违规动火、违章操作等监管不力，对事故的发生负有直接监管责任。建议由某省交通建设工程监理工程有限公司按照公司内部制度对其予以处理。

●侯某彦，2011年6月至2014年12月任某省交通建设工程监理工程有限公司赤石特大桥19标监理组驻地副高监兼组长，对施工现场违规动火、违章操作等监管不力，对事故的发生负有主要领导责任。建议由省安监局给予罚款的行政处罚。

●江苏某技术有限公司，安全生产主体责任不落实，对事故发生负有责任。依据《安全生产法》和《生产安全事故报告和调查处理条例》等有关法律法规的规定，建议由某省安监局对其处以罚款20万元的行政处罚。

●中铁某局股份有限公司，安全生产主体责任不落实，对事故发生负有责任。依据《安全生产法》和《生产安全事故报告和调查处理条例》等有关法律法规的规定，建议由某省安监局对其处以罚款20万元的行政处罚。

●某省交通建设工程监理工程有限公司，安全管理责任落实不到位，对事故发生负有责任。依据《安全生产法》和《生产安全事故报告和调查处理条例》等有关法律法规的规定，由某省安监局对其处以罚款20万元的行政处罚。

●某省高速公路建设开发总公司，对建设工程质量与安全生产管理不到位，对施工方分包工程安全隐患排查不到位，对事故发生负有责任。依据《安全生产法》和《生产安全事故报告和调查处理条例》等有关法律法规的规定，建议由某省安监局对其处以罚款20万元的行政处罚。

### 案例三　"6·11"火灾事故

海航豪庭火灾追踪：工人未使用接火桶致火星溅落引发火灾！

1. 事件概况

2017年6月11日上午8时许，海口海航某项目A05地块工地发生一起火灾事件（见图2-122），省住建厅、安监局等相关部门紧急赶赴现场协助灭火，并查明事故原因。目前该事故已经通报全省在建工地，警示杜绝再有类似事件发生。

2. 事件时间

2017年6月11日。

3. 事件经过

海航某项目A05地块位于国兴大道北侧，发生火灾的3号楼位于地块东北侧，正在进行外脚手架拆除工作。上午约7点55分发现着火后，项目现场人员立即组织救火并电话报火警，10多分钟后消防人员赶到现场喷水灭火，8时20分左右火势完全扑灭。

图 2-122　灾后事故图

4. 事件后果

由于现场及时组织灭火，没有造成人员伤亡，现场烧毁即将拆除的旧安全网 28 张，造成直接经济损失 560 万元。

5. 事故原因分析

经查明，火灾原因是该项目部施工人员在 3 号楼 13 层北侧用氧气烧割外脚手架连墙件作业，在烧割过程中，由于未使用接火桶，导致火星溅落至 8 层脚手板上，点燃脚手板上装垃圾的编织袋并引燃外脚手架的安全网（见图 2-123）。

图 2-123　俯瞰事故图

调查显示，本次事故的主要原因是施工人员现场不按要求施工，直接原因是施工现场文明施工不到位，装垃圾的编织袋等易燃物随意丢放，未及时清理，成为此次事故的着火点；间接原因是项目部对于现场施工人员安全教育和培训不到位，导致个别施工人员安全意识淡薄。

6. 事故责任认定及处理建议

调查清楚后，省住建厅立即召集海口市住建局、海航豪庭项目建设单位、施工单位、监理单位相关管理人员召开现场会，认真剖析原因，查找管理漏洞，要求项目全面停止施工作业,对施工现场安全隐患进行全面排查,对项目所有施工工人全面进行安全教育。

11日下午,省住建厅将该火灾事故向全省通报,要求各市县建设主管部门、项目参建各方要举一反三做好安全生产工作,并约谈海口市住建局主要领导、中建某局相关负责人。

另据报道,海口市美兰消防大队经火灾调查认定,主要责任人建筑工地施工人员何某未落实消防安全制度,冒险进行切割作业,存在过失引起火灾的行为。美兰消防大队根据《中华人民共和国消防法》相关规定,经美兰公安分局审批,对当事人何某处行政拘留5日的处罚。

### 案例四　"9·25"较大火灾事故

某市松山湖"9·25"较大火灾事故,电焊工无证作业被逮捕。

据广东省某市人民政府网站2021年2月24日消息,某市应急管理局公布了《某市松山湖"9·25"较大火灾事故调查报告》(见图2-124)。

图2-124　东莞市松山湖"9·25"较大火灾事故调查报告

1.事件概况

2020年9月25日15时许,位于某市松山湖高新技术产业开发区的华为团泊洼项目一在建实验室内发生火灾事故(见图2-125)。事故造成3人死亡,直接经济损失约3 945万元。事故调查组认定,这是一起施工单位特种作业人员无证上岗、违规作业、安全管理不到位而引发的较大生产安全责任事故。

图2-125　事发建筑G2栋鸟瞰图

2. 事件时间

2020 年 9 月 25 日。

3. 事件经过

2020 年 9 月 25 日 14 时 40 分许，某中山化工的施工现场负责人葛某龙在 G2 栋一楼巡查时，闻到疑似吸波材料燃烧的味道，立即组织现场施工人员寻找火源，后来发现暗室顶棚一灯箱处冒出浓烟，葛某龙等人用干粉灭火器扑救无果后，赶紧疏散现场人员离开。

15 时 5 分 5 秒，暗室顶棚有明火出现，消防控制室的火灾自动报警系统发出火灾警报信号。15 时 6 分，某物业保安张某涛进入现场，15 时 9 分，某物业消防工程师刘某晟进入现场，15 时 12 分，某物业消防监督员何某源进入现场，现场施工人员陆续离开现场。15 时 13 分，暗室内出现大片火光。15 时 14 分许，火势蔓延到暗室门外。15 时 14 分 3 秒，孔某伟、祁某明等赶紧疏散现场人员离开。10 多名保安工作人员拿灭火器等工具进入办公区，开始疏散人员，现场出现浓烟。15 时 14 分 17 秒，何某等人在暗室通道处的消火栓拿出水带进行扑救。15 时 14 分 21 秒，松山湖公安分局指挥中心拨打 119 报警电话。15 时 14 分 31 秒，彭某华等人手持灭火器和防毒面具进入北侧疏散楼梯。随后，某物业组织有关人员进行疏散和开展灭火工作。15 时 18 分，松山湖消防救援大队到达火灾现场进行处置。

4. 事件后果

事故造成 3 人死亡，过火面积约 4 100 m²，火灾烧损部分建筑结构（见图 2-126）、微波吸收材料、设备、汽车及一批物品，直接经济损失约 3 945 万元。

图 2-126　暗室屏蔽钢结构坍塌现场

5. 事故原因分析

1）事故原因

●调查组查明，电焊工李某德在不具备特种作业资格，且没有采取相关防范措施的情形下进行电焊作业，引发火灾，对事故发生负有直接责任。

●作为施工现场的消防安全责任人葛某龙，因未落实消防安全主体责任，枉顾电焊人员不具有相关操作资质而安排其上岗作业，现场安全管理履职不当。

● 松山湖华为团泊洼项目暗室吸波材料施工现场电焊作业组织人员、焊工之一（2019年12月进场施工一个月后离开）王某，其涉嫌在大连市为李某德等人伪造特种作业操作证。

此外，事故蔓延扩大的直接原因在于"约30分钟后报警，错过灭火最佳时机"。

调查报告显示，2020年9月25日14时40分许火灾发生后，园区内的企业、施工单位、物业等有关人员均没有及时向消防部门报警，而是在使用灭火器、消火栓等方式自行扑救，但效果不理想。

从最先发现冒烟到消防部门接到119报警电话，时间过了约30分钟，错过了最佳的灭火时机。消防救援人员到达现场时，火灾已进入猛烈燃烧阶段。

事故调查组认定，大连中山化工在发现火情时未第一时间报警求援，贻误时机，导致火势进一步扩大蔓延；深圳某物业确认火情耗时较长，未第一时间报警；对火灾现场判断及危害认识不足，相关人员没有做好自身防护的情况下进入现场，方法失当。经评估，现场施工单位、物业管理方应急救援处置不当。

2）事故性质认定

事故调查组经调查认定，某市松山湖"9·25"较大火灾事故是一起施工单位特种作业人员无证上岗、违规作业、安全管理不到位而引发的较大生产安全责任事故。

### 6. 事故的责任认定及处理建议

1）建议移送司法机关处理的人员（3人）

● 葛某龙，男，1987年10月12日出生，辽宁省大连市人，系大连中山化工委派到松山湖华为团泊洼项目暗室吸波材料施工现场负责人。作为施工现场的消防安全责任人，未落实消防安全主体责任，枉顾电焊人员不具有相关操作资质而安排其上岗作业，现场安全管理履职不当，葛某龙对事故发生负有直接责任，其涉嫌重大劳动安全事故罪，建议由司法机关追究其刑事责任。2020年10月1日，葛某龙因涉嫌重大劳动安全事故罪被刑事拘留；11月6日，葛某龙被批准逮捕。

● 李某德，男，1981年9月12日出生，内蒙古呼伦贝尔市人，系松山湖华为团泊洼项目暗室吸波材料施工现场电焊工之一，李某德在不具备特种作业资格且没有采取相关防范措施的情形下进行电焊作业，引发火灾，对事故发生负有直接责任，其涉嫌重大劳动安全事故罪，建议由司法机关追究其刑事责任。2020年10月1日，李某德因涉嫌重大劳动安全事故罪被刑事拘留；11月6日，李某德被批准逮捕。

● 王某，男，1977年11月25日出生，黑龙江省富裕县人，系松山湖华为团泊洼项目暗室吸波材料施工现场电焊作业组织人员、焊工之一（2019年12月进场施工一个月后离开），其涉嫌在大连市为李某德等人伪造特种作业操作证，建议以某市人民政府名义发函致大连市人民政府，由大连市人民政府协调大连市公安机关对王某进行立案调查，依法追究王某及相关人员的法律责任。

2）建议追究行政责任的单位（5家）

● 大连某化工有限公司，对事故发生负有责任，建议由应急管理部门依据《中华人民共和国安全生产法》第一百零九条之规定对该公司进行行政处罚。

●北方工程设计研究院有限公司，对事故发生负有责任，建议由应急管理部门依据《中华人民共和国安全生产法》第一百零九条之规定对该公司进行行政处罚。

●深圳市某物业服务有限公司，该公司违反了《中华人民共和国消防法》第二十一条和《机关、团体、企业、事业单位消防安全管理规定》第二十条之规定，建议由消防部门对该公司进行依法处理。

●中国电子科技集团公司第某研究所，未能履行涉事项目总承包单位的安全管理职责，对分包单位统一协调、管理不力，违反了《中华人民共和国安全生产法》的有关规定，建议致函其属地的应急管理部门进行依法处理。

●某投资控股有限公司，该公司在未组织竣工验收情况下，擅自将 G2 栋建筑投入使用，违反了《中华人民共和国建筑法》第六十一条第二款之规定，建议由住建部门依据《建设工程质量管理条例》第五十八条第（一）项规定，对其进行行政处罚。

3）对相关企业人员的处理建议（6人）

●李某，男，汉族，辽宁省大连市人，作为大连某化工有限公司的主要负责人，其未组织制定本单位安全生产规章制度和操作规程，未针对涉事项目组织制订并实施本单位安全生产教育和培训计划，未组织制订并实施本单位关于涉事项目的生产安全事故应急救援预案，督促、检查本单位的安全生产工作不力，对事故发生负有责任，建议由某市应急管理部门依据《中华人民共和国安全生产法》第九十二条之规定对该公司主要负责人李某进行行政处罚。

●姜某栋，男，汉族，河北省石家庄市裕华区人，作为北方工程设计研究院有限公司的主要负责人，未能严格督促落实本单位的安全生产管理制度，督促、检查本单位的安全生产工作不力，对事故发生负有责任，建议由某市应急管理部门依据《中华人民共和国安全生产法》第九十二条之规定对该公司主要负责人姜某栋进行行政处罚。

●田某澎，男，汉族，河北省石家庄市桥东区人，系北方工程设计院驻某市松山湖华为团泊洼基地的项目经理兼工程部主任。其对分包单位的安全监督管理工作不到位，未落实签署安全技术交底的管理制度，建议北方工程设计院撤销其华为团泊洼项目经理的职务。

●陈某，男，汉族，广东省惠州市惠城区人，系深圳某物业驻某市松山湖华为团泊洼基地的项目经理和消防安全责任人，建议深圳某物业撤销其项目经理的职务。

●杨某玺，男，汉族，山东省青岛市黄岛区人，系中电科某所驻某市松山湖华为团泊洼基地的项目协调管理员，建议中电科某所将其调离上述岗位，并依照单位规章制度对其进行内部处理。

●万某，男，汉族，广东省深圳市南山区人，系某投资控股有限公司松山湖团泊洼基地项目总监。竣工验收就将 G2 栋交付使用负有管理责任，建议某投资控股有限公司撤销其项目总监的职务。

4）建议给予党纪政纪处分人员（3人）

●徐某东，男，1973 年 9 月出生，广东省东莞人，松山湖质安监站土建质量监督员，负责建设工程验收。徐某东履行职责不力，对其监管的在建筑项目未经验收擅自投入使用情况监督检查不到位，未及时发现并报告，负有直接监管责任，建议对其予以行政警告处分。

●宋某全，男，1975年8月出生，广东省某市人，中共党员，2019年7月开始担任松山湖质安监站站长，全面负责松山湖高新技术开发区内建设工程的安全生产和建设工程竣工验收监管工作。宋某全未正确履行职责，在全市开展安全生产大排查、大整治期间，对建筑施工领域未做到全覆盖监管，对在建筑项目未经验收擅自投入使用情况监督检查不到位，负有监管领导责任，建议对其进行诫勉谈话。

●司某峰，男，1974年1月出生，广东省某市人，松山湖城市建设局党支部副书记，2019年7月开始担任松山湖城市建设局住建科科长，负责住建科全面工作。司某峰工作部署不到位，对下辖的质安监站未能全面尽责履职问题失察，建议责令司某峰做出深刻检讨。

如纪检监察机关在后续调查中发现以上或其他人员涉嫌渎职犯罪的，则依照司法程序进行处理。

5）其他处理建议

（1）建议松山湖管委会责令某投资控股有限公司对涉事G2栋起火建筑进行严格安全监护，适时组织专家论证，制订清理、修复或拆除方案，按规定办理相关手续，确保质量和安全。

（2）建议松山湖管委会对某投资控股有限公司和华为技术有限公司主要领导进行约谈。

（3）建议责令松山湖城市建设局向松山湖管委会做出深刻检查。

（4）建议责成松山湖管委会、某市住房和城乡建设局向某市人民政府做出深刻检查，认真总结和吸取事故教训，进一步加强和改进建筑施工安全生产工作。

## 三、工地常见消防安全隐患

在各类施工场所，许多在建工程、施工工地火灾时有发生。如建筑施工场所、公路施工场所、市政施工场所、水利工程施工场所、用电场所、临时宿舍……这些地方都要小心火苗。工地是火灾发生的高发地，一定要做好安全防范！那么，引起工地消防安全隐患的原因有哪些呢？

### （一）法律法规执行力差

现行的法律法规，如《中华人民共和国建筑法》《建设工程质量管理条例》《建筑工程施工许可管理办法》《建设工程消防监督管理规定》等，均明文规定不适用于活动板房等临时建筑。2011年8月，发布实施了《建设工程施工现场消防安全技术规范》（GB 50720—2011），对工地活动板房的消防安全管理做出了明确要求，但由于对前期审批、竣工验收及监管主体均未做具体要求，谁来监管、如何监管的问题没有明确，执行力度不大，因此没有真正从源头上控制火灾隐患，甚至失控漏管。近年来，虽然各地也针对性地开展过一些工地活动板房消防安全隐患的专项整治，发现整改了一批火灾隐患，但有些先天性隐患，整改难度较大，有的甚至要求拆除重建，整治效果不明显。

### （二）建筑先天性隐患突出

一是建筑材料方面。目前，大多数工地活动板房采用的是由外层彩钢板和芯材EPS

聚苯乙烯或聚氨脂泡沫塑料组成的彩钢夹芯板。其中，芯材 EPS 聚苯乙烯或聚氨脂泡沫塑料是高分子合成材料，燃点低，易发生燃烧，着火后，释放出大量使人窒息的有毒气体，极易造成人员伤亡。而外层彩钢板导热系数大，耐火性能差，当遇高温或芯材裸露遇火时，芯材很容易被点燃，并且产生烟囱效应，迅速蔓延，火灾危害极大。此外，发生火灾时，火焰在彩钢板内部燃烧，消防员只能把水打到彩钢板上进行降温，不能直接扑救夹芯部位的火灾，扑救效果差、难度大。

二是安全疏散方面。有的多层活动板房，不管面积多大，都只设置 1 部疏散楼梯，有的楼梯疏散宽度还不足。

三是消防车道方面。有的活动板房未按规定设置消防车道，有的已设置消防车道但被堆放的建筑材料占用，消防车无法近距离到达现场。

四是防火间距方面。有的板房之间防火间距不足，一旦发生火灾，极易造成火烧连营。

五是消防设施方面。有的施工工地未按规定设置消防水源、消防设施，发生火灾后，很难在短时间内处置初期火灾，导致火灾迅速蔓延扩大。

### （三）消防安全管理混乱

从实地检查情况来看，目前大部分施工工地消防安全管理存在以下问题：

一是消防安全责任制不落实，消防安全组织机构、管理制度不健全，责任主体意识不强，不能依法履行消防安全管理职责，有的虽然制定了，却往往流于形式，责任不明确，措施未落实。

二是电气管理不规范，电线私拉乱接，安装位置、安装方式不规范，线路老化、超负荷用电等现象较为普遍。

三是火源管理难度大，卧床抽烟、乱扔烟头及小孩玩火现象时有发生，蚊香、蜡烛等使用不慎也易引发火灾，而这些因素往往是动态存在的，监管困难。

四是施工人员流动性大，交叉作业与管理混乱。建设工程的完成一般都需要经历较长的阶段。特别是到施工中后期，各工种人员常处于分散流动状态且交叉作业。由于工程量大，往往由几家公司同时承建，若在建工程不加强对施工人员的消防安全教育、统一指挥、调度生产，极易发生火灾事故。施工人员违章操作、违规施工也是引发火灾的重要因素。

### （四）消防安全意识薄弱

部分建设单位、施工单位未认真落实消防安全责任制，对员工没有进行岗前培训和消防安全教育宣传，员工消防意识较差，缺乏基本的消防常识（见图 2-127）。建设、施工单位人员消防安全意识的薄弱是当前建设工程施工现场防火工作的最大阻碍。建筑工人消防安全意识淡薄主要有以下因素：

一是素质限制。目前，建筑工人文化水平普遍较低，不了解、不掌握基本的消防知识，不会使用消火栓、灭火器等扑救初期火灾，大部分人还抱有侥幸心理，对活动板房的火灾危险性没有清楚的认识。

二是职业限制。由于长期从事体力劳动工作后往往非常劳累，睡后不易醒，一旦发生火灾，往往发现不及时，极易酿成大灾，甚至造成人员伤亡。此外，建筑工人流动性较大，尤其是外来民工，往往是工程结束后走人，消防安全教育培训效果不明显。

三是宣传乏力。施工单位往往忽视消防安全教育培训,消防安全宣传往往只是挂宣传条幅、喊口号,无专业人员开展针对性强的宣传教育;农民工培训平台教育面依旧不够广泛,且多数地区仍未将消防安全知识纳入农民工培训平台。

图 2-127 建筑施工安全常识

### (五)临时建筑物多,耐火等级低

有些建设工程施工现场的临时建筑采用芯材为聚苯乙烯的彩钢板搭建,这种建筑材料耐火等级低但价格便宜,因此受到了众多施工单位的青睐。施工的脚手架和安全防护物也常用可燃材料制成。施工现场存放和使用大量油毡、木材、油漆、塑料制品及装饰、装修材料等可燃易燃物品,堆垛现象严重。

### (六)消防通道堵塞现象严重

有些施工现场虽然设置了临时消防通道,但通道内堆满了水泥、钢筋等建筑材料,建筑可燃材料乱堆乱放、混存混放,甚至有的施工现场没有设置临时消防通道,一旦发生火灾,消防车无法进入火场附近扑救。2020年3月20日,在德州某小区建设工地北侧,一垃圾堆存放处突然起火,在消防车辆距离火灾现场300 m远的一条路两侧,却停满了车辆。消防通道被不少私家车占用,而这条路却是通往现场的唯一一条路。因堵塞消防通道,德州开出50余张"个人罚单"(见图2-128)。

图 2-128 "个人罚单"

## 四、工地火灾事故预防对策

安全是 1，其他是 0
没有 1，后面就算创造了千万个 0
那也终究是一场空

**（一）从监管上下功夫，严查消防违法行为**

相关部门应加强协调配合，开展联合检查、联合执法，对发现施工现场活动板房消防安全不达标、消防责任不落实、安全管理混乱的，要责令其限期整改；拒不整改或整改不到位的，应按照各自的职责依照相关法律法规、规定给予严肃处理；造成事故酿成严重后果的，要依法追究相关单位和人员的责任。要通过加强监督管理，尽可能做到隐患早消除、措施早制定、设施早到位，确保各项防火措施落到实处（见图 2-129）。

图 2-129 建筑施工危险部位安全警示牌

**（二）从源头上下功夫，切实消除先天性隐患**

相关主管部门应严格按照建筑施工现场消防安全管理的有关要求，采取有效措施，切实督促建设单位、施工单位和监理单位切实加强活动板房的安装和验收工作。

●要合理规划活动板房的消防安全布局，满足防火间距要求，如办公用房及宿舍等活动板房之间防火间距不应小于 6 m，当成组布置时，组内间距不小于 4 m，组与组之间不应小于 8 m。

●活动板房建筑构件的燃烧性能等级应为 A 级，当采用金属夹芯板材时，应选用岩棉等燃烧性能等级为 A 级的芯材。

●建筑层数不应超过 3 层，每层建筑面积不应大于 300 m²，当层数为 3 层或每层建筑面积大于 200 m² 时，应设置至少 2 部疏散楼梯。

●应设置消防车道、临时消防水源和消防设施，确保发生火灾后，能在有效时间内控制初期火灾。

**（三）从管理上下功夫，严格落实责任机制**

《建设工程施工现场消防安全技术规范》（GB 50720—2011）规定：施工单位负责施工现场的消防安全管理，当实行施工总承包时，由总承包单位负责，分包单位向总承包单位负责，服从总承包单位的管理，同时承担法律法规规定的消防责任和义务。施工单位应结合实际，建立消防安全管理组织机构及义务消防组织，确定消防安全责任人和消防安全管理人，落实相关人员的消防安全管理责任；制定完善消防安全管理制度和灭火应急疏散预案，认真履行岗位职责；加强用火、用电和用气管理，所有电线应明敷并穿不燃管槽，禁止私拉乱接电线、过负荷用电，以及生明火煮食、躺在床上吸烟、随处乱扔烟头等不良行为。

施工单位应当进行每日防火巡查，并确定巡查的人员、内容、部位和频次。防火巡查人员应当及时纠正违章行为，无法当场处置的，应当立即向有关部门报告。另外，消防值班人员、巡逻人员必须坚守岗位，不得擅离职守。

**（四）从宣传上下功夫，广泛提升消防意识**

针对建筑工人流动快、缺乏防火灭火常识和自救逃生能力等情况，应督促施工单位加强岗前消防安全培训；利用多媒体系统播放火灾警示教育片，以典型火灾事故的惨痛教训为实例，举案说法，让他们在血的教训中深刻体会消防安全工作的重要性，坚决克服侥幸心理和麻痹思想；定期开展消防宣传教育（见图 2-130），培养安全用火、用电的常识和意识，加强消防安全"四个能力"建设；定期组织开展灭火疏散演练（见图 2-131、图 2-132），切实提高消防安全意识和自防自救能力。

图 2-130　防火安全宣传

图 2-131　火灾演练现场　　　　　图 2-132　消防应急演练

# 第七节　窒息伤害篇

通报：有限空间历来是威胁员工生命安全的"隐形杀手"，工人检查地下管网气体中毒，致 2 死 1 中毒！

某有限空间安全事故一再发生，给我们重重敲响了警钟。

2021 年 5 月 15 日 16 时左右，四川南充市高坪区高都路管网疏通项目现场，3 名工人检查地下管网时发生气体中毒（见图 2-133），其中 2 人抢救无效死亡，1 人脱离生命危险、生命体征正常。

5 月 16 日，南充高坪区应急管理局通报（见图 2-134），目前事故调查和善后工作正在积极开展中。

**情 况 通 报**

5 月 15 日下午，我区高都路管网疏通项目现场，3 名工人在检查地下管网时发生气体中毒。

事故发生后，经相关部门全力抢救，1 人已脱离生命危险、生命体征正常，2 人抢救无效死亡。目前，事故调查和善后工作正在积极开展中。

南充市高坪区应急管理局

2021 年 5 月 16 日

图 2-133　事故现场　　　　　　图 2-134　事故通报

相似案例一：5月1日，广东省某市一公司发生有限空间窒息事故，在水箱内作业的外委单位4名作业人员死亡。5月4日，广东省应急管理厅官方微信"广东应急管理"发布该起事故的通报。

事故原因：4名作业人员在进入水箱作业前未落实有限空间作业安全管理"先通风、后检测、再作业"等要求，冒险进入氧含量不足（救援时检测氧含量为7.5%）水箱内作业而窒息死亡。

相似案例二：2020年10月30日17时许，陕西省榆林神木市陕西某化工有限公司在试生产调试期间，煤焦油预处理装置污水处理罐发生氮气窒息事故，造成3人死亡、1人受伤。

事故原因：初步分析原因为，1名当班员工在未对罐内气体检测分析、未办理进入受限空间作业许可、未采取个人防护措施的情况下，违章从人孔进入罐内查看时窒息，另外2人戴长管呼吸器、1人戴空气呼吸器进入罐内施救时发生意外，造成伤亡扩大。

近年来，有限空间作业中毒窒息等较大生产安全事故多发频发，安全形势复杂严峻，给人民群众的生命财产安全造成重大损失。在进行有限空间作业时，应该如何做才能保障安全呢？

## 一、有限空间及相关作业安全

### （一）有限空间及相关作业安全

（1）什么是有限空间？

（2）进入有限空间应该注意什么？

（3）有限空间作业应有哪些准备？

（4）发现有限空间内有受困人员我们应该怎样做？

### （二）有限空间作业特点

有限空间作业涉及的领域广、作业环境复杂，危险有害因素多，容易发生安全事故，造成严重后果；作业人员遇险时施救难度大，盲目施救或救援方法不当，又容易造成伤亡扩大。

### （三）有限空间危险因素

有些有限空间可能产生或存在硫化氢、一氧化碳、甲烷（沼气、瓦斯）和其他有毒有害、易燃易爆气体并存在缺氧危险，在其中进行作业如果防范措施不到位，就有可能发生中毒、窒息、火灾、爆炸等事故，另外大部分有限空间作业面狭窄、作业环境复杂，还容易发生触电、机械损伤、淹溺和坍塌掩埋等事故。

### （四）有限空间作业范围

有限空间作业涉及的行业领域非常广泛，如媒矿、非煤矿山、化工、炼油、冶金、建筑、电力、造纸、造船、建材、食品加工、餐饮、市政工程、城市燃气、污水处理、特种设备等。受限空间作业发生的事故也非常多，包括煤矿发生的瓦斯爆炸、瓦斯窒息、采空区窒息事故，矿山井下炮烟中毒事故都属于受限空间作业安全事故。

### （五）有限空间作业重要法规

法规：实施有限空间作业前，生产经营单位应严格执行"先检测、后作业"的原则，根据作业现场和周边环境情况，检测有限空间可能存在的危害因素。

**法规**：检测指示包括氧浓度值、易燃易爆物质（可燃性气体、爆炸性粉尘）浓度值、有毒气体深度值。

**法规**：未经检测，严禁作业人员进入有限空间。

在作业环境条件可能发生变化时，生产经营单位应对作业场所中危害因素进行持续或定时检测。

作业者工作面发生变化时，视为进入新的有限空间，应重新检测后再进入。

**法规**：生产经营单位实施有限空间是作业前和作业过程中，可采取强制性持续通风措施降低危险，保持空气流通。特别强调：严禁用纯氧进行通风换气。

**法规**：有限空间作业现场应明确作业负责人、监护人员和作业人员，不得在没有监护人的情况下作业。

作业负责人职责：应了解整个作业过程中存在的危险危害因素；确认作业环境、作业程序、防护设施，作业人员符合要求后，授权批准作业；及时掌握作业过程中可能发生的条件变化，当有限空间作业条件不符合安全要求时，终止作业。

**法规**：生产经营单位在有限空间实施临时作业时，应严格遵照本规范要求。如缺乏必备的检测、防护条件，不得自行组织施工作业，应与有关部门联系求助配合或采用委托形式进行。

应在委托合同上明确告知有限空间作业的危害，尤其是宾馆饭店等服务机构多发生临时作业，一定要委托具有有限空间作业能力的专业队伍，随便找人进入有限空间作业，害人害己。

**法规**：有限空间发生事故时，监护者应及时报警，救援人员应做好自防护，配备必要的呼吸器具、救援器材，严禁盲目施救，导致事故扩大。

**（六）作业环境情况复杂**

有限空间狭小，通风不畅，不利于气体扩散。

（1）生产、储存、使用危险化学品或因生化反应（蛋白质腐败）、呼吸作用等，产生有毒有害气体，容易积聚，一段时间后，会形成较高深度的有素有害气体。

（2）有些有毒有害气体是无味的，易使作业人员放松警惕，引发中毒、窒息事故。

（3）有些有毒气体浓度高时对神经有麻痹作用（例如硫化氢），反而不能被嗅到。

（4）有限空间照明、通信不畅，给正常作业和应急救援带来困难。

（5）一些有限作业空间周围暗流的渗透或突然涌入、建筑物的坍塌或其他流动性固体（如泥沙等）的流动性，作业使用电器漏电，作业使用的机械，都会给有限空间作业人员带来潜在的危险。

## 二、有限空间第一有害物

硫化氢（$H_2S$）是无色气体，有特殊的臭味（臭鸡蛋味），易溶于水；比重比空气大，易聚集在通风不良的城市污水管道、窨井、化粪池、纸浆池以及其他各类发酵池和蔬菜腌制池等低洼处（含氮化合物例如蛋白质腐败分解产生）。硫化氢属窒息性气体，是一种强烈的神经毒物，硫化氢浓度在 0.4 ng/m³ 时，人能明显嗅到硫化氢的臭味；在

$70\sim150$ mg/m³ 时，吸入数分钟即发生嗅觉疲劳而闻不到臭味，浓度越高嗅觉疲劳越快，越容易使人丧失警惕；超过 760 mg/m³ 时，短时间内即可发生水肿、支气管炎、肺炎，可能造成生命危险；超过 1 000 mg/m³ 时，可致人发生电击样死亡。

### 三、安全重在管理，事故重在预防

#### （一）事故原因分析

（1）未按照规定制定有限空间作业方案或者方案未经审批擅自作业。

（2）未在有限空间作业场所设置明显的安全警示标志。

（3）未向作业人员提供符合国家标准或者行业标准的安全帽、全身式安全带、安全绳、呼吸防护等劳动防护用品。

（4）未对承包单位的有限空间作业统一协调、管理。

#### （二）预防措施

有限空间作业安全预防措施见图 2-135~ 图 2-139。

# 有限空间作业安全告知牌

**禁止入内**

## 作业场所深度要求

- ● 硫化氢
  作业场所最高容许浓度：10mg/m³
- ● 氧含量
  空气中氧含量：不低于 19.5%
- ● 甲烷
  爆炸下限 5%
- ● 一氧化碳
  爆炸下限 12.5%
  作业场所最高容许浓度：20mg/m³

## 安全操作注意事项

一、严格执行作业审批制度，经作业负责人批准后方可作业。
二、坚持先检测后作业的原则，在作业开始前，对危险有害因素浓度进行检测。
三、必须采取充分的通风换气措施，确保整个作业期间处于安全受控状态。
四、作业人员必须配备并使用安全带（绳），隔离式呼吸保护器具等防护用品。
五、必须安排监护人员。监护人员应密切监视作业状况，不得离岗。
六、发现异常情况，应及时报警，严禁盲目施救。

**报警电话：110　　火警电话：119　　急救电话：120**

图 2-135　有限空间作业安全告知牌

## 有限空间安全作业

一、严格执行作业审批制度，经作业负责人批准后方可作业。

二、坚持先检测后作业原则，在作业开始前，对危险有害因素浓度进行检测，作业过程中首选连续检测方式，若采用间断检测方式，时间不应超过2小时。

三、作业期间必须采取充分的通风换气措施，如果无法保证连续通风，作业人员必须使用隔离式呼吸保护器具方可作业。

四、作业期间必须安排监护人员，监护人员应密切监视作业状况，不得离岗。

五、发现异常情况，按应急方案进行处置。

图 2-136　配戴防毒面具

图 2-137　有限空间安全作业制度

图 2-138　受限空间作业安全

图 2-139　密闭空间安全设备

# 第三章　突发危机事件处置

如今人类社会发展越来越快，人们不曾预料或不能准确预料的事件又在不停地发生，而且这类事件的发生越来越频繁。2020年初的新型冠状病毒肺炎给全球各国的政治、经济、卫生等带来巨大的影响。截至2021年2月19日15时31分，全球新冠肺炎累计确诊110 840 739人，累计死亡2 452 708人。新冠肺炎像一面镜子，真实地反映出各国应急制度及应对危机事件能力的高低。

随着社会的发展，各种危机事件不断出现在社会上，工程施工项目具有一次性、长期性、阶段性的特点，一定程度上在工程项目整个生命周期中给工程项目带来了不确定性。同时，由于施工项目组织落后的管理和人员素质偏低的现状与市场的高需求之间存在较大的落差，激烈的市场竞争增加了施工中的不确定因素。由于工程施工项目是由多方利益主体共同完成的，这种过分细化的分工形成了成倍增长的组织内部界面和越来越复杂的组织外部关系，使得工程施工项目在整个实施过程中充满了各种各样的利益冲突和问题；工程项目投资周期长、施工复杂多变、生产流动性大、综合协调性强、从业人员素质普遍过低等特征，再加上工程施工项目是在受国家宏观经济调控和地区发展规划等大环境的影响下进行的，所以不可避免地会面临各种风险和危机。如果处理不当，会给国家、地区、企业带来重大损失。

提高企业危机管理能力是目前中国社会面临的重大问题，也是对企业的严峻挑战，加强企业危机管理对社会的和谐稳定与国家的政治经济发展起到非常重要的作用。企业的安全不仅关系到企业员工的健康，也关系到社会的和谐稳定。有的企业不重视安全管理，尤其是工程行业当中，若企业、员工没有遵守法律规定、操作标准，很容易存在严重的安全隐患。这些年来，大量工程安全事故的出现，造成了巨大的人员死亡和财产的损失。伴随着当前市场经济的不断发展，危机管理已经得到了充分的运用。就管理学角度讲，危机管理也就是企业为了降低危机给自身造成的不利影响而做出的相关举措。对于安全生产事件，如果企业不及时进行处理，那么危机就会蔓延和扩散，从而给企业的形象带来负面的影响。最近几年里，工程建设行业频频发生事故，而如何对危机进行处理，已经牵扯到一个企业、一个行业的形象能否得到维护的问题。

管理学家苏伟伦认为：危机管理是指组织或个人通过危机监测、危机预控、危机决策和危机处理，达到避免或减少危机产生的危害，甚至将危机转化为机会的目的。危机与机会具有本质上的不同，但二者还是具有一定的关联性。如美国前总统肯尼迪就认为"危机"有两层含义："危"意味着"危险"，"机"意味着"机遇"。把危机与机会联系在一起具有一定的合理性。因为，这首先体现了认识的辩证性，一分为二地看待问题，这是唯物辩证法的精髓。其次，它体现了管理思想的乐观性和"祸兮福所倚，福兮祸所伏"的道理。最后，在危机中发现机会也是减轻危机创伤的心理良药。正如美国危机管理专家诺曼·奥古斯丁所说，每一次危机既包含导致失败的根源，又孕育着成功的种子。

# 第一节　安全生产危机处理基础知识

## 一、危机的定义

危机,意思是有危险、祸害的时刻,是测试决策和问题解决能力的一刻,是人生、团体、社会发展的转折点,生死攸关、利益转移,有如分叉路。三国魏吕安《与嵇茂齐书》:"常恐风波潜骇,危机密发。"《文选·陆机》:众心日陊,危机将发,而方偃仰瞪眄,谓足以夸世。吕延济注:"偃仰,骄傲貌。"达尔文说:"适者生存,不适者灭亡。"用危机处理的角度思考,"适者"是指能够面对危机,解决危机,最后能够继续生存下来的主体,"不适者"正是那些无法适应危机挑战而被淘汰的主体。对于危机的概念,很多学者从不同的角度来阐述他们对危机的理解。

赫尔曼(1972)将危机定义为某种形势,在这种形势中,其决策主体的根本目标受到威胁,且做出决策的反应时间有限,其发生也出乎决策主体的意料之外。

罗森塔尔(1989)认为,危机是指对一个社会系统的基本价值和行为准则架构产生严重威胁,并且在时间压力和不确定性极高的情况下必须对其做出关键决策的事件。

巴顿(1993)认为,危机是"一个会引起潜在负面影响的具有不确定性的大事件,这种事件及其后果可能对组织及其员工、产品、服务、资产和声誉造成巨大的损害"。

张拥军认为,危机是各种紧急的、意外发生的,对人员、组织和其他资源有重大损害或潜在重大损害的突发事件。

何小波认为,危机是一个具有不确定性的"状态"发展成的具有负面影响的、需要快速决策的事件,其后果可能对组织及其成员利益造成巨大的损害。

于丹认为,"危机"两个字,一个意味着危险,另外一个意味着机会,不要放弃任何一次努力。

由此可以看出,危机虽不等于损失或灾难,但它可能对组织构成威胁,妨碍组织基本目标的实现,并且危机是一种突发性的事件,往往出乎组织的预料,突如其来,如果对它不采取措施或采取的措施不当,其可能导致非常严重的、灾难性的结果。危机里不光包含着危险,也包含着机遇,可以说是危险与机遇并存。

## 二、危机的类型

因为危机爆发的诱因是复杂多变的,这就使得危机的外在表现形式有所不同,所以为了实施有效的危机管理,就必须对危机的类型进行研究。不同的学者依据不同的标准对危机进行了分类,危机类型划分如下。

### (一)按照危机影响的时空范围划分

按照危机影响的时空范围划分,有国际危机、国内危机、区域危机和组织危机。

国际危机的影响范围非常广泛,主要是在经济、政治和文化等方面国家与国家之间的冲突而引发的危机,危机的解决需要通过国家之间对话、共同协商。

国内危机的影响大多是对社会系统的破坏或国家内部不同派别的冲突引发的动乱,

需要政府和公众共同努力来处理解决。

区域危机的影响仅限于发生危机的区域，危机的发生通常与该地区的地域特点有着密切的关系，比如干旱灾害、冰雪灾害等。

组织危机是指企业组织内部的危机，如"埃克森公司油船漏油"事件、"比利时和法国可口可乐中毒"事件等，如果不及时采取有力的措施将危机处理掉，可能导致企业的破产。

### （二）按照诱因划分

按照诱因可分为外生型危机、内生型危机和内外双生型危机。

外生型危机是指外部环境变化带来的危机，例如禽流感的爆发就会给禽类食品公司带来严重的危机。

内生型危机是指组织内部管理不善引发的危机，例如巴林银行的破产就是因为其管理出现了黑洞。

内外双生型危机的典型例子就是三株口服液风波。

### （三）按照危机发生的领域划分

按照危机发生的领域分为政治性危机、社会性危机、经济性危机、生产性危机和自然性危机。

政治性危机是国家之间在政治问题上的冲突、变革等导致的危机，包括战争、革命或武装冲突、政变、大规模的政治变革、大规模恐怖主义活动、腐败等。

社会性危机是社会系统内部出现问题和利益冲突而引发的如社会热点问题的变迁、社会不安、社会骚乱、游行示威、小规模的恐怖主义活动等危机。

经济性危机是指宏观经济领域发生的危机，如恶性通货膨胀或通货紧缩、国际汇率的大幅变动、股票市场的大幅震荡、失业率居高不下或上升等。

生产性危机是生产中的安全事故或产品安全事故引发的危机，如工作场所安全事故、导致人身严重伤害的职业病、生产设施与生产过程安全事故等。

自然性危机是由自然灾害造成的危机，如雨量的不正常变化（包括干旱、洪水等）、地震、火山、流行性疾病等。

### （四）按照危机情景中主体的态度划分

按照危机情景中主体的态度，可将危机划分为一致性危机和冲突性危机。

一致性危机的所有相关的利益主体具有同质的要求，如全民共同抗洪救灾。

冲突性危机则是指在危机情境中各相关的利益主体具有不同的要求，如产品质量索赔等。

### （五）按照危机发展与终结的速度划分

按照危机发展与终结的速度可以把危机分为龙卷风型危机（如人质劫持）、腹泻型危机（如军事政变）、长投影型危机（如非典型肺炎的爆发）、文火型危机（旷日持久的印巴冲突）四类。

## 三、危机处理特点

危机处理是公共关系活动中日益引起重视的管理思想和生存策略，特别是在全球化加剧的今天，企业或组织一个小小的意外或者事故就会被扩大到全国，甚至更大的范围内，产生严重后果。包括两个方面的涵义：一是处理"公共关系危机"，二是用公共关系的策略和方法来处理危机。

危机处理是一个动态的、相对的概念。与此相应，对危机处理特征的考察，亦应从危机的本质出发，重点把握动态发展、相反相成的矛盾关系。

（1）必然性与偶然性。从本体论来看，危机的生成是必然性与偶然性的统一体。

危机的形成是必然的，这是自然世界和人类社会无可改变的客观规律。一方面，随着自身的发展，组织自身的构成要素和运作规则越来越复杂，而运营管理和资源配置能力则永远具有局限性；另一方面，组织赖以生存的外部环境越来越复杂，自然灾害、突发事件等都会对组织造成挑战和威胁，使危机的产生成为必然。导火索和燃点是危机爆发的重要诱因，而两者的出现是偶然的。爱立信缺乏有效的危机预警机制和迅速的危机反应能力，决定了其在经营管理中必然面临危机，但危机的爆发则是因为一场偶然的雷电大火。

（2）渐进性与突发性。从过程论来看，危机的的发展是渐进性与突发性的结合。

一般而言，危机的生命周期可分为四个阶段：潜伏期、爆发期、处理期、解决期。与危机的偶然性相关，具体的一次危机往往是突然发生的，一浮出水面，便可能瞬间形成翻江倒海之势，如北京密云区的元宵节踩踏事件、重庆开县的天然气井喷事件……突发性是危机处理的主要挑战之一，要求组织在生存链条的突然断裂中，迅速寻找弥合和修复之道。

（3）破坏性与建设性。从效果论来说，危机影响的破坏性与建设性并存。

危机的破坏性有两个方面：一是有形损害，指财产损失，正常秩序的破坏等；二是无形损害，指名誉或信用受损。如：碧邦公司处理的"人人贷"公司与人人都可贷款的常规定义混淆，从而把损坏公司名誉变为提升知名度的局面。这样做一是起到警钟作用，认识到自身系统的弊端及外部环境的复杂；二是打造"时势造英雄"的效应。危机处理得当使组织获得公众的同情、理解或支持，重塑良好形象。

（4）紧迫性与公共性。时间紧迫，必须在最短时间内做出反应和决策。

资源匮乏，必须在人才不足、财力不够、信息不畅等情况下有效整合和配置资源；涟漪效应，一石激起千层浪，必须形成一整套策略以防止危机的扩散和蔓延。危机的属性及其可能带来的影响决定了危机一旦爆发会迅即成为社会的公共话语。危机话语传播具备几个特点：①传播速度快；②影响范围广；③信息变频高，误解、谣言、诽谤皆出于此。这三个特点使危机话语处于多变的、不平衡的"传播流"中。组织对危机"传播流"的引导和控制是危机管理的核心内容之一。

## 四、危机处理意义

对于危机和危机处理，国内外的学者已经研究了二十多年，其关注焦点是企业如何预防和处理突发性事件，尽管做了很多相关方面的研究，但是危机的发生仍然持续，并没有逐步减少。特别是近年来国家对生态环保愈加重视，化工类企业竞争日益激烈，不时遭遇各种各样的危机，同时企业危机管理在企业管理中的位置日益突出，因此有必要对危机处理做进一步的研究。

工程行业作为我国经济的支柱产业，有着重要的地位，为 GDP 的增长做出了巨大的贡献。工程行业和人们有着密切的关系，当前生活中，人们的生活离不开工程建设，目前，工程建设事业发展迅速，不断改善人民生活，同时在此过程中也带来了危害。由于施工项目具有一次性、长期性、阶段性等特点，给施工项目带来一定程度的不确定性，为危机的发生埋下了隐患，导致企业在生产过程中面临着多种危机。关于工程安全事故不断被曝光，人们的生命和财产受到了极大的威胁。因此，在施工项目的实施过程中进行有效的安全危机处理，是我国工程行业面对激烈市场竞争，企业提高自身管理水平，实现可持续发展的重要环节。

当前，人们一说到工程建设安全，就会想到事故，想到死亡。现在工程建设行业必须要面对的一个问题就是如何避免危机，而当危机真正发生时，又应该如何进行管理和控制才能降低危害等。在整个工程项目系统中，危险是时刻存在的，尤其是安全风险的发生是在一定条件下不稳定要素组合引发的，具有不确定性，但可以根据事物的发展规律及以往类似事件的统计资料，经过分析识别风险，在一定的范围内对风险进行管理。风险虽然在工程项目的各个阶段存在，但随着项目的进行会越来越小。

由于人们认知能力有限和信息的滞后性，在风险管理中不可能识别所有潜在的不确定因素，并且对出现的风险所采取的措施不一定恰当，不能被清楚认识到的薄弱环节都可能导致危机的发生。相比之下，危机发生的不确定性和突发性更难以预测。根据以上分析，工程项目中不被正确管理的风险和被人们忽视的风险都可能转变为项目危机。

危机是风险的延续发展。风险和危机都是由于内部不合理因素和外部干扰因素在一定的程度上引发的。工程项目中不被有效管理的风险和被人们忽视的风险都可能转变为工程项目危机。所以，危机可以看作项目风险延续发展部分。风险管理情形的好坏对危机管理的影响很大，对整个工程项目来说，两者互相联系、互相补充。

就管理学角度讲，危机处理也就是企业为了降低危机给自身造成的不利影响而做出的相关举措。对于危机处理，可以划分为两部分，其中一个是危机还未发生之前的预计，还有一个是预防的管理及危机发生以后的相关处理的管理。对于危机事件，如果不及时处理，那么危机就会蔓延和扩散，从而会对企业、行业的形象带来负面的影响。危机处理阶梯见图 3-1。

分析别人出事的原因，避免自己出事
别人吃一堑，自己长一智
高明的方式

分析自己出事的原因，避免类似事故发生
自己吃一堑，自己长一智
痛苦的方式

分析别人不出事的原因
借鉴别人不出事的方法
不须吃一堑，亦可长一智
智慧的方式

图 3-1　危机处理阶梯

# 第二节 安全生产危机处理的基本要素

在工程施工建设当中，引发安全事故的因素很多，但不外乎人的不安全行为、物的不安全状态、环境的不安全条件等（见图3-2）。正因为这些不安全因素的存在，才导致高处坠落、坍塌、机械伤害、触电等事故的频发，才会产生危机。在项目施工安全危机处理中，安全危机控制的基本思路是正确认识安全危机处理的基本要素，然后以此为基础制定针对性的管理方案和控制措施。对危险源进行控制，体现了主动的、系统的事故预防思想。掌握安全生产危机处理基本要素对于施工项目安全管理工作，避免事故发生，实现安全管理目标起着至关重要的作用。

## 一、防止人的不安全行为与物的不安全状态在时空交叉

按照轨迹交叉理论，避免安全事故发生需要防止人的不安全行为与物的不安全状态在时空交叉。因此，在工程项目施工现场的安全危机管理过程中，如果条件允许，要尽量避免交叉作业，无法避免交叉作业时，就必须采取必要的安全防护措施，使交叉作业时一方不要成为另一方的安全隐患因素。例如，在主体上层架子工在拆脚手架时，下面的工人正在砌墙，必须做好临边的防护措施，避免上层的钢管、方木等掉落砸伤下面的施工人员。对"四口"和"五临边"要即时围护和隔离，对于电焊机、电锯、钢筋加工等机械设备必

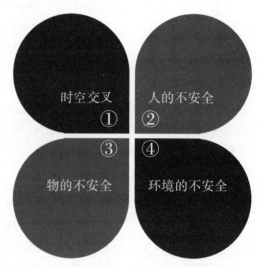

图 3-2　引起安全事故的因素

须配备必要的防护设施，并检查是否按规定接零接地，并设置单一开关，检查操作场地是否得当。总之，应全面分析施工现场的各种要素，有重点地对有安全隐患的点进行积极的屏蔽、隔离以及防护等，防止轨迹交叉。

## 二、重点控制人的不安全行为

消除人的不安全行为可以在很大程度上避免安全事故的发生。由于人的不安全行为包括人的失误和管理上的失误两层含义，人又受到思想、意识、素质、行为等因素的关联影响，同时还会延伸出一系列其他安全的主动权，因此在建筑工程项目安全危机管理中，必须高度重视人的不安全行为。人的不安全行为一方面受到人的思想、意识、动机所支配，另一方面还受到经济、政治、社会、家庭环境的影响，同时又与行为人的安全素质、技术水平、工作经验、身体条件、情绪变化等有关，有一定的偶然性和随机性，有着明显的个性特征，有时难以预测和控制。在建筑工程项目中，可以通过施工现场安全文化建设来引导人的安全行为，规范制度并且严格执行制度及加强安全监督管理来控

制人的不安全行为。同时，不仅应当注重对作业人员和管理人员的专业知识、操作技能、安全防范等知识的教育和培训，而且教育和培训还应当进行考核，考核合格的人员才能上岗。因为不进行考核，无法了解教育和培训的效果到底怎样，一些不合格的人员滥竽充数走上岗位进行作业，就会成为安全隐患，这是对其他人员安全不负责的行为，教育和培训最终将成为一种形式，无法起到应有的作用。施工现场普遍存在这样一个问题，作业人员违章作业，对其罚钱多了他们交不上来，罚少了起不到效果，甚至一些施工企业对违规作业人员根本就没有处罚措施，只是口头上警告一下。可以再加上一种办法，当某个工人违章作业达到几次或是某种程度时就把他辞退，这样不仅是对其本人的安全负责，也是对其他人员的安全负责。长期这样做下去，就会让工人明白安全的重要性，不规范自己的行为就会失去工作。同时还要加大对危险作业人员、特殊工种的安全技术交底力度。尽快提高目前安全管理人员和施工队伍的安全素质，尽量减少和避免违章作业与违规指挥行为。

### 三、控制物的不安全状态

最根本的解决办法是创造本质安全条件，使系统在人发生失误的情况下也不发生事故。在施工现场安全危机管理中，应不时地或是定期地对现场设备、设施的安全状况进行检查，对电锯、配电箱、易燃易爆物品采取隔离措施，各种电动机遇有临时停电或停工休息时，必须拉闸加锁，不再使用的施工机具应尽快收回并妥善保管，使之尽量不与人的作业发生交叉，进而避免安全事故的发生。然而，受实际的经济、技术条件等客观因素的限制，在施工过程中杜绝物的不安全状态是非常困难的，但可以尽量采取有效的措施，控制不安全因素。

### 四、控制不安全的工作环境

在施工过程中，由于工程项目大多是在露天的场地完成，工作环境会随着地域和气候的变化而变化。因此，在施工场地狭小的工地，应做到材料堆放整齐、作业面场地干净、垃圾及时清理等，以便采取有效的安全管理措施来改善作业环境，尽量避免因为工作环境而导致安全事故的发生。在遇到高温和严寒的天气时，尽量避免作业或调整作业时间。合理安排工期，避免长时间的加班和连续不间断的施工，夜间尽量不施工，避免疲劳作业，因为工人休息时间不足和过度疲劳会显著影响其人为失误频率。及时发现作业人员的心理变化并调整他们的工作心态，创造条件使之作业时处于最佳状态。

## 第三节　施工现场的重大危险源

安全管理的核心目的是什么？就是要预防各种事故的发生，保证生命不受到伤害、财产不受到损失、环境不受到污染。在生产实践中，安全管理的理论和实践在与时俱进。从传统的事后型管理到经验型管理，现在则是强调安全的事前预控管理。而实现预控管理的关键，就是在生产活动开始前，对生产要素和作业活动等进行危险源的辨识，根据辨识结果采取预防措施，制定应急预案，预防事故的发生。

## 一、危险源定义

危险源：可能导致伤害或疾病、财产损失、工作环境破坏或这些情况组合的根源或状态。它可以是存在危险的一台设备、一处设施、一套装置或一个系统，也可以是其中的一部分。

重大危险源：长期的或临时的生产、加工、搬运、使用或储存危险物质，且危险物质的数量等于或超过临界量的单元（包括场所和设施），或具有伤亡人数众多、经济损失严重、社会影响大、发生可能性特征的危险源，需要经评价后确定。

施工重大危险源：因工程施工发生可能导致死亡及伤害、财产损失、环境破坏和这些情况组合的根源或状态，发生后危害严重。其中包括不良的环境影响、物的不安全状态与能量、人的不安全行为及管理上的缺陷等。施工安全重大危险源可分为文明施工场所重大危险源、脚手架施工重大危险源、基坑支护重大危险源、模板工程重大危险源、施工用电重大危险源、起重机械重大危险源及建筑施工防火等。

重大危险源辨识是预防重大工业事故的有效手段。它将安全管理从事后、事中转变为事前管理，强调了安全生产预知性和防范事故的主动性，体现了先进的安全管理思想。危险源管理也是我们学习国外安全管理经验的成果之一。自1982年欧共体颁布了《工业活动中重大事故危险法令》以来，美国、加拿大、印度、泰国等也都发布了相应的标准，1996年澳大利亚也颁布了国家标准NOHSC：1014（1996）《重大危险源控制》。我国从20世纪80年代后期开始引进这个管理并于90年代初编制，于1993年开始实施中国的危险源管理标准《生产过程危险和有害因素分类与代码》，这个标准目前已经废止了。现行危险源管理国家标准为《重大危险源辨识》（GB 18218—2009）。我国十分重视安全生产，同样也十分重视危险源管理工作。2014年修改并实施的新《安全生产法》第三十七条就明确规定："生产经营单位对重大危险源登记建档，进行定期检测、评估、监控，制定应急预案，告知从业的相关人员在紧急情况下应当采取的应急措施。生产经营单位应当按照国家有关规定将本单位重大危险源及有关安全措施、应急措施报有关地方人民政府负责安全生产监督管理的部门和有关部门备案。"第九十八条规定，生产经营单位有下列行为之一的，责令限期改正；逾期未改正的，责令停产业整顿，可以并处二万元以上十万元以下的罚款；造成严重后果，构成犯罪的，依照刑法有关规定追究刑事责任：……对重大危险源未登记建档，或者未进行评估监控，或者未制定应急预案的……

国家安全生产监督管理总局〔2005〕125号文《关于规范重大危险源监督与管理工作的通知》，对危险源管理工作做出了具体的规定。这表明危险源管理已经上升到国家法律的层面和高度。目前危险源管理已经在我国和工业生产领域得到了普遍的推行，对安全生产起到了非常重要的作用。

危险源本身并不是事故，使危险源转化成事故的根本因素是隐患（见图3-3）。危险源是可以存在的，而隐患是不能存在的。所以，安全管理中最重要的任务是隐患发现和排除，这样才能从根本上预防事故发生。

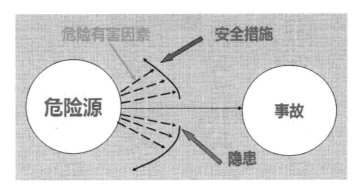

图 3-3　危险源

## 二、危险源三要素

危险源的三要素：潜在危险性、存在条件和触发因素。

危险源的潜在危险性，是指一旦触发事故，可能带来的危害程度或损失大小，或者说危险源可能释放的能量强度或危险物质量的大小。

危险源的存在条件，是指危险源所处的物理、化学状态和约束条件状态。例如，物质的压力、温度、化学稳定性，盛装压力容器的坚固性，周围环境障碍物及运行状态等情况。

危险源的触发因素，虽然不属于危险源的固有属性，但它是危险源转化为事故的外因，而且每一类型的危险源都有相应的敏感触发因素。如易燃、易爆物质，热能是其敏感的触发因素。如隧道开挖后围岩支护，或支护强度不足等。一定的危险源总是与相应的触发因素相关联的。在触发因素的作用下，危险源转化为危险状态，继而转化为事故。

## 三、危险源辨识

### （一）辨识时机

（1）新项目开工前。

（2）"四新"技术使用前。

（3）职业健康安全法律法规与其他要求发生重大变化时。

（4）实施性施工组织设计调整或公司生产副总经理有要求时。

### （二）辨识前准备

（1）项目经理组织项目土木总工、副经理、安检部、工程部、设备部、物资部、办公室、施工队长/班组长和现场有关作业人员，组成危险源调查辨识小组。

（2）对覆盖项目所有施工、作业（工序）及设备（设施）的法律法规进行识别。

（3）辨识的人员掌握辨识范围和类别的基本情况，了解法律法规对本项目安全的具体要求。

### （三）危险源识别

（1）项目开工前，由项目经理组织项目土木总工、副经理、安检部、工程部、设备部、物资部、办公室、施工队长/班组长和现场有关作业人员，依据设计资料和《重大危险源管理流程》《危险源辨识、风险评价和风险控制管理办法》，按照作业活动或工艺流程，危险源可能导致的事故/事件类别（见表3-1）、严重程度，辨识施工过程

## 表 3-1　参照事故类别分类

| 序号 | 名称 | 说　明 |
|---|---|---|
| 1 | 物体打击 | 是指失控物体的惯性力造成人身伤亡事故。如落物、滚石、锤击、碎裂、砸伤和造成的伤害，不包括机械设备、车辆、起重机械、坍塌、爆炸引发的物体打击 |
| 2 | 车辆伤害 | 是指本企业机动车辆引起的机械伤害事故。如机动车在行驶中的挤、压、撞车或倾覆等事故，在行驶中上下车、搭乘电瓶车和矿车或放飞车引起的事故，以及车辆挂钩、跑车事故 |
| 3 | 机械伤害 | 是指机械设备与工具引起的绞、碾、碰、割、戳、切等伤害。如工具或刀具飞出伤人，切削伤人，手或身体被卷入，手或其他部位被刀具碰伤，被转动的机具缠压住等。不包括车辆、起重机械引起的伤害 |
| 4 | 起重伤害 | 是指从事各种起重作业时引起的机械伤害事故。不包括触电、检修时制动失灵引起的伤害，上下驾驶室时引起的坠落 |
| 5 | 触电 | 指电流流经人身，造成生理伤害的事故，包括雷击伤亡事故 |
| 6 | 淹溺 | 包括高处坠落淹溺，不包括矿山、井下、隧道、洞室透水淹溺 |
| 7 | 灼烫 | 是指火焰烧伤、高温物体烫伤、化学灼伤（酸、碱、盐、有机物引起的体内外灼伤）、物理灼伤（光、放射性物质引起的体内外灼伤），不包括电灼伤和火灾引起的烧伤 |
| 8 | 火灾 | 指造成人员伤亡的企业火灾事故，不包括非企业原因造成的火灾 |
| 9 | 高处坠落 | 是指在高处作业中发生坠落造成的伤亡事故，包括脚手架、平台、陡壁施工等高于地面和坠落，也包括由地面坠入坑、洞、沟、升降口、漏斗等情况，不包括触电坠落事故 |
| 10 | 坍塌 | 是建筑物、构筑物、堆置物等倒塌及土石塌方引起的事故。适用于因设计或施工不合理而造成的倒塌，以及土方、岩石发生的塌陷事故。如建筑物倒塌，脚手架倒塌，挖掘沟、坑、洞时土石塌方等情况，不适用于矿山冒顶片帮和爆炸、爆破引起的坍塌 |
| 11 | 冒顶片帮 | 指隧道、洞室矿进工作面、巷道侧壁由于支护不当、压力过大造成的坍塌，称为片帮；拱部、顶板垮落为冒顶。二者常同时发生，简称冒顶片帮 |
| 12 | 透水 | 指矿山、地下隧道、洞室开采或其他坑道作业时，意外水源带来的伤亡事故 |
| 13 | 放炮 | 是指爆破作业中发生的伤亡事故 |
| 14 | 瓦斯爆炸 | 指可燃性气体瓦斯、煤尘与空气混合形成了达到燃烧极限的混合物，接触火源时，引起的化学性爆炸事故 |
| 15 | 火药爆炸 | 是指火药、炸药及其制品在生产、加在、运输、储存中发生的爆炸事故 |
| 16 | 锅炉爆炸 | 指锅炉发生的物理性爆炸事故 |
| 17 | 容器爆炸 | 容器（压力容器、汽瓶的简称）是指比较容易发生事故，且事故危害性较大的承受压力载荷的密闭装置。容器爆炸是指压力容器破裂引起的气体爆炸即物理性爆炸。包括容器内盛装的可燃性液化气在容器破裂后，立即蒸发，与周围的空气形成爆炸性气体混合物，遇到火源时形成的化学爆炸，也称容器的二次爆炸 |
| 18 | 其他爆炸 | 不属于上述爆炸的事故 |
| 19 | 中毒和窒息 | 指人体接触到有毒物质，如在误吃有毒食物或呼吸有毒气体引起的人体急性中毒事故，或在废弃的坑道、横通道、暗井、涵洞、地下管道等不通风的地方工作，因为氧气缺乏有时会发生突然晕倒，甚至死亡的事故称为窒息。不适用于病理变化导致的中毒和窒息事故，也不适用于慢性中毒辣和职业病导致的死亡 |
| 20 | 其他伤害 | 凡不属于上述伤害的事故均称为其他伤害。如扭伤、跌伤、冻伤、野兽咬伤、钉子扎伤等 |

中潜在的危险源，调查、辨识危险源，建立"危险源调查表"和"危险源台账"。采用作业条件危险评价法（LEC法），确认危险源等级，并填写"危险源（LEC法）评价表""重大／一般危险源统计表""重大危险源情况表"报公司安质部备案。

（2）危险物质重大危险源按照《重大危险源辨识》中的相关规定执行。危险物质包括爆炸性物质、易燃物质、活性化学物质和有毒物质4种。

（3）危险源识别范围包括：

●常规活动，指正常的工作、作业活动。

●非常规活动，如临时性的施工作业、特殊情况下的机械设备检修等活动。

●所有进入工作场所的人员的活动，包括顾客及相关方。

●工作场所的所有设施，包括租赁设施。

（4）危险源的辨识内容。

●工作环境：包括周围环境、工程地质、地形、自然灾害、气象条件、资源交通、抢险救灾支持条件等。

●平面布局：功能分区（生产、管理、辅助生产、生活区），高温、有害物质、噪声、辐射、易燃、易爆、危险品设施布置，建筑物、构筑物布置，风向、安全距离、卫生防护距离等。

●运输路线：施工便道，各施工作业区、作业面、作业点的贯通道路，以及与外界联系的交通路线等。

●施工工序：物资特性（毒性、腐蚀性、燃爆性）、温度、压力、速度、作业及控制条件、事故及失控状态。

●施工机具、设备：高温、低温、腐蚀、高压、振动、关键部位的备用设备、控制、操作、检修和故障、失误时的紧急异常情况；机械设备的运动部件和工件、操作条件、检修作业、误运转和误操作；电气设备的断电、触电、火灾、爆炸、误运转和误操作，静电、雷电。

●危险性较大设备和高处作业设备：如提升、起重设备等。

●特殊装置、设备：锅炉房、危险品库房等。

●有害作业部位：粉尘、毒物、噪声、振动、辐射、高温、低温等。

●各种设施：管理设施（指挥机关等）、事故应急抢救设施（医院、保健站等）、辅助生产、生活设施等。

●劳动组织生理、心理因素和人机工程学因素等。

（5）危险源辨识方法：

●调查法：辨识小组按辨识内容在现场进行调查、辨识。

●安全检查表辨识法：辨识小组按辨识内容编制安全检查表，进行辨识。

针对辨识的危险源填入"危险源调查表"。

（6）危险源的辨识应经项目的危险源辨识小组，集中讨论确定。

**（四）重大危险源的确认**

（1）采用作业条件危险评价法（LEC法），确认危险源等级，并填写"重大／一般危险源统计表""重大危险源情况表"报公司安质部备案。

（2）重大危险源一般出现在：隧道坍塌、突泥涌水、煤层瓦斯、斜竖井提升、洞内外爆破、桥基（坑）开挖、起吊作业、多人高处作业、高压电气、锅炉压力容器、油料、爆破物品储运等。

（3）重大危险源的确定要防止遗漏，不仅要分析正常施工、操作时的危险因素，更重要的是要分析支护失效，设备、装置破坏及操作失误可能产生严重后果的危险因素。

（4）危险物质重大危险源同时按照《重大危险源辨识》中的相关规定执行。危险物质包括爆炸性物质、易燃物质、活性化学物质和有毒物质4种，如爆破器材等。

（5）评价办法。重大危险源评价由有关管理人员、危险源辨识小组成员组成评价小组，在危险源确认之后，依据下述方法进行评价。

重大危险源评价：在危险源调查结束后采用作业条件危险评价法（LEC法，见图3-4、表3-2 ~ 表3-5），确认危险源等级。

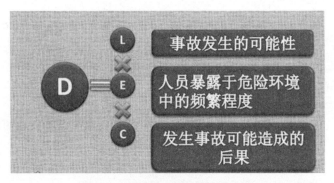

图3-4　重大危险源评价 LEC 法

表3-2　事故发生的可能性（L）

| 事故发生的可能性 | 分数值 | 事故发生的可能性 | 分数值 |
|---|---|---|---|
| 完全可以预料 | 10 | 很不可能，可以设想 | 0.5 |
| 相当可能 | 6 | 极不可能 | 0.2 |
| 可能，但不经常 | 3 | 实际不可能 | 0.1 |
| 可能性小，完全意外 | 0 | | |

表3-3　人员暴露于危险环境中的频繁程度（E）

| 人员暴露于危险环境中的频繁程度 | 分数值 | 人员暴露于危险环境中的频繁程度 | 分数值 |
|---|---|---|---|
| 连续暴露 | 10 | 每月一次暴露 | 2 |
| 每天工作时间内暴露 | 6 | 每年几次暴露 | 1 |
| 每周一次或偶然暴露 | 3 | 非常罕见的暴露 | 0.5 |

表3-4 发生事故可能造成的后果（C）

| 发生事故可能造成的后果 | 分数值 | 发生事故可能造成的后果 | 分数值 |
|---|---|---|---|
| 大灾难，许多人死亡，或造成重大财产损失 | 100 | 严重，重伤，或造成较小的财产损失 | 7 |
| 灾难，数人死亡，或造成很大财产损失 | 40 | 重大，致残，或很小的财产损失 | 3 |
| 非常严重，一人死亡，或造成一定的财产损失 | 15 | 引人注目，不利于基本的安全卫生要求 | 1 |

表3-5 危险等级划分（D）

| 危险程度 | 分数值 |
|---|---|
| 极其危险，不能继续作业 | 〉300 |
| 高度危险，需要立即整改 | 300～160 |
| 显著危险，需要整改 | 160～70 |
| 一般危险，需要注意 | 70～20 |
| 稍有危险，可以接受 | 生产过程〈20 |

注：D值大于70分，则应定为重大危险源。

## 四、重大危险源管理方案

（1）根据风险评价的结果，项目经理部选择相应的风险控制措施，但在选择时考虑以下因素：

● 如果可能，完全消除危害或消灭危害源，如用安全品取代危害品；
● 如果不可能消除，应努力减低风险，如：使用低压电器；
● 可能情况下，使工作适合于人，如考虑人的精神和体能等因素；
● 利用技术进步，改善控制措施；
● 保护每个工作人员的措施；
● 将技术管理与程序控制结合起来；
● 要求引入计划方案的维护措施，如机械安全防护装置；
● 在其他控制方案均已考虑后，作为最终手段，使用个人防护用品；
● 对应急方案的需求；
● 预防性测定指标对于监控措施是否符合计划要求十分必要；
● 考虑编制应急和疏散计划并提供与组织的危害有关的应急设备。

（2）风险控制措施包括管理措施和工程施工过程措施两类，项目经理部按以下优先顺序选择控制措施：

①消除风险，如用无毒、非可燃物代替高毒、高燃溶剂。

②降低风险：

●用低毒、低燃物代替高毒、高燃物。

●将危险源与接受者隔离，如机械防护装置等。

●控制风险，工程技术方面措施，如刨床的自动喂料装置；管理方面措施，如轮班制以减少暴露时间。

③使用个体防护装置。仅在无立即可行的其他方式下使用个体防护装置。

（3）对于一般危险源，按施工方案或交底中的控制措施／安全技术措施，通过过程进行控制。对于重大危险源，项目土木总工组织有关人员制定项目"重大危险源管理方案"。

（4）"重大危险源管理方案"的内容应包括：

●明确"重大危险源管理方案"的管理部门和负责人及"重大危险源管理方案"应达到的目标。

●明确主要技术方案和措施。

●"重大危险源管理方案"实施计划及步骤。如表3-6所示为项目通常做的一个预防脚手架坍塌及高处坠落的重大危险源管理方案。

表 3-6　重大危险源管理方案

| 方案名称 | 脚手架高处坠落及坍塌管理方案 | | |
|---|---|---|---|
| 项目总目标<br>项目总目标 | 一、杜绝责任死亡及重伤事故；<br>二、负伤率控制在1%以内；<br>三、杜绝火灾事事故；<br>四、杜绝火工品流失及意外爆炸事故；<br>五、杜绝重大及以上交通事故；<br>六、杜绝重大机械设备事故；<br>七、杜绝职工中毒事故的发生，确保职工健康；<br>八、创建集团安全文明样板工地及中国中铁标准工地；<br>九、杜绝环境污染与破坏事故。施工污水、烟尘、噪声、固体废弃物达标排放，其他环境因素控制在国家和行业标准允许的范围内 | | |
| 方案分目标 | 加强日常检查、杜绝脚手架搭设、使用及拆除过程中引起的伤亡事故 | | |
| 方案管理部门 | 工程部 | 方案负责人 | ×× |
| 方案相关部门 | 工程部、安检室 | 财务预算 | 90万元 |
| 主要技术方案及措施 | （1）工程部制订《脚手架施工专项方案》，对作业人员进行及时交底，要求作业人员必须严格按照《脚手架专项方案》进行作业。<br>（2）脚手架搭设、拆除人员必须具有脚手架特种作业资格证，否则严禁进行脚手架相关作业。<br>（3）作业过程中作业人员必须规范使用安全带、安全帽等个人防护用品。<br>（4）脚手架搭设完成后必须经过安检、工程部等部门验收后方可使用。 | | |

续表 3-6

| 方案名称 | 脚手架高处坠落及坍塌管理方案 |
| --- | --- |
| 主要技术方案及措施 | （5）脚手架搭设、使用过程中，必须同时满足安全技术交底措施，规范挂设防护网、防护栏杆、人员上下爬梯等安全防护措施。<br>（6）在结冰、大风等天气严禁进行脚手架相关作业。<br>（7）加强脚手架作业相关人员的安全培训，加强安全生产意识及提高安全技能。<br>（8）在脚手架作业区域能悬挂明显安全警示标志。<br>（9）制定《脚手架作业事故应急预案》，并组织学习演练，材料室负责相应应急物资的储备。<br>（10）项目安检室负责监督方案、技术交底、应急工作的执行及落实情况，发现违章行为及隐患及时进行制止及处理 |

| 实施计划 | |
| --- | --- |
| 项目内容 | 正在进行 |
| 相关施工方案 | 开工前完成 |
| 劳动保护发放 | 施工过程中及时实施 |
| 日常检查验收 | 施工过程中实施 |
| 安全标志 | 开工前完成并在施工过程中及时更新 |
| 安全培训 | 施工过程中定期实施 |

## 五、重大危险源监控

### （一）法律法规规定

《中华人民共和国安全生产法》第三十七条规定："生产经营单位对重大危险源应当登记建档，进行定期检测、评估、监控，并制定应急预案，告知从业人员和相关人员在紧急情况下应当采取的应急措施。生产经营单位应当按照国家有关规定将本单位重大危险源及有关安全措施、应急措施报有关地方人民政府负责安全生产监督管理的部门和有关部门备案。"《国务院关于进一步加强安全生产工作的决定》（国发〔2004〕2号）要求"搞好重大危险源的普查登记，加强国家、省（区、市）、市（地）、县（市）四级重大危险源监控工作"。

### （二）重大危险源监管职责划分

1. 公司监管职责

（1）公司对重大危险源实施动态监督管理：

●结合安全大检查、专项检查活动及其他信息，组织对现场重大危险源进行专项监督检查与评估，及时掌握有关信息，指导现场进行动态监控。

●督导项目部制定和实施针对重大危险源的监控管理措施，并在检查中验证其各项措施制定是否得当，落实责任人是否明确，措施落实是否有效。

●每季度收集、汇总各项目部重大危险源，掌握各项目对重大危险源的管控情况，同时分析系统管理是否存在问题并提出改进要求。

（2）公司工程部负责督导项目部施工场所的施工和管理过程中的重大危险源风险控制安全技术措施、专项安全方案的制订和专业监督管理。

（3）公司设备部负责督导项目部在机械、电气设备使用、维护、管理过程中的重大危险源风险控制专项安全方案的制订和专业监督管理。

（4）公司物资部负责督导项目部在施工场所材料装卸、储运、管理过程中的重大危险源风险控制专项方案的制订和专业监督管理。

（5）公司人事部负责督导项目部落实各项重大危险源监控措施的人力资源配备，督导项目部对监控管理人员及作业人员进行安全教育和技术培训。

（6）公司财务部负责督导项目部落实重大危险源的监控和应急措施等安全投入的资金管理。

2. 项目经理部监管职责

（1）项目负责施工区域内重大危险源的安全管理与监控，项目经理对本单位的重大危险源安全管理与监控工作全面负责，并履行以下工作职责：

●负责组织确定重大危险源等级及控制措施。

●负责组织制订重大危险源管理与监控的实施方案。

●负责建立有效的动态监控系统，至少每月对重大危险源的安全状况进行一次检查，随时掌握危险因素和临界条件有关参数的变化情况，发现问题立即整改。

●负责组织制定应急预案，并进行培训、告知和演练。

●负责将本单位重大危险源及有关控制措施、应急措施报相关部门备查。

●负责对监控管理人员及作业人员进行安全教育和技术培训，建立教育培训档案。

●负责保证重大危险源安全管理与监控所必需的资源投入。

（2）项目安检部协助项目经理对施工现场重大危险源实施动态监督管理：

●协助项目经理组织对重大危险源进行专项监督检查与评估，指导项目部进行重大危险源的确认，建立重大危险源管理档案。

●协助项目经理督促项目工程、设备、物资、财务及办公室等部门制订针对重大危险源的管理方案和监控措施，保证安全投入的落实和人力资源的合理配置。

●负责重大危险源的日常监控管理，随时掌握危险因素和临界条件有关参数的变化情况和各项措施的落实情况，并验证各项措施制定是否得当，落实责任人是否明确，确保措施落实有效。

●协同工程技术及设备、物资管理部门制定针对性的应急预案，告知相关单位和作业人员在紧急情况下应当采取的应急措施。

●协同项目办公室对重大危险源监管人员和作业人员进行安全教育，提高人员的安全意识和技能水平。

●汇总分析现场各重大危险源的管控情况，找出管理漏洞和薄弱环节，针对问题提出持续改进的要求。

（3）项目工程部负责施工过程中的重大危险源风险控制安全技术措施、专项安全方案的制订和专业管理，并检查督促、动态掌握分析技术措施或方案的落实，不断进行措施或方案的优化改进。

（4）项目设备部负责施工机械、电气设备使用、维护、管理过程中的重大危险源风险控制专项安全方案的制订和专业管理，并检查督促、动态掌握分析方案的落实，不断进行方案的优化改进。

（5）项目物资部负责施工材料装卸、储运、管理过程中的重大危险源风险控制专项安全方案的制订和专业管理，并检查督促、动态掌握分析方案的落实，不断进行方案的优化改进。

（6）项目办公室负责督导配备落实各项重大危险源监控措施的人力资源配备，动态掌握项目部人员的教育培训情况，适时组织对监控管理人员及作业人员进行安全教育和技术培训。

（7）作业人员应严格执行岗位操作规程，在重大危险源场所施工作业时，发现直接危及人身安全的紧急情况，有权停止作业。在作业过程中发现威胁生产安全的问题或事故隐患应及时报告，并采取相应措施。

（8）项目应对存在事故隐患的重大危险源立即进行整改，并制定针对性的预控措施，同时每项措施要明确责任部门和责任人员进行逐一落实，对措施不落实或落实不力的责任者要进行责任追究和处罚，重大危险源失控造成事故时将按照重大危险源控制措施的责任分工对相关责任人进行追究。

（9）重大危险源施工现场应设置安全警示标志、标识，悬挂重大危险源风险提示牌。重大危险源风险提示牌主要内容应包括重大危险源名称、具体位置、危险物质及储存数量、风险及控制措施、紧急情况下的应急措施等。

## 六、项目危险源更新

项目在危险源日常管理中，如出现下列情况，应对重大危险源进行重新识别：

（1）四新"技术使用前。

（2）职业健康安全法律法规与其他要求发生重大变化时。

（3）实施性施工组织设计调整或公司副总经理（分管生产）有要求时。

（4）如重大危险源控制结束后，由项目经理部安检部负责填写"重大危险源实施完毕告知书"进行销号，并报公司安质部备案，同步更新。

识别出新的重大危险源，更新"重大／一般危险源统计表"和"重大危险源情况表"，编写"重大危险源管理方案"，报安质部备案，同时根据重大危险源分级监控办法，上报"重大危险源情况及监控记录表"。

注：此处再次强调，要查看公司每季度公布的重大危险源，保持公司级监控重大危险源同公司公布的一致。

## 七．重大危险源公示

根据《建设工程安全生产管理条例》和属地建筑工程重大危险源安全监控管理等办法的规定，对施工现场重大危险源应实行公示制度，部分属地已对公示牌的尺寸、内容等进行明确要求，比如，宁夏住建厅《关于进一步加强建筑工程重大危险源安全监控管理的通知》（宁建（建）字〔2008〕23号）等文件要求，施工企业应建立重大危险源公示制度，公示施工中不同阶段、不同时段的重大危险源。建筑施工现场重大危险源公示牌应注明危险源、施工部位、防护措施和责任人等内容（见图3-5），具体设置要求如下：

（1）公示牌在施工现场主入口处显著位置悬挂。

（2）公示牌高1.5 m、宽2 m，距离地面高1.8 m，白底，黑体字。

（3）公示牌应制作牢固，能抗风、防腐，不易破损。

根据《关于发布〈中铁隧道集团一处有限公司重大危险源分级监控办法（试行）〉的通知》（安质发〔2012〕12号）规定，重大危险源施工现场应设置安全警示标志、标识，悬挂重大危险源风险提示牌。重大危险源风险

图3-5　重大危险源作业公示牌

提示牌主要内容应包括重大危险源名称、具体位置、危险物质及储存数量、风险及控制措施、紧急情况下的应急措施等（见表3-7～表3-14）。

表3-7　危险源调查表

项目名称：

| 序号 | 评价对象（作业点/部位/工序） | 危险源名称 | 状况描述 |
|---|---|---|---|
|  |  |  |  |
|  |  |  |  |
|  |  |  |  |
|  |  |  |  |
|  |  |  |  |
|  |  |  |  |
|  |  |  |  |
| 调查人：<br><br><br><br>年　月　日 | | | |

### 表 3-8 危险源（LEC 法）评价表

项目名称：

| 序号 | 评价对象（作业点／工序／部位） | 危险源及潜在风险 | LEC=D | | | | 是否重大危险源 | 备注 |
|---|---|---|---|---|---|---|---|---|
| | | | L | E | C | D | | |
| | | | | | | | | |
| | | | | | | | | |
| | | | | | | | | |
| | | | | | | | | |
| | | | | | | | | |
| | | | | | | | | |
| | | | | | | | | |

评价人：

年　月　日

### 表 3-9 重大／一般危险源统计表

项目名称：　　　　　　　　　　　　　　　　　　　　　　　　　年　月　日

| 序号 | 评价对象（作业点／工序／部位） | 危险源及潜在风险 | 危险源等级 | | 涉及部室／部门 | 建议控制措施 | 备注 |
|---|---|---|---|---|---|---|---|
| | | | 重大 | 一般 | | | |
| | | | | | | | |
| | | | | | | | |
| | | | | | | | |
| | | | | | | | |
| | | | | | | | |
| | | | | | | | |
| | | | | | | | |
| | | | | | | | |

制表：　　　　　　　　审核：　　　　　　　　审批：

表 3-10　危险源台账

项目名称：

| 序号 | 危险源类型 | 危险源等级 | | 危险源确认时间 | 备注 |
|---|---|---|---|---|---|
| | | 一般危险源 | 重大危险源 | | |
| | | | | | |
| | | | | | |
| | | | | | |
| | | | | | |
| | | | | | |
| | | | | | |
| | | | | | |
| | | | | | |
| | | | | | |
| | | | | | |

表 3-11　重大危险源清单

项目名称：　　　　　　　　　　　　　　　　　　　　　　　　　　　　　年　月　日

| 序号 | 危险源名称 | 危险源涉及时间 | 确认时间 |
|---|---|---|---|
| | | | |
| | | | |
| | | | |
| | | | |
| | | | |
| | | | |
| | | | |
| | | | |
| | | | |
| | | | |

制表：　　　　　　　　　审核：　　　　　　　　　审批：

表 3-12　重大危险源情况表

项目名称：　　　　　　　　　　　　　　　　　　　　　　　　　　　年　月　日

| 重大危险源名称 | | 控制时机 | |
|---|---|---|---|
| 重大危险源描述 | | | |
| 临界条件或诱发因素 | | | |
| 可能导致的事故类型和后果 | | | |

填表：　　　　　　　　　　　　审核：

表 3-13　重大危险源监控记录

| 重大危险源名称 | | | | |
|---|---|---|---|---|
| 作业点 / 部位 / 工序 | | | | |
| 控制时机 | | | | |
| 序号 | 防范措施落实情况 | 部室 / 部门责任人 | 是否受控 | 备注 |
| | | | | |
| | | | | |
| | | | | |
| | | | | |
| | | | | |
| | | | | |
| 监控小结：（实施效果、存在问题及改进措施） | | | | |

记录人：　　　　　　　　　　　　日期：　年　月　日

表 3-14　重大危险源情况及监控记录表

| 序号 | 工程名称 | 重大危险源名称 | 危险源描述（预评估施工里程／阶段） | 监控时间及临界条件 | 作业点／部位／工序 | 预防和控制措施 | 责任部门／责任人 | 落实情况及问题 | 检查评估结论及建议 |
|---|---|---|---|---|---|---|---|---|---|
|  |  |  |  |  |  |  |  |  |  |
|  |  |  |  |  |  |  |  |  |  |
|  |  |  |  |  |  |  |  |  |  |

记录人：　　　　　　　　　　　　单位负责人：

**注**：1. 本表由监控措施对应的责任人分别填写，由安检部门汇总，由单位负责人签字后上报。

　　项目重大危险源控制结束后，由项目经理部安检部负责填写"重大危险源实施完毕告知书"进行销号，并报公司安质部备案。"重大危险源实施完毕告知书"见图 3-6。

## 重大危险源实施完毕告知书

**公司安质部：**

　　由我项目施工的＿＿＿＿＿＿＿工程，施工过程中存在的＿＿＿

＿＿＿＿＿＿＿＿（重大危险名称），已于＿＿＿＿年＿＿月＿＿日

实施完毕。目前，□达到□未达到既定目标。

图 3-6　重大危险源实施完毕告知书

# 第四节　工程安全生产危机处理措施

党和国家历来高度重视安全生产工作，为促进安全生产、保障人民群众生命财产安全和健康进行了长期努力，做了大量工作。进入 21 世纪以后，伴随着经济、社会结构的巨变，我国安全生产形势及社会形态都出现了新特征，在人们的思想认识中，先后提出了"先生产、后生活""生产第一、质量第二、安全第三""安全为了生产""安全第一、预防为主"等发展理念。2021 年新修订的《安全生产法》中，明确提出安全生产工作应当以人为本，坚持人民至上、生命至上，把保护人民生命安全摆在首位，树牢安全发展理念，坚持安全第一、预防为主、综合治理的方针，从源头上防范化解重大安全风险。工程安全生产危机的出现既有内因关系，也有外因关系；既有可控因素，也有不可控因素。危机预防作为危机处理的重点之一，就是对工程安全生产危机的内外因素进行总结，把握可控因素，降低不可控因素，对工程生产过程中的各种危机进行识别和预测，针对性地采取各种危机防范措施，将损失降到最低。在建立危机预警体系过程中，要强化危机意识，建立危机预警组织，完善危机预警系统，完善应急响应预案，增强工程项目全员安全意识。

## 一、完善危机预警体系

### （一）树立安全危机意识

由于安全危机的发生具有较强的不确定性和突发性，并且对施工项目安全目标的实现甚至对社会产生消极的影响，这要求管理者和施工作业人员树立高度的安全危机意识。施工管理中应用危机管理意识，能够有效地避免甚至从此消除施工管理中存在的危机现象或问题，进而保证了建筑工程的顺利施工，也能有效地提高工程的安全质量。一般安全危机发生时，有时人们会感觉到非常突然，而其严重性又使人们产生恐慌、不知所措。因此，培养和增强人们的安全危机意识是十分重要和必要的。一要加强管理者责任意识和危机感，作为项目的主要负责人，是整个项目生产运营的"大脑"，"大脑"危机意识的强弱，直接支配着整个项目的安全危机处理能力。二要提高职工的安全生产意识，创新安全意识培养途径，将安全生产意识和危机意识深深地植入每个职工的心里，从而增加职工在生产操作中的责任感，降低人为安全生产事故的发生。三要结合行业特点和安全生产特点，制定符合自身安全生产要求的危机意识宣传策略，不搞"草木皆兵"和"四面楚歌"，但是也不能"大意失荆州"，这要求在制定危机意识宣传策略过程中，要突出重点，提高安全生产宣传的效率。安全管理工作在整个施工现场从始至终都是必须关注的细节，施工的安全决定了工程的工期及质量。对安全不重视，就等于漠视生命，就加大了安全事故的产生，进而对企业的经济也产生相当严重的损失。因此，危机管理机构必须与建筑单位统一理念。确保安全施工是最重要的内容，一定要确保将施工安全生产管理放在首要位置，并且对安全工作不同环节加强监督、严管。

### （二）建立安全危机预警系统

危机预警系统是指实现危机预警功能的系统，即实现预测和报警等功能的系统。安全危机预警系统是一种防错纠错系统，同时它也是一种具有统一指标量度的危险度评价方法和对策手段的操作体系。建筑施工项目施工现场安全危机预警系统主要是判断各种指标和因素是否突破安全危机警戒线，同时根据判断结果决定是否发出警报，发出何种程度的警报，以及采用什么样的方式发出警报。它是在实证考察和分析施工企业安全危机现象活动规律的基础上，探寻施工企业在常态下的识错纠错方法。可以根据安全危机警度的预报，实施相应的安全危机处理预案，及时、有效地阻止或控制安全危机事态的进一步发展、扩散和影响，达到减少或避免安全危机损失的目的。完善的企业危机管理机制包括危机防范机制、危机控制机制和危机恢复机制。在企业生产安全危机管理过程中，企业在加强危机应急救援组织建设的同时，还要加强危机预警组织的建设。通过建立专门的危机预警组织（见表 3-15），不仅包括企业的决策层、管理层和员工层，还必须将安全管理人员、生产技术人员及公关人员纳入其中，对企业安全生产危机进行定期预警，发布预警报告，提高企业应对危机的预警能力，将企业危机管理由危机处理向危机预防转变，尽可能不发生损失，而不是发生损失后尽可能降低损失。在公司危机预警组织建设过程中，应该加强与其他部门之间的合作，例如生产部门和应急救援中心，这样才能提高危机预警的效率和科学性，组织才不会流于形式。

表 3-15　危机预警组织职责分布表

| 层面分布 | 危机预警职责 |
| --- | --- |
| 企业法人 | 了解企业危机的预警信号<br>了解危机沟通的关键要素 |
| 项目经理 | 帮助组织建立危机管理体系<br>分配管理职责、组织演练 |
| 安全负责人 / 安全员 | 掌握危机管理的基本知识<br>掌握危机管理的基本程序 |
| 施工班组 | 参加危机演练 |
| 工人 | 掌握危机公关策略，利用公关手段减小损失 |

通过建立高效的安全生产危机预警系统（见图 3-7），并将其与企业的信息传递和披露系统相结合，一方面，能够快速有效地收集生产危机相关信息；另一方面，危机预警的信息又能及时快速到达相关责任人。完善危机预警系统，提高危机预警准确率，将有效的危机预警信息通过官方平台和媒体平台进行发布，可以有效地保障项目人员和社会公众的知情权，防止媒体的胡乱猜测，增强危机管理能力的同时，也提高危机沟通效率。

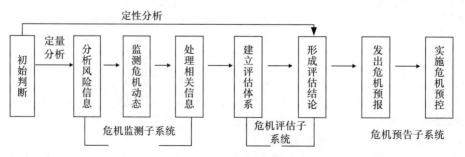

图 3-7　危险预警系统

### （三）完善应急响应预案

应急预案是为了规范企业安全生产事故应急管理，提高处置安全生产事故能力。在事故发生后，能迅速有效、有序地实施应急救援，保障员工生命和财产安全，减少损失。"预防为主"是安全生产的原则，然而无论预防措施如何周密，事故和灾害总是难以根本杜绝，为了避免或减少事故和灾害所造成的损失，必须高度重视应急预案的制定。凡事预则立，不预则废，认真做好应急预案实施的各类准备工作，才能将损失降到最低。通过建立应急预案，有利于在危机发生时，协调各方利益，充分调用可利用的救援力量，参与危机处理。在预案制定人员组成方面，要对预案制定人员进行严格的审查和选拔，优化预案制定小组的人员构成，构建一个包括管理人员、技术人员和生产人员等在内的预案制定小组，这样才能保证制定出的危机响应预案更加科学合理，更具操作性。在预案的规范性方面，在架构公司危机应急响应预案时，要以危机管理和危机控制理论为理论基础，在实践推演中不断完善，这样才能做到实践与理论的结合，完善之后的应急响应预案才能做到权责统一、分工明确。在预案实施保障机制上，要建立预案实施的人、物、财保障机制，建立应急抢险队伍，升级抢险设备，加大应急投入。

### （四）加强应急响应预案演练

加大生产安全事故应急预案演练是贯彻"安全第一，预防为主，综合治理"方针的重要举措，是安全生产应急治理工作的重要内容，是检验评判和保持应急能力的一个重要手段。通过预案演练，能够进一步强化应急人员的岗位意识与职责，提升救援人员的应急响应能力，增强公众的应急意识，改善部门、人员之间的和谐，检验完善预案，提升预案的衔接性、和谐性。

一是成立应急响应领导小组。在加强应急响应预案的演练方面，企业应专门成立应急响应领导小组，负责全公司的预案演练，做好领导应急演练的核心作用。在项目安全危机处理中，应由项目经理担任组长，主管安全生产的项目副经理或技术负责人任副组长，项目组织其他成员为组员。在开展应急预案演练过程中，要注意方案的覆盖率，尽可能把各个项目的主要负责人和员工囊括其中，使得每一个员工都能从应急预案中找到自身的角色。结合项目特点，有针对性组织重点环节、关键部位应急演练活动，"安全生产月"活动期间，要组织开展综合性或专业性演练，提升生产安全事故应急处置能力。

二是明确预案演练目标。培训和实战性预案演练的目的是提高处于安全危机情境下的当事人的技术水平和各个部门的整体应对能力，以便快捷、有序、有效对安全危机进行处理。应急预案的培训、演练应成为安全危机管理的一项重要工作。

三是确定培训及演练内容。为了保证事故发生时，应急救援组织机构的各部门能够熟练有效地开展应急救援工作，应定期进行针对不同事故类型的应急救援演练，不断提高实战能力。同时在演练实战过程中，总结经验，发现不足，并对演练方案和应急救援预案进行充实、完善。工程安全危机处理中，应急响应预案演练主要内容包括：对危险源的突显特征辨识，各种个人防护或救援设备如安全带、消防栓、干粉灭火器等的使用，各种抢救的基本技能，事故报警，紧急情况下人员的安全疏散、撤离，应急状态时每个人、每个部门的沟通和团队协作等。通过演练提升能力、锤炼队伍、检验预案，确保一旦发生事故能做到行动迅速、程序熟练、处置得力，防止事故的扩大。

## 二、加强危机公关的能力

### （一）做好与政府监管部门的沟通

2017 年美国人欧思文频繁地飞行在北京与常驻地新加坡之间的航线上，让他如此忙碌的最主要原因是正在进行的中美双边航权谈判。他是 UPS 亚太区公共事务副总裁。谈判之外，欧思文还有很多工作安排，譬如说在北京大学做主题为"公共事务在私营领域中的角色"的演讲，阐述他的雇主 UPS 在公共事务工作领域的方法和立场，他还与美中关系全国委员会杰出青年论坛中的一些中美政界和商界青年领袖进行了非正式会面。不难看出，他的行动都是围绕着他正在进行的重要工作——争取更多的航权——而进行的外围公关。时至今日，很多人谈到企业的政府公关时，仍会有很多误区，一些人认为做政府关系要走后门，但随着整个中国政府体制的不断完善、改进，整个政府工作的透明化、规范化，企业需要正视、重视与政府的沟通。一旦发生安全危机，企业在与当地政府监管部门的沟通上，应该完善项目的危机报告制度，按照企业危机管理框架体系的要求细化危机的划分等级，凡是出现人员伤亡或造成较大社会影响的事件，生产部经理或分管生产的副总经理需要在第一时间以电话方式向所在地应急救援中心和管委会主要负责人阐释，紧接着，分时、不间断上报文字材料具体详细描述危机事件，以便能及时得到政府监管、危机协调部门的协助。同时，加快企业应急响应报警机制和所在地政府应急救援机制的无缝对接，提高双方在面对企业危机时的反应速度和合作工作效率。

### （二）加强与媒体、公众的沟通

由于微博、头条、微信等自媒体的兴起，极大地提高了信息的传播速度和传播面，这给企业信息管理带来了新的挑战。与传统媒体不同，网络新媒体的嗅觉更加敏锐；为了增加关注量，媒体往往会转发一些吸引眼球的话题，并进行适当的夸张，最终导致的结果可能是报道与事实偏差越来越大。但是，普通民众对这种"有图有真相"的报道十分相信。

天有不测风云，人有旦夕祸福。在商海搏击的企业，作为市场生态链上的一环，无论你是兔子还是乌龟，都会不可避免地遇到各种各样的危机。如同在战场上没有常胜将军一样，在现代商场中也没有永远一帆风顺的企业，任何一个企业都有遭遇挫折和危机的可能性。从某种程度上来讲，企业在经营与发展过程中遇到挫折和危机是正常和难免的，危机是企业生存和发展中的一种普遍现象。那么，在工程项目发生事故伤害后，企业应该如何面对危机，如何控制舆论，如何做好媒体工作，是企业必须考虑的问题。媒体是宣传的喉舌，媒体对事件在报道过程中表现出的看法，会直接或间接地影响到受众，譬如 2019 年轰动社会的"坐在奔驰车引擎盖上痛哭维权的硕士女事件"。2019 年 4 月 11 日，一位女车主坐在奔驰汽车引擎盖上哭诉维权的视频引起广泛关注，把西安利之星奔驰 4S 店及奔驰品牌推向舆论的风口浪尖。奔驰中国官方最初应该完全没想到一个地方 4S 店遭遇维权纠纷，竟然会让整个品牌的声誉和形象在中国陷入一场空前的危机。

以至于奔驰的公告在出事多天之后，只在官方微博留下一则十分冷静的声明（见图 3-8）后，再无下文。

显然，这是一波"负分公关"，那面对公关危机应该怎么做？首先，危机公关绝不是一句简单的"对不起"。

2018 年 6 月底起，40 多天里，某园共出现了 3 次坍塌事故、1 次火灾。连年销量冠军，且声称自己是全球绿色生态智慧城市建造者的某园"摊上大事了"！安全事故造成的人员伤亡接连爆发，某园一下子成为众矢之的。负面影响之下，某园的股票跌不停。8 月 3 日上午召开媒体发布会，对于近期在建项目发生安全事故向公众道歉，但是此次公关危机并没有"浇灭"群众的愤怒，网友们并不买账：3 次坍陷 7 人死亡，轻飘飘的

# 声明

自近期获悉客户的不愉快经历以来，我司高度重视，并立即展开对此事的深入调查以尽可能详尽了解相关细节。无论怎样，我们都为客户的经历深表歉意，这背离了梅赛德斯-奔驰品牌坚持的准则。

我们已派专门工作小组前往西安，将尽快与客户预约时间以直接沟通，力求在合理的基础上达成多方满意的解决方案。

确保客户的合法权益是我们在商业经营中的第一要务，也是我们要求全体经销商伙伴坚持的经营准则。我们将继续与全体经销商伙伴一起，聆听客户反馈，不断优化客户体验。

北京梅赛德斯-奔驰销售服务有限公司
2019年4月13日

图 3-8　奔驰官方微博声明

一句话无法完事！错了就是错了。当全国网友都在为一个多月 4 起施工事故，7 条人命断送工地愤慨的时候，某园开的不是就事论事的新闻发布会，而是"走进某园"的媒体见面会。当全国人民都在关心为什么会事故频发，某园的工程质量还值不值得信赖的时候，某园却让负责精准扶贫项目的助理总裁讲了一下扶贫故事，跟公众的关切可谓牛头不对马嘴。某园的危机公关团队根本没有搞清楚这时候开发布会的意义。不在于"博得同情"，更不在于"展示成就"，你是"宇宙第一房企"大家都知道，而现在这个当口，人们只关心工地事故发生的原因和处理的方法。完全没有必要把整个体系搬出来回应这些问题，反而应该就事论事，以点对点的方式把事故跟整个体系做切割。一个发布会只能有一个主题，塞太多的东西只能模糊焦点，出更多的纰漏。整个发布会本来可以很简单：诚恳道歉—事故原因和后续处理—今后防范此类事故的办法。

所以说，某园此次危机公关是"失败"的。

（1）把握危机公关的黄金 12 小时。

当一个工程项目突发事故后，首先，应严格遵从并执行"速度第一原则"。好事不出门，坏事行千里。在危机出现的最初 12～24 小时内，消息会像病毒一样，以裂变方式高速传播。而这时候，可靠的消息往往不多，社会上充斥着谣言和猜测。公司的一举一动将是外界评判公司如何处理这次危机的主要根据。媒体、公众及政府都密切关注公司发出的第一份声明。对于公司在处理危机方面的做法和立场，舆论赞成与否往往都会立刻见于传媒报道。因此，公司必须当机立断，快速反应，果决行动，与媒体和公众进行沟通，从而迅速控制事态，否则会扩大突发危机的范围，甚至可能失去对全局的控制。危机发生后，能否首先控制住事态，使其不扩大、不升级、不蔓延，是处理危机的关键。因此，对于工程行业来讲，一旦发生事故，必定是"人命案"，备受舆论热议。如何采用避免舆论过度发酵，必须立刻停工自查。危机公关强调"黄金 72 小时法则"，在传播速度如此之快的今天，72 小时显然是太慢了。作为涉事企业，第一反应应该在 12 小时内做出，

才能有效地防止负面舆论进一步发酵。这样的停工可能牺牲很大，但确是最好的态度证明，也是其他层面花多少钱也取代不了的。

（2）成立以企业负责人为组长的危机公关团队。

企业危机一旦爆发，企业应在最短的时间内针对事件的起因、可能趋向及影响（显性和隐性）做出评估，并参照企业一贯秉承的价值观，明确自己的"核心立场"。在整个危机事件的处理过程中，均不可偏离初期确定的这一立场。"核心立场"法则强调企业对危机事件的基本观点、态度不动摇。如杜邦在"特富龙"危机中始终坚持产品安全可靠的核心立场，最终让所有质疑指斥之声逐渐平息。值得强调的是，这种核心立场不应是暂时的、肤浅的、突兀的，而应是持久的、深思熟虑的、与企业长期战略和基础价值观相契合的。

第一，坚持"单一口径"法则。缓解危机需要"疏堵"结合。"疏"对外，"堵"对内。对于同一危机事件，企业内部传出不一样的声音，这是危机管理的大忌，不仅会令原本简单的事态趋于复杂，更会暴露出企业内部的"矛盾"，甚至可能由此引发新的危机。所以对内，必须戒绝那种未经授权便擅自发声的情况；对外则根据事前的部署，由危机事件管理者指定的发言人发布信息。同时，"单一口径"法则不仅包括了企业对外的言论发布，也涵盖了企业对内的解释说明。一定要保持统一的口径，向外界发出清晰和一致的声音，避免杂音太多，混淆视听。

第二，坚持"真诚沟通"法则。企业处于危机漩涡中时，是公众和媒介的焦点。你的一举一动都将接受质疑，因此千万不要有侥幸心理，企图蒙混过关。而应该主动与新闻媒介联系，尽快与公众沟通，说明事实真相，促使双方互相理解，消除疑虑与不安。真诚沟通是处理危机的基本原则之一。这里的真诚指"三诚"，即诚意、诚恳、诚实。如果做到了这"三诚"，则一切问题都可迎刃而解。

第三，坚持"绝对领导"法则。缺失权威必然引发混乱，所以企业领导者应在危机乍现之时便赋予危机事件管理者充分的权力，对危机实行"集权管理"。企业的最高领导人一定要参与并担任危机公关团队的领导。且不说企业发生的任何危机老板都难辞其咎，而危机发生时，更应该调动一切可以调动的力量来应对。任何推诿和逃避都不利于危机的解除，反而会让事情变得更糟，例如某园杨老板的"不道歉"。

（3）承担责任，积极有效回应公众关切的问题。

危机发生后，公众会关心两方面的问题：一方面是利益的问题，利益是公众关注的焦点，因此无论谁是谁非，企业应该承担责任。即使受害者在事故发生中有一定责任，企业也不应首先追究其责任，否则会各执己见，加深矛盾，引起公众的反感，不利于问题的解决。另一方面是感情问题，公众很在意企业是否在意自己的感受，因此企业应该站在受害者的立场上表示同情和安慰，并通过新闻媒介向公众致歉，解决深层次的心理、情感关系问题，从而赢得公众的理解和信任。实际上，公众和媒体往往在心目中已经有了一杆秤，对企业有了心理上的预期，即企业应该怎样处理，我才会感到满意。因此，企业绝对不能选择对抗，态度至关重要。

所以，企业的危机公关团队一定要跳脱出企业单方面的角度，而从媒体和公众的角度来思考问题。把自己想成一个局外人，会怎么看这件事，会怎么想这件事。

比如某园工地事故频发，公众想知道的显然不是"宇宙第一房企"是如何扶贫的，而是为什么会事故频发？你们哪些地方没有做到位？

在回答问题的同时，表明自己的立场和态度。比如某园可以说，我确实是错了，我诚恳地道歉，以下是我找出的原因……，我会对这些事故原因进行一一纠正，尽全力保证施工安全和消费者的权益。这种勇于承担责任、诚恳的态度，能在第一时间消除不良影响。

### 三、完善危机管理处置体系

#### （一）危机处置对策

第一，加强危机应急处置队伍建设。建立统一的危机救援指挥中心，在危机发生时，根据应急响应预案及生产事件的性质，按照"立足实际，整合资源，合理布局"的原则，建设一支综合性、专业性"专兼"职应急处置队伍。一方面，可以保证应急处置的专业性；另一方面，节省了应急处置队伍的日常开销，避免了各自为政的救险体系，在提高公司资源配置效率的同时，保障了应急处置的效率。在应急处置队伍组织建设上，采用"常设＋临时"的方式，建立应急队伍处置常设管理机构——应急处置中心，临时机构是在危机发生时，将分管安全生产的相关责任人和主要部门负责人纳入其中，进行组织整合，发挥应急中心的领导作用，实现应急处置的立体化和多元化。

第二，建立高效率的情报收集和信息管理机制。情报收集是应急处置决策的基础，没有情报收集，应急处置中心就不可能在第一时间快速做出处置决策，即使可以做出处置决策，科学性也会大打折扣，最终可能酿成更大的危机。在构建应急处置体系过程中，要加强对各种信息的管理，强化信息互联互通互享，加强与员工、公众和媒体的沟通，在危机发生时，及时启动危机信息管理机制，通过官方形式，及时通报危机进展、控制情况和人员伤亡情况，减少员工、公众和媒体的猜疑。

#### （二）危机恢复对策

危机恢复是指危机发生后，其主体利用各种措施与资源进行恢复和重建的过程，其中既包括社会、经济、生态环境、组织秩序等内容的恢复，也包括对受到影响的组织及个体的恢复。消除危机给企业带来的负面影响、减少危机所造成的损失、完善企业可持续性发展的机制是企业危机恢复管理的重要任务。企业在进行危机恢复重建过程中，主要做好以下两点：

第一，危机救济，突出"以人为本"。在危机处置过程中，涉及的主体众多，利益交错复杂，在顾全大局对危机进行处置时，可能会因为大局利益而影响个人利益。在危机处置结束后，公司在对这部分人的救济上应该更加人性化，充分保障受伤员工的生命健康权，要专门安排相关医疗机构对受伤人员进行检查和治疗。在伤员恢复后，考虑到公司所处的行业性质，还应该定期开展复查。在遇难人员的处置上，要积极落实公司和国家的赔偿政策，尽可能地帮助遇难人员家属，加强遇难人员家属的心理疏导，这样才能让员工感觉到公司的温暖，增加员工的归属感和忠诚度，树立良好的企业形象，才能让员工在企业面临危机时，积极贡献自己的力量，保护公司的利益。

第二，健全制度，由"危"转"安"。一个完整的危机管理体系，除要有危机预警机制和管理机制外，还要有危机恢复机制，这样才能让企业在危机事件打击中快速恢复，保障企业正常的生产经营活动。公司在注重危机预警和危机处置的同时，应该关注企业危机恢复机制的制度建设，将企业危机之后的责任追究、奖惩制度、整改原则、整改程序等写入公司的危机管理制度中去，这样才可以保障企业恢复生产有章可循，才能尽可能在短时间内达到政府主管部门的整改要求，从而恢复生产，而不是一蹶不振。

# 第五节　施工安全应急预案示例

## 爆破工程施工专项应急预案

### 一、适用范围

适用于某高速 JTL05 项目部各涉及拆除、爆破工程作业项目的安全预控和事故应急救援工作的指导。

### 二、编制依据

（1）《中华人民共和国安全生产法（修改）》（国家主席令第 13 号，2014 年 12 月 1 日）。

（2）《吉林省安全生产条例》（2005 年 6 月 1 日）。

（3）《生产安全事故应急预案管理办法》（国家安监总局第 88 号令）。

（4）《吉林省生产安全事故应急预案管理规定》（吉安监管应急〔2011〕235 号）。

（5）《生产经营单位安全生产事故应急预案编制导则》（GB/T 29639—2013）。

（6）《国务院安委会关于进一步加强安全生产事故应急处置工作的通知》（安委〔2013〕8 号）。

（7）《企业安全生产应急管理九条规定》（国家安全生产监督管理总局令第 74 号）。

（8）《生产安全事故报告和调查处理条例》（国务院第 493 号令）。

（9）《中华人民共和国消防法》（中华人民共和国主席令第 83 号）。

（10）《民用爆炸物品安全管理条例》（国务院令第 466 号）。

（11）《吉林省民用爆破器材管理规定》（吉政发〔1988〕9 号）。

### 三、重要危险源辨识和风险评价

（1）可能发生的事故类型为爆破作业安全事故，发生的地点为项目部所属各涉及爆破作业的爆破作业场所。

（2）可能影响范围：爆破作业场所；可能影响的人员：现场施工和管理人员。

（3）发生事故可能造成 1 人或数人伤亡或机械设备损坏，构成重大安全事故 / 事件。

### 四、预控措施

#### （一）爆破作业基本规定

（1）使用爆破器材的单位，必须到工程所在地某市公安局申请领取《爆炸物品使用许可证》，方准使用。

（2）爆破作业，必须由经过培训考核合格的爆破员担任，爆破员必须持有县（市）级以上公安局发给的《爆破员作业证》上岗作业。对爆破员应进行定期考核，发现不适合继续从事爆破作业的，应收回《爆破员作业证》，停止其从事爆破作业的权利。爆破员因工作变动，不再从事爆破作业时，应将《爆破员作业证》交回原发证单位。

（3）进行爆破作业时，必须有专人负责指挥，在危险区的边界，设置警戒岗哨和标志，在爆破前发出信号，待危险区的人员撤至安全地点后，才准爆破。爆破后，必须对现场进行检查，确认安全后，才能发出解除警戒信号。

（4）进行大型爆破作业，或在城镇或其他人口聚居的地方、风景区和重要工程设施附近进行控制爆破作业，施工单位必须事先将爆破作业方案报县以上主管部门批准，并征得所在地县级以上公安机关的同意，方准爆破作业。

### （二）禁止爆破作业的规定

①有冒顶或边坡滑落危险；②支护结构与设计有较大出入或工作面支护损坏时；③距工作面 20 m 内风流中沼气含量达到或超过 1%，或有沼气突出征兆；④工作面有涌水危险或炮眼温度异常；⑤危及设备或建筑物安全，无有效防护措施；⑥危险区边界上未设警戒；⑦光线不足或无照明；⑧未做好准备工作时；⑨在大雾天、雷雨天，禁止进行地面和水下爆破，需在夜间进行爆破时，必须采取有效的安全措施，并经工程所在地地方主管部门批准。

### （三）装药工作必须遵守的规定

①装药前应对炮孔进行清理和验收；②大爆破装药量应根据实测资料的校核修正，经爆破工作领导人批准；③使用木质炮棍装药。装起爆药包、起爆药柱和硝酸甘油炸药时，严禁投掷或冲击；④深孔装药出现阻塞时，在未装入雷管、起爆药柱等敏感器材前，应采用铜或木制长杆处理；⑤装药过程中，禁止烟火和使用明火照明；⑥禁止使用冻结的或解冻不完全的硝化甘油炸药。

### （四）填塞工作必须遵守的规定

①装药后必须保证填塞质量，深孔或浅眼爆破禁止使用无填塞爆破（扩壶爆破除外）；②禁止使用石块和易燃材料填塞炮孔；③禁止捣固直接接触药包的填塞材料或用填塞材料冲击起爆药包；④禁止在深孔装入起爆包后直接用木楔填塞；⑤禁止拔出或硬拉起爆药包或药柱中的导爆索、导爆管或电雷管脚线。

### （五）爆破后的安全检查

①爆破后，爆破员必须按规定的等待时间进入爆破地点，检查有无冒顶、危石、支护破坏和盲炮等现象；②爆破员如果发现冒顶、危石支护破坏和盲炮等现象，应及时处理，未处理前应在现场设立危险警戒或标志；③只有确认爆破地点安全后，经当班爆破班长同意，方准人员进入爆破地点；④每次爆破后，爆破人员应认真填写爆破记录。

### （六）爆破警戒与信号

（1）爆破工作开始前，必须确定危险区的边界，并设置明显的标志。

（2）地面爆破应在危险边界设置岗哨，使所有通路经常处于监视之下，每个岗哨应处于相邻岗哨视线范围之内。地下爆破应在有关的通道上设置岗哨，并挂上"爆破危险区，不准入内"的标志。爆破结束后，应经过充分通风，方可取回标志。

（3）爆破前必须发出三次代表不同意义信号，使危险区内的人员都能清楚地听到或看到，应使全体施工人员和附近居民事先知道警戒范围、警戒标志和声响信号的意义，以及发出信号的方法。

第一次信号——预告信号。所有与爆破无关人员应立即撤到危险区以外，或撤至指定的安全地点。向危险区边界派出警戒人员。

第二次信号——起爆信号。确认人员、设备全部撤离危险区，具备安全起爆条件时，方准发出起爆信号。根据这个信号准许爆破员起爆。

第三次信号——解除警戒信号。未发出解除警戒信号前，岗哨应坚守岗位，除爆破工作领导人批准的检查人员以外，不准任何人进入危险区。经检查确认安全后，方准发出解除警戒信号。

### （七）盲炮处理

#### 1. 一般规定

①发现盲炮或怀疑有盲炮，应立即报告并及时处理。若不能及时处理，应在附近设明显标志，并采取相应的安全措施。②难处理的盲炮应请示爆破工作领导人，派有经验的爆破员处理，大爆破的盲炮处理方法和工作组织，应由项目总工程师批准。③处理盲炮时，无关人员不准在场，应在危险区边界设警戒，危险区内禁止进行其他作业。④禁止拉出或掏出起爆药包。⑤电力起爆发生盲炮时，须立即切断电源，及时将爆破网络短路。⑥盲炮处理后，应仔细检查爆堆，将残余的爆破器材收集起来，未判明爆堆有无残留的爆破器材前，应采取预防措施。⑦每次处理盲炮必须由处理者填写登记卡片。

#### 2. 浅眼盲炮处理

①经检查确认炮孔的起爆线路完好时，可重新起爆。②用木制、竹制或其他不发生火星的材料制成的工具，轻轻地将炮眼内大部分填塞物掏出，用聚能药包起爆。③在安全距离外用远距离操纵的风水管吹出盲炮填塞物及炸药，但必须采取措施，回收雷管。④盲炮应当班处理，当班不能处理完，应将盲炮（盲炮数目、炮眼方向、装药数量和起爆药包位置、处理方法和意见）在现场交接清楚，由下一班继续处理。

#### 3. 深孔盲炮处理

①在爆破未受损坏，且最小抵抗线无变化者，可重新连线起爆，最小抵抗线有变化者，应验算安全距离，并加大警戒范围后，再连线起爆。②在盲炮孔口不小于10倍炮孔直径外另打平行孔装药起爆，爆破参数由爆破工作领导人确定。③若所用炸药为非抗水性硝铵类炸药，且孔壁完好者，可取出部分填塞物，向孔内灌水，使之失效，然后做进一步处理。

### （八）露天爆破

#### 1. 一般规定

①露天爆破需设人工掩体时，掩体应设在冲击波危险范围之外，其结构必须坚固严密，位置和方向应能防止飞石和炮烟的危害。②露天爆破后须经安全人员认真检查工作面安全情况，确认爆破地点安全，才准恢复作业。③雷雨季节宜采用非电起爆法。④在

爆破危险区域内有两个以上的单位（作业组）进行露天爆破作业时，必须统一指挥。⑤同一区段的二次爆破，应采用一次点火或远距离起爆。⑥为防止人员陷入爆破后空穴，爆区必须设置明显标志并经安全检查，确认无塌陷危险后，方准恢复作业。

2. 浅眼爆破

①浅眼爆破应形成台阶，并应符合爆破说明书有关钻眼、装药、填塞、起爆顺序等项规定。②分段电雷管起爆，炮孔间距应保证其中一个炮孔爆破时不致破坏相邻的炮孔。③装填的炮孔数量，应以一次爆破为限。④如无盲炮，从最后一响算起，经 5 分钟后才准进入爆破地点检查，若不能确认有无盲炮，应经 15 分钟后才能允许进入爆区检查。

3. 深孔爆破

①深孔爆破应有爆破技术人员在现场进行技术指导和监督。②深孔周围（半径 0.5 m 范围内）的碎石、杂物应清除干净，孔口岩石不稳固者，应进行维护。③深孔爆破必须采用电力，导爆索或导爆管起爆法。④填塞时，不得将雷管脚线、导爆索或导爆管拉得过紧。⑤在特殊条件下（如冰、冻土层或流砂等），经项目总工程师批准，方准边打眼、边装药，且只准采用导爆索起爆。⑥禁止用炮棍撞击阻塞在深孔内的起爆药包。

## 五、应急预案

### （一）应急救援领导小组

组长：罗 ×

副组长：李 ×、刘 ××、张 ××、尧 ××

组员：刘 ××、朱 ××、周 ××、谢 ××、王 ×、刘 × 及各作业队专职安全员、作业队长。

职能组：通信联络组、抢险抢修组、救护组、安全保卫组、事故调查组、后勤保障组、义务救援队等。

### （二）应急救援领导小组职责

应急领导小组，落实职能组职责。联系方式：××××××××。

### （三）应急小组地点和电话

地点：×× 高速公路 JTL05 工程项目部

电话：138××××××××

### （四）应急救援预案启动条件

当项目部各涉及爆破作业的项目在日常施工生产中发生爆破作业安全事故/事件时，由项目经理下令启动并运行本应急救援预案，全力确保国家、社会、人民的生命财产安全不受损失或少受损失。

### （五）应急救援资源配备情况

1. 资金的配备

项目财务部必须保证 10 万元的应急救援备用金，以备紧急事件发生时，有足够的财力支持应急救援工作。

2. 应急救援物资、设备设施的配备

应急救援物资、设备设施的配备见下表。

| 序号 | 名称 | 数量 | 位置 | 负责人 |
|------|------|------|------|--------|
| 1 | 急救车 | 1辆 | 项目部 | 综合办公室主任 |
| 2 | 灭火器 | 20个 | 项目部及各队 | 综合办公室主任 |
| 3 | 物资运输车 | 1辆 | 项目部 | 综合办公室主任 |
| 4 | 医药箱、药品 | 1套 | 项目部 | 安全环保部 |
| 5 | 挖掘机 | 1辆 | 隧道施工队 | 物资设备部长 |
| 6 | 装载机 | 1辆 | 隧道施工队 | 物资设备部长 |
| 7 | 安全帽 | 100顶 | 施工队 | 施工队 |
| 8 | 扩音喇叭 | 2支 | 施工队 | 施工队 |
| 9 | 指挥车 | 1部 | 综合办公室 | 综合办公室主任 |

3. 社会资源

在发生爆破作业安全事故时，充分利用社会资源，根据实际需要向工程所在地地方政府机构或部门请求支援，如请求火警119支援、请求医院急救120支援、请求110支援等。

## 六、应急响应

### （一）接警与通知

1. 接警

接警部门为项目安全环保部。接警人接到报警后，应详细询问以下内容：事故发生时间、详细地点、事故性质、事故原因初步判断、简要经过介绍、人员伤亡及被困情况、现场事态控制及发展情况等，并做好记录。接警电话同应急领导小组电话。

2. 通知

接警人接到报警后，由安全环保部部长向项目经理详细报告，项目经理决定是否启动应急救援预案及是否向有关应急机构、政府及上级部门发出应急救援申请。启动应急救援预案的通知应由项目安全环保部通知应急组织机构中各部门负责人。

### （二）应急通信联络系统

公安局求救电话：110

火警支援求救电话：119

医疗急救求救电话：120

### （三）现场保护

爆破作业安全事故/事件发生后，安全部门立即派人赶赴事故/事件现场，负责事故/事件现场保护，工程技术部门协助开展收集证据工作。

因抢救人员、防止事故/事件扩大及疏通交通等原因，需要移动现场物件时，要做好标志、标记，并绘制现场简图，写出书面材料，妥善保存现场重要痕迹、物证。

### （四）警报和紧急公告

当事故可能影响到周边地区，对周边地区的公众可能造成威胁时，应及时启动警报系统，向周边公众发出警报，同时通过各种途径向公众发出紧急公告，告知事故性质、对健康的影响、自我保护措施、注意事项等，以保证公众能够及时做出自我防护响应。项目经理决定是否启动警报。警报和紧急公告由派出所负责组织实施，相关部门配合。警报方式采用扩音喇叭向周边区发出警报。

### （五）事态监测

发生爆破作业安全事故／事件并启动本应急预案后，由安全部、工程部、综合管理负责人各指定本部门1名人员组成事态监测小组，负责对事态的发展进行动态监测并做好过程记录。监测的内容包括：事故影响边界、气象条件，对食物、饮用水、卫生及环境的污染，爆炸危险性、受损建筑物、设施或山体的垮塌危险性等。

### （六）警戒与治安

为保障现场应急救援工作的顺利开展，在事故现场周边建立警戒区域，实施交通管制，维护好现场治安秩序，防止与救援无关人员进入事故现场，保障救援队伍、物资运输和人群疏散等的交通畅通，并避免发生不必要的伤亡。在安全事故救援过程中负责现场警戒。

现场警戒措施包括：危险区边界警戒线为安全警示带张拉打围、警示锥辅助方式布置，用扩音喇叭警告，警戒哨人员负责阻止与救援无关的人员进入事故救援现场。

### （七）人群疏散与安置

人群疏散是减少人员伤亡扩大的关键措施，也是最彻底的应急响应。应根据事故的性质、控制程度等决定是否对人员进行疏散，人员疏散由项目经理下达疏散命令，由项目安全环保部参与实施。应对被疏散的人群、数量，疏散区域、距离、路线、运输工具等进行事先考虑和准备，应考虑老幼病残等特殊人群的疏散问题。对已实施临时疏散的人群，要做好临时生活安置，保障必要的水、电、卫生等基本生活条件。

### （八）医疗与卫生

由安全环保部负责对在爆破作业安全事故中受伤的人员进行现场急救。对伤情严重的人员，立刻转送至工程所在地附近医院或急救中心进行抢救，转送过程中指派专人进行途中护理，急救车为转送伤员专用车辆或120急救车。在紧急转送伤员时，救护车鸣灯。

### （九）公共关系

爆破作业安全事故发生后，应将有关事故的信息、影响、救援工作的进展情况等及时向媒体和公众进行统一发布，以消除公众的恐慌心理，控制谣言，避免公众的猜疑和不满。发布事故相关信息由项目经理批准，由综合管理部发布，保证发布信息的统一性，及时消除传言。

### （十）应急救援人员的安全

应急救援过程中，应对参与应急救援人员（指挥人员）的安全进行周密的考虑和监视。必要时，应有专业抢险人员参与指挥或作业。在应急救援过程中，由项目安全部指派专人负责对参与应急救援人员的安全进行过程监视，及时发现受伤人员并组织撤换抢救。

### 七、应急终止与现场恢复

当事态得到有效控制，危险得以消除时，由项目经理下达终止应急令。终止应急令由项目安全部专人用扩音喇叭传达至应急救援现场，终止应急救援。

当终止应急救援后，事故现场仍然存在可能的不明隐患时，现场警戒不予解除，由工程技术部门技术鉴定确认无不明隐患后，告知安全环保部门并下令解除现场警戒。

警戒解除后，由应急救援队伍负责恢复现场。主要清理临时设施、救援过程中产生的废弃物，恢复现场办公、生活基本功能等。由综合办公室负责组织被疏散人员的回撤和安置。

# 桥梁施工专项应急预案

## 一、方针与目标

坚持"安全第一、预防为主""保护人员安全优先、保护环境优先"的方针，贯彻"常备不懈、统一指挥、高效协调、持续改进"的原则。更好地适应法律和经济活动的要求；给项目员工的工作和施工场区周围居民提供更好更安全的环境；保证各种应急资源处于良好的备战状态；指导应急行动按计划有序地进行；防止因应急行动组织不力或现场救援工作的无序和混乱而延误事故的应急救援；有效地避免或降低人员伤亡和财产损失；帮助实现应急行动的快速、有序、高效；充分体现应急救援的"应急精神"。

## 二、编制依据

（1）《中华人民共和国安全生产法（修改）》（国家主席令第13号 2014年12月1日）。

（2）《吉林省安全生产条例》（2005年6月1日）。

（3）《生产安全事故应急预案管理办法》（国家安监总局第88号令）。

（4）《吉林省生产安全事故应急预案管理规定》（吉安监管应急〔2011〕235号）。

（5）《生产经营单位安全生产事故应急预案编制导则》（GB/T 29639—2013）。

（6）《国务院安委会关于进一步加强安全生产事故应急处置工作的通知》（安委〔2013〕8号）。

（7）《企业安全生产应急管理九条规定》（国家安全生产监督管理总局令第74号）。

（8）《生产安全事故报告和调查处理条例》（国务院第493号令）。

## 三、应急策划

### （一）工程概况及地质条件

1. 工程概况

本合同段起点位于集安头道镇，途经苇沙河村、砬子沟村、夹皮沟村至某县湾湾川互通终点。设计桩号：K58+609.703～K78+004.8，路基标全长19.395 km，路面全长24.022 km，包括道路、桥梁、隧道、路面、交安、绿化，合同造价9.35亿元。

2. 工程地质

项目位于某省某市境内，路线位于某市所辖的某县、某市区、集安市境内。区域地形以丘陵区为主，起点集安市区三面环水、一面邻水，集安市处于山岭重丘区，山高坡陡，路线终点位于某市东部，浑江沿岸，地势相对平缓。

3. 气候

本项目沿线四季分明，春季干燥风大，夏季高温多雨，秋季凉爽，冬季寒冷。由老岭山脉的天然屏障横贯集安全市，抵御北来寒风，造就岭南岭北两个小气候区。岭南气候温和、空气湿润、降雨充沛、风力弱小。岭北冬夏长而春秋短，年平均气温5℃左右，日温差变化较大。雨水集中在7~9月，降雪集中于11月至次年1月，雪冻期在11月下旬至次年5月下旬，3~5月风大。

4. 水文特征

区域河流属鸭绿江水系，有干流2条，支流339条，其中30 km以上的支流4条。本项目沿线经过的较大河流为浑江、苇沙河等。

### （二）桥梁架设方案

本合同桥梁下部结构多为桩柱式墩台，上部结构采用预制安装，主要包括先张法13 m跨预制空心板梁220块、后张法20 m跨预制箱梁234块、先后张法30 m跨预制箱梁348块。现在大部分桥梁正进行下部结构施工及梁片预制安装。其总体方案如下：

（1）下部结构采用支架法、无支架钢横梁法（吊车配合，预留销孔）或抱箍钢横梁法。

（2）上部结构（梁板安装）：据经济、高效的原则计划修建1个预制场，采用2台汽车吊（13 m空心板）、3台架桥机架设（20 m、30 m预应力箱梁）分别架设。

梁板安装采用运梁平车（轮式拖车或轨道）将梁（板）送至起吊门架下，采用汽车吊（空心板）或架桥机横移到起吊门架上，由架桥机吊梁天车提升箱型梁并横移、前移，当梁体纵向移到位后，再由架桥机连同梁体整体一起沿墩顶横向既有轨道移至所需位置并直接落梁就位，然后予以焊接加固。

### （三）应急预案工作流程图

根据本段工程的特点及施工工艺的实际情况，认真地组织了对危险源和环境因素的识别和评价，特制定本项目发生紧急情况或事故的应急措施，开展应急知识教育和应急演练，提高现场操作人员应急能力，减少突发事件造成的损害和不良环境影响。其应急准备和响应工作程序见下图：

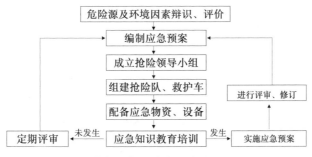

**应急准备和响应工作程序**

### （四）突发事件风险分析和预防

为确保正常施工，预防突发事件及某些预想不到的、不可抗拒的事件发生，事前有充足的技术措施准备、抢险物资的储备，最大程度地减少人员伤亡和经济损失，必须进行风险分析和预防。

1. 突发事件、紧急情况及风险分析

根据本工程施工特点及当地的地质情况，在施工过程中主要存在以下危险因素和风险：

（1）下部结构施工时出现物体打击、高处坠落等。

（2）运梁过程中出现车辆或梁片倾覆，掉梁等。

（3）架桥机在架梁中倾覆、掉梁、物体打击、高处坠落、触电等。

在辨识、分析评价施工中危险因素和风险的基础上，确定本工程重大危险因素是架桥机在架梁中倾覆、掉梁、物体打击、高处坠落、触电、火灾等。

在工地已采取机电管理、安全管理各种防范措施的基础上，还需要制订架桥机倾覆的应急方案，具体如下：假设架梁工程中架桥机可能倾翻；假设架桥机的力矩限位失灵，架桥机司机违章作业，可能造成塔吊倾翻。

2. 突发事件及风险预防措施

从以上风险情况的分析看，如果不采取相应有效的预防措施，将对工程施工、施工人员的安全造成威胁。

### （五）架桥机安全技术要求

1. 作业条件

（1）架桥机组装完毕，须经有关部门安全验收签证合格后，方可投入使用。

（2）操作司机须经安全培训、考核合格，身体健康，并定人定岗。

2. 作业前要求

（1）移机、吊梁前，必须对制动器、控制器、吊具、钢丝绳、安全装置和架体的稳定性等进行全面的检查，发现工作性能不正常时，应在操作前排除；确认符合安全要求后方可进行操作。

（2）吊梁前，应做好警戒措施，正下方不得有人停留或通过；各工种人员到岗，在专人指挥下操作；清除导梁架、轨道及前进沿途障碍物；通知其他非作业人员撤退。

3. 操作中要求

（1）纵移前，应设法增加后端配重，确保抗倾覆安全系数大于1.5，同时还必须保证前移、纵移的空间。架桥机纵向移动时要做好一切准备工作，要求一次到位，不允许中途停顿。

（2）司机应集中精神操作，密切注视周围情况，不得做与工作无关的事情；与指挥人员事先确定联络信号并严格执行；对紧急停机信号，不论何人发出，都应立即执行；司机有权拒绝违章指挥。

（3）有下述情况之一时，司机不应进行操作：①结构或零件有影响安全工作的缺陷或损伤，如制动器、安全装置失灵，吊具、钢丝绳损坏达到报废标准，架体稳定性不牢固等；②捆绑、吊挂不牢或不平衡而可能滑动，钢丝绳与吊物棱角之间未加衬垫等；

③工作场地昏暗，无法看清场地、被吊物和指挥信号不明确时；④被吊物上有人；⑤风力大于6级以上或大雾、雷暴雨等恶劣天气时，6级风以上严禁作业，必须用索具稳固起吊小车和架桥机整机，架桥机停止作业时应切断电源。

（4）各台卷扬机钢丝绳端头固定要牢靠，在卷筒上排列整齐密实，吊钩下降至最低工作位置时，卷筒上的钢丝绳必须保持6圈以上。

（5）在正常运转过程中不得利用限位开关、紧急开关制动停车。

（6）操纵控制器时用力要均匀，逐级变换挡位；运行中发生机件损坏等故障应放下吊物，拉下闸刀开关，应及时排除故障，不得在运行中进行维修。

（7）吊运时应进行小高度、短行程试吊，确认安全可靠后再吊运。

（8）大、小车运行操作应尽量减少起（制）动次数。

（9）构件就位时，指挥员应与操作司机配合好，防止碰撞吊物；当下降到位时，注意避免钢丝绳松得太多而发生倾侧事故。

（10）必须待构件锚固可靠后方可拆除吊具。

（11）吊装第二片构件下降就位时，应注意避免碰撞。

（12）运行中，遇到突然停电时，应把所有的控制器手柄拨回零位，拉下闸刀开关。

（13）架桥机作业必须明确分工，统一指挥，设专职操作员、专职电工、专职安全检查员。

（14）安装桥梁有上下坡时，架桥机纵向要有防滑措施。

（15）当液压油温超过70 ℃时，应停机冷却，当气温低于0 ℃时，应考虑更换低温液压油。严格按起吊方案进行，禁止斜吊提升、超负荷运转。

（16）架桥机作业过程中要加强日常检查，对轨道系统、起重系统、电气系统等要严格检查，发现问题要请专业人员进行整改，禁止私自拆卸。

（17）作业结束后，应把所有控制器置于零位，拉下闸刀开关，切断电源，将机架锚定可靠。

4. 现场安全防范措施

（1）加强施工管理，严格按标准化、规范化作业。施工中要经常分析假设过程中出现的各种问题。

（2）工地和附近医院建立密切联系，工地设医务室，配齐必要的医疗器械。一旦出现意外的工伤事故，可立即进行抢救。

（3）加强施工现场的警戒。

5. 法律法规要求

《特种设备安全监察条例》，《关于特大安全事故行政责任追究的规定》第七条、第三十一条，《安全生产法》第三十条、第六十八条，《建筑工程安全管理条例》，《安全许可证条例》。

## 四、应急准备

基本原则：项目部所属各部门在预防与应急处理工作中，必须遵循"协调一致、救人优先、反应迅速、救援有力"的原则，最大限度地减少人员伤亡和财产损失。

### （一）应急领导小组

落实职能组职责及联系方式（见附件一、附件三，略）。

### （二）应急资源

应急资源的准备是应急救援工作的重要保障，项目部应根据潜在的事故性质和后果分析，配备应急资源，包括救援机械和设备、交通工具、医疗设备和必备越频、生活保障物资。

主要应急机械设备储备表

| 序号 | 设备名称 | 单位 | 数量 | 规格型号 | 主要工作性能指标 | 现在何处 |
|---|---|---|---|---|---|---|
| 1 | 装载机 | 辆 | 2 | ZL50D | 斗容量 2 m³ | 现场 |
| 2 | 挖掘机 | 辆 | 3 | 卡特320、日立220 | 斗容量 1.0 m³ | 现场 |
| 3 | 挖掘机 | 辆 | 2 | PC200 | 斗容量 1.0 m³ | 现场 |
| 4 | 机动翻斗车 | 辆 | 8 | 8 T | | 现场 |
| 5 | 吊车 | 台 | | 20T、8T、16T | | 现场 |
| 6 | 自卸车 | 辆 | 8 | | 25T | 现场 |
| 7 | 小车 | 辆 | 3 | | | 现场 |
| 7 | 千斤顶 | 台 | 4 | YCW-120 型 | | 现场 |
| 8 | 电焊机 | 台 | 6 | BX500 | | 现场 |
| 9 | 卷扬机 | 台 | 2 | JJ2-0.5 | 拉力 5T | 现场 |
| 10 | 手机 | 台 | 10 | | | 现场 |

### （三）互助协议

项目部应先与地方医院、宾馆建立正式的互助协议，以便在事故发生后及时得到外部救援力量和资源的援助。

## 五、突发事故应急预案

### （一）接警与通知

如桥梁架设作业施工中发生掉梁事故、高空坠落和物体打击时，在现场的项目管理人员要立即用对讲机、手机或固定电话向项目应急小组汇报险情，主要说明紧急情况性质、地点、发生时间、有无伤亡，是否需要派救护车或警力支援到现场实施抢救，如需可直接拨打120、110等求救电话。必要时向上级主管部门汇报事故情况。现场有关人员要做好警戒和疏散工作，保护现场，及时抢救伤员和财产，并由在现场的项目部最高级别负责人指挥。

项目经理立即召集抢救指挥组其他成员，抢救、救护、防护组成员携带着各自的抢险工具，赶赴出事现场。

### （二）指挥与控制

抢救组到达出事地点，在项目经理指挥下分头进行工作。

保卫组保持抢险救援通道的通畅，引导抢险救援人员及车辆的进入。设置事故现场警戒线、岗，安排寻找受伤者及安排非重要人员撤离到集中地带，维持工地内抢险救护的正常运作。

首先抢救组和经理一起查明险情，确定是否还有危险源。如钢筋笼是否有继续倒塌的危险；人员伤亡情况；商定抢救方案后，项目经理向公司主管安全生产的副总经理请示汇报批准，然后组织实施。

防护组负责把出事地点附近的作业人员疏散到安全地带，并进行警戒，不准闲人靠近，对外注意礼貌用语。

工地值班电工负责切断有危险的低压电气线路的电源。如果在夜间，接通必要的照明灯光。

抢险组在排除无其他危险源的情况下，立即救护伤员，边联系救护车，边及时进行止血包扎，用担架将伤员抬到车上送往医院。

对掉梁的处理由副经理指挥架梁人员吊离作业面。

事故应急抢险完毕后，封闭事故现场，直到收到明确解除指令。项目经理立即召集领导小组和架桥机组的全体同志进行事故调查，找出事故原因、责任人，制定防止再次发生类似的整改措施，并对应急预案的有效性进行评审、修订。

技术组进行事故现场评审，分析事故的发展趋势。

组织技术人员制订恢复生产方案。向公司安全部书面汇报事故调查、处理的意见。

### （三）通信

项目部必须将110、120、项目部应急领导小组成员的手机号码、企业应急领导组织成员手机号码、属地安全监督部门电话号码，明示于工地显要位置。工地抢险指挥及保安员应熟知这些号码。

### （四）警戒与治安

安全保卫小组在事故现场周围建立警戒区域，实施交通管制，维护现场治安秩序。

### （五）人群疏散与安置

疏散人员工作要服从指挥人员的疏导要求，有秩序地进行疏散，做到不惊慌失措，勿混乱、拥挤，减少人员伤亡。

### （六）媒体机构、信息发布管理

综合办公室为项目部各信息收集和发布的组织机构，人员包括办公室主任、安全负责人、工程负责人等，综合办公室届时将起到项目部媒体的作用，对事故的处理、控制、进展、升级等情况进行信息收集，并对事故轻重情况进行删减，有针对性定期和不定期地向外界和内部如实报道，向内部报道主要是向项目部内部各工区、桥梁分公司、总公司的报道等，外部报道主要是向安监局、指挥部、监理、设计等单位的报道。

## 六、恢复生产及应急抢险总结

抢险救援结束后，由监理单位主持，业主、设计、咨询等相关单位参加的恢复生产会，对生产安全事故发生的原因进行分析，确定下部恢复生产应采取的安全、文明、质量等施工措施和管理措施。项目部主要从以下几个方面进行恢复生产：

（1）做好事故处理和善后工作，对受害人或受害单位进行领导慰问或团体慰问。对良性事迹加强报道。

（2）严格落实公司 ISO9002 质量体系《程序文件》和《质量手册》，推行全面质量管理，认真学习应急预案，以项目经理为中心，将创优目标层层分解，责任到队，责任到人，从单位工程到分部、分项直至工序。

（3）健全各组织机构，加强人员管理，建立矩阵管理。完善安全、质量保证体系，健全安全、质量管理组织机构，整个项目形成一套严密完整的安全、质量管理体系，各级、各部充分发挥管理的机能、职能和人的作用。

（4）依据安全、质量体系有关文件，制定安全、质量检查计划制度，形成安全、质量管理依据，做到"有法可依"。严格实施岗位责任制。

（5）做好技术、试验、测量、机械、施工工艺、后勤等各项保证工作。

（6）确保恢复生产资金投入不受阻。

（7）确保设计、施工方案可行，符合现场实际情况，可利用现场存有的机械、设备和材料。

（8）及时调用后备人员和机械设备，补充到该工区，进行生产恢复，尽快达到生产正常。

抢险结束和生产恢复后，对应急预案的整个过程进行评审、分析和总结，找出预案中存在的不足，并进行评审及修订，使以后的应急预案更加成熟，遇到紧急情况等能及时处理，将安全、财产损失降低到最低限度。

# 消防事故专项应急预案

## 一、编制目的

为快速、及时、妥善处理本项目部发生的突发性天气事故，做好救援处置工作，最大限度地减少事故造成的人员伤亡、财产损失和社会危害，维护人民群众的生命安全和社会稳定，特制定《集安至通化高速公路工程 JTL05 工程项目经理部火灾应急救援预案》，简称《火灾应急救援预案》。

## 二、编制依据

（1）《中华人民共和国安全生产法（修改）》（国家主席令第 13 号，2014 年 12 月 1 日）。

（2）《吉林省安全生产条例》（2005 年 6 月 1 日）。

（3）《生产安全事故应急预案管理办法》（国家安监总局第 88 号令）。

（4）《吉林省生产安全事故应急预案管理规定》（吉安监管应急〔2011〕235 号）。

（5）《生产经营单位安全生产事故应急预案编制导则》（GB/T 29639—2013）。

（6）《国务院安委会关于进一步加强安全生产事故应急处置工作的通知》（安委〔2013〕8 号）。

（7）《企业安全生产应急管理九条规定》（国家安全生产监督管理总局令第 74 号）。

（8）《生产安全事故报告和调查处理条例》（国务院第 493 号令）。

（9）《中华人民共和国消防法》（中华人民共和国主席令第 83 号）。

（10）《中华人民共和国民用爆炸物品管理条例》（国务院第 466 号）。

（11）《吉林省民用爆破器材管理规定》（吉政发〔1988〕9 号）。

## 三、适用范围

本预案适用于××高速集安至通化段 JTL05 合同段工程项目火灾应急响应程序。

## 四、消防应急救援组织机构

### （一）基本原则

项目部所属各部门在预防与应急处理工作中，必须遵循"协调一致、救人优先、反应迅速、救援有力"的原则，最大限度地减少人员伤亡和财产损失。

### （二）成立应急领导小组

（1）应急领导小组，落实职能组职责及联系方式。

（2）应急小组地点和电话：

地点：××高速公路 JTL05 工程项目部

电话：138×××××××

应急小组成员电话：××××

## 五、危险性分析及对周边环境的影响

本项目段存在一定量的包装箱（物）、油漆、稀释剂、炸药等可燃物，同时，由于电源线短路、人为火种、雷击等点火源的存在，均可能造成火灾事故的发生。发生火灾事故后主要的危害有：燃烧、爆炸造成人身烧伤、烫伤和设施的破坏，燃烧产生的气体及废物对环境的污染等。

## 六、火灾事故预防与预警

### （一）火灾事故预防

项目设立安全生产管理委员会，安全科负责安全、消防管理工作，各生产部门、仓库负责具体防火工作。

项目部拥有市政供水的室内、室外消火栓及配置在各施工现场、仓库、办公室、宿舍的干粉灭火器、泡沫灭火器、沙桶等。

### （二）火灾事故预警及通信保障

（1）应急救援办公室、安全科、各生产部门、仓库接到报警电话后，立即报告公司事故应急救援指挥部。

（2）项目应急联系电话：×××××××。

（3）指挥部成员及其联系方式：×××××××。

（4）火灾事故上报原则。火灾事故上报执行"即刻上报，层层上报，报告清晰"的原则，特殊情况可直接上报事故应急救援指挥部。

### 七、火灾事故应急响应

#### (一) 预案分级响应条件

根据火灾事故的级别,发生特大、重大事故后,一般事故需要扩大应急或有以下情形:①火灾现场火势未得到有效控制;②可能对人员、设备构成极大威胁;③造成重大人员伤亡或重大财产损失。由事故应急救援指挥部立即启动集安至通化高速公路JTL05工程项目经理部火灾应急预案,成立火灾事故现场指挥领导小组。

#### (二) 应急救援原则

应急救援过程中要坚持"救人重于救火""先重点,后一般""先控制后消灭""杜绝二次事故和救援过程对环境二次污染""以专业消防队为主,其他经过训练的或有组织的非专业力量为辅"的原则。

#### (三) 火灾事故应急响应程序

1.火灾事故发生后采取的措施

火灾事故发生后,由成立的火灾事故现场指挥领导小组负责协调指挥应急救援工作,如果节假日或夜间发生特大、重大火灾事故,则由项目值班领导、加班人员、保卫人员及各部门、仓库的值班人员组成火灾事故现场临时处置组,进行前期的应急处置和抢险救援工作。待指挥领导小组到达后,接替现场临时处置组继续工作。

(1)重大火灾事故发生后,火灾事故现场人员应当立即报告部门负责人或值班人员,并积极采取有效的抢救措施,防止火灾事故蔓延扩大。

(2)发生火灾部门,应当立即向事故应急救援指挥部提出启动项目火灾事故应急救援预案的建议,事故应急救援指挥部总指挥批准后立即实施。

(3)应急预案启动后,有关部门和人员应当根据预案规定的职责要求,服从指挥领导小组的统一指挥,立即到达规定岗位,采取有关的控制措施。

(4)领导小组到达火灾现场后,迅速了解火灾情况和救援状态。

(5)领导小组指挥探测火灾现场危险物质情况,建立现场工作区域,确定重点保护区域,制订防护行动方案,设定隔离管制方案。

(6)当确定重大火灾事故未能有效控制时,领导小组应上报指挥部请求属地公安消防支队、属地安监局等政府有关部门紧急支援。

(7)领导小组指挥救援队伍要协助当地政府的救援组织开展伤亡人员的救护、火灾危害的控制。

(8)火灾现场各处置小组组织要配合事故的调查分析,适时恢复生产。

(9)根据事故发展态势,领导小组指挥救援队伍疏散、撤离。

(10)现场所有危险因素被消除时,指挥部宣布应急状态结束。

(11)有关领导及时慰问伤亡人员及其家属,安抚受到影响的群众。

2.人员紧急疏散、撤离

根据火灾现场及周围情况,进行人员紧急疏散、撤离。

紧急疏散时应注意:

(1)迅速将警戒区内与事故应急处理无关的人员撤离,以减少不必要的人员伤亡。

（2）离火源比较近的人员，需要佩戴防毒面具等个体防护用品。

（3）应向上风向转移，在疏散或撤离的路线上按安全通道标识方向，由专人引导和护送疏散人员到安全区。

（4）由安全疏散组人员负责在紧急疏散集合点进行人员的清点，查清是否有人仍留在火区，以便采取进一步的救援措施。

3. 现场警戒

为防止无关人员误入火灾现场造成伤害，划定火灾事故现场警戒区范围。

（1）警戒区范围是以火灾中心半径为50 m的圆形区域。特殊火灾，如化学品的火灾、爆炸等警戒区半径为100 m。

（2）警戒区外的道路疏导由现场警戒组负责。禁止无关车辆和人员进入，并负责指明道路绕行方向。

4. 抢险救援

（1）抢救原则：①发生伤亡事故，抢救、急救工作要分秒必争，及时、果断、正确，不得耽误、拖延；②救援人员进入火场区域必须两人以上分组进行；③救援人员必须在确保自身安全的前提下进行救护；④救援人员必须听从指挥，了解火场情况，防护器具佩戴齐全；⑤迅速将伤员抬离现场，搬运方法要正确。

（2）搬运伤员时需遵守下列规定：①根据伤员的伤情，选择合适的搬运方法和工具，注意保护受伤部位；②呼吸暂时停止或呼吸微弱以及胸部、背部骨折的伤员，禁止背运，应使用担架或双人抬送；③搬运时动作要轻，不可强拉，运送要迅速及时，争取时间；④严重出血的伤员，应采取临时止血包扎措施；⑤救护在高处作业的伤员，应采取防止坠落、摔伤措施；⑥抢救触电人员必须在脱离电源后进行。

（3）人员监护。

参加救援、救护的人员以互助监护为主，按照必须在确保自身安全的前提下进行救援的原则处理。在救援中因为不可预见的因素而导致队员受伤的，其他救援人员发现时必须向领导小组报告，并做出是否申请支援的决定，若申请支援，由领导小组下达预备救援人员进入火灾现场参加救援的命令。

（4）异常情况下抢险人员的撤离条件：①火灾已经失控；②应急救援、抢险队员个体防护装备损坏，危及队员的生命安全；③可能或突然发生剧烈爆炸，危及现场救援人员的生命安全。

（5）火灾事故应急处理和控制措施。

因火灾发生位置、可燃物种类、可燃数量等不同，发生火灾后，应急处理和控制措施也不同，具体应急处理和控制措施现场确定。

5. 受伤人员现场医疗急救

1）烧伤的现场急救

烧伤分为物理性烧伤和化学性烧伤。

（1）化学性烧伤现场急救。立即脱离火场，迅速清除伤员患处的残余化学物质，脱去被污染或浸湿的衣裤，用自来水反复冲洗烧伤的部位，以稀释或除去化学物质，时间不应少于半小时，冲洗后可用消毒敷料或干净被单等物覆盖伤面以减少污染。

如发生酸碱化学性眼损伤，要立即用大量细流清水冲洗眼睛，但要注意水压不能高，还要避免水流直射眼球和用水揉搓眼睛，冲洗时要睁眼，眼球要不断地转动，持续20分钟左右，然后将眼睛用纱布或干净手帕等物蒙起，送往医院治疗。

（2）物理性烧伤现场急救。立即去除致伤因素，火焰烧伤时，应就地滚动，或用棉被、毯子等覆盖着火部位，切忌奔跑、呼喊，以手扑火，以免助火燃烧而引起头面部、呼吸道和手部烧伤。

呼吸道烧伤的要置于通风良好的地方，清除口鼻分泌物，保持呼吸道通畅，给予氧气吸入，并迅速送往医院治疗。

在急救中，对危急病人生命的合并伤，应迅速给予处理，如活动性出血，应给予压迫或包扎止血。开放性损伤争取灭菌包扎，合并颅脑、脊柱损伤者，应注意小心搬动。合并骨折者，给予简单固定等。

2）触电的现场急救

使触电者迅速脱离电源，拔掉插销，用干燥的木棍、模板等拨开触电者身上的电线，千万不可直接用手或其他金属及潮湿物件作为急救工具。

如触电者在高空，应预先采取保证触电者安全的措施，如救人现场很暗，应采用临时照明。

如果触电者还没有失去知觉，必须使其保持安静，观察2~3小时。

如呼吸及心跳停止，应立即施行人工呼吸和心外按摩，并送往医院救治，切忌不经抢救而长时间运输，以免失去抢救的时机。

## 八、火灾事故应急终止程序

### （一）终止条件

各项应急救援行动结束后，确认火灾现场所有伤亡人员已全部救出，火灾危险已排除，不会出现二次火灾和危及周边人身、财产、环境安全的情况。

### （二）终止程序

火灾事故现场指挥领导小组提出救援终止建议，报事故应急救援指挥部批准，火灾事故现场指挥领导小组发布终止命令。

## 九、火灾事故后期处置

### （一）事故取证

当火灾事故得到控制后，安全部指挥人员继续封闭火灾现场，爆炸事故沿爆炸的残局半径封锁，其他火灾事故沿事故发生现场和污染区域封锁，项目迅速成立事故调查小组，对现场采取摄像、拍照等手段进行取证分析，开展事故调查，禁止其他无关人员进入。

### （二）现场恢复

火灾事故现场封锁结束后，其现场恢复工作由事故发生施工单位负责，事故发生单位组织本部门管理人员、技术人员和参加过训练的员工对火灾现场进行清理，把使用的灭火设施，及时恢复原始状态，用空的灭火器及时更换，损坏的设备及时更换，破坏的设备及时报废，尽早恢复生产秩序。

**（三）应急能力的评估、预案完善**

事故后安全部组织人员对项目应急能力进行评估和对应急预案进行完善。

## 十、预案演练

**（一）演习时间**

每年 6 月下旬进行。

**（二）演习方式**

桌面演习或现场模拟演习。

1. "桌面演习"

以会议方式在室内进行，参加人员包括事故应急救援指挥部、各部门领导、安全部。由安全部对演习情景、预案进行口头演习，口头演习结束后，由参加人员讨论应急预案的适宜性和可能存在的问题及如何改进。

2. "现场模拟演习"

针对施工现场发生火灾，岗位人员如何报警、人员急救、紧急处理及现场恢复等。

**（三）演习方案编制**

每次演习要编制演习方案，内容包括时间、地点、参加人员，预定演习过程、预期目的等。

**（四）演习参加人员**

演习人员、观摩人员和评价人员。

**（五）演习评审**

演习结束后，对演习组织情况和预案的合理性进行评价，对发现的问题制定纠正措施并予以完善。

# 第四章　工程安全信息资料整理与归档秘籍

安全工作是一项系统工程,安全时时刻刻存在于我们的工作、生活当中,涉及生产、生活的方方面面。马路上的红绿灯是安全,窗户上的防盗窗是安全,高速公路上的防护栏是安全,安全工作需要我们无处不在地做好防范,在工程建设施工中,安全更加重要。

每到一处施工现场,我们总能看到很多标语:"珍爱生命、安全第一!""与其事后痛哭流涕,不如事前遵章守纪。""安全你一人,幸福全家人。"而安全并不是一句标语,我们要做到"我要安全、我懂安全、事事安全、人人安全"。只有真正把安全责任落到实处,才能确保企业的长治久安。在工程安全领域,资料是清晰、完整展现施工安全管理全过程的依据。安全管理资料源于法律、法规、行业标准,做好资料管理是科学指导施工作业人员安全施工,敦促项目排除安全隐患的基础性材料。因此,做好安全管理资料管理对工程建设的程序性、合法性有着重要意义。2020年6月12日,某市住房和城乡建设局官网公布了一起伪造检测简报的事件,由于资料造假,中铁资料员被列入失信"黑名单"!

## 第一节　安全管理资料的意义

安全工作的根本目的在于保护施工人员和设备的安全,防止伤亡事件发生,保护国家和集体财产不受损失,保障生产和建设正常进行。安全管理资料是工程安全生产管理的一部分,安全管理资料是一种以文字、图像等手段记录安全生产管理过程所形成的一系列文件的组合。施工现场安全管理活动必然会形成大量的安全管理资料,它既是一种有效的安全管理手段,又是安全管理结果。施工现场安全管理资料的收集、整理、归档工作,是专职安全管理人员的基本职责;安全管理资料的好与差,从侧面体现出施工现场的安全管理水平和安全管理人员的自身素质。

(1)安全管理资料能够直接体现安全生产管理工作的内容和各项成果,安全管理资料的产生是安全生产过程的产物和结晶,由于资料管理工作的科学化、标准化、规范化,不断推动现场施工安全管理向更高的层次和水平发展。

(2)安全管理资料是直观展现企业、项目及相关负责人的安全生产管理痕迹,通过安全管理资料,可以清晰地看到一个企业的安全管理水平,可以全面了解一个项目的安全管理全过程,可以深刻认识相关负责人的安全管理执行力。

(3)安全管理资料为安全生产管理工作提供有价值的参考。资料是什么?一个项目的文字记录、一项工程的建设缩影,完整的安全资料既是施工过程中项目落实各项安全制度的反映,也是对危险性较大工程施工提供技术保障的指导性文件(编制的专项技术方案);具有评估项目安全管理水平和发生事故"可追溯性"的作用。能发现和分清出现管理漏洞的原因和责任，有利于消除管理漏洞与隐患。

（4）安全管理资料是编写安全生产工作意见、制定安全目标责任书、编写各类安全生产总结和报告的基础。每一个项目都离不开安全的强力加持，安全管理工作需要编写、制定、填写大量安全管理制度、总结、报告，而全过程的安全管理资料是制定各项安全管理制度、编写安全生产总结及报告的基础性材料。

（5）真实、完善的安全管理资料，能最大限度地规避或降低企业和相关人员因生产事故带来法律后果的风险，是区分和追究安全生产事故法律责任最直接的证据之一。一般来讲，事故发生后，公安机关会第一时间封存安全资料。事故调查组通过查阅资料寻找蛛丝马迹，可能会发现资料不规范、大量资料缺失、找不到安全管理痕迹，又或者会找到专项安全施工方案缺失、技术交底缺失、浇捣混凝土前验收记录缺失等。或许因为安全资料的缺失、不完整，将会大大增加区分和追究安全生产事故法律责任的难度，甚至无法给事故定性。因此，在安全生产管理活动中，切记！不要忽视了安全资料的重要性！

# 第二节　工程安全管理资料的现状

在工程施工中，内业资料是直接反映施工过程质量控制的重要载体，是日后工程运营管理的重要依据，但是在整个施工的过程中却又普遍存在着"重外业、轻内业"的现象。目前，安全管理内业资料在很多项目得不到重视，很多项目经理乃至安全员都认为"安全是现场管理出来的，而不是做资料做出来的"，"安全资料就是一个过程资料，随着工程竣工便失去了效用，不像工程质量资料将伴随工程整个生命周期，无须存档，对工程影响也不大"。正是这种思想的大量出现，导致很多项目安全管理资料记录、整理、收集不完整、不及时，为了应付检查去"做"、去"补"资料，甚至弄虚作假。

同时，有些项目安全资料记录、收集都很及时，但却存在不符合规定的现象。例如，安全技术交底资料，你知道第一交底人是谁吗？

首先交底人应是项目技术负责人，而不是安全员。《建设工程安全生产管理条例》第27条明确规定：建设工程施工前，施工单位负责项目管理的技术人员应当对有关安全施工的技术要求向施工作业班组、作业人员做出详细说明，并由双方签字确认。其次，交底未能交到施工操作人员，只是对班组长进行交底。那么，安全管理资料管理当中存在着一些什么样的问题？当前的行业现状又是什么？

目前，我国工程安全资料整理与归档当中，主要存在"三多、三怕、三类型"（见图4-1）的现状。

"多"什么？多"兼职"，多"外行"，多"应付"。

"怕"什么？怕"跑现场"，怕"收集资料"，怕"迎接检查"。

什么"类型"？类型一：不重视，无存档；类型二：应付多，整理少；类型三：脱节大，水分高。

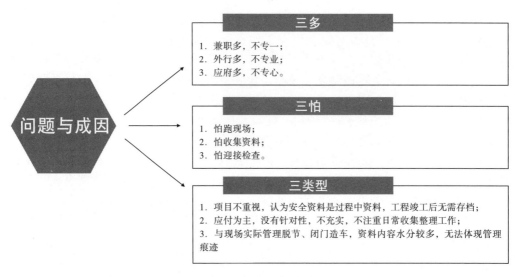

图 4 -1 问题与成因

下面，我们从 2020 年 6 月通报的一件安全事故案例来分析一下安全资料管理的重要性。

**案例一**

某市住房和城乡建设局官网公布了《关于某市城市轨道交通 1 号线工程土建施工（SXGD1-TJSG-10 标段）"伪造检测简报事件"调查处理情况的通报》（见图 4-2）。

图 4-2 "伪造检测简报事件"调查处理情况

经调查核实，6月10日，中铁某局工程资料管理人员齐某林，未履行工作职责，为逃避责任追究，编造数据，擅自编制补强桩"检测简报"，随后到检测单位趁工作人员不备，加盖该单位检测报告专用章，造成"伪造检测报告事件"。

（一）基本情况

某市城市轨道交通1号线工程土建施工（SXGD1-TJSG-10标段）建设单位为绍兴某地铁有限公司，施工单位为中铁某局集团有限公司（以下简称中铁某局），监理单位为上海某工程咨询有限公司，检测单位为绍兴某工程检测有限公司。3月21日，某市城市轨道交通1号线工程土建施工（SXGD1-TJSG-10标段）的群贤路站盖板下LZ-B3号临时立柱桩（以下简称立柱桩），经检测，评定桩身质量等级为Ⅳ类，判定为不合格。4月2日，召开由建设、施工、监理、设计等单位及专家参加的不合格桩处置论证会，会议确定对不合格桩增补一根 Φ900×32 000钻孔灌注桩（以下简称补强桩），对立柱桩补强。补强桩完成后，施工单位为达到基坑开挖前条件核查要求，伪造了补强桩"检测简报"，上述行为被市质安中心及时发现并制止。获知情况后，某市住房和城乡建设局责成某市住房城乡建设执法稽查支队会同市质安中心，依据《中华人民共和国建筑法》《建设工程质量管理条例》《建设工程质量检测管理办法》等有关法律法规，认真严肃开展"伪造检测简报事件"的查处。责令涉事工程全面整改，严肃问责违规人员，提出下步工作要求。依此，6月18日至9月25日，通过现场勘查、调查取证、调阅资料、人员问询、技术论证等，查明了事件经过、发生原因，认定了事件性质及涉事企业、中介机构和相关人员的责任。经调查核实，6月10日，中铁某局工程资料管理人员齐某林，未履行工作职责，为逃避责任追究，编造数据，擅自编制补强桩"检测简报"，随后到检测单位趁工作人员不备，加盖该单位检测报告专用章，造成"伪造检测报告事件"。

（二）存在问题

●中铁某局集团有限公司。违反《建筑工程质量管理条例》第二十八条和第二十九条规定，在立柱桩不合格的情况下，未告知监理单位，擅自补强处置；未委托检测机构对补强桩进行检测，工作人员编造数据，利用检测单位内部管理不严，偷盖检测报告专用章，导致"伪造检测报告事件"发生。

●上海某工程咨询有限公司。违反《建设工程质量管理条例》第三十六条和第三十八条规定，以及《建设工程旁站监理质量管理规定》第五条规定，未指派监理人员对补强桩实施监理，未核查市质安中心提出的整改要求，不负责任签署整改回复。

●绍兴某工程检测有限公司。违反《建设工程质量检测管理办法》第十八条和第二十条规定，制度不健全，内部管理混乱，工作人员责任心不强，造成"伪造检测简报事件"发生。

●绍兴某地铁有限公司。贯彻执行《住房和城乡建设部关于落实建设单位工程质量首要责任的通知》不到位，落实工程质量首要责任意识不强，核查工程技术资料不严格。

●齐某林，中铁某局集团有限公司员工。违反《建设工程质量管理条例》第三十一条规定，伪造检测报告。

### （三）处理意见

●中铁某局集团有限公司。未对商品混凝土进行检验，未对涉及结构安全的试块、试件以及有关材料取样检测，依照《建设工程质量管理条例》第六十五条规定，责令改正，处以罚款；予以通报批评。

●上海某工程咨询有限公司。未对关键部位和关键工序组织监理人员旁站，依照《建设工程旁站监理质量管理规定》第二十八条和第三十二条规定，责令改正，处以罚款；予以通报批评。

●绍兴某工程检测有限公司。未按照国家有关工程建设强制性标准进行检测，档案资料管理混乱，检测数据无法追溯，依照《建设工程质量检测管理办法》第二十九条规定，责令改正，处以罚款；予以通报批评。

●绍兴某地铁有限公司。未认真履行工程质量第一责任人职责，现场管理人员职责落实不到位，对施工、监理等单位违规行为未及时发现，责令改正。同时，要求绍兴某地铁有限公司组织有关单位，全面核查绍兴某工程检测有限公司检测的绍兴城市轨道交通1号线土建施工（SXGD1-TJSG-10标段）全部内容，对其检测的工程实体质量，还应委托第三方检测机构进行一定比率复检、复测，并将核查结果30天内报绍兴市住房和城乡建设局。

●齐某林，中铁某局集团有限公司员工。未按工程质量管理要求履职，违背诚实信用原则，依照《浙江省工程建设违法行为行政处分规定》第十二条和《浙江省住房城乡建设领域失信"黑名单"管理办法（试行）》第三条规定，予以警告，列入诚信"黑名单"。

### （四）案例警示

目前，工程施工中，普遍存在人证不合一，代签字问题严重，你或许认为这是一件很平常的小事，可真的有人因为这一件"小事"而锒铛入狱，2019年1月23日岳阳华容县华容明珠三期在建工程项目10号楼塔式起重机坍塌事故就给我们敲响了警钟！

这是一起因代签字引起的严重事件，在项目施工中尤其是给项目经理、总工、质检员、安全员代签字，责任重大！由于意识薄弱，或迫于无奈，殊不知弄不好会有牢狱之灾！代签非小事，如果你不能替我坐牢，那么就别要求我代签！

4.陈立祥，男，46岁，群众，华容县永胜建筑机械租赁有限公司资料员，假冒他人签字，伪造塔式起重机工程技术资料，应付监理单位及行政主管部门检查，对事故发生负有直接责任，建议移送司法机关依法追究其刑事责任。

**案例二**

2019 年 1 月 23 日 9 时 15 分，岳阳华容县华容明珠三期在建工程项目 10 号楼塔式起重机，在进行拆卸作业时发生一起坍塌事故。事故造成 2 人当场死亡，3 人经抢救无效后死亡。

岳阳市应急管理局公布该起事故调查报告（见图 4-3）。

图 4-3　"1·23"较大塔式起重机坍塌事故调查报告

事故原因如下：
- 严重违规作业。
- 无资质从事塔式起重机拆除作业（塔吊租赁公司）。
- 违法发包，口头指定项目施工实际负责人（建设单位）。
- 将劳务工程发包给不具备任何资质的个人（建设单位现场负责人）。
- 伪造塔式起重机工程技术资料，伪造他人签字（资料员）。
- 私刻公章、伪造安装拆卸合同及安全协议等（机械租赁公司）。

最终，4 人被追究刑事责任！1 人因私刻公章，由公安机关对其进行刑事调查！

你认为这样就结束了吗？2021 年 1 月 22 日住建部官网公布了建督罚字〔2021〕1 号（见图 4-4），持续追责，监理单位停业整顿，监理负责人被吊销证书。

同日，住建部再次公布了建督罚字〔2021〕2 号（见图 4-5）文件，对作为监理项目部实际负责人的兰某波给予吊销注册监理工程师注册执业证书，5 年内不予注册的行政处罚。

通过一起又一起的安全事故，我们可以清楚地看到，资料造假不再是简单地予以警告，而会被列入诚信"黑名单"，甚至会被列入刑事处罚行列，成为你事业的绊脚石、一生的污点。

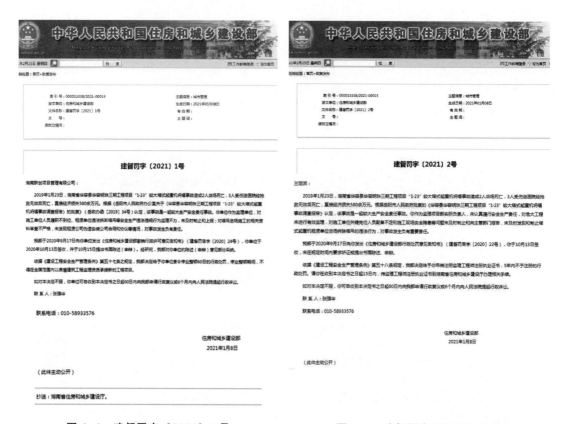

图 4-4　建督罚字〔2021〕1 号　　　　　图 4-5　建督罚字〔2021〕2 号

## 第三节　安全资料编制分类

　　分类，顾名思义，是指按照种类、等级或性质分别归类。也可以理解为，把无规律的事物分为有规律的，按照不同的特点分类事物，使事物更有规律。比如，图书馆的书是按科目分类的，如社会科学、人文地理、文学、美术……

　　衣柜里的衣服是按四季变化分类的，如大衣、长裙、T 恤、毛衣、羽绒服……

　　厨房里的碗碟是按大小分类的，如料碟、米饭碗、面碗、汤碗、圆盘、鱼盘……

　　不同的事物，不同的用途，都可以进行分类。一个工程从立项、招标投标、设计、施工、竣工，每一个阶段都会产生大量资料，每一种资料又可以根据不同的功能与作用，分为不同的类别，有质量管理资料、设计资料、安全管理资料、施工进度资料、造价管理资料……在安全管理资料当中，我们又是怎么分类的呢？又可以分为哪几类？

　　安全资料分为 A、B、C 三类：A 类为基本条件类，B 类为核心要求类，这两类属于相对静态，以开工前和开工初期为主；C 类为基本要求类，属于相对动态，以开工后为主。

　　A 类包括：企业证照资料，总分包施工单位安全生产许可证书、食堂卫生许可证等；

从业人员名册与资料，总分包施工单位项目负责人和专职安全员名册及安全生产知识考核合格证书、特种作业人员名册及操作资格证书、务工人员信息清单；适用的法律法规、标准规范、安全生产规章制度、操作规程清单及有效文本；其他需收集的资料。

施工现场安全管理 A 类资料目录：

**A. 基本情况**

A1 工程概况

A1−1 工程概况

A2 企业及施工现场安全管理体系

A2−1 施工现场安全管理体系

A2−2 施工现场安全管理机构

A2−3 班组安全管理机构

A3 内部安全管理目标及责任书

A3−1 内部安全管理目标

A3−2 现场安全管理目标管理分解

A3−3 安全管理目标考核规定

A3−4 项目安全责任书

A4 项目部安全管理、安全达标计划

A4−1 项目部安全责任目标

A5 项目经理、安全员培训持证情况

A6 项目部安全生产值班表，"五牌一图"编制、布置图

A6−1 项目部安全生产值班表

A6−2 工程概况牌

A6−3 管理人员名单及监督电话牌

A6−4 安全生产牌

A6−5 文明施工牌

A6−6 消防保卫牌

A6−7 施工现场平面布置图

B 类包括：危险性较大的分部分项工程及重大危险源清单；专项方案的编制和审批、交底、验收、检查、整改、复查资料与记录。

施工现场安全管理 B 类资料目录：

**B. 工程项目部安全管理各种制度**

B1 项目各级管理人员安全生产责任制

B1−1 项目经理安全生产责任制

B1−2 安全员安全生产责任制

B1−3 施工员（工长）安全生产责任制

B1−4 班组长及班组安全员生产责任制

B1−5 质检员岗位责任制

B1−6 安全员岗位责任制

B1-7 生产工人责任制

B2 项目安全生产纪律、各种安全技术操作规程

B2-1 项目安全生产纪律

B2-2 项目各工种安全技术操作规程

B3 项目培训教育制度

B4 项目检查制度

B5 项目奖罚制度

B6 项目施工组织设计或安全技术措施

B6-1 基础作业

B6-2 高处作业

B6-3 起重作业

B6-4 四口五临边防护

B6-5 施工用电与防护

B6-6 特殊项目防护

B6-7 防火措施

B6-8 文明施工

B6-9 安全管理

B6-10 保证安全生产的技术组织措施

B6-11 安全用电技术措施

B6-12 电气防火措施

B7 项目按规定编制的施工临时用电组织设计

B7-1 现场布置

B7-2 设备选用

B7-3 负荷计算

B7-4 配电图

B7-5 临时用电安全技术措施

B7-6 电气防火措施

B8 项目工伤事故处理、报告、统计结案制度

B8-1 伤亡事故的统计报告范围及分类

B8-2 事故的调查及处理

B9 项目各工种安全技术交底

B10 劳保用品、安全设施、机械设备采购、使用、维修制度

B11 项目文明施工、安全保卫、防火管理制度

B11-1 项目文明施工管理制度

B11-2 项目安全保卫、防火管理制度

B11-3 现场文明施工目标、考核办法及措施

C 类包括：安全管理目标；安全生产职责和考核奖惩资料与记录；安全物资、设施、设备、资金等资源配置计划与管理资料与记录；安全教育培训计划清单（进场、节假日、

事故后）及实施记录；危险源施工组织设计或安全技术措施的编制和审批、交底、验收、检查、整改、复查资料与记录；班组安全管理检查资料；事故报告、处理、统计资料与记录；内部与外部审核和改进资料与记录；其他需建立的资料和记录。

施工现场安全管理 C 类资料目录：

**C 施工现场安全管理各种制度**

C1 项目安全教育活动组料（卡）

C2 项目检查活动记录（各级自检、项目定期检查、外部检查、整改反馈情况）

C3 项目安全奖惩情况

C4 项目主要安全设施、设备、劳保用品、安全投入情况台账

C5 项目主要安全设施、设备、劳保用品使用前检查验收单（四口、五临边、脚手架、安全网、物料提升机、塔吊、人货电梯、施工用电）

C6 各种设备、外型、机具等接地保护电阻测试记录

C7 班组（工种）安全活动记录（土建主要工种、特殊工件、安装工种）

C8 特殊工种工人管理（上岗证，花名册及作业交接记录）

C9 项目施工安全日记，安全会议记要

C10 工伤事故处理、结案材料

C11 项目安全统计报表、报告、总结等

C12 项目职工实施工伤或意外伤害保险情况

CI3 项目开工安全状况审查表、工程 ±3 m 安检站，安全达标认定节，工程施工安全达标认证书，安检站下达的事故隐患整改通知、处罚等其他资料。

# 第四节　安全资料收集与编写技巧

## 一、安全资料收集要点

### （一）安全资料方面

1. 工程概况表

工程概况表是对工程基本情况的简要描述，应包括工程的基本信息、相关单位情况和主要安全管理人员情况。

2. 项目重大危险源控制措施

施工项目经理部应根据项目施工特点，对作业过程中可能出现的重大危险源进行识别和评价，确定重大危险源控制措施。

3. 项目重大危险源识别汇总表

项目经理部应依据项目重大危险源控制措施的内容，对施工现场存在的重大危险源进行汇总，按照要求逐项填写，并由项目技术负责人批准发布。

4. 危险性较大的分部分项工程专家论证表和危险性较大的分部分项工程汇总表

按照国务院建设行政主管部门或其他部门规定，必须编制专项施工方案的危险性较大的分部分项工程和其他必须经过专家论证的危险性较大的分部分项工程，项目经理部

应在表中进行记录。对应当组织专家组进行论证审查的工程，项目经理部必须组织不少于 5 人的专家组，对安全专项施工方案进行论证审查。专家组应按照表的内容提出书面论证审查报告，并作为安全专项施工方案的附件。经项目监理部确认、项目经理部盖章后，报项目所在地区（县）建设主管部门。

5. 施工现场检查表

项目经理部和项目监理部每月至少两次对施工现场安全生产状况进行联合检查，检查内容应按照施工现场检查表的要求进行，对安全管理、生活区管理、现场料具管理、环境保护、脚手架、安全防护、施工用电、塔吊和起重吊装、机械安全、消防保卫的十项内容进行评价。对所发现的问题在表中应有记录，并履行整改复查手续。

6. 项目经理部安全生产责任制

项目经理部对各级管理人员、分包单位负责人、施工作业人员及各职能部门均应明确相应的安全生产责任，保障施工人员在作业中的安全和健康。

7. 项目经理部安全管理机构设置

项目经理部应成立由项目经理负责的安全生产领导机构，并按照有关文件要求，根据施工规模配备相应的专职安全管理人员或成立安全生产管理机构，并形成项目正式文件记录。

8. 项目经理部安全生产管理制度

项目经理部应依据现场实际情况制定各项安全管理制度，明确各项管理要求，落实各级安全责任。

9. 总分包安全管理协议书

总包单位不得将工程分包给不具备相应资质等级和没有安全生产许可证的企业，并应与分包单位签订安全生产管理协议书，明确双方的安全管理责任，分包单位的资质等级证书、安全生产许可证等相关证照的复印件应作为协议附件存档。

10. 施工组织设计、各类专项安全技术方案和冬雨季施工方案

施工组织设计应在正式施工前编制完成，对危险性较大的分部分项工程应制定专项安全技术方案，对冬季、雨季的特殊施工季节，应编制具有针对性的施工方案，并须履行相应的审核、审批手续。

11. 安全技术交底汇总表

工程项目应将各项安全技术交底按照作业内容汇总，并按照要求填表，以备查验。

12. 作业人员安全教育记录表

项目经理部对新入场、转场及变换工种的施工人员必须进行安全教育，经考试合格后方准上岗作业；同时应对施工人员每年至少进行两次安全生产教育培训，并对被教育人员、教育内容、教育时间等基本情况进行记录。

13. 安全资金投入记录

应在工程开工前制订安全资金投入计划，并以月度为单位对项目安全资金使用情况进行记录。

14. 施工现场安全事故登记表

凡发生安全生产事故的工程，应按照表格要求进行记载。事故原因及责任分析应从

技术和管理两方面加以分析，明确事故责任。

15. 特种作业人员登记表

电工、焊（割）工、架子工、起重机械作业（包括司机、信号指挥等）、场内机动车驾驶等特种作业人员，应按照规定经过专门的安全教育培训，并取得特种作业操作证后，方可上岗作业。特种作业人员上岗前，项目经理部应审查特种作业人员的上岗证，核对资格证原件后在复印件上盖章并由项目部存档，并将情况汇总填入表格，报项目监理部复核批准。

16. 地上、地下管线保护措施验收记录表

地上、地下管线保护措施方案应在槽、坑、沟土方开挖前编制，地上、地下管线保护措施完成后，由工程项目技术负责人组织相关人员进行验收，并填写表格，报项目监理部核查，项目监理部应签署书面意见。

17. 安全防护用品合格证及检测资料

项目经理部对采购和租赁的安全防护用品及涉及施工现场安全的重要物资（包括脚手架钢管、扣件、安全网、安全带、安全帽、灭火器、消火栓、消防水龙带、漏电保护器、空气开关、施工用电电缆、配电箱等）应认真审核生产许可证、产品合格证、检测报告等相关文件，并予以存档。

18. 生产安全事故应急预案

项目经理部应当编制生产安全事故应急预案，成立应急救援组织，配备必要的应急救援器材和物资。定期组织演练，并对全体施工人员进行培训。

19. 安全标识

对施工现场各类安全标识的采购、发放、使用情况应进行登记，绘制施工现场安全标识布置平面图，有效控制安全标识的使用。

20. 违章处理记录

对施工现场的违章作业、违章指挥及处理情况进行记录，建立违章处理记录台账。

**（二）生活区资料方面**

●现场、生活区卫生设施布置图。施工现场、生活区设施布置平面图应明确各个区域、设施及卫生责任人。

●办公室、生活区、食堂等各项卫生管理制度。办公区、生活区、食堂等各类场所应制定相应的卫生管理制度。

●应急药品、器材的登记及使用记录。应配备必要的急救药品和器材，并对药品、器材的使用情况进行登记。

●项目急性职业中毒应急预案。必须编制急性职业中毒应急预案，发生中毒事故时，应能有效启动。

●食堂及炊事人员的证件。施工现场设置食堂时，必须办理卫生许可证和炊事人员的健康合格证，并将相关证件在食堂明示，复印件存档备案。

**（三）现场、料具资料方面**

●居民来访记录。施工现场应设置居民来访接待室，对居民来访内容进行登记，并记录处理结果。

●各阶段现场存放材料堆放平面图及责任划分。施工现场应绘制材料堆放平面图，现场内各种材料应按照平面图统一布置，明确各责任区的划分，确定责任人。

●材料保存、保管制度。应根据各种材料特性建立材料保存、保管制度和措施，制定材料保存、领取、使用的各项制度。

●成品保护措施。应制定施工现场各类成品、半成品的保护措施，并将措施落实到相关管理和作业人员。

●现场各种垃圾存放、消纳管理资料。项目经理部应对垃圾、建筑渣土运输和处理单位的相关资料进行备案。

### （四）环境保护资料方面

●项目环境保护管理措施。应根据项目施工特点，对作业过程中可能出现的环境危害因素进行识别和评价，确定环境污染控制措施，编制项目环境保护管理措施。

●环境保护管理机构及职责划分。应成立由项目经理负责的环境保护管理机构，制定相关责任制度，明确责任人。

●施工噪声监测记录。施工现场作业过程中，各类设备产生的噪声在场界边缘应符合国家有关标准，项目经理部应定期在施工场地边界对噪声进行监测，并将结果记入表格。

### （五）安全防护资料方面

●基坑、土方及护坡方案，模板施工方案。基坑、土方、护坡和模板施工必须按有关规定做到有方案、有审批。

●基坑支护验收表。基坑支护完成后，施工单位应组织相关单位按照设计文件、施工组织设计、施工专项方案及相关规范进行验收，验收内容应按表进行。

●基坑支护沉降观测记录表、基坑支护水平位移观测记录表。总承包单位和专业承包单位应按有关规定对支护结构进行监测，并按相关表格要求进行记录，项目监理部对监测的程序进行审核并签署意见。如发现监测数据异常的，应立即督促项目经理部采取必要的措施。

●人工挖孔桩防护检查表。项目经理部应每天对人工挖孔桩作业进行安全检查，项目监理部对检查表及实物进行检查并签署意见。

●特殊部位气体检测记录。对人工挖孔桩和密闭空间施工，应在每班作业前进行气体检测，确保施工人员安全，并将检测结果记录到表。

### （六）施工用电资料方面

●临时用电施工组织设计及变更资料。临时用电设备在5台及5台以上或设备总容量在50 kW或50 kW以上者，均应编制临时用电施工组织设计，并按照部颁《施工现场临时用电安全技术规范》（JGJ 46）的要求进行相关审核、审批手续。

●施工现场临时用电验收表。施工现场临时用电工程必须由总包单位组织验收，合格后方可使用，验收时可根据施工进度分项、分回路进行。项目监理部对验收资料及实物进行检查并签署意见。

●总、分包临电安全管理协议。总包单位、分包单位必须订立临时用电管理协议，明确各方相关责任，协议必须履行签字、盖章手续。

●电气设备测试、调试记录。电气设备的测试、检验凭单和调试记录应由设备生产者或专业维修者提供，项目经理部应将相关技术资料存档。

●电气线路绝缘强度测试记录。主要包括临时用电动力、照明线路及其他必须进行的绝缘电阻测试，工程项目应将测量结果按系统回路填入表后报项目监理部审核。

●临时用电接地电阻测试记录表。主要包括临时用电系统、设备的重复接地、防雷接地、保护接地及设计有要求的接地电阻测试，工程项目应将测量结果填入表后报项目监理部审核。

●电工巡检维修记录施工现场电工应按有关要求进行巡检维修，并由值班电工每日填写表格，每月送交项目安全管理部门存档。

### （七）机械安全资料方面

●机械租赁合同，出租、承租双方安全管理协议书。对施工现场租赁的机械设备，出租和承租双方应签订租赁合同和安全管理协议书，明确双方责任和义务。

●物料提升机、施工升降机、电动吊篮拆装方案。施工现场物料提升机、施工升降机、电动吊篮安装前，应编制设备的安装、拆除方案，经审核、审批后方可进行安装与拆卸工作。

●施工升降机拆装统一检查验收表格。施工升降机安装过程中，安装单位或施工单位应根据施工进度分别认真填表。施工升降机安装完毕后，应当由施工总承包单位、分包单位、出租单位和安装单位，按照表格的内容共同进行验收，验收合格后方可使用。施工升降机每次接高及拆卸时，也均应填写。

●施工机械检查验收表（电动吊篮）。电动吊篮安装完成后，应由项目经理部组织分包单位、安装单位、出租单位相关人员对设备进行安装验收，并填表。

●施工机械检查验收表。施工现场各类机械进场安装或组装完毕后，项目经理部应按照表格的要求组织相关单位进行验收，并将相关资料报送项目监理部。

●施工起重机械运行记录。

●机械设备检查维护保养记录。项目经理部应建立机械设备的检查、维修和保养制度，编制设备保修计划。对设备的检查维修保养情况应有文字记录。

### （八）保卫消防资料方面

●施工现场消防重点部位登记表。项目经理部应根据防火制度要求对施工现场消防重点部位进行登记。

●保卫消防设备平面图。保卫消防设施、器材平面图应明确现场各类消防设施、器材的布置位置和数量。

●保卫消防制度、方案、预案。项目经理部应制定施工现场的保卫消防制度、现场保卫消防管理方案，重大事件、重大节日管理方案，现场火灾应急救援预案，现场应急疏散预案等相关技术文件，并将文件对相关人员进行交底。

●保卫消防协议。建设单位与总包单位、总包单位与分包单位必须签订现场保卫消防协议，明确各方相关责任，协议必须履行签字、盖章手续。

●保卫消防组织机构及活动记录。施工现场应设立保卫消防组织机构，成立义务消防队，定期组织教育培训和消防演练，各项活动应有文字和图片记录。

●施工项目消防审批手续。项目经理部应将消防安全许可证存档，以备查验。

●施工用保温材料产品检测及验收资料。施工现场使用的施工用保温材料、密目式安全网、水平安全网等材料应为阻燃产品，进场有相关验收手续，其产品资料、检测报告等技术文件项目经理部应予存档保管。

●消防设施、器材验收、维修记录。施工现场各类消防设施、器材的生产单位应具有公安部门颁发的生产许可证，各类设施、器材的相关技术资料项目经理部应进行存档。项目经理部应定期对消防设施、器材检查，按使用年限及时更换、补充、维修，验收、维修等工作应有文字记录。

●防水作业安全技术措施和交底。施工现场防水作业施工时，应制定相关的防中毒、防火灾的安全防范技术措施，并对所有参与防水作业的施工人员进行书面交底，所有被交底人必须履行签字手续。

●警卫人员值班、巡查工作记录。施工现场警卫人员应在每班作业后填写警卫人员值班、巡查工作记录，对当班期间主要事项进行登记。

●用火作业审批表。作业人员每次用火作业前，必须到项目经理部办理用火申请，并按要求填表，经项目经理部主管部门审批同意后方可用火作业。

### （九）其他资料方面

●安全技术交底。分部分项工程施工前及有特殊风险的作业前，应对施工作业人员进行书面安全技术交底，其内容应按照施工方案的要求，讲明操作者的安全注意事项，保证操作者的人身安全并按分部分项工程和针对作业条件的变化具体进行。项目经理部应将安全技术交底按照交底内容分类存档。

●应知应会考核登记及试卷。施工现场各类管理人员、作业人员必须对其所从事工作安全生产知识进行必要的培训教育，考核合格后方可上岗，项目经理部应将考核情况造表登记，并按照考核内容分类存档。

●施工现场安全日志。施工现场安全日志应由专职安全管理人员按照日常检查情况逐日记载，单独组卷，其内容应包括每日检查内容和安全隐患的处理情况。

●班前讲话记录。各作业班组长于每班工作开始前必须对本班组全体人员进行班前安全活动交底，其内容应包括：本班组安全生产须知和个人应承担的责任，本班组作业中的危险点和采取的措施。

●检查记录及隐患整改记录。工程项目安全检查人员在检查过程中，针对存在的安全隐患填写。其中应包括检查情况及安全隐患、整改要求、整改后复查情况等内容，并履行签字手续。

（提示：不同地区，安全管理资料区别大，详细请参考地方规定。）

## 二、安全管理资料重点

### （一）重点检查对象

在安全管理资料当中，主管部门经常检查的资料主要包括6大项：基本资料、各类方案、教育交底、安全检查、安全验收、分包方资料（见表4-1）。此外，还包含安全文明施工措施费支付计划及使用明细、劳动保护用品验收及发放记录等。

表 4-1　重点检查对象

| 基本资料 | 各类方案 | 教育交底 | 安全检查 | 安全验收 | 分包方资料 | 其他 |
|---|---|---|---|---|---|---|
| 1. 企业营业执照<br>2. 企业安全生产许可证<br>3. 项目部管理人员资格证书<br>4. 特种作业人员资格证书及名册<br>5. 大型施工机械检测报告<br>6. 项目施工许可证、安全监督备案证明等<br>7. 安全防护用品合格证书、钢管扣件检测报告<br>8. 食堂卫生许可证、食堂人员健康证<br>9. 企业对项目经理的任命书和对安全员的委派书及岗位证书<br>10. 各级安全生产责任制（实名签字） | 1. 安全生产、文明施工、环境保护计划<br>2. 各类专项安全施工方案；方案需论证的专家意见书及完善措施<br>3. 危险源辨识清单和管理方案<br>4. 应急救援预案及演练记录<br>5. 主管部门红头文件要求制订的方案 | 1. 三级教育记录及考试记录<br>2. 常规安全教育记录及频次（每月不少于三次）<br>3. 职工业余学校台账<br>4. 施工方案、操作规程交底<br>5. 安全技术交底记录（分部分项、班组交底）<br>6. 班组安全活动记录<br>7. 三级动火证开具 | 1. 企业负责人和项目经理带班检查记录<br>2. 安全检查记录（日检、周检、复工检查等）<br>3. 企业对项目部的检查（总公司1次/季度，分公司2次/月度）<br>4. 上级相关部门检查记录<br>5. 隐患整改记录及回复单<br>6. 机械操作交接班记录、维修保养记录、分公司项目部日常检查记录<br>7. 按 JGJ59—2011 开展安全生产标准化自评（评分表及汇总表） | 1. 活动房、围挡验收记录<br>2. 安全设施设备验收记录<br>3. 塔吊和施工电梯基础隐蔽验收记录及基础混凝土强度报告、使用前联合验收记录<br>4. 塔吊和施工电梯每次升节、附墙安装验收记录<br>5. 塔吊和施工电梯安装告知书、使用告知书和拆卸告知书<br>6. 基坑沉降和位移监测、土方开挖、脚手架、模板支撑、施工用电、临边洞口、中小型机具、消防、气瓶、场容场貌、食品卫生等验收资料 | 1. 分包单位企业证照，安全生产许可证，现场管理人员、特种作业人员资格证书<br>2. 进场人员花名册及保险<br>3. 对职工的教育培训、交底记录<br>4. 总包对分包的安全交底<br>5. 总包与分包的安全生产协议书<br>6. 总包对分包的检查记录 | 1. 安全文明施工措施费支付计划及使用明细<br>2. 劳动保护用品验收，发放记录<br>3. 工会小组活动记录及台账<br>4. 平面布置图（消防、警示标志等）<br>5. 地方其他要求 |

**（二）安全资料遗漏点**

在安全管理资料收集当中，由于资料分类多且繁杂，往往出现遗漏现象，最常见的遗漏关键点在于 10 个方面：安全管理职责、安全施工方案、危险源辨别与管理、安全教育培训、安全检查验收、大型施工机械、劳动保护、分包管理、班组安全活动（见表 4-2）。

**（三）分包方安全资料收集要点**

分包，是指从事工程总承包的单位将所承包的建设工程的一部分依法发包给具有相应资质的承包单位的行为，要依据招标项目特性、实施队伍能力和状况，以及招标人自身的管理能力等，做出分包（分标）方案，进行比较，再最后确定分包方案。分包人指合同中从承包人处分包某一部分工程的当事人，一般指非主体、非关键性工程施工或劳务作业方面承接工程的当事人。简单地说，分包人是指有一个项目全部承包给了甲，甲又把工程的某部分分包给了乙。那么，乙就可以看成是这个项目的工程分包人。分包人在安全管理中占有重要地位，那么，在安全管理资料收集当中，作为分包人，又涉及哪些内业资料？我们收集的重点在哪？一般包括 9 大项（见表 4-3）。

表 4-2 容易遗漏的资料及要求

| 序号 | 项目 | 容易遗漏的资料及要求 | 说明 |
|---|---|---|---|
| 1 | 安全管理职责 | 安全生产责任制不能有缺项；所有在岗管理人员以及备案人员都要有签字记录 | 在岗人员结合项目考勤榜，不得缺少，尤其是新进职工 |
| 2 | 安全施工方案 | 针对主管部门发出的通知要求编制的各项方案；<br>项目制定的安全方案要结合公司标准要求进行编制 | 关注主管部门文件通知，根据要求进行方案编制；<br>技术部编制安全类方案应有安全员参与，结合公司安全标准化要求进行修改 |
| 3 | 危险源辨识与管理 | 项目部要有危险源辨识、管理小组名单；<br>必须有危险源辨识清单，所涉及的内容必须与施工现场实际情况相关联 | 现场要有危险源公示牌（按施工进度公示）向现场全体作业人员公示 |
| 4 | 安全教育培训 | 三级安全教育培训记录、试卷等，千万不能遗漏任何人；<br>安全教育记录应按照年初制定的培训计划逐次开展；<br>要增加最近安全文件和规范以及近期事故案例学习记录；民工业余学校活动记录 | 民工业余学校活动按计划开展，评文明工地必查资料 |
| 5 | 安全检查验收 | 临时用电设施使用前应进行验收，机械设备进场使用前应进行验收，有记录；<br>注意验收时效性，如脚手架、临边洞口防护、防护棚、机械等进场或初次施工完成后还需每月及复工复验 | 根据施工进度及时做好验收记录 |
| 6 | 大型施工机械 | 塔吊和施工电梯的附墙安装、加节提升应有施工方案和验收记录；<br>塔吊要进行中间检测，验收资料要齐全（按地方要求半年检或年检，塔吊还需附墙检测） | 过程中收集好月度维保资料、分公司及项目部自查资料、垂直度测量每月不少于 2 次以及交接班和每日维保记录 |
| 7 | 劳动保护 | 有劳动防护用品每月计划；有劳动防护用品入库记录；有劳动防护用品发放领用签字记录 | 注意收集夏季防暑用品发放记录 |
| 8 | 分包管理 | 分包方提供的证照资料要包括：营业执照、资质证书、安全生产许可证、项目经理和安全员证书、特种作业人员证书；<br>对分包方编制的专项施工方案，要有总包审批和监理报审；<br>与总包签定安全管理协议 | 资料收集注意证书的有效期以及购买的保险有效期和人员核对 |
| 9 | 班组安全活动 | 主要工种作业应有班组活动记录，如泥工、木工、钢筋工、架子工、安装工、混凝土工等 | 活动记录可简短说明，但不能缺项（较多项目存在只有少数工种的） |
| 10 | 带班记录 | 企业负责人带班记录，每月不少于工作日的25%，实名签字；<br>项目经理带班记录，不少于每月施工日的80%，实名签字 | 签字必须为项目经理本人签字与其他资料的签字一致（实际检查时会让项目经理当场签字比对） |

表 4-3　资料收集的重点

| 序号 | 应收集的资料 | 要求 |
|---|---|---|
| 1 | 企业证明 | 包括营业执照、资质、安全生产许可证与总包的施工合同等 |
| 2 | 人员证书 | 项目经理、现场负责人、安全员、特种作业人员等资格证书 |
| 3 | 安全教育和培训、技术交底等记录 | 收集相关的入场教育、三级教育考试结果、安全技术交底等复印件 |
| 4 | 安全教育和培训、技术交底等记录 | 协议中必须明确双方的安全生产管理职责 |
| 5 | 总包对分包专项安全施工方案的审查记录 | 各类专项安全施工方案要有总包方审查记录 |
| 6 | 总包与分包的联合检查记录 | 要经常组织分包方参加安全检查，并有记录 |
| 7 | 总包对分包的定期检查、抽查记录 | 总包方对分包方要有定期检查或抽查，并有记录 |
| 8 | 安全设施设备移交记录 | 总包方的安全设施设备，包括临电、脚手架、临边洞口、消防等，要有移交记录，双方签字确认完好性 |
| 9 | 其他资料 | 作业人员用工合同、人员保险、身份证 |

## （四）每月固化资料收集

每月固化资料收集见表 4-4。

表 4-4　每月固化资料收集

| 序号 | 内容 | 注意事项 |
|---|---|---|
| 1 | 各级观摩、表扬汇总 | 阶段性汇总数据及相关图像资料 |
| 2 | 各项目月检评分排名及奖罚表 | 公平公正地反映出各项目实际安全管理水平 |
| 3 | 人才体系建设月报表 | 建立本单位内部花名册与助理库，人员调动及时调整 |
| 4 | 负面舆情通报汇总 | 实时关注各项目所有地主管部门各类网站信息 |
| 5 | A/B 类重大危险源验收 | A 类由项目验收合格后报于分公司复验，最后由总公司进行最终验收，B 类由项目验收合格后报于分公司复验，验收合格后必须有验收人签字确认并存档 |
| 6 | 风险履约项目统计 | 项目部根据甲方合同要求，报于分公司备案，分公司对辖区内所管项目进行汇总，对风险项目履约情况进行跟踪、分析并制定整改措施 |
| 7 | 主管部门检查台账汇总 | 必须如实填写，对于主管部门要求整改的内容和处理意见要写明，不得漏报瞒报，违者将作处罚 |

### （五）安全资料签名
安全资料签名见表4-5。

**表 4-5　安全资料签名**

| 序号 | 内容 | 注意事项 |
| --- | --- | --- |
| 1 | 安全生产责任书 | 项目经理应与项目管理人员、安全负责人与作业人员签订安全生产责任书，并签字 |
| 2 | 三级安全教育 | 三级教育分公司、项目部和班组三级，三级相关负责任人应分别签字，不可代签 |
| 3 | 安全专项施工方案交底、分部安全技术交底 | 编制人向项目管理人员和主要班组负责人交底，双方签字 |
| 4 | 分项安全技术交底、班组交底 | 由技术人员向所有作业人员交底，班组交底由班组长向班组作业人员交底，交、接双方签字 |
| 5 | 大型机械使用前验收记录 | 塔吊、施工电梯等大型施工机械检测合格后，应经出租单位、安装单位、使用单位、监理单位和总包单位等联合验收合格，签字盖章同意后，方可投入使用，每次加节提升后同样做安装验收。 |
| 6 | 动火审批 | 三级动火；所在班组负责人填写，报项目防火负责人审查批准 |
| 7 | 安全防护设施设备验收 | 所有验收资料必须有技术负责人、施工负责人、安全员及相关作业班组负责人等人员签字 |
| 8 | 安全生产检查 | 所有安全检查必须有项目经理、生产经理、技术负责人、安全员及相关作业班组负责人等人员签字 |
| 9 | 整改通知 | 通知发出人一般为安全负责人，并签字 |
| 10 | 签字笔迹 | 较多项目备案项目经理不在项目，存在项目经理签字代签现象，如：项目经理带班、方案审批、交底等，项目应做好签字工作，确定一人代签，保证字迹的一致性。<br>其他资料收集同样注意避免笔迹相同，如：三级教育、安全交底、培训签到、安全验收签名等 |

## 三、安全管理资料编写

### （一）每日、每周、每月、每年资料编写规划
●每日：班组活动、施工电梯（塔吊）交接班、施工电梯（塔吊）日维护、电工巡查记录、安全动态管理日检查表（个人劳动防护用品发放记录、安全防护用具、材料领用记录）。
●每周：周例会、三级动火证、项目周检、隐患排查（周安全教育照片签到）、脚手架验收（不超过10 m）、临边防护验收、模板支撑验收。
●每旬：交底（交底可根据施工情况而定），一般一周一次、各类应急救援演练资料。
●每月：大型机械定期检查（每月两次）、项目管理人员安全生产责任制考核、环境卫生检查评分表（每月两次）、施工现场环境卫生检查记录表、工地食堂卫生食品安

全检查表、消防设施检查验收、临时用电验收、劳动保护自查、劳动保护工作会议记录、职工代表劳动保护巡视检查表、施工现场场容场貌验收表、施工电梯坠落实验（三个月一次）。

●每年：总分包协议综合交底、施工管理人员安全生产岗位责任制（人员调动及时换）、三级教育卡、施工安全生产管理制度、职工家属安全责任状、防火安全、行车安全责任状协议。项目部安全教育培训按计划表执行，保持每月 2 ~ 3 次。落地式脚手架验收以单位工程（每栋楼）验收，基础验收 1 次，每达到 6 ~ 8 m 时验收 1 次，搭设完成整体验收 1 次。悬挑式脚手架验收，槽钢层（悬挑基础）验收 1 次，每三层（不超过10 m）一次，搭设到规定高度整体验收 1 次（一般 18 m，基本上每一悬挑需要验收 3 次，以单位工程验收，如果作业面较大，以单位工程分段验收）。临边、洞口安全防护设施验收一层一次（以单位工程验收，如果作业面较大，以单位工程分段验收）。验收记录必须有项目经理签字。模板工程及支撑体系安全验收记录每层一次（以单位工程验收，如果作业面较大，以单位工程分段验收）。专项施工方案：基坑支护、降水、土方开挖、模板工程及支撑、脚手架搭设（悬挑、落地）、起重设备安装拆卸方案、卸料平台（悬挑式钢平台）、起重吊装、拆除施工，以上以单位工程编制，施工临时用电可以单项工程编制、现场平面布置图、安全警示标志平面布置图、消防平面布置图、临时用电平面布置图及其他，开工前要求技术员编制完成。

**（二）如何写好施工日志**

施工日志也被称为施工日记（见图 4-6），是工程整个施工阶段的施工组织管理、施工技术等有关施工活动和现场情况变化的真实的综合性记录，也是处理施工问题的备忘录和总结施工管理经验的基本素材，是工程交竣工验收资料的重要组成部分。施工日志可按单位、分部工程或施工工区（班组）建立，由专人负责收集、填写记录、保管。

很多人认为，每天在工地跑来跑去已经累个半死了，还要天天写施工日志，有什么用？动笔写写，就能管好现场？就能顺利完工？将施工日志看作是一个"负担"。

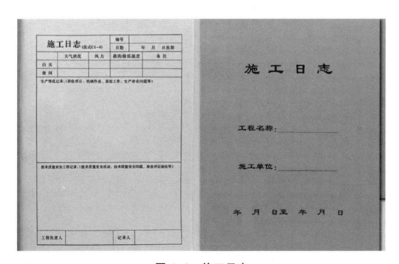

图 4-6　施工日志

"不想当将军的士兵，不是好士兵"（拿破仑），在这里要说："别把施工日志不当回事，写好施工日志的人，才更有资格做项目经理。"人最怕什么？持之以恒。当一个人把写施工日志当作是吃饭、睡觉一样的一件日常行为，那么，一年、两年、三年，日积月累将会比不写施工日志的积累大量的经验，这也是最短时间内积累最多经验的重要路径。

同时，通过看一个施工员的施工日志，便可以大致了解这个人有多少墨水、能力如何，其实，在我们的生活中也会遇到这样的人和事，比如说，一个人的文笔不好，每天坚持读一本书，便能内化为自己的精神世界，久而久之便能出口成章、笔下生辉。

每个人都需要一场对自控力的魔鬼训练，不要小看每一件小事，坚持了，总会有所收获！何况写施工日志也不是一件小事！

1. 第一步：掌握施工日志填写要求

●施工日志应按单位工程填写。施工日志是重要的工程施工技术履历档案，应按单位或单项工程分别单独填写，并纳入竣工文件。不得几项工程混合或交叉填写。施工日志的记录要尽量能简明、快捷地反映每项工程施工的每个环节和形成过程，确保查阅方便、快捷、全面。

●记录时间：从开工到竣工验收时止。施工日志贯穿于项目施工的全过程，应根据施工时间有始有终进行填写。当连续时间未施工或停工时，可采用"×××年×月×日至×××年×月×日因×××未施工"形式表述，不必每天记录"未施工或停工"等字样。

●逐日记载不许中断。施工日志由工程（点）施工负责人或技术负责人按规定内容逐日连续填写，不得隔日、跳日或断日填写；"记录"栏中应连续填写，不得出现空白行、段和页；对需要补充的内容，应在"备注"栏中书写，对记录问题的地方，应在"备注"栏中用"＊"标识并注明纠正和验证情况的记录页码。

●施工日志记录应详略得当，突出重点。着重记录与工程质量形成过程有关的内容，确保工程质量具有可追朔性。与工程施工和质量形成无关的内容不得写入其中。

●填写过程中应注意的细节。①书写时一定要字迹工整、清晰，最好用仿宋体或正楷字书写。②当日的主要施工内容一定要与施工部位相对应。③养护记录要详细，应包括养护部位、养护方法、养护次数、养护人员、养护结果等。④焊接记录也要详细记录，应包括焊接部位、焊接方式（电弧焊、电渣压力焊、搭接双面焊、搭接单面焊等）、焊接电流、焊条（剂）牌号及规格、焊接人员、焊接数量、检查结果、检查人员等。⑤其他检查记录一定要具体详细，不能泛泛而谈。检查记录记得很详细还可代替施工记录。⑥停水、停电一定要记录清楚起止时间，停水、停电时正在进行什么工作，是否造成损失。

2. 第二步：明确施工日志记录的内容

施工日志的内容可分为五类：基本内容、工作内容、检验内容、检查内容、其他内容。

（1）基本内容。

●日期、星期、气象、平均温度。平均温度可记为××℃～××℃，气象按上午和下午分别记录。

●施工部位。施工部位应将分部、分项工程名称和轴线、楼层等写清楚。

●出勤人数、操作负责人。出勤人数一定要分工种记录，并记录工人的总人数。

（2）工作内容。

●当日施工内容及实际完成情况。

●施工现场有关会议的主要内容。

●有关领导、主管部门或各种检查组对工程施工技术、质量、安全方面的检查意见和决定。

●建设单位、监理单位对工程施工提出的技术、质量要求、意见及采纳实施情况。

（3）检验内容。

●隐蔽工程验收情况。应写明隐蔽的内容、楼层、轴线、分项工程、验收人员、验收结论等。

●试块制作情况。应写明试块名称、楼层、轴线、试块组数。

●材料进场、送检情况。应写明批号、数量、生产厂家，以及进场材料的验收情况，以后补上送检后的检验结果。

（4）检查内容。

●质量检查情况。混凝土养护记录，砂浆、混凝土外加剂掺用量；质量事故原因及处理方法，质量事故处理后的效果验证。

●安全检查情况及安全隐患处理（纠正）情况。

●其他检查情况，如文明施工及场容场貌管理情况等。

（5）其他内容。

●设计变更、技术核定通知及执行情况。

●施工任务交底、技术交底、安全技术交底情况。

●停电、停水、停工情况。

●施工机械故障及处理情况。

●冬雨季施工准备及措施执行情况。

●施工中涉及的特殊措施和施工方法、新技术、新材料的推广使用情况。

（三）何为安全日志

安全日志（见图4-7）是安全员一天工作中执行安全管理工作情况的记录，是施工安全管理工作分析与研究的参考，同时也是安全生产事故发生后，可追溯检查的最具可靠性和权威性的原始凭证，是责任认定的关键依据。

图4-7 安全日志

　　施工安全日志是从工程开始到竣工，由专职安全员对整个施工过程中的重要生产和技术活动的连续不断的详实记录，是项目每天安全施工的真实写照，也是工程施工安全事故原因分析的依据。施工安全日记在整个工程档案中具有非常重要的位置。安全日志填写，主要分为三项内容：基本内容、施工内容、主要记事（见表 4-6）。

　　（1）基本内容：日期、星期、天气的填写。

　　（2）施工内容：施工的分项名称、层段位置、工作班组、工作人数及进度情况。

　　（3）主要记事：

●巡检（发现安全事故隐患、违章指挥、违章操作等）情况。

●设施用品进场记录（数量、产地、标号、牌号、合格证份数等）。

●设施验收情况。

●设备设施、施工用电、"三宝、四口"防护情况。

●违章操作、事故隐患（或未遂事故）发生的原因、处理意见和处理方法。

●其他特殊情况。

表 4-6　施工安全日志填写

| 日期 | 2014.5.17 | 天气 | 阴 |
|---|---|---|---|
| 安全生产情况 | 今日由建设单位组织地勘、设计、监理、施工、质检单位对试打孔桩进行验收。旋挖机挖孔，作业人员安全意识比较高，遵守安全生产纪律。当天无任何安全事故发生<br><br><br><br><br><br>专职安全员： | | |
| 日期 | 2014.5.18 | 天气 | 雨 |
| 安全生产情况 | 安全员对机械操作人员进行安全技术交底，机械操作人员必须持证上岗，职工安全意识比较高，遵守安全生产纪律。当天无任何安全事故发生<br><br><br><br><br><br><br><br>专职安全员： | | |

# 第五节　安全资料归档与胶装技巧

归档工程文件组卷分类必须清楚，将不同的文件资料分开装订、同类型的资料装订成册，并按工程进度依次编制流水编号。具体要求如下：

●归档的工程文件原则上为原件。没有原件时，复印件要清晰，并注明原件存放位置。

●归档文件应字迹清楚、签字盖章手续完备。

●工程资料统一采用 A4 纸规格，不符合标准的原始资料要通过折叠和粘贴的方式达到 A4 幅面（297 mm×210 mm）规格，图标栏露在外面。由政府及专业检测机构编制的装订成册的文件材料（如勘察报告）除外。

●工程资料尽量使用计算机打印（签名和日期除外），不得使用涂改液修改；签字和盖章程序要完备，不得使用圆珠笔、铅笔、复写纸等易褪色的书写材料。

●工程文件的纸张应采用能够长期保存的韧性大、耐久性强的纸张。计算机出图必须清晰，不得使用计算机出图的复印件。

**案例分析：**

目前工程行业资料归档规格仍未统一，本章节以某工程类培训机构档案资料归档为例进行分析，仅供参考。

（1）根据每期不同资料，打印目录，编制页码（见图 4-8）。

# 目　录

图 4-8　资料目录

（2）根据年度培训期数进行培训编号。

编号规则如下：

以公路局培训为例，"PX"为培训缩写，"WT"为委托培训，"2019"年份，"013"年度的培训期数，"024"年度的档案盒数量。

培训共分为公开（GK）、委托（WT）、交安（JA）。

年度的培训是制作一个培训目录清单，如下：序号、档案标号、培训内容、培训时间、人数（见表 4-7）。每期培训按照以上几项填写，方便统计档案盒脊背。

表 4-7　郑州市二七区博通培训学校 2019 年培训一览表

| 序号 | 档案标号 | 培训内容 | 培训时间 | 人数 | 备注 |
|---|---|---|---|---|---|
| 1 | PX-WT-2019.001-001 | 博通学校 2019 年河南豫西路桥勘察设计有限公司业务知识培训总结、培训资料、培训教材 | 1 月 25 日 -1 月 27 日 | 46 | |
| 2 | PX-WT-2019.002-002 | 博通学校 2017 年《公路工程质量检验评定标准》应用及施工资料编制、整理培训资料、学习资料 | 3 月 25 日 -3 月 27 日 | 56 | |

（3）胶装要求，按照目录页码排序、胶装，胶装前打印封面（见图 4-9）、卷内目录（见图 4-10）、备考表（见图 4-11）用于参考。

● 卷内目录放到第一页。

● 备考表放到最后一页。

● 封面为胶装封皮。

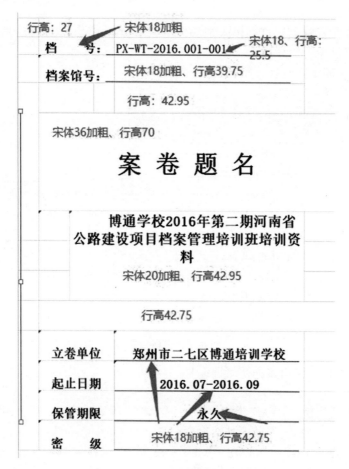

图 4-9　胶装封面

## 卷 内 目 录

档号：

| 序号 | 文件编号 | 责任者 | 文件材料题名 | 日期 | 页次 | 备注 |
|---|---|---|---|---|---|---|
| 01 | 豫交办〔2019〕19号 | 郑州市二七区博通培训学校 | 博通学校2016年郑州市农村公路建设管理人员培训班培训资料 | 2016.04.21 | 001 | |
| 02 | 豫交办〔2019〕19号 | 郑州市二七区博通培训学校 | 博通学校2016年郑州市农村公路建设管理人员培训班培训资料 | 2016.04.22 | 021-043 | |

**图4-10　卷内目录**

档号：

编制说明：

本案卷共　　件，共　　页。

立卷人：

年　月　日

审核人：

年　月　日

**图4-11　备考表**

胶装要求：档案盒脊背要求见图4-12，按照列宽要求填写，用牛皮纸打印裁剪粘贴。

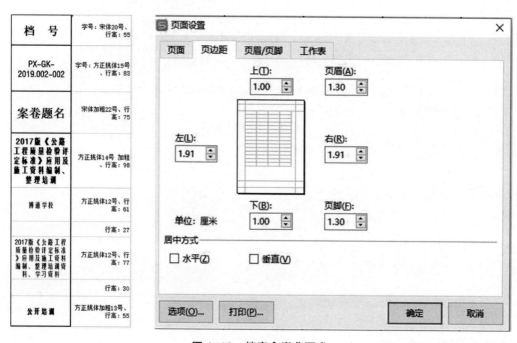

图4-12　档案盒脊背要求

# 第五章    安全职业经理人职业规划宝典

萨特曾指出："我们的决定,决定了我们。"在现代社会中,职业选择直接决定了人们的收入、生活方式、社会声誉等,从某种意义上又影响着他人对自己的评价,职业是个人幸福感、自我价值的主要来源。因此,个体的职业选择在一个人的一生中扮演着关键性角色。"十四五"开启,在新的"五年规划"当中,工程行业安全领域应积极研究下一步深化供给侧结构改革的措施,对行业安全形势进行判断,找准安全管理的短板和难点、痛点,把推动行业高质量发展作为行业发展的重点。同时,使得大量安全管理人员不得不做出顺应时代发展的改变,对职业生涯进行规划,从而实现自身价值。在学习、工作当中,安全管理人员应树立积极正确符合自身理想定位的职业价值观,对于未来的职业发展路径、人生高度与质量、事业成就等具有重要影响。做好安全管理人员职业生涯发展规划,不仅需要对自身有清晰的认识,也需要对社会环境发展趋势做出准确判断。类似于经营公司,我们的职业生涯也需要经营。

## 第一节    工程行业安全形势及现状

随着我国经济建设的飞速发展,城市化进程也在快速推进。在这样的背景下,我国工程行业规模与体量已经达到前所未有的高度。但与此同时,工程行业由于本身的特性,安全事故的发生也相伴而来。如何通过安全管理防止事故的发生、降低发生的概率、减少人员伤亡、降低经济损失,成为目前亟待解决研究的问题。安全生产关乎人民群众生命财产安全和社会稳定。近年来,在党中央、国务院的高度重视和正确领导下,在各地区、各部门的共同努力下,全国安全生产状况保持了总体稳定、趋向好转的态势,但风险挑战依然较多。安全发展是科学发展、构建和谐社会的必然要求。习近平总书记在党的十九大报告中指出,要树立安全发展理念,弘扬生命至上、安全第一的思想,健全公共安全体系,完善安全生产责任制,坚决遏制重特大安全事故,提升防灾减灾救灾能力。《国家中长期人才发展规划纲要(2010—2020)》确立了人才是我国经济社会发展的第一资源的理念。施行注册安全工程师职业资格制度,是牢固树立科学人才观,深入实施"人才强安"战略的重要举措。注册安全工程师职业资格考试自2004年首次开展以来,全国累计32.7万人通过考试取得注册安全工程师职业资格。其中,本科及以上学历占54%以上,年龄在50岁以下人员占96%以上,30~40岁人员占比约49%,已形成一支学历较高、年富力强、素质过硬且实践经验丰富的注册安全工程师队伍,为促进我国安全生产形势好转发挥了重要作用。

# 第二节　安全管理的重要性

安全管理是管理科学的一个重要分支，它是为实现安全目标而进行的有关决策、计划、组织和控制等方面的活动；主要运用现代安全管理原理、方法和手段，分析和研究各种不安全因素，从技术上、组织上和管理上采取有力的措施，解决和消除各种不安全因素，防止事故的发生。安全管理，主要是组织实施企业安全管理规划、指导、检查和决策，同时，又是保证生产处于最佳安全状态的根本环节。2016 年 12 月 9 日，《中共中央国务院关于推进安全生产领域改革发展的意见》（以下简称《意见》）印发实施，标志着我国安全生产领域改革发展迎来了一个新的春天。《意见》以习近平总书记系列重要讲话特别是关于安全生产重要论述为指导，顺应全面建成小康社会发展大势，总结实践经验，吸收创新成果，坚持目标和问题导向，科学谋划安全生产领域改革发展蓝图，是今后一个时期全国安全生产工作的行动纲领。

2017 年 1 月 12 日，国务院办公厅印发《安全生产"十三五"规划》（以下简称《规划》），明确了"十三五"时期安全生产工作的指导思想、发展目标和主要任务，对全国安全生产工作进行全面部署。《规划》指出，要大力弘扬安全发展理念，科学统筹经济社会发展与安全生产，坚持改革创新、依法监管、源头防范、系统治理，着力完善体制机制，着力健全责任体系，着力加强法治建设，着力强化基础保障，大力提升整体安全生产水平。

2020 年 12 月 26 日，中华人民共和国第十三届全国人民代表大会常务委员会第二十四次会议通过《中华人民共和国刑法修正案（十一）》（简称《刑法修正案（十一）》），即日中华人民共和国主席习近平签署中华人民共和国主席令第六十六号，正式发布，自 2021 年 3 月 1 日起施行（见图 5-1）。

《刑法修正案（十一）》共计 48 项内容，值得注意的是第一百三十四条第二款修改为：

强令他人违章冒险作业，或者明知存在重大事故隐患而不排除，仍冒险组织作业，因而发生重大伤亡事故或者造成其他严重后果的，处五年以下有期徒刑或者拘役；情节特别恶劣的，处五年以上有期徒刑。

第一百三十四条新增内容如下：

在生产、作业中违反有关安全管理的规定，有下列情形之一，具有发生重大伤亡事故或者其他严重后果的现实危险的，处一年以下有期徒刑、拘役或者管制：

（一）关闭、破坏直接关系生产安全的监控、报警、防护、救生设备、设施，或者篡改、隐瞒、销毁其相关数据、信息的；

（二）因存在重大事故隐患被依法责令停产停业、停止施工、停止使用有关设备、设施、场所或者立即采取排除危险的整改措施，而拒不执行的；

（三）涉及安全生产的事项未经依法批准或者许可，擅自从事矿山开采、金属冶炼、建筑施工，以及危险物品生产、经营、储存等高度危险的生产作业活动的。

## 全国人民代表大会
### The National People's Congress of the People's Republic of China

首页 | 宪法 | 人大机构 | 委员长委员长 | 代表大会会议 | 常委会会议 | 委员民民议 | 权威发布 | 立法 | 监督 | 代表
对外交往 | 选举任免 | 法律研究 | 理论 | 机关工作 | 地方人大 | 图片 | 视频 | 直播 | 专题 | 资料库

当前位置：首页

## 中华人民共和国主席令（第六十六号）

来源：中国人大网　　浏览字号：大 中 小　　　　　　　　　　2020年12月26日 18:01:22

### 中华人民共和国主席令

#### 第六十六号

《中华人民共和国刑法修正案（十一）》已由中华人民共和国第十三届全国人民代表大会常务委员会第二十四次会议于2020年12月26日通过，现予公布，自2021年3月1日起施行。

中华人民共和国主席　习近平

图5-1　《中华人民共和国刑法修正案（十一）》发布

> **注意**：新增条款规定了"有发生重大伤亡事故或者其他严重后果的现实危险的"，是指未发生重大伤亡事故，但存在有现实危险的"重大伤亡事故或者其他严重后果"，这与本条第二款"发生重大伤亡事故或者造成其他严重后果的"是有明显区别的。
>
> 前者为未发生，但有现实危险的；后者是已发生或已造成的。这是我国刑法第一次对未发生重大伤亡事故或者未造成其他严重后果，但有现实危险的违法行为提出追究刑事责任。

过去我们常见的"关闭""破坏""篡改""隐瞒""销毁"，以及"拒不执行""擅自活动"等违法行为，将不再只是行政处罚，或将被追究刑事责任。

本次修改，还将"明知存在重大事故隐患而不排除，仍冒险组织作业"违法行为，看似没有强令他人冒险作业，但还是与"强令他人违章冒险作业"同等追责。

因此，生产经营单位必须高度重视安全生产，不能再犯以上列举的违法行为，否则将被追究刑事责任。生产经营单位负责人若存在以上列举的违法行为受到刑事责任追究，自刑罚执行完毕之日起，五年内不得担任任何生产经营单位的主要负责人。

有严重违法行为或将被追究刑事责任这一法律规定的出台，将对违法行为有一定的遏制作用。

2021年6月10日,第十三届全国人民代表大会常务委员会第二十九次会议通过《关于修改〈中华人民共和国安全生产法〉的决定》,新的《中华人民共和国安全生产法》自2021年9月1日起施行。《中华人民共和国安全生产法》有关条文修正前后对照如表5-1所示。表中楷体字部分为对现行法修改或者新增的内容。

表5-1 《中华人民共和国安全生产法》有关条文修正前后对照表

| 修正前 | 修正后 |
| --- | --- |
| **第三条** 安全生产工作应当以人为本,坚持安全发展,坚持安全第一、预防为主、综合治理的方针,强化和落实生产经营单位的主体责任,建立生产经营单位负责、职工参与、政府监管、行业自律和社会监督的机制。 | **第三条** 安全生产工作应当坚持中国共产党的领导。<br>安全生产工作应当以人为本,坚持人民至上、生命至上,把保护人民生命安全摆在首位,树牢安全发展理念,坚持安全第一、预防为主、综合治理的方针,从源头上防范化解重大安全风险。<br>安全生产工作实行管行业必须管安全、管业务必须管安全、管生产经营必须管安全,强化和落实生产经营单位主体责任与政府监管责任,建立生产经营单位负责、职工参与、政府监管、行业自律和社会监督的机制。 |
| **第四条** 生产经营单位必须遵守本法和其他有关安全生产的法律、法规,加强安全生产管理,建立、健全安全生产责任制和安全生产规章制度,改善安全生产条件,推进安全生产标准化建设,提高安全生产水平,确保安全生产。 | **第四条** 生产经营单位必须遵守本法和其他有关安全生产的法律、法规,加强安全生产管理,建立健全全员安全生产责任制和安全生产规章制度,加大对安全生产资金、物资、技术、人员的投入保障力度,改善安全生产条件,加强安全生产标准化建设,构建安全风险分级管控和隐患排查治理双重预防机制,健全风险防范化解机制,提高安全生产水平,确保安全生产。 |
| **第五条** 生产经营单位的主要负责人对本单位的安全生产工作全面负责。 | **第五条** 生产经营单位的主要负责人是本单位安全生产第一责任人,对本单位的安全生产工作全面负责。其他负责人对职责范围内的安全生产工作负责。 |
| **第八条** 国务院和县级以上地方各级人民政府应当根据国民经济和社会发展规划制定安全生产规划,并组织实施。安全生产规划应当与城乡规划相衔接。<br>国务院和县级以上地方各级人民政府应当加强对安全生产工作的领导,支持、督促各有关部门依法履行安全生产监督管理职责,建立健全安全生产工作协调机制,及时协调、解决安全生产监督管理中存在的重大问题。<br>乡、镇人民政府以及街道办事处、开发区管理机构等地方人民政府的派出机关应当按照职责,加强对本行政区域内生产经营单位安全生产状况的监督检查,协助 | **第八条** 国务院和县级以上地方各级人民政府应当根据国民经济和社会发展规划制定安全生产规划,并组织实施。安全生产规划应当与国土空间等相关规划相衔接。<br>国务院和县级以上地方各级人民政府应当加强对安全生产工作的领导,建立健全安全生产工作协调机制,支持、督促各有关部门依法履行安全生产监督管理职责,及时协调、解决安全生产监督管理中存在的重大问题。<br>各级人民政府应当加强安全生产基础设施建设和安全生产监管能力建设,所需经费列入本级预算。<br>乡、镇人民政府和街道办事处、以及开发区、港区、风景区等应当明确负责安全生产监督管理的有关工作机构及其职责,加强安全生产监管力量建设,按照职责对本行政区域或者管理区域内生产经营单位安全生产状况进行监督检查,协助上级人民政府有关部门或者按照授权依法履行安全生产 |

续表 5-1

| 修正前 | 修正后 |
|---|---|
| 上级人民政府有关部门依法履行安全生产监督管理职责。 | 监督管理职责。<br>县级以上地方各级人民政府应当组织有关部门建立完善安全风险评估与论证机制，按照安全风险管控要求，进行产业规划和空间布局，并对位置相邻、行业相近、业态相似的生产经营单位实施重大安全风险联防联控。 |
| **第九条** 国务院安全生产监督管理部门依照本法，对全国安全生产工作实施综合监督管理；县级以上地方各级人民政府安全生产监督管理部门依照本法，对本行政区域内安全生产工作实施综合监督管理。<br>国务院有关部门依照本法和其他有关法律、行政法规的规定，在各自的职责范围内对有关行业、领域的安全生产工作实施监督管理；县级以上地方各级人民政府有关部门依照本法和其他有关法律、法规的规定，在各自的职责范围内对有关行业、领域的安全生产工作实施监督管理。<br>安全生产监督管理部门和对有关行业、领域的安全生产工作实施监督管理的部门，统称负有安全生产监督管理职责的部门。 | **第九条** 国务院应急管理部门依照本法，对全国安全生产工作实施综合监督管理；县级以上地方各级人民政府应急管理部门依照本法，对本行政区域内安全生产工作实施综合监督管理。<br>国务院交通运输、住房城乡建设、水利、民航等有关部门依照本法和其他有关法律、行政法规的规定，在各自的职责范围内对有关行业、领域的安全生产工作实施监督管理；县级以上地方各级人民政府有关部门依照本法和其他有关法律、法规的规定，在各自的职责范围内对有关行业、领域的安全生产工作实施监督管理。<br>应急管理部门和对有关行业、领域的安全生产工作实施监督管理的部门，统称负有安全生产监督管理职责的部门。**负有安全生产监督管理职责的部门应当相互配合、齐抓共管、信息共享，依法加强安全生产监督管理工作。** |
| **第十条** 国务院有关部门应当按照保障安全生产的要求，依法及时制定有关的国家标准或者行业标准，并根据科技进步和经济发展适时修订。<br>生产经营单位必须执行依法制定的保障安全生产的国家标准或者行业标准。 | **第十条** 国务院有关部门应当按照保障安全生产的要求，依法及时制定有关国家标准或者行业标准，并根据科技进步和经济发展适时修订。<br>国务院有关部门按照职责分工负责安全生产强制性国家标准的项目提出、组织起草、征求意见、技术审查。国务院应急管理部门统筹提出安全生产强制性国家标准的立项计划。国务院标准化行政主管部门负责安全生产强制性国家标准的立项、编号、对外通报和授权批准发布工作。国务院标准化行政主管部门、有关部门依据法定职责对安全生产强制性国家标准的实施进行监督检查。<br>生产经营单位必须执行依法制定的保障安全生产的国家标准或者行业标准。 |
| **第十四条** 国家实行生产安全事故责任追究制度，依照本法和有关法律、法规的规定，追究生产安全事故责任人员的法律责任。 | **第十四条** 国家实行生产安全事故责任追究制度，依照本法和有关法律、法规的规定，追究生产安全事故责任单位和责任人员的法律责任。 |
| **新增** | **第十五条** 县级以上各级人民政府应当组织负有安全生产监督管理职责的部门依法编制安全生产权力和责任清单，公开并接受社会监督。 |

续表 5-1

| 修正前 | 修正后 |
|---|---|
| **第十八条** 生产经营单位的主要负责人对本单位安全生产工作负有下列职责：<br>（一）建立、健全本单位安全生产责任制；<br>（二）组织制定本单位安全生产规章制度和操作规程；<br>（三）组织制定并实施本单位安全生产教育和培训计划；<br>（四）保证本单位安全生产投入的有效实施；<br>（五）督促、检查本单位的安全生产工作，及时消除生产安全事故隐患；<br>（六）组织制定并实施本单位的生产安全事故应急救援预案；<br>（七）及时、如实报告生产安全事故。 | **第十九条** 生产经营单位的主要负责人对本单位安全生产工作负有下列职责：<br>（一）建立健全并落实本单位全员安全生产责任制，加强安全生产标准化建设；<br>（二）组织制定本单位安全生产规章制度和操作规程；<br>（三）组织制定并实施本单位安全生产教育和培训计划；<br>（四）保证本单位安全生产投入的有效实施；<br>（五）组织建立并落实安全风险分级管控和隐患排查治理双重预防工作机制，督促、检查本单位的安全生产工作，及时消除生产安全事故隐患；<br>（六）组织制定并实施本单位的生产安全事故应急救援预案；<br>（七）及时、如实报告生产安全事故。 |
| **第十九条** 生产经营单位的安全生产责任制应当明确各岗位的责任人员、责任范围和考核标准等内容。<br>生产经营单位应当建立相应的机制，加强对安全生产责任制落实情况的监督考核，保证安全生产责任制的落实。 | **第二十一条** 生产经营单位的全员安全生产责任制应当明确各岗位的责任人员、责任范围和考核标准等内容。<br>生产经营单位应当建立相应的机制，加强对全员安全生产责任制落实情况的监督考核，保证全员安全生产责任制的落实。 |
| **第二十条** 生产经营单位应当具备的安全生产条件所必需的资金投入，由生产经营单位的决策机构、主要负责人或者个人经营的投资人予以保证，并对由于安全生产所必需的资金投入不足导致的后果承担责任。<br>有关生产经营单位应当按照规定提取和使用安全生产费用，专门用于改善安全生产条件。安全生产费用在成本中据实列支。安全生产费用提取、使用和监督管理的具体办法由国务院财政部门会同国务院安全生产监督管理部门征求国务院有关部门意见后制定。 | **第二十一条** 生产经营单位应当具备的安全生产条件所必需的资金投入，由生产经营单位的决策机构、主要负责人或者个人经营的投资人予以保证，并对由于安全生产所必需的资金投入不足导致的后果承担责任。<br>有关生产经营单位应当按照规定提取和使用安全生产费用，专门用于改善安全生产条件。安全生产费用在成本中据实列支。安全生产费用提取、使用和监督管理的具体办法由国务院财政部门会同国务院应急管理部门征求国务院有关部门意见后制定。 |
| **第二十四条** 生产经营单位的主要负责人和安全生产管理人员必须具备与本单位所从事的生产经营活动相应的安全生产知识和管理能力。<br>危险物品的生产、经营、储存单位以及矿山、金属冶炼、建筑施工、道路运输单位的主要负责人和安全生产管理人员，应当由主管的负有安全生产监督管理职责的部门对其安全生产知识和管理能力考核合格。考核不得收费。 | **第二十五条** 生产经营单位的主要负责人和安全生产管理人员必须具备与本单位所从事的生产经营活动相应的安全生产知识和管理能力。<br>危险物品的生产、经营、储存、装卸单位以及矿山、金属冶炼、建筑施工、运输单位的主要负责人和安全生产管理人员，应当由主管的负有安全生产监督管理职责的部门对其安全生产知识和管理能力考核合格。考核不得收费。 |

续表 5-1

| 修正前 | 修正后 |
| --- | --- |
| 　　危险物品的生产、储存单位以及矿山、金属冶炼单位应当有注册安全工程师从事安全生产管理工作。鼓励其他生产经营单位聘用注册安全工程师从事安全生产管理工作。注册安全工程师按专业分类管理，具体办法由国务院人力资源和社会保障部门、国务院安全生产监督管理部门会同国务院有关部门制定。 | 　　危险物品的生产、储存、装卸单位以及矿山、金属冶炼单位应当有注册安全工程师从事安全生产管理工作。鼓励其他生产经营单位聘用注册安全工程师从事安全生产管理工作。注册安全工程师按专业分类管理，具体办法由国务院人力资源和社会保障部门、国务院应急管理部门会同国务院有关部门制定。 |
| 　　**第二七条**　生产经营单位的特种作业人员必须按照国家有关规定经专门的安全作业培训，取得相应资格，方可上岗作业。<br>　　特种作业人员的范围由国务院安全生产监督管理部门会同国务院有关部门确定。 | 　　**第二十八条**　生产经营单位的特种作业人员必须按照国家有关规定经专门的安全作业培训，取得相应资格，方可上岗作业。<br>　　特种作业人员的范围由国务院应急管理部门会同国务院有关部门确定。 |
| 　　**第二十九条**　矿山、金属冶炼建设项目和用于生产、储存、装卸危险物品的建设项目，应当按照国家有关规定进行安全评价。 | 　　**第三十条**　矿山、金属冶炼建设项目和用于生产、储存、装卸危险物品的建设项目，应当按照国家有关规定**由具有相应资质的安全评价机构**进行安全评价。 |
| 　　**第三十一条**　矿山、金属冶炼建设项目和用于生产、储存、装卸危险物品的建设项目的施工单位必须按照批准的安全设施设计施工，并对安全设施的工程质量负责。<br>　　矿山、金属冶炼建设项目和用于生产、储存危险物品的建设项目竣工投入生产或者使用前，应当由建设单位负责组织对安全设施进行验收；验收合格后，方可投入生产和使用。安全生产监督管理部门应当加强对建设单位验收活动和验收结果的监督核查。 | 　　**第三十二条**　矿山、金属冶炼建设项目和用于生产、储存、装卸危险物品的建设项目的施工单位必须按照批准的安全设施设计施工，并对安全设施的工程质量负责。<br>　　矿山、金属冶炼建设项目和用于生产、储存、装卸危险物品的建设项目竣工投入生产或者使用前，应当由建设单位负责组织对安全设施进行验收；验收合格后，方可投入生产和使用。**负有安全生产监督管理职责的部门应当加强对建设单位验收活动和验收结果的监督核查。** |
| 　　**第三十五条**　国家对严重危及生产安全的工艺、设备实行淘汰制度，具体目录由国务院安全生产监督管理部门会同国务院有关部门制定并公布。法律、行政法规对目录的制定另有规定的，适用其规定。<br>　　省、自治区、直辖市人民政府可以根据本地区实际情况制定并公布具体目录，对前款规定以外的危及生产安全的工艺、设备予以淘汰。<br>　　生产经营单位不得使用应当淘汰的危及生产安全的工艺、设备。 | 　　**第三十六条**　国家对严重危及生产安全的工艺、设备实行淘汰制度，具体目录由国务院应急管理部门会同国务院有关部门制定并公布。法律、行政法规对目录的制定另有规定的，适用其规定。<br>　　省、自治区、直辖市人民政府可以根据本地区实际情况制定并公布具体目录，对前款规定以外的危及生产安全的工艺、设备予以淘汰。<br>　　生产经营单位不得使用应当淘汰的危及生产安全的工艺、设备。 |
| 　　**第三十七条**　生产经营单位对重大危险源应当登记建档，进行定期检测、评估、监控，并制定应急预案，告知从业人员和相关人员在紧急情况下应当采取的应急措施。 | 　　**第三十八条**　生产经营单位对重大危险源应当登记建档，进行定期检测、评估、监控，并制定应急预案，告知从业人员和相关人员在紧急情况下应当采取的应急措施。 |

续表 5-1

| 修正前 | 修正后 |
|---|---|
| 生产经营单位应当按照国家有关规定将本单位重大危险源及有关安全措施、应急措施报有关地方人民政府安全生产监督管理部门和有关部门备案。 | 生产经营单位应当按照国家有关规定将本单位重大危险源及有关安全措施、应急措施报有关地方人民政府应急管理部门和有关部门备案。有关地方人民政府应急管理部门和有关部门应当通过相关信息系统实现信息共享。 |
| **第三十八条** 生产经营单位应当建立健全生产安全事故隐患排查治理制度，采取技术、管理措施，及时发现并消除事故隐患。事故隐患排查治理情况应当如实记录，并向从业人员通报。<br>县级以上地方各级人民政府负有安全生产监督管理职责的部门应当建立健全重大事故隐患治理督办制度，督促生产经营单位消除重大事故隐患。 | **第三十九条** 生产经营单位应当建立安全风险分级管控制度，按安全风险分级采取相应的管控措施。<br>生产经营单位应当建立健全生产安全事故隐患排查治理制度，采取技术、管理措施，及时发现并消除事故隐患。事故隐患排查治理情况应当如实记录，并通过职工代表大会或者职工大会、信息公示栏等方式向从业人员通报。其中，重大事故隐患排查治理情况应当及时向负有安全生产监督管理职责的部门报告。<br>县级以上地方各级人民政府负有安全生产监督管理职责的部门应当将重大事故隐患纳入相关信息系统，建立健全重大事故隐患治理督办制度，督促生产经营单位消除重大事故隐患。 |
| **第三十九条** 生产、经营、储存、使用危险物品的车间、商店、仓库不得与员工宿舍在同一座建筑物内，并应当与员工宿舍保持安全距离。<br>生产经营场所和员工宿舍应当设有符合紧急疏散要求、标志明显、保持畅通的出口。禁止锁闭、封堵生产经营场所或者员工宿舍的出口。 | **第四十条** 生产、经营、储存、使用危险物品的车间、商店、仓库不得与员工宿舍在同一座建筑物内，并应当与员工宿舍保持安全距离。<br>生产经营场所和员工宿舍应当设有符合紧急疏散要求、标志明显、保持畅通的出口、疏散通道。禁止占用、锁闭、封堵生产经营场所或者员工宿舍的出口、疏散通道。 |
| **第四十条** 生产经营单位进行爆破、吊装以及国务院安全生产监督管理部门会同国务院有关部门规定的其他危险作业，应当安排专门人员进行现场安全管理，确保操作规程的遵守和安全措施的落实。 | **第四十一条** 生产经营单位进行爆破、吊装以及国务院应急管理部门会同国务院有关部门规定的其他危险作业，应当安排专门人员进行现场安全管理，确保操作规程的遵守和安全措施的落实。 |
| **第四十一条** 生产经营单位应当教育和督促从业人员严格执行本单位的安全生产规章制度和安全操作规程；并向从业人员如实告知作业场所和工作岗位存在的危险因素、防范措施以及事故应急措施。 | **第四十二条** 生产经营单位应当教育和督促从业人员严格执行本单位的安全生产规章制度和安全操作规程；并向从业人员如实告知作业场所和工作岗位存在的危险因素、防范措施以及事故应急措施。<br>生产经营单位应当关注从业人员的生理、心理状况和行为习惯，加强对从业人员的心理疏导、精神慰藉，严格落实岗位安全生产责任，防范从业人员行为异常导致事故发生。 |
| **第四十八条** 生产经营单位必须依法参加工伤保险，为从业人员缴纳保险费。<br>国家鼓励生产经营单位投保安全生产责任保险。 | **第四十九条** 生产经营单位必须依法参加工伤保险，为从业人员缴纳保险费。<br>国家鼓励生产经营单位投保安全生产责任保险；属于国家规定的高危行业、领域的，应当投保安全生产责任保险。具体范围和实施办法由国务院应急管理部门会同国务院财政部门、国务院保险监督管理机构和相关行业主管部门制定。 |

续表 5-1

| 修正前 | 修正后 |
|---|---|
| **第五十三条** 因生产安全事故受到损害的从业人员，除依法享有工伤保险外，依照有关民事法律尚有获得赔偿的权利的，有权向本单位提出赔偿要求。 | **第五十四条** 生产经营单位发生生产安全事故后，应当及时采取措施救治有关人员。<br>　　因生产安全事故受到损害的从业人员，除依法享有工伤保险外，依照有关民事法律尚有获得赔偿权利的，有权提出赔偿要求。 |
| **第五十四条** 从业人员在作业过程中，应当严格遵守本单位的安全生产规章制度和操作规程，服从管理，正确佩戴和使用劳动防护用品。 | **第五十五条** 从业人员在作业过程中，应当严格落实岗位安全责任，遵守本单位的安全生产规章制度和操作规程，服从管理，正确佩戴和使用劳动防护用品。 |
| **第五十九条** 县级以上地方各级人民政府应当根据本行政区域内的安全生产状况，组织有关部门按照职责分工，对本行政区域内容易发生重大生产安全事故的生产经营单位进行严格检查。<br>　　安全生产监督管理部门应当按照分类分级监督管理的要求，制定安全生产年度监督检查计划，并按照年度监督检查计划进行监督检查，发现事故隐患，应当及时处理。 | **第六十条** 县级以上地方各级人民政府应当根据本行政区域内的安全生产状况，组织有关部门按照职责分工，对本行政区域内容易发生重大生产安全事故的生产经营单位进行严格检查。<br>　　应急管理部门应当按照分类分级监督管理的要求，制定安全生产年度监督检查计划，并按照年度监督检查计划进行监督检查，发现事故隐患，应当及时处理。 |
| **第六十二条** 安全生产监督管理部门和其他负有安全生产监督管理职责的部门依法开展安全生产行政执法工作，对生产经营单位执行有关安全生产的法律、法规和国家标准或者行业标准的情况进行监督检查，行使以下职权：<br>　　（一）进入生产经营单位进行检查，调阅有关资料，向有关单位和人员了解情况；<br>　　（二）对检查中发现的安全生产违法行为，当场予以纠正或者要求限期改正；对依法应当给予行政处罚的行为，依照本法和其他有关法律、行政法规的规定作出行政处罚决定；<br>　　（三）对检查中发现的事故隐患，应当责令立即排除；重大事故隐患排除前或者排除过程中无法保证安全的，应当责令从危险区域内撤出作业人员，责令暂时停产停业或者停止使用相关设施、设备；重大事故隐患排除后，经审查同意，方可恢复生产经营和使用；<br>　　（四）对有根据认为不符合保障安全生产的国家标准或者行业标准的设施、设备、器材以及违法生产、储存、使用、经营、运输的危险物品予以查封或者扣押，对违法生产、储存、使用、经营危险物品的作业场所予以查封，并依法作出处理决定。<br>　　监督检查不得影响被检查单位的正常生产经营活动。 | **第六十三条** 应急管理部门和其他负有安全生产监督管理职责的部门依法开展安全生产行政执法工作，对生产经营单位执行有关安全生产的法律、法规和国家标准或者行业标准的情况进行监督检查，行使以下职权：<br>　　（一）进入生产经营单位进行检查，调阅有关资料，向有关单位和人员了解情况；<br>　　（二）对检查中发现的安全生产违法行为，当场予以纠正或者要求限期改正；对依法应当给予行政处罚的行为，依照本法和其他有关法律、行政法规的规定作出行政处罚决定；<br>　　（三）对检查中发现的事故隐患，应当责令立即排除；重大事故隐患排除前或者排除过程中无法保证安全的，应当责令从危险区域内撤出作业人员，责令暂时停产停业或者停止使用相关设施、设备；重大事故隐患排除后，经审查同意，方可恢复生产经营和使用；<br>　　（四）对有根据认为不符合保障安全生产的国家标准或者行业标准的设施、设备、器材以及违法生产、储存、使用、经营、运输的危险物品予以查封或者扣押，对违法生产、储存、使用、经营危险物品的作业场所予以查封，并依法作出处理决定。<br>　　监督检查不得影响被检查单位的正常生产经营活动。 |

续表 5-1

| 修正前 | 修正后 |
|---|---|
| **第六十四条** 安全生产监督检查人员应当忠于职守,坚持原则,秉公执法。<br>安全生产监督检查人员执行监督检查任务时,必须出示有效的监督执法证件;对涉及被检查单位的技术秘密和业务秘密,应当为其保密。 | **第六十五条** 安全生产监督检查人员应当忠于职守,坚持原则,秉公执法。<br>安全生产监督检查人员执行监督检查任务时,必须出示有效的行政执法证件;对涉及被检查单位的技术秘密和业务秘密,应当为其保密。 |
| **第六十八条** 监察机关依照行政监察法的规定,对负有安全生产监督管理职责的部门及其工作人员履行安全生产监督管理职责实施监察。 | **第六十九条** 监察机关依照监察法的规定,对负有安全生产监督管理职责的部门及其工作人员履行安全生产监督管理职责实施监察。 |
| **第六十九条** 承担安全评价、认证、检测、检验的机构应当具备国家规定的资质条件,并对其作出的安全评价、认证、检测、检验的结果负责。 | **第七十条** 承担安全评价、认证、检测、检验职责的机构应当具备国家规定的资质条件,并对其作出的安全评价、认证、检测、检验结果负责。<br>承担安全评价、认证、检测、检验的机构应当建立并实施服务公开制度,不得租借资质、挂靠、出具虚假报告。 |
| **第七十条** 负有安全生产监督管理职责的部门应当建立举报制度,公开举报电话、信箱或者电子邮件地址,受理有关安全生产的举报;受理的举报事项经调查核实后,应当形成书面材料;需要落实整改措施的,报经有关负责人签字并督促落实。 | **第七十一条** 负有安全生产监督管理职责的部门应当建立举报制度,公开举报电话、信箱或者电子邮件地址,受理有关安全生产的举报;受理的举报事项经调查核实后,应当形成书面材料;需要落实整改措施的,报经有关负责人签字并督促落实。对不属于本部门职责,需要由其他有关部门进行调查处理的,转交其他有关部门处理。<br>涉及人员死亡的举报事项,应当由县级以上人民政府组织核查处理。 |
| **第七十三条** 县级以上各级人民政府及其有关部门对报告重大事故隐患或者举报安全生产违法行为的有功人员,给予奖励。具体奖励办法由国务院安全生产监督管理部门会同国务院财政部门制定。 | **第七十四条** 县级以上各级人民政府及其有关部门对报告重大事故隐患或者举报安全生产违法行为的有功人员,给予奖励。具体奖励办法由国务院应急管理部门会同国务院财政部门制定。 |
| **第七十五条** 负有安全生产监督管理职责的部门应当建立安全生产违法行为信息库,如实记录生产经营单位的安全生产违法行为信息;对违法行为情节严重的生产经营单位,应当向社会公告,并通报行业主管部门、投资主管部门、国土资源主管部门、证券监督管理机构以及有关金融机构。 | **第七十六条** 负有安全生产监督管理职责的部门应当建立安全生产违法行为信息库,如实记录生产经营单位及其有关从业人员安全生产违法行为信息;对违法行为情节严重的生产经营单位及其有关从业人员,应当及时向社会公告,并通报至行业主管部门、投资主管部门、自然资源主管部门、证券监督管理机构以及有关金融机构。有关部门和机构应当对存在失信行为的生产经营单位及其有关从业人员采取加大执法检查频次、暂停项目审批、上调有关保险费率、行业或者职业禁入等联合惩戒措施,并向社会公示。<br>生产经营单位应当自受到行政处罚之日起二十个工作日内通过企业信用信息公示系统向社会会示,负有安全生产监督管理职责的部门发现生产经营单位未履行公示义务的,应当按照有关规定予以联合惩戒。 |

续表 5-1

| 修正前 | 修正后 |
|---|---|
|  | 负有安全生产监督管理职责的部门应当加强对生产经营单位行政处罚信息的及时归集、共享、应用和公开曝光力度，对生产经营单位进行处罚后三个工作日内即在监督管理部门公示系统予以公开曝光，强化对违法失信生产经营单位及其有关从业人员的社会监督，提高全社会安全生产诚信水平。 |
| **第七十六条**　国家加强生产安全事故应急能力建设，在重点行业、领域建立应急救援基地和应急救援队伍，鼓励生产经营单位和其他社会力量建立应急救援队伍，配备相应的应急救援装备和物资，提高应急救援的专业化水平。<br>国务院安全生产监督管理部门建立全国统一的生产安全事故应急救援信息系统，国务院有关部门建立健全相关行业、领域的生产安全事故应急救援信息系统。 | **第七十七条**　国家加强生产安全事故应急能力建设，在重点行业、领域建立应急救援基地和应急救援队伍，鼓励生产经营单位和其他社会力量建立应急救援队伍，配备相应的应急救援装备和物资，提高应急救援的专业化水平。<br>国务院应急管理部门牵头建立全国统一的生产安全事故应急救援信息系统，国务院交通运输、住房城乡建设、水利、民航等有关部门和县级以上地方人民政府建立健全相关行业、领域、地区的生产安全事故应急救援信息系统，实现互联互通、信息共享，通过推行网上安全信息采集、安全监管和监测预警，提升监管的精准化、智能化水平。 |
| **第七十七条**　县级以上地方各级人民政府应当组织有关部门制定本行政区域内生产安全事故应急救援预案，建立应急救援体系。 | **第七十八条**　县级以上人民政府应当组织有关部门制定生产安全事故应急救援预案，建立应急救援体系。<br>乡、镇人民政府和街道办事处等应当制定相应的生产安全事故应急救援预案，协助上级人民政府有关部门依法履行生产安全事故应急救援工作职责。 |
| **第八十三条**　事故调查处理应当按照科学严谨、依法依规、实事求是、注重实效的原则，及时、准确地查清事故原因，查明事故性质和责任，总结事故教训，提出整改措施，并对事故责任者提出处理意见。事故调查报告应当依法及时向社会公布。事故调查和处理的具体办法由国务院制定。<br>事故发生单位应当及时全面落实整改措施，负有安全生产监督管理职责的部门应当加强监督检查。 | **第八十四条**　事故调查处理应当按照科学严谨、依法依规、实事求是、注重实效的原则，及时、准确地查清事故原因，查明事故性质和责任，评估应急处置工作，总结事故教训，提出整改措施，并对事故责任者提出处理建议。事故调查报告应当依法及时向社会公布。事故调查和处理的具体办法由国务院制定。<br>事故发生单位应当及时全面落实整改措施，负有安全生产监督管理职责的部门应当加强监督检查。<br>负责事故调查处理的国务院有关部门和地方人民政府应当在批复事故调查报告后一年内，组织有关部门对事故整改和防范措施落实情况进行评估，并及时向社会公开评估结果；对不履行职责导致没有落实事故整改措施的有关单位和人员，应当按照有关规定追究责任。 |
| **第八十四条**　生产经营单位发生生产安全事故，经调查确定为责任事故的，除了应当查明事故单位的责任并依法予以追究外，还应当查明对安全生产的有关事项负有审查批准和监督职责的行政部门的责任，对有失职、渎职行为的，依照本法第八十七条的规定追究法律责任。 | **第八十五条**　生产经营单位发生生产安全事故，经调查确定为责任事故的，除了应当查明事故单位的责任并依法予以追究外，还应当查明对安全生产的有关事项负有审查批准和监督职责的行政部门的责任，对有失职、渎职行为的，依照本法第八十八条的规定追究法律责任。 |

续表 5-1

| 修正前 | 修正后 |
|---|---|
| **第八十六条** 县级以上地方各级人民政府安全生产监督管理部门应当定期统计分析本行政区域内发生生产安全事故的情况，并定期向社会公布。 | **第八十七条** 县级以上地方各级人民政府应急管理部门应当定期统计分析本行政区域内发生生产安全事故的情况，并定期向社会公布。 |
| **第八十九条** 承担安全评价、认证、检测、检验工作的机构，出具虚假证明的，没收违法所得；违法所得在十万元以上的，并处违法所得二倍以上五倍以下的罚款；没有违法所得或者违法所得不足十万元的，单处或者并处十万元以上二十万元以下的罚款；对其直接负责的主管人员和其他直接责任人员处二万元以上五万元以下的罚款；给他人造成损害的，与生产经营单位承担连带赔偿责任；构成犯罪的，依照刑法有关规定追究刑事责任。<br><br>对有前款违法行为的机构，吊销其相应资质。 | **第九十条** 承担安全评价、认证、检测、检验工作的机构租借资质、挂靠、出具虚假报告的，没收违法所得；违法所得在十万元以上的，并处违法所得二倍以上五倍以下的罚款，没有违法所得或者违法所得不足十万元的，单处或者并处十万元以上二十万元以下的罚款；对其直接负责的主管人员和其他直接责任人员处五万元以上十万元以下的罚款；给他人造成损害的，与生产经营单位承担连带赔偿责任；构成犯罪的，依照刑法有关规定追究刑事责任。<br><br>对有前款违法行为的机构及其直接责任人员，吊销其相应资质和资格，五年内不得从事安全评价、认证、检测、检验等工作，情节严重的，实行终身行业和职业禁入；构成犯罪的，依照刑法有关规定追究刑事责任。 |
| **第九十一条** 生产经营单位的主要负责人未履行本法规定的安全生产管理职责的，责令限期改正；逾期未改正的，处二万元以上五万元以下的罚款，责令生产经营单位停产停业整顿。<br><br>生产经营单位的主要负责人有前款违法行为，导致发生生产安全事故的，给予撤职处分；构成犯罪的，依照刑法有关规定追究刑事责任。<br><br>生产经营单位的主要负责人依照前款规定受刑事处罚或者撤职处分的，自刑罚执行完毕或者受处分之日起，五年内不得担任任何生产经营单位的主要负责人；对重大、特别重大生产安全事故负有责任的，终身不得担任本行业生产经营单位的主要负责人。 | **第九十二条** 生产经营单位的主要负责人未履行本法规定的安全生产管理职责的，责令限期改正，处二万元以上五万元以下的罚款；逾期未改正的，处五万元以上十万元以下的罚款，责令生产经营单位停产停业整顿。<br><br>生产经营单位的主要负责人有前款违法行为，导致发生生产安全事故的，给予撤职处分；构成犯罪的，依照刑法有关规定追究刑事责任。<br><br>生产经营单位的主要负责人依照前款规定受刑事处罚或者撤职处分的，自刑罚执行完毕或者受处分之日起，五年内不得担任任何生产经营单位的主要负责人；对重大、特别重大生产安全事故负有责任的，终身不得担任本行业生产经营单位的主要负责人。 |
| **第九十二条** 生产经营单位的主要负责人未履行本法规定的安全生产管理职责，导致发生生产安全事故的，由安全生产监督管理部门依照下列规定处以罚款：<br>（一）发生一般事故的，处上一年年收入百分之三十的罚款；<br>（二）发生较大事故的，处上一年年收入百分之四十的罚款；<br>（三）发生重大事故的，处上一年年收入百分之六十的罚款；<br>（四）发生特别重大事故的，处上一年年收入百分之八十的罚款。 | **第九十三条** 生产经营单位的主要负责人未履行本法规定的安全生产管理职责，导致发生生产安全事故的，由应急管理部门依照下列规定处以罚款：<br>（一）发生一般事故的，处上一年年收入百分之四十的罚款；<br>（二）发生较大事故的，处上一年年收入百分之六十的罚款；<br>（三）发生重大事故的，处上一年年收入百分之八十的罚款；<br>（四）发生特别重大事故的，处上一年年收入百分之一百的罚款。 |

续表 5-1

| 修正前 | 修正后 |
|---|---|
| **第九十三条**　生产经营单位的安全生产管理人员未履行本法规定的安全生产管理职责的，责令限期改正；导致发生生产安全事故的，暂停或者撤销其与安全生产有关的资格；构成犯罪的，依照刑法有关规定追究刑事责任。 | **第九十四条**　生产经营单位的其他负责人和安全生产管理人员未履行本法规定的安全生产管理职责的，责令限期改正，处一万元以上三万元以下的罚款；导致发生生产安全事故的，暂停或者吊销其与安全生产有关的资格，并处上一年年收入百分之二十以上百分之五十以下的罚款；构成犯罪的，依照刑法有关规定追究刑事责任。 |
| **第九十五条**　生产经营单位有下列行为之一的，责令停止建设或者停产停业整顿，限期改正；逾期未改正的，处五十万元以上一百万元以下的罚款，对其直接负责的主管人员和其他直接责任人员处二万元以上五万元以下的罚款；构成犯罪的，依照刑法有关规定追究刑事责任：<br>（一）未按照规定对矿山、金属冶炼建设项目或者用于生产、储存、装卸危险物品的建设项目进行安全评价的；<br>（二）矿山、金属冶炼建设项目或者用于生产、储存、装卸危险物品的建设项目没有安全设施设计或者安全设施设计未按照规定报经有关部门审查同意的；<br>（三）矿山、金属冶炼建设项目或者用于生产、储存、装卸危险物品的建设项目的施工单位未按照批准的安全设施设计施工的；<br>（四）矿山、金属冶炼建设项目或者用于生产、储存危险物品的建设项目竣工投入生产或者使用前，安全设施未经验收合格的。 | **第九十六条**　生产经营单位有下列行为之一的，责令停止建设或者停产停业整顿，限期改正，并处十万元以上五十万元以下的罚款，对其直接负责的主管人员和其他直接责任人员处二万元以上五万元以下的罚款；逾期未改正的，处五十万元以上一百万元以下的罚款，对其直接负责的主管人员和其他直接责任人员处五万元以上十万元以下的罚款；构成犯罪的，依照刑法有关规定追究刑事责任：<br>（一）未按照规定对矿山、金属冶炼建设项目或者用于生产、储存、装卸危险物品的建设项目进行安全评价的；<br>（二）矿山、金属冶炼建设项目或者用于生产、储存、装卸危险物品的建设项目没有安全设施设计或者安全设施设计未按照规定报经有关部门审查同意的；<br>（三）矿山、金属冶炼建设项目或者用于生产、储存、装卸危险物品的建设项目的施工单位未按照批准的安全设施设计施工的；<br>（四）矿山、金属冶炼建设项目或者用于生产、储存、装卸危险物品的建设项目竣工投入生产或者使用前，安全设施未经验收合格的。 |
| **第九十六条**　生产经营单位有下列行为之一的，责令限期改正，可以处五万元以下的罚款；逾期未改正的，处五万元以上二十万元以下的罚款，对其直接负责的主管人员和其他直接责任人员处一万元以上二万元以下的罚款；情节严重的，责令停产停业整顿；构成犯罪的，依照刑法有关规定追究刑事责任：<br>（一）未在有较大危险因素的生产经营场所和有关设施、设备上设置明显的安全警示标志的；<br>（二）安全设备的安装、使用、检测、改造和报废不符合国家标准或者行业标准的；<br>（三）未对安全设备进行经常性维护、保养和定期检测的；<br>（四）未为从业人员提供符合国家标准或者行业标准的劳动防护用品的； | **第九十七条**　生产经营单位有下列行为之一的，责令限期改正，处五万元以下的罚款；逾期未改正的，处五万元以上二十万元以下的罚款，对其直接负责的主管人员和其他直接责任人员处一万元以上二万元以下的罚款；情节严重的，责令停产停业整顿；构成犯罪的，依照刑法有关规定追究刑事责任：<br>（一）未在有较大危险因素的生产经营场所和有关设施、设备上设置明显的安全警示标志的；<br>（二）安全设备的安装、使用、检测、改造和报废不符合国家标准或者行业标准的；<br>（三）未对安全设备进行经常性维护、保养和定期检测的；<br>（四）未为从业人员提供符合国家标准或者行业标准的劳动防护用品的；<br>（五）危险物品的容器、运输工具，以及涉及人身安全、危险性较大的海洋石油开采特种设备和矿山井下特种设备未经具有专业资质的机构检测、检验合格，取得安全使用证或者安全标志，投入使用的； |

续表 5-1

| 修正前 | 修正后 |
|---|---|
| （五）危险物品的容器、运输工具，以及涉及人身安全、危险性较大的海洋石油开采特种设备和矿山井下特种设备未经具有专业资质的机构检测、检验合格，取得安全使用证或者安全标志，投入使用的；<br>（六）使用应当淘汰的危及生产安全的工艺、设备的。 | （六）使用应当淘汰的危及生产安全的工艺、设备的。 |
| **第九十八条** 生产经营单位有下列行为之一的，责令限期改正，可以处十万元以下的罚款；逾期未改正的，责令停产停业整顿，并处十万元以上二十万元以下的罚款，对其直接负责的主管人员和其他直接责任人员处二万元以上五万元以下的罚款；构成犯罪的，依照刑法有关规定追究刑事责任：<br>（一）生产、经营、运输、储存、使用危险物品或者处置废弃危险物品，未建立专门安全管理制度、未采取可靠的安全措施的；<br>（二）对重大危险源未登记建档，或者未进行评估、监控，或者未制定应急预案的；<br>（三）进行爆破、吊装以及国务院安全生产监督管理部门会同国务院有关部门规定的其他危险作业，未安排专门人员进行现场安全管理的；<br>（四）未建立事故隐患排查治理制度的。 | **第九十九条** 生产经营单位有下列行为之一的，责令限期改正，处十万元以下的罚款；逾期未改正的，责令停产停业整顿，并处十万元以上二十万元以下的罚款，对其直接负责的主管人员和其他直接责任人员处二万元以上五万元以下的罚款；构成犯罪的，依照刑法有关规定追究刑事责任：<br>（一）生产、经营、运输、储存、使用危险物品或者处置废弃危险物品，未建立专门安全管理制度、未采取可靠的安全措施的；<br>（二）对重大危险源未登记建档，未进行定期检测、评估、监控，未制定应急预案，或者未告知应急措施的；<br>（三）进行爆破、吊装以及国务院应急管理部门会同国务院有关部门规定的其他危险作业，未安排专门人员进行现场安全管理的；<br>（四）*未建立安全风险分级管控制度、按安全风险分级采取相应管控措施的*；<br>（五）*未建立事故隐患排查治理制度，或者重大事故隐患未按规定报告的*。 |
| **第九十九条** 生产经营单位未采取措施消除事故隐患的，责令立即消除或者限期消除；生产经营单位拒不执行的，责令停产停业整顿，并处十万元以上五十万元以下的罚款，对其直接负责的主管人员和其他直接责任人员处二万元以上五万元以下的罚款。 | **第一百条** 生产经营单位未采取措施消除事故隐患的，责令立即消除或者限期消除，*处五万元以下的罚款*；生产经营单位拒不执行的，责令停产停业整顿，并*自责令停产停业整顿之日的次日起按照原处罚数额按日连续处罚*，对其直接负责的主管人员和其他直接责任人员处五万元以上十万元以下的罚款。 |
| **第一百条** 生产经营单位将生产经营项目、场所、设备发包或者出租给不具备安全生产条件或者相应资质的单位或者个人的，责令限期改正，没收违法所得；违法所得十万元以上的，并处违法所得二倍以上五倍以下的罚款；没有违法所得或者违法所得不足十万元的，单处或者并处十万元以上二十万元以下的罚款；对其直接负责的主管人员和其他直接责任人员处一万元以上二万元以下的罚款；导致发生 | **第一百零一条** 生产经营单位将生产经营项目、场所、设备发包或者出租给不具备安全生产条件或者相应资质的单位或者个人的，责令限期改正，没收违法所得；违法所得十万元以上的，并处违法所得二倍以上五倍以下的罚款；没有违法所得或者违法所得不足十万元的，单处或者并处十万元以上二十万元以下的罚款；对其直接负责的主管人员和其他直接责任人员处一万元以上二万元以下的罚款；导致发生生产安全事故给他人造成损害的，与承包方、承租方承担连带赔偿责任。 |

续表 5-1

| 修正前 | 修正后 |
|---|---|
| 生产安全事故给他人造成损害的，与承包方、承租方承担连带赔偿责任。<br>　　生产经营单位未与承包单位、承租单位签订专门的安全生产管理协议或者未在承包合同、租赁合同中明确各自的安全生产管理职责，或者未对承包单位、承租单位的安全生产统一协调、管理的，责令限期改正，可以处五万元以下的罚款，对其直接负责的主管人员和其他直接责任人员可以处一万元以下的罚款；逾期未改正的，责令停产停业整顿。 | 　　生产经营单位未与承包单位、承租单位签订专门的安全生产管理协议或者未在承包合同、租赁合同中明确各自的安全生产管理职责，或者未对承包单位、承租单位的安全生产统一协调、管理的，责令限期改正，处五万元以下的罚款，对其直接负责的主管人员和其他直接责任人员处一万元以下的罚款；逾期未改正的，责令停产停业整顿。 |
| 　　**第一百零一条**　两个以上生产经营单位在同一作业区域内进行可能危及对方安全生产的生产经营活动，未签订安全生产管理协议或者未指定专职安全生产管理人员进行安全检查与协调的，责令限期改正，可以处五万元以下的罚款，对其直接负责的主管人员和其他直接责任人员可以处一万元以下的罚款；逾期未改正的，责令停产停业。 | 　　**第一百零二条**　两个以上生产经营单位在同一作业区域内进行可能危及对方安全生产的生产经营活动，未签订安全生产管理协议或者未指定专职安全生产管理人员进行安全检查与协调的，责令限期改正，处五万元以下的罚款，对其直接负责的主管人员和其他直接责任人员处一万元以下的罚款；逾期未改正的，责令停产停业。 |
| 　　**第一百零二条**　生产经营单位有下列行为之一的，责令限期改正，可以处五万元以下的罚款，对其直接负责的主管人员和其他直接责任人员可以处一万元以下的罚款；逾期未改正的，责令停产停业整顿；构成犯罪的，依照刑法有关规定追究刑事责任：<br>　　（一）生产、经营、储存、使用危险物品的车间、商店、仓库与员工宿舍在同一座建筑内，或者与员工宿舍的距离不符合安全要求的；<br>　　（二）生产经营场所和员工宿舍未设有符合紧急疏散需要、标志明显、保持畅通的出口，或者锁闭、封堵生产经营场所或者员工宿舍出口的。 | 　　**第一百零三条**　生产经营单位有下列行为之一的，责令限期改正，处五万元以下的罚款，对其直接负责的主管人员和其他直接责任人员处一万元以下的罚款；逾期未改正的，责令停产停业整顿；构成犯罪的，依照刑法有关规定追究刑事责任：<br>　　（一）生产、经营、储存、使用危险物品的车间、商店、仓库与员工宿舍在同一座建筑内，或者与员工宿舍的距离不符合安全要求的；<br>　　（二）生产经营场所和员工宿舍未设有符合紧急疏散需要、标志明显、保持畅通的出口，疏散通道，或者占用、锁闭、封堵生产经营场所或者员工宿舍出口、疏散通道的。 |
| 　　**第一百零四条**　生产经营单位的从业人员不服从管理，违反安全生产规章制度或者操作规程的，由生产经营单位给予批评教育，依照有关规章制度给予处分；构成犯罪的，依照刑法有关规定追究刑事责任。 | 　　**第一百零五条**　生产经营单位的从业人员不落实岗位安全责任，不服从管理，违反安全生产规章制度或者操作规程的，由生产经营单位给予批评教育，依照有关规章制度给予处分；构成犯罪的，依照刑法有关规定追究刑事责任。 |
| 　　**新增** | 　　**第一百零七条**　高危行业、领域的生产经营单位未按照国家规定投保安全生产责任保险的，责令限期改正，处五万元以上十万元以下的罚款；逾期未改正的，处十万元以上二十万元以下的罚款，并责令停产停业整顿直至其投保安全生产责任保险。 |

续表 5-1

| 修正前 | 修正后 |
| --- | --- |
| **第一百零六条** 生产经营单位的主要负责人在本单位发生生产安全事故时，不立即组织抢救或者在事故调查处理期间擅离职守或者逃匿的，给予降级、撤职的处分，并由安全生产监督管理部门处上一年年收入百分之六十至百分之一百的罚款；对逃匿的处十五日以下拘留；构成犯罪的，依照刑法有关规定追究刑事责任。<br><br>生产经营单位的主要负责人对生产安全事故隐瞒不报、谎报或者迟报的，依照前款规定处罚。 | **第一百零八条** 生产经营单位的主要负责人在本单位发生生产安全事故时，不立即组织抢救或者在事故调查处理期间擅离职守或者逃匿的，给予降级、撤职的处分，并由应急管理部门处上一年年收入百分之六十至百分之一百的罚款；对逃匿的，处十五日以下拘留；构成犯罪的，依照刑法有关规定追究刑事责任。<br><br>生产经营单位的主要负责人对生产安全事故隐瞒不报、谎报或者迟报的，依照前款规定处罚。 |
| **新增** | **第一百一十条** 生产经营单位违反本法规定，被责令改正且受到罚款处罚，拒不改正的，负有安全生产监督管理职责的部门可以自作出责令改正之日的次日起，按照原处罚数额按日连续处罚。 |
| **第一百零八条** 生产经营单位不具备本法和其他有关法律、行政法规和国家标准或者行业标准规定的安全生产条件，经停产停业整顿仍不具备安全生产条件的，予以关闭；有关部门应当依法吊销其有关证照。 | **第一百一十一条** 生产经营单位存在下列情形之一的，负有安全生产监督管理职责的部门应当提请地方人民政府予以关闭，有关部门应当依法吊销其有关证照。生产经营单位主要负责人五年内不得担任任何生产经营单位的主要负责人；情节严重的，终身不得担任本行业生产经营单位的主要负责人：<br>（一）存在重大事故隐患，一百八十日内三次或者一年内四次受到本法规定的行政处罚的；<br>（二）经停产停业整顿，仍不具备法律、行政法规和国家标准或者行业标准规定的安全生产条件的；<br>（三）不具备法律、行政法规和国家标准或者行业标准规定的安全生产条件，导致发生重大、特别重大生产安全事故的；<br>（四）拒不执行负有安全生产监督管理职责的部门作出的停产停业整顿决定的。 |
| **第一百零九条** 发生生产安全事故，对负有责任的生产经营单位除要求其依法承担相应的赔偿等责任外，由安全生产监督管理部门依照下列规定处以罚款：<br>（一）发生一般事故的，处二十万元以上五十万元以下的罚款；<br>（二）发生较大事故的，处五十万元以上一百万元以下的罚款；<br>（三）发生重大事故的，处一百万元以上五百万元以下的罚款；<br>（四）发生特别重大事故的，处五百万元以上一千万元以下的罚款；情节特别严重的，处一千万元以上二千万元以下的罚款。 | **第一百一十二条** 发生生产安全事故，对负有责任的生产经营单位除要求其依法承担相应的赔偿等责任外，由应急管理部门依照下列规定处以罚款：<br>（一）发生一般事故的，处三十万元以上一百万元以下的罚款；<br>（二）发生较大事故的，处一百万元以上二百万元以下的罚款；<br>（三）发生重大事故的，处二百万元以上一千万元以下的罚款；<br>（四）发生特别重大事故的，处一千万元以上二千万元以下的罚款。<br>发生生产安全事故，情节特别严重、社会影响特别恶劣的，应急管理部门可以按照第一款罚款数额的二倍以上五倍以下对负有责任的生产经营单位处以罚款。 |

续表 5-1

| 修正前 | 修正后 |
| --- | --- |
| 　第一百一十条　本法规定的行政处罚，由安全生产监督管理部门和其他负有安全生产监督管理职责的部门按照职责分工决定。予以关闭的行政处罚由负有安全生产监督管理职责的部门报请县级以上人民政府按照国务院规定的权限决定；给予拘留的行政处罚由公安机关依照治安管理处罚法的规定决定。 | 　第一百一十三条　本法规定的行政处罚，由应急管理部门和其他负有安全生产监督管理职责的部门按照职责分工决定；其中，根据本法第九十三条、第一百零八条、第一百一十二条的规定应当给予民航、铁路、电力行业的生产经营单位及其主要负责人行政处罚的，也可以由主管的负有安全生产监督管理职责的部门进行处罚。予以关闭的行政处罚由负有安全生产监督管理职责的部门报请县级以上人民政府按照国务院规定的权限决定；给予拘留的行政处罚由公安机关依照治安管理处罚法的规定决定。 |
| 　第一百一十三条　本法规定的生产安全一般事故、较大事故、重大事故、特别重大事故的划分标准由国务院规定。<br>　国务院安全生产监督管理部门和其他负有安全生产监督管理职责的部门应当根据各自的职责分工，制定相关行业、领域重大事故隐患的判定标准。 | 　第一百一十六条　本法规定的生产安全一般事故、较大事故、重大事故、特别重大事故的划分标准由国务院规定。<br>　国务院应急管理部门和其他负有安全生产监督管理职责的部门应当根据各自的职责分工，制定相关行业、领域重大危险源的辨识标准和重大事故隐患的判定标准。 |

# 第三节　职业价值与意义

根据不同的划分标准，人们对职业价值观的种类划分也不同。美国心理学家洛特克在其所著《人类价值观的本质》一书中，提出 13 种价值观：成就感、审美追求、挑战、健康、收入与财富、独立性、爱、家庭与人际关系、道德感、欢乐、权利、安全感、自我成长和社会交往。

职业价值观是人生目标和人生态度在职业选择方面的具体表现，也就是一个人对职业的认识和态度以及他对职业目标的追求和向往。理想、信念、世界观对于职业的影响，集中体现在职业价值观上。

由于个人的身心条件、年龄阅历、教育状况、家庭影响、兴趣爱好等方面的不同，人们对各种职业有着不同的主观评价。

从社会来讲，由于社会分工的发展和生产力水平的相对落后，各种职业在劳动性质的内容上、在劳动难度和强度上、在劳动条件和待遇上、在所有制形式和稳定性等诸多问题上，都存在着差别。

## 一、月薪 2 000 元和 20 000 元？差的不只是"钱"

随着社会的发展，国家对安全越来越重视，对安全从业者的要求也越来越高。近期住建部下文，对出现较大安全事故的相关注册人员，注销注册证书并终身不予注册，有些省也出台文件规定，对工程发生伤亡一人事故的，要追究相关人员刑事责任的处罚。现有的安全人员业务水平也不能满足要求。目前真正懂安全的人还是太少，企业负责人重视安全的程度也因人而异，使得同样是安全员，月薪上却有着明显的差距。有人每月只拿 2 000 元，而有人却高达 20 000 元！你知道为什么吗？

**（一）月薪 2 000 元发通知，等结果**

反正把检查通知发出去了，有没有人员检查什么的不关我的事，把发通知出去当成结果。那么这样的安全员，2 000 元一个月差不多了。事实上，不管是发出安全检查通知，还是安排人员检查，都不是结果。排查了哪些安全隐患，发现了哪些安全问题，然后进行分析，制定对策措施才是结果。

**（二）月薪 3 500 元做检查，做记录**

如果安全员发出检查通知后，自己或带队到现场，仔细查看各区域，并做相应记录。对他来说，检查和记录都是结果，这样 3 500 元足够了。

**（三）月薪 5 000 元凭经验，做判断**

没有方案、流程甚至标准，只是脑子里有个大致检查内容和应着重检查的区域，然后进行安全检查。最后凭自己的安全工作经验，判断是否达到要求。

这种做法，检查过程成了结果，但检查工作的质量、检查的方法不能有效在内部传承，月薪 5 000 元不少了。

**（四）月薪 6 000 元做标准，严考核**

根据法律法规和上级的要求，制定安全检查表、检查方法和流程，发现违章或违纪的事情严格按照公司制度进行处理，然后形成一份检查报告。但是，这样做的结果是得出了相应的表格和数据，而对设备、生产现场、作业人员安全意识、知识技能、情绪了解并不深刻。所以，提交检查报告不是结果，让公司了解现在的管理现状、管理水平、文化氛围才是结果。不过这样的安全员月薪 6 000 元蛮可以的。

**（五）月薪 8 000 元做讲解，给方案**

对于检查出来的隐患，对记录的检查中的事件与数据，做一个细致的讲解。结果是让领导对一些安全整改的难点或要点有更加深刻的了解，提高领导对安全的重视，并且给出自己相应的解决方案和意见。

把检查出来的问题抛给领导、公司不是结果，让领导了解问题，有几个方案供他选择然后做出合适的解决方法才是结果。月薪 8 000 元，给你！

**（六）月薪 10 000 元做培训，做监督**

安全员通过开展系统性的培训，让项目管理人员、班组长尽快地掌握安全检查的知识和工具，帮助他们能够独立完成各自区域的安全检查（见图 5-2），成为一个在安全管理上也合格的基层管理者。同时，把培训当成重点的考核机制，把定期监督基层管理人员在相应的安全管理中的表现当成平时考核机制。培训了基层管理人员不是结果，他们合格了才是结果。月薪 10 000 元不为过。

**（七）月薪 15 000 元做文化，做推动**

安全员不是将自己定位于安全主管，陷入具体的安全管理业务之中，而是要将自己定义为公司安全文化的主要推动者之一，协助领导做安全文化的建设与推动。

把员工的安全、生产的安全放在首位，帮助员工做本质型安全员工、提高职业化水平，树立公司提倡的安全价值观，为安全生产输入强大的精神动力等。所以，让员工参与到安全文化活动中来，不发生安全事故，继而为公司、为自己创造更大的价值才是结果。

图 5-2　现场安全检查

这样的安全员，15 000 元月薪当之无愧。

**（八）月薪 18 000 元做战略，做梯队**

首先对公司战略理解透彻，并能够根据公司战略，制定出符合领导要求的安全规划战略，并执行到底。不但要做到"零事故"，还要做到"风险尽在掌控中"，为公司的发展战略实施提供强大的安全保障支持。

所以，一个阶段的安全检查不是结果，把检查当成一种日常业务，做战略性的安全规划，形成安全管理机制才是结果。给 18 000 元月薪理所应当吧。

**（九）月薪 20 000 元做流程，做传承**

最高段位的安全员不仅是公司执行力的标兵、职业化的表率，同时也是公司文化的推动者和安全人才培养战略的实施者。他要考虑公司的持续性发展，将安全生产工作标准化、流程化、工具化，做传承。不论谁来接替他的工作，公司的安全管理依然可以高效率地运行。给月薪 20 000 元，领导也不觉得多！

## 二、涨工资最大的瓶颈？先看看你能成为哪类人

作为安全员你满意自己的工资吗？

你觉得涨工资最大的瓶颈在哪里？

想要了解安全人员职业生涯涨工资最大的瓶颈问题，先看看安全岗位分类（见图 5-3），根据安全岗位所需的技术能力和非技术能力如沟通等做了个分类。

注：A、B、C、D 表示工作岗位所需对应最低技能要求，非该岗位实际技能值。

图 5-3　安全岗位分类

### （一）全力赶超 A 类工作需求

A 类工作是最常见的一种类型，属于不需要太多技能和经验，且日复一日重复度极高的工作岗位，也是就业当中体量最大的一部分人群。但很不幸，大部分安全从业者就像刚申请游戏账号的新手一样，尤其是刚毕业的大学生们，都是从 A 类工作开始安全之旅的。A 类岗位是必经之路，就像初入社会的人总会经历一个干苦活累活杂活还没有太多成就感一样，想尽快走出 A 类岗位，需要做到以下几点：

● 尽可能将岗位工作标准化、自动化，节约人力，节约时间，就像海绵里的水，将更多空余的时间挤出来，时时刻刻做好提升自己价值的工作和学习。

● 认真完成每一件工作，在工作之余，利用有限的时间钻研技术，知其然更知其所以然，把原理和本质吃透，将理论与实践充分结合。

● 善于总结经验教训，坚持不断优化改进，进一步提高工作效率，避免类似问题重复出现。

在 A 类岗位工作是新手玩家必经的一道坎，很多玩家倒在这道坎，十年如一日，碌碌无为，从事着最基础、最简单的工作，这样很难提升自我价值。

### （二）"B" or "C"，应从 C 类人员开始

为什么不是 B，因为 B 对人的沟通能力、情商要求相对较高。而对于工程类学生来讲，我国大部分应届毕业生沟通能力和技术能力还是不够的，普遍存在脸皮薄、害羞、内敛等现象，如果直接从 B 做起，那么，很可能到最后发现，很多人都会不适应，甚至荒废了技术，这就得不偿失了。由此可见，直接从管理人生的风险敞口角度开始对于大部分人来讲，明显是不太合理的。相较之下，C 类工作更适合多数人。其具备两个特点：第一，学习空间大，这样在工作上花的时间会凝结成自身的价值；第二，会经常需要解决非结构化的问题。

很多人很容易将 C 类和 A 类岗位弄混，在选择的路上也很容易出现偏差。比如工程行业企业大部分会购买一些安全设备，A 类岗位安全设备管理员工作内容相对较为简单且具有重复性，可以只要学会开关设备，保证设备正常运行就可以了。但是 C 类人员在技术含量方面要求更高，还需要了解安全设备的作用原理，测试设备全部安全功能并知晓各功能局限及关键有用功能，针对性地配置防护规则和告警规则并做出优化，对于高风险告警一一进行安全分析并反向优化，对于异常进行溯源、定位、清除。明显 C 类岗位比 A 类岗位对安全有效性更有价值。

当然，C 类工作并不是一直顺风顺水的，在科技迅速更新的今天，C 类工作很多就会遇到发展的瓶颈。原因有两个：

第一，竞争中立于不败之地。企业管理是一个系统工程，要使这个系统工程正常运转，实效、优质、高产、低耗，就必须运用科学的方法、手段和原理，按照一定的运营框架，对企业的各项管理要素进行系统的规范化、程序化、标准化设计，然后形成有效的管理运营机制，即实现企业的规范化管理。但对于 C 类人员来讲，当一个企业的业务流程变得复杂化时，企业就必须将此项业务进行肢解细化，衍生出更多的岗位，这样就会大幅降低对 C 类人员的依赖。例如，在安全事件应急管理当中，前期安全应急管理不那么成熟，很多安全分析工作需要交给那些技术功底高、经验丰富的人

员去完成，但后期安全事件应急管理体系不断完善，形成了较为系统的安全制度和标准的工作指南，拿着标准的工具、流程做一遍就可以了，这项工作很多人都可以达到要求。

第二，C 类人员工作 1 ～ 2 年后，边际效用递减规律愈加明显，不再像刚入行一样兴奋，每天想着多学点新知识，一天天、一年年的重复机械劳动逐渐将人的激情燃烧殆尽，也将成为一种常态。在此状况下，工作所花费的时间往往并不能达到人力资本增值的效果，也就会出现薪资、职位停滞不前。更令人痛心的是，随着社会的不断进步，科学技术水平迅速提升，当你花了一辈子干的一样工作，一旦被时代所淘汰，那么，你可能面临转岗、失业的困境。工程行业技术更新尤其快，安全行业更甚，只有不断学习，时刻保持着一种危机感，才能立于不败之地。

### （三）拓宽 B 类人员覆盖面

B 类岗位特点是对技术能力要求不是特别高，但对沟通能力等要求比较高，这类岗位要想出头，必须在工作内容覆盖范围的广度方面拓展，比如安全管理岗的职级高低，在于安全管理范围大小。是不是每个人，坚持按照 10 000 个小时定律努力下去，就成为顶尖人才，从此走上人生巅峰？显然不是。一方面，个体的差异是存在的，有些人适合从事技术类岗位往深度发展并成功，有些人并不适合。另一方面，高阶岗位除需要技术专家外，更需要综合全面搞定问题的复合型人才。

### （四）D 类是安全管理人员发展的最高层级

D 类是安全管理人员发展的最高层级，也是安全管理人员发展的终极目标。古有云："国不可一日无军，军不可一日无帅"。D 类人员是核心人物，是一个项目、一个企业的灵魂，不仅要具备超高的专业能力、职业能力和综合能力，还要具备强大的人格魅力、知识涵养，由于 D 类人员的特殊性和高要求性，因而是大多数公司中最难选的也是最难确定的人。那么如何才能成为 D 类人员呢？应先从 C 类做起，随后在工作中不断积累经验、提升自己，逐步承担起 B 类工作，双剑合璧之时便可达到事半功倍的效果。

# 第四节　安全管理人员职业规划

## 一、认请社会分工的重要性

社会分工，是超越一个经济单位的社会范围的生产分工，包括社会生产分为农业、工业等部门的一般分工，以及把这些大的部门再分为重工业、轻工业、种植业、畜牧业等产业或行业的特殊分工。分工为群居动物所特有。恩格斯在《家庭、私有制和国家的起源》一书中提出的发生在东大陆原始社会后期的三次社会大分工，即游牧部落从其余的野蛮人群中分离出来，手工业和农业的分离，商人阶级的出现。① 原始社会后期发生的畜牧业同农业的分离。原始人类征服自然的能力有了提高，促进了劳动生产率的增长，引起了部落间的产品交换，为私有制的产生创造了物质前提。②原始社会末期，因金属工具的使用和改良引起的手工业同农业的分离。使商品生产得到迅速发展，以手

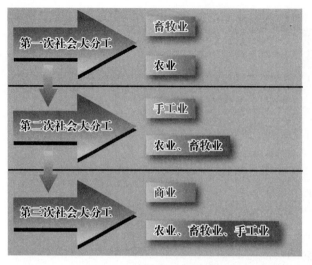

图 5-4  "三次"社会大分工

工业为中心的城市开始出现，除了自由人和奴隶之间的差别外，又出现了富人和穷人的差别。③ 奴隶社会初期出现的专门经营商品买卖的商人。它促进了奴隶制的巩固和发展，开始积累了商业资本，脑力劳动开始从体力劳动中分离出来（见图 5-4）。

亚当·斯密在《国富论》中写到：人的天赋差别并不大，造成人们才能上重大差别的是分工的结果。哲学家和挑夫之间的差别，就是职业分工的结果。通常大家都认为，"劳动创造了人"。劳动是一个哲学的概念！作为一个个体，身体各器官和躯干肢体与脑神经系统都有着非常明确和清晰的分工，通俗就是劳动分工，更科学的描述就是职业化分工。为什么会有"脑体分工"，为何"劳动分工"一再遭遇困境，人们不承认"脑力劳动""智力劳动""知识劳动成果"等，而每时每刻都在享受和分享着人类的知识成果，认识到了这一点，就产生了认识的突破和飞跃。在安全岗位上，同样需要认清这一点。

现代工业发展，将业务流程化、标准化，催生了一个个非常细分的岗位，一方面大大提高了社会生产率，另一方面由于社会分工的高度细化，大部分劳动者只能在流水线前日复一日不知疲倦地敲着那颗钉子，可替代性很强，因此价值很低。保安、柜员、前台，甚至是比较底层的码农、一线人员等。而且由于这种重复机械劳动的禁锢，劳动者还失去了学习的机会，这意味着他很难提升自我的内在价值。

一个人的不可替代性越强，就越有价值。构建个人核心竞争力，一定要在自己的专业领域做出深度，成为专家。同时兼顾知识的广度，在相关的专业领域上扩展自己的知识结构，按照 10 000 小时定律努力下去，就有可能成为某行业的顶尖人才。但是，请记住，并不是所有的努力都会成功，但如果不努力，一定不会成功。

## 二、给职业规划加上"杠杆"

很多人问职业生涯规划的重点是什么？我觉得本质就是让更多人有的选、选得对（见图 5-5），能力更强、更加自由。

不管你是做技术，还是做管理，或者奋战在一线岗位，你能创造的价值都是有明显的天花板的。如果你从事的工作职能单纯是靠出卖脑力和体力，那么就算是能力再强、天赋再高，24 个小时不睡觉，一个人最多也就顶俩、顶仨，这是人的生理极限所决定的，那么你也就创造了两三个人的价值。如果你想迈入更高职级职位，必须突破个人生理极限瓶颈。

工程行业很多岗位都是日复一日的重复性工作且得不到太多价值提升空间的岗位，

图 5-5　有的选、选得对

随着人工智能发展，机械化程度的不断提升，未来又有多少人会失业？这是市场供需和工作难度决定的。

破解困境的方法是给你的职业生涯上杠杆，用你的 24 个小时去撬动许许多多的别人的 24 个小时，你才能用你那渺小的微弱的身驱去创造出更大的价值。组建团队，团队作战产出更多绩效是上杠杆；优化改进现有工作机制避免类似问题再次发生是上杠杆，拓宽工作范围承担更多职责是上杠杆，合理利用和优化资源配置解决实际问题还是上杠杆。如果说在自己的专业领域做出深度，成为专家是 1，给职业生涯上杠杆就是 1 后面的 0。给职业生涯上杠杆，你可以十倍、百倍地创造价值。

（一）杠杆一 [ 关键知识 ]

安全管理是一个专业性极强的岗位工作，想要提升安全管理人员的专业能力，学习关键知识极为重要。安全生产工作历来强调"安全第一，预防为主，综合治理"的方针，确保安全生产的关键之一是强化职工安全教育培训。对职工进行必要的安全教育培训，是让职工了解和掌握安全法律法规，提高职工安全技术素质，增强职工安全意识的主要途径，是保证安全生产，做好安全工作的基础。安全教育培训，不仅是安全工作的需要，更是在贯彻国家法律法规的大是大非问题。大量事实证明，任何安全事故都是由于人的不安全行为或物的不安全状态造成的，而物的不安全状态也往往是由于人的因素造成的。由此可见，避免安全事故发生，实现安全生产的关键是人。人的行为规范了，不出现违章指挥、违章作业行为；人的安全意识增强了，可以随时发现并纠正物的不安全状态，清除安全事故隐患，预防事故的发生。因此，必须利用教育培训等手段，加强全体职工的安全生产意识，提高安全生产管理及操作水平，增强自我防护能力，这样才能保证生产的顺利进行。所以在前期，谁能抓住关键知识，提前走好第一步，谁的优势就会被系统无限放大。

（二）杠杆二 [ 超车赛道 ]

在企业里面也是这样，你的职位、付出时间、能力和你的工资不一定成正比，因为一个人的工资和努力没有太多关系，而是和他帮助企业创造多少价值成正相关的关系。所以你可以发现，优秀的安全管理员可以拿到 20 000 元，而大多数人却只能拿到 2 000 元，这就是不同的能力在不同赛道兑换的价值。所以，提高这部分的杠杆，关键在于你如何选择赛道。其实所有的组织、所有的行业、所有的部门，甚至今天手头的工作，都有一项是最有价值的，你能不能挑出最有价值的链条，然后去找这个赛道，提升自己的杠杆率呢？这个很重要。很多安全传奇人物，技术上到达一定巅峰后，转而从事各类"安全生态"建设，推动某个安全领域往前发展，这也是善用团队力量，优化配置资源，从解决单纯的点状问题转向批量彻底解决一类问题。庄子说，君子生非异也，善假于物也。安全从业人员也可以审时度势建设各类"安全生态"，善用团队力量，优化配置资源，从而创造更大价值，那其职业生涯也将取得更大成就。

### （三）杠杆三 [ 互通互联 ]

如果说通过抓关键知识跑赢第一场，通过选赛道跑赢第二场，现在面临进入赛道之后的选择，这时候你还用学习的方式打第三场、第四场，这样可行吗？其实这个时候，聪明人用的方法不是学习，而是互联。

所谓互联，就是要能够整合各种不同领域内的资源、能力，为自己创造出一个新的机会。这个阶段不是靠学习和眼光，而是主要靠人品。在过去，一个人的职业取决于行业、企业和职业。在 20 世纪 60 ~ 70 年代，人们的职业发展是以组织为核心的，很多人认为只要进了国企、央企，就拿到了"铁饭碗"，一辈子不愁吃喝；到了 80 年代，人们意识到不必一辈子只在一个企业干，可以挑企业，可以跳槽，这也是 80、90 年代很多人下海经商的原因，这个时候人们的职业发展是以职位为主体的。到了 21 世纪，人们步入了万物互联的年代，互联时代的到来，任何一个职场人的发展都面临着诸多机遇和挑战，任何一个职场人的发展都是靠两条腿在走路。由于市场竞争激烈，企业长寿的并不多，世界 500 强企业的平均寿命才 50 年，中关村企业的寿命大多在 3 ~ 9 年，这就使员工一生供职于一个企业的日子一去不返，员工对企业的忠诚度将大大小于对职业的忠诚度。与此同时，随着知识更新速度的加快，每一个人都会面临强大的工作压力，更多选择的机会，终身学习随之成为时代的必需。所以，今天这个时代，人们不再依靠企业，每个人都必须找到比企业更长寿的东西，这就是圈子。想要建立一个圈子，就需要你持续地输出，输出能力、输出特色，同时你也随时可以回到组织里面，形成关系。这一场的竞争，你需要找到自己的优势，形成个人品牌，让企业认可你，肯定你的价值。在这个时代，个人品牌和企业品牌一样重要。

### （四）杠杆四 [ 顺应趋势 ]

一个人的职业生涯可以概括成命运，命是你的优势和劣势，运就是整个大趋势，中国的富豪每个人都是抓住大趋势才成功的。香港的所有地产商都是抓住了地产暴涨的趋势，而大陆的大佬几乎都是 70 后，抓住的是互联网兴起的趋势。工程行业始终是国民经济增长的支柱型行业，安全管理人员始终是确保工程建设质量与安全的重要岗位。在大学专业选择当中，金融、计算机等专业常年都是热门专业，这个时候择业，去顶尖的互联网公司、金融公司不失为一个好办法，但是不如找一些更有机会的行业进去。以交通行业为例，交通运输部在 2020 年 12 月 24 日召开的 2021 年全国交通运输工作会上披露，随着扩大内需战略深入实施，助推交通固定资产投资保持高位运行，预计 2021 年完成交通固定资产投资 2.4 万亿元左右。新改（扩）建高速公路 12 713 km，新增及改善高等级航道约 600 km，新颁证民用运输机场 4 个，智能快递箱超 40 万组，新增城市轨道交通运营里程 1 100 km。经过集中攻坚与系统转换磨合，高速公路联网收费系统运行稳定，ETC（电子不停车收费系统）使用率超过 67%，车辆平均通行速度提高 16%，日均拥堵缓行收费站数量减少 65%，省界收费站拥堵成为历史。2021 年交通运输业将加快完善交通基础设施网络。推进国家综合立体交通网主骨架建设。加快推进综合交通枢纽集群、枢纽城市及枢纽港站建设。

基建工程始终是未来国家经济发展的重点，我们要懂得审时度势，进入工程行业的杠杆率比进入互联网公司更高，抓住机会才会是未来。

### （五）杠杆五 [ 自驱力 ]

在整个职能体系的大冰山上，"知识、技能"只是水上部分，而隐于水下不易测量的态度、个性、内驱力等情感智力部分，却是挖掘之"本"，也是个人发展和企业发展的强大驱动力。

在"自驱力"驱动下工作的人员，能自己让自己跑起来，他们对待工作的态度是百分之百的投入，对工作有一种非做不可的使命感，并且不计任何报酬。哈佛大学教授戴维·麦克利兰认为，个体在工作情境中有三种重要的动机或需要：

> **成就需要**：争取成功，希望做得最好的需要。这种需求使员工强烈渴望将事情做得更为完美，获得更大的成功。他们追求成功之后的个人成就感。
>
> **权力需要**：影响或控制他人且不受他人控制的需要。这种需求使员工在竞争性中追求出色的成绩，使自己的地位与自己的才能相称。
>
> **亲和需要**：寻求被他人喜爱和接纳的一种愿望。高亲和动机的人更倾向于与他人进行交往，至少是为他人着想，保持员工对企业、对工作的高度忠诚。

一个有自驱力的人，他是为自己工作，不仅把工作当作一种享受，更是认为工作是他生命成长的一个机遇。"一件事能不能做好，并不取决于你的能力。而取决于你的信念！"一个人的能力是有限的，努力是无限的，一个人有什么样的目标，就有什么样的高度。不管工作是多么的卑微、多么的琐屑，都应该看成"使自己向前垮一步"的好机会，这些机会会使我们学会慢跑到快跑到最后的长跑，当然自驱力才是我们跑起来的动力，没有自驱力的人最终将会在长跑中淘汰。一个人真正能自驱的时候，希望自己成为一个极客，希望过得有意义，也能够在任何一个时刻都变得很幸福，这就是一个最大的杠杆。

## 三、像创业那样去打工，每个人都是老板

人和人的差别究竟在哪？为什么有人成功、有人失败？这当然得问问我们自己？

其实每个人的处境，并不受制于钱，而是受制于观念。一个人有没有出息，跟他是创业还是打工没啥关系，但有没有创业心态，收获的结果则是完全不同的（见图 5-6）。

猎豹移动 CEO 傅盛说，打工得有创业的心态，不然浪费的是自己。

同样，360 集团董事长兼 CEO 周鸿祎说他当年工作，他跟别人最大的不一样，就是从来不觉得他是在给别人打工，他觉得是在为自己干。因为他干任何一件事情首先考虑的是，通过干这件事情能学到什么东西，学到的东西是别人夺不走的。塑造个人价值 –

不可替代性，如果说给职业生涯上杠杆、创造更大价值这两方面如果属于职业规划战略的话，那么像创业那样去打工就属于职业规划的战术。

图 5-6　态度决定高度

创业心态是"解决问题"，而不是"解释原因"。一句话说明打工心态，就是"我尽力了"，然后开始"解释原因"，而一句话去解释创业心态，就是无论如何，我一定要"解决问题"。人的本性是懒惰的，科技的进步本质上是为人类提供更"懒惰"的生活方式。基于这一前提，个人很难突破本我，实现超我。为什么有的人像打了鸡血一样勤奋不辍，为什么有的人孜孜以求，为什么有的人对于困难甘之如饴？因为这类人不是在为别人打工，是在为自己打工，是在创业。由要我干，转变为我要干，就是在创业，在为自己的未来打工。像创业那样去打工和其他打工的区别是：前者不断在学习，提升自身价值；后者在日复一日的重复劳动中消耗青春。

学东西，在工作中分为被动学习和主动学习。被动学习是指为了完成日常工作任务和弥补知识欠缺，你不得不去进行的学习。需要注意的是，这种学习其实是十分高效的，因为为了生存，人容易调动起学习的积极性。因此，一份好工作，它的被动学习空间应该越大越好。大部分人，如果不是环境所迫，一般都不会主动去学习，容易陷入混吃等死的工作生活状态。工作的流水线程度越高，被动学习的空间越小。什么样的工作被动学习空间小？那些一成不变，不断重复，工作非常清闲，完成过程不是那么"痛苦不堪"，那么被动学习空间就比较小。在安全管理领域，安全管理人员要转变以往的学习态度，从我能学习，向我要学习，最终转变为我会学习。"兴趣是最好的老师"，古往今来，成功人士之所以成功，与他们浓厚的学习兴趣和强烈的求知欲望密不可分。

为什么在同一个行业里，有的人工资高达 20 000 元，而有的人却只能拿 2 000 元？因为岗位不同，能力不同，价值不同。其实工资的高低最终还是取决于个人的实力，掌握自己独有的技能，就能在一群人中脱颖而出，物以稀为贵，涨工资自然也不在话下。因此，想要获得肯定、想要实现价值，我们要学会主动学习。对大部分人来说，如果没有环境逼迫，加之日常繁重的工作，很难做到持之以恒地、积极地主动学习，而且人的时间、精力总是有限的，如果对自己所处行业的大局和趋势缺乏了解，一般人很难能框定出一个比较合理的学习范围，万一学了一堆用不着的职业技能，也会付出巨大的机会成本。主动学习不如被动学习效率高，但一旦建立起主动学习的能力和习惯，持之以恒地坚持，机会一定会垂青有准备的人。

抱着创业的心态去打工，而个人利益与公司利益正好能一致，那么工作积极性会大大提高，客观上也会为公司创造价值。每个人对人生的追求都不同，有的人喜欢平淡简单知足的生活，有的人立志成为呼风唤雨的大佬，不同的人人生目标选择的道路自然不同。但千万不要因为贪图安逸不愿努力而做出选择，因为短期的安逸必然会让你付出长远的努力来弥补。

# 第六章  安全工作重要警示

## 第一节  代签字被判刑

请牢记：如果别人不能替你坐牢，那你千万别代人签字！

这是个真实的案例，但是具有很强的代表性，在全国的工程行业和安全领域亦属罕见案例。

现在大部分项目存在人证不合一等现象，造成代签字现象十分普遍，尤其是给项目负责人、专业负责人、项目经理、总工程师、总监理工程师等负责人代签字时，责任十分之重大！请慎重！！！

有时迫于领导强压，最终只能妥协，殊不知弄不好会有牢狱之灾！

### 一、事故回顾

2019 年 1 月 23 日 9 时 15 分，华容县华容明珠三期在建工程项目 10 号楼塔式起重机在进行拆卸作业时发生一起坍塌事故，事故造成 2 人当场死亡，3 人受伤送医院经抢救无效后死亡，事故直接经济损失 580 余万元。

### 二、事故直接原因

塔式起重机安拆人员严重违规作业，违反《建筑施工塔式起重机安装、使用、拆卸安全技术规程》（JGJ 196—2010）第 5.0.4、《山东大汉 QTZ63 使用说明书》第 8.2.1 等规定是导致本起事故发生的直接原因。

（1）在顶升过程中未保证起重臂与平衡臂配平，同时有移动小车的变幅动作。

（2）未使用顶升防脱装置。

（3）未将横梁销轴可靠落入踏步圆弧槽内。

（4）在进行找平变幅的同时将拟拆除的标准节外移。

以上违规操作行为引起横梁销轴从西北侧端踏步圆弧槽内滑脱，造成塔式起重机上部荷载由顶升横梁一端承重而失稳，导致塔式起重机上部结构墩落，引发此次塔式起重机坍塌事故。

### 三、代签字的处罚

陈某祥，男，46 岁，群众，华容县永胜建筑机械租赁有限公司资料员，假冒他人签字，伪造塔式起重机工程技术资料，应付监理单位及行政主管部门检查，对事故发生负有直接责任，建议移送司法机关依法追究其刑事责任。

### 四、案例警示

我们对这起事故进行整理后发布，算是给大家敲个警钟吧！在任何环节，都要具有前瞻性，对工作当中未知的风险要进行预判，不要一味地顺从他人，要学会保护自己。

普通员工因代签字被直接追究刑事责任。代签、伪造资料在设计、施工中十分常见，很多同行认为这只是小事，这个案例十分具有代表性，也表明了政府对此类案件的处理原则。

如果你现在正在做着代签的工作，正好遇到了这类不合理要求，想直接拒绝又不知如何开口，请把这篇文章转至朋友圈，义正言辞地宣布："代签非小事，如果你不能替我坐牢，那么就别要求我代签。"

虽然这种现象一时之间难以改变，就算难于上青天，我们也要表明自己的态度，并且适当地保护自己。

安全员：请切记，勿代人签字！

# 第二节　安全员的责任

一个安全员的责任：不是让员工喜欢，而是让员工活着回家！

一个好的老板，不仅是自己挣钱，还要能带着手下的兄弟挣钱。自己能挣钱是本分，带着兄弟挣钱是责任，自己挣了钱兄弟却没有挣到钱，肯定留不下兄弟。当尽到了让兄弟们挣钱的责任，自己也会挣到钱，这才是一个好老板。

一个负责任的安全员同样如此，平时也就和周围的员工有说有笑，当看见这些员工的操作不符合规范的时候，也不会严格按照操作规范来纠正，因为这会让员工不爽自己，再说也不见得会发生什么事故。

这在没有出事的时候是没有任何问题的，因为这对人对己都没有什么坏处。可是一旦出了事故，责任在谁？肯定第一时间往安全员的身上推，最后只得背黑锅。虽然有点冤枉，但是回过头看，安全员确实有一定的责任。安全员的责任就是这个，你碍于情面没能尽责，最后造成了损失，也怨不得别人。员工在这个时候也是受害者，所以当安全员碰到员工操作不符合规范的时候，不能碍于情面而睁一只眼闭一只眼，因为这确实是对他们自己负责，也是在做自己应该做的事，这确实会让他们感到不爽，不过把道理跟他们讲清楚了，他们也不会产生过多的抗拒。

安全员的工作在外人眼里看着轻松，其实其中压力只有自己清楚，问题不出则已，一出就要丢饭碗，所以广大安全员朋友，在处理这类事情的时候，还是要把责任二字放在首位，特别是专业的安全员朋友。

# 第三节　安全员应具备的七大素质

## 一、良好的身体素质

安全工作是一项既要腿勤又要脑勤的管理工作。无论晴空万里，还是风云雷电；无论是寒风凛冽，还是烈日炎炎；无论是正常上班，还是放假休息；无论是厂内，还是在野外，只要有人上班，安全员就得工作。检查事故隐患，处理违章现象。没有良好的身体就无法干好安全工作。

## 二、丰富的安全知识

当前，很多企业的安全员都是"半路出家"，大都没做过安全工作，因此必须不断地学习，丰富自身的安全知识，提高安全技能，增强安全意识。一个合格的安全员应具备如下知识：①国家有关安全生产的法律法规、政策及有关安全生产的规章、规程、规范和标准知识；②安全生产管理知识、安全生产技术知识、劳动卫生知识和安全文化知识，具有有关专业安全生产管理专业知识，了解本企业生产或施工专业知识；③劳动保护、工伤保险的法律法规、政策知识；④掌握伤亡事故和职业病统计、报告及调查处理方法；⑤事故现场勘验技术，以及应急处理措施；⑥重大危险源管理与应急救援预案编制方法；⑦学习先进的安全生产管理经验；⑧心理学、人际关系学、行为科学等知识。

## 三、敬业精神

选择安全员，首先要了解他对安全工作的认识，是否愿意面对困难，是否有信心、有激情解决困难，也就是是否热爱安全工作。高尔基有句名言："工作快乐，人生便是天堂，工作痛苦，人生便是地狱。"一个人如果不喜欢自己的工作，无论他能力有多大，都不会有好的效果。因此，作为一个安全员，首先应热爱安全工作。有"爱"这个原动力，才会体会到安全管理工作的意义重大、责任重大，才会体会到自己工作价值，才能全身心地投入安全工作中去。

## 四、职业道德素质

一个安全员要具有良好的思想道德素质。孔子云："其身正，不令而行；其身不正，虽令不从。"只有自己做得对，自己具有良好的道德风尚，职工才会听从意见，服从管理。安全工作必须讲原则，保持并维护自己的正确立场不变。工作中存在违章和安全隐患，也存在有意识或无意识的违章作业、冒险作业、违章指挥现象，安全员如果不能敢于站出来制止，将导致严重的安全事故的发生。作为一个安全员，应不讲私情，制止任何不安全施工；在处理安全事务时，该奖、该罚严格按制度办事，决不手软；参与事故调查时，实事求是，取证充分；处理事故时，坚决做到"三不放过"。要坚持原则，安全员还应不怕打击报复，不怕威言相迫，不怕流言蜚语。

## 五、良好的心理素质

良好的心理素质包括意志、气质、性格三个方面。安全员必须具有坚强的意志。安全员在管理中时常会遇到很多困难，例如，对违章工人苦口婆心地教导，其毫不理解；进行处罚别人会有抵触情绪；发现隐患几经"开导"仍不进行处理；事故调查"你遮我掩"，甚至被憎恨、被诬告、被陷害。面对众多的困难和挫折，不能畏难、退缩，甚至消沉，也不能一气之下什么都不管了，要勇于克服困难，激流勇进。坚强的意志不是与生俱来的，安全员必须在不断的工作中进行磨炼。气质是一个人的"脾气"和"性情"，是决定一个人心理活动的全部动力，是个体独有的心理特点。气质影响着人们智力活动方式，决定人们心理活动过程的速度、稳定性、适应能力、灵活程度和心理过程的强度，使人心理活动具有指向性，即人有内向型和外倾型。安全人员应具有长期的、稳定的、灵活的气质特点，并且性格外向。安全员必须具有豁达的性格，工作中做到巧而不滑、智而不艰，踏实肯干、勤劳愿干。安全工作是原则性很强的工作，总有那么一些人会不服管，不理解安全工作，会发生各种各样的矛盾冲突、争执，甚至不公平事件。因此，安全员必须具有"大肚能容天下事"之风范，要有苦中作乐的毅力，时刻激励自己保持高昂的工作风貌。

## 六、树立"保护神"观念

安全员责任重大，其工作能力、管理力度、工作质量，是众多职工生命安全的有力保障。安全员应树立全心全意为人民服务的思想，对自己的工作负责，对他人的安全负责，以保护他人安全为工作目标，树立"我是职工安全的保护神"的思想，积极、主动、自觉地实现自己的保护作用；哪怕是自己受委屈，也不能放弃自己对职工的保护责任。工作中自觉主动地查安全隐患、制止违章作业，不怕威胁，不怕困难。

## 七、有解决矛盾冲突的能力

作为一个安全员，必须具有较强的解决问题、解决冲突的能力。不能选用那种"大事解决不了，小事不想解决"，也不能用那种大事小事"一锅粥"全找领导解决的人。每个安全员不但不能惧怕矛盾，还要勇敢面对矛盾，要把处理矛盾作为锻炼自己的工具，要学会解决矛盾，在不断的解决矛盾中提高自己处理问题、解决冲突的能力。

# 第七章 安全工作永远在路上

## 第一节 教科书式免责

### ——履职尽职才能免责

深圳旋挖钻机事故致 1 人死亡！施工、监理、分包 "0" 处罚！

——教科书式免责，每一位工程人都要学习！

工人擅自违章作业导致死亡负全部责任，所有涉事单位因已履职均未受到处罚！

2021 年 2 月 8 日 10 时 4 分，深圳市龙岗区坪地街道高中园在建项目工地发生一起机械伤害事故，造成 1 人死亡。

随后，龙岗区政府委托区应急管理局牵头，成立了由区住房建设局、建筑工务署、总工会、龙岗公安分局、坪地街道办组成的事故调查组进行了事故调查。

4 月 27 日，应急管理局公布了《深圳市某建业建筑工程有限公司 "2·8" 机械伤害死亡事故调查报告》（见图 7-1）。

图 7-1 "2·8" 机械伤害死亡事故调查报告

（1）各参建单位已履行了安全管理职责，均未受到处罚！

（2）死者陈某宇安全意识淡薄，忽视安全警示标志、警示灯、声音提示，不顾管理人员制止擅自进入旋挖机回转半径内的危险区域导致事故发生，应对该起事故负全部责任。鉴于其在事故中死亡，不予追究其责任。

这份调查报告可以当教科书了！来看看各单位在安全工作中如何履职？供大家学习参考。

## 一、各单位安全管理情况

### （一）施工单位：中建某集团有限公司安全管理情况

●设立了高中园建设工程项目部，项目管理人员具有相关执业资格。

●建立健全了安全生产责任制，组织制定了各项安全生产规章制度和操作规程。

●设置了安全生产管理机构，配备了专职的安全生产管理人员。

●组织制定并实施了安全生产教育和培训计划，安全作业环境和安全施工措施费用按计划投入。

●定期开展施工现场安全检查和隐患排查。

●建立了特种作业人员管理档案，对旋挖机操作人员资格证进行了查询备案。

● 2021年1月1日，审查了《龙岗区坪地高中园建设工程（地基与基础）施工方案》。

（二）**监理单位：深圳市某建设工程顾问有限公司安全管理情况**

●制定了项目监理部安全管理岗位职责，监理人员具有相关执业资格。

●制定了监理规划、监理实施细则。

●建立了监理例会、监理周报制度。

●定期组织现场安全周检查，并组织安全总结会。

●对旋挖机操作人员资格证进行检查。

● 2021年1月3日，审批了《龙岗区坪地高中园建设工程（地基与基础）施工方案》。

（三）**专业分包：深圳市某建业建筑工程有限公司安全管理情况**

●建立健全了安全生产责任制，组织制定了各项安全生产规章制度和操作规程。

●项目管理人员具有相关执业资格。

●定期开展施工现场安全检查和隐患排查。

●按要求制定了《龙岗区坪地高中园建设工程（地基与基础）施工方案》并上报至总包单位和监理单位审核。

●按要求填写施工机械进场合格验收申请表。

●建立了特种作业人员管理档案并上报至总包单位和监理单位备案。

## 二、事故相关单位的责任认定及处理建议

（1）中建某集团有限公司落实了企业安全生产的主体责任，建立健全了安全生产责任制和各项安全生产规章管理制度及操作规程；设置了安全管理机构并配备了专职的安全管理人员；保证了安全生产资金的投入使用；定期组织了安全教育培训和安全检查；与深圳市某建业建筑工程有限公司签订了《安全生产管理协议》，明确了各自的安全生产管理职责，督促专业分包单位落实安全管理职责；按照《施工方案》要求施工单位落实旋挖钻机的防护措施，已履行了总包单位的安全管理职责，建议不予处罚。

（2）深圳市某建业建筑工程有限公司建立健全了安全生产责任制，组织制定并落实了各项安全生产规章制度和操作规程；项目管理人员具有相关执业资格；定期开展施工现场安全检查和隐患排查；按要求对作业人员进行了安全技术交底和班前安全教育；旋挖钻机作业现场安全管理措施符合要求，已履行了安全管理职责，建议不予处罚。

（3）深圳市某建设工程顾问有限公司制定了项目监理部安全管理岗位职责，监理人员具有相关执业资格；制定了监理规划、监理实施细则，并严格按照监理实施细则的要求进行旁站和检查；建立了监理例会、监理周报制度；定期组织现场安全周检查，并组织安全总结会；按照《施工方案》要求施工单位落实旋挖钻机的的防护措施，已履行

了监理安全管理职责，建议不予处罚。

（4）死者陈某宇安全意识淡薄，忽视安全警示标志、警示灯、声音提示，不顾管理人员制止擅自进入旋挖机回转半径内的危险区域导致事故发生，应对该起事故负全部责任。鉴于其在事故中死亡，不予追究其责任。

## 附调查报告

# 深圳市正大建业建筑工程有限公司"2·8"机械伤害死亡事故调查报告

2021年2月8日10时4分，深圳市龙岗区坪地街道高中园在建项目工地发生一起机械伤害事故，造成1人死亡，依据《生产安全事故报告和调查处理条例》（国务院令493号）及《深圳市生产安全事故调查处理工作规范》（2015年修订版）的有关规定，龙岗区政府委托区应急管理局牵头，成立了由区住房建设局、建筑工务署、总工会、龙岗公安分局、坪地街道办组成的事故调查组，组长由区应急管理局局长刘少文担任，副组长由区应急管理局副局长郑子荣担任。为尽快查明事故厚因，事故调查组对事故进行了调查，调查情况如下：

## 一、基本情况

### （一）工程基本情况

工程名称：龙岗坪地高中园建设工程；建设单位：深圳市龙岗区建筑工务署；总承包单位：中建科工集团有限公司；监理单位：深圳市合创建设工程顾问有限公司；桩基工程专业分包：深圳市正大建业建筑工程有限公司。

深圳市龙岗区建筑工务署与中建科工集团有限公司和深圳市华阳国际工程设计股份有限公司组成的联合体签订了《龙岗坪地高中园建设工程设计施工总承包工程总合同文件》EPC总承包合同，深圳市华阳国际工程设计股份有限公司负责工程设计，中建科工集团有限公司承担全部施工任务，工程承包范围：龙岗坪地高中园建设工程设计施工总承包。计划开工日期：2020年6月30日，标准工期1 295天，双方签订了《安全生产责任书》约定了各自的安全生产管理职责。

深圳市龙岗区建筑工务署与浙江五洲工程项目管理有限公司和深圳市合创建设工程顾问有限公司签订了《龙岗坪地高中园建设工程全过程工程咨询委托台同》，委托浙江五洲工程项目管理有限公司对项目全过程进行管理，深圳市合创建设工程顾问有限公司对工程设计阶段、施工准备阶段、施工阶段、保修阶段进行监理。

中建科工集团有限公司与深圳市正大建业建筑工程有限公司签订了《龙岗坪地高中园建设工程设计施工总承包项目基坑支护、桩基工程－北标段专业分包合同》，工程范围及内容：工程试桩、测量定位、打桩施工，计划完工日期2021年4月1日。双方签订了《安全生产协议书》，约定了各自的安全生产管理职责。

项目位于深圳市龙岗区坪地街道,盐龙大道以北、外环高速以西、黄竹坑水库以东、长坑水库以南的区域。项目总用地面积 204 812 m²,其中本期用地面积 171 492.85 m²,总建筑面积 307 374 m²。规划建设 3 所全日制公办高级中学,建筑类别为多、高层民用建筑,包含 14 栋建筑单体,分别由 6 栋高层建筑和 8 栋多层建筑组成。高层建筑为 1 栋 60 班宿舍、1 栋 60 班学生宿舍、1 栋 54 班宿舍、2 栋教师宿舍、1 栋 48 班学生宿舍。多层为 1 栋 60 班教学楼、1 栋 54 班教学楼、1 栋 48 班教学楼、1 栋创客实验室、1 栋演艺中心、1 栋校园大门、1 栋游泳馆、1 栋体育馆。该工程系区报建项目,由龙岗区建筑工程质量安全监督站负责监督。目前,该项目处于土石方及桩基础工程施工阶段,本起事故发生在桩基工程(见图 1)。

图 1 高中园项目位置图

### (二)桩基工程基本情况

2021 年 1 月 5 日桩基工程开工,工程桩采用旋挖灌注桩(以下简称旋挖桩),施工内容包括旋挖成孔、钢筋笼制作并埋设、混凝土浇筑等,共有 2 140 根旋挖桩(墩),分为南北区进行施工,北区 1 242 根,南区 1 004 根。其中,48 班区域 604 根旋挖桩(墩)、54 班区域 828 根旋挖桩(墩)、60 班区域 708 根旋挖桩(墩)。2021 年 2 月 8 日,工程桩累计完成 804 根。事故发生区域为北区 54 班区域旋挖桩,涉事孔桩编号为 D9-310 号。事发时,D9-310 号桩位作业人员操作旋挖钻机进行旋挖成孔作业更换旋挖钻头(见图 2)。

### (三)旋挖钻机基本情况

旋挖钻机是一种取土成孔灌注桩作业的施工机械,由行走机构、旋转回转平台、动臂、门架、滑轮

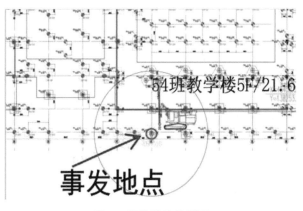

图 2 事发桩孔位置图

架、提引器、钻杆、动力头、钻头等组成。涉事旋挖钻机为"三一重机"牌履带式液压旋挖钻机（现场编号：1#），型号为 SR365R，出厂编号：SR365CBJ058l8，出厂日期：2017 年 12 月 5 日，工作尺寸：10 228 mm×4 840 mm×27 884 mm，最大输出扭矩 365 kN·m，最大钻孔直径 2 500 mm，履带宽度：800 mm，机身自带 4 个视频监控摄像头（正后方、主卷扬、右侧前后方），即时监控视频影像与工作参数共同使用驾驶室内的显示屏显示信息，且需手动切换才可将工作参数状态切换到即时视频影像状态。2020 年 5 月 29 日，经深圳科工检测技术有限公司检验合格。2021 年 1 月 23 日，深圳市正大建业建筑工程有限公司提请旋挖钻机进场安装，2021 年 1 月 29 日经总包项目部、监理验收合格投入使用（见图 3）。

图 3　涉事旋挖钻机

**（四）事故相关单位及人员基本情况**

（1）中建科工集团有限公司成立于 2008 年 9 月 16 日，有限责任公司；统一社会信用代码：914403006803525199；法定代表人：王宏；注册地址：深圳市南山区粤海街道蔚蓝海岸社区中心路 3331 号中建科工大厦 38 层 3801；经营范围：建筑工程施工总承包、工程总承包和项目管理等。取得了建筑工程施工总承包特级建筑企业资质证书（编号：D144077337，有效期至 2021 年 4 月 26 日）；具有安全生产许可证（编号：（粤）JZ 安许证字〔2018〕020492 延，有效期至 2021 年 3 月 14 日）。

（2）深圳市正大建业建筑工程有限公司成立于 2006 年 11 月 24 日，有限责任公司；统一社会信用代码：9144030079663442XU；法定代表人：胡冷非；注册地址：深圳市宝安区新安街道海旺社区 N23 区熙龙湾商务国际大厦 706、707；经营范围：建筑工程机械与设备租赁、地基基础工程专业承包施工等。取得了地基基础工程专业承包一级建筑企业资质证书（编号：D244199379，有效期至 2023 年 2 月 11 日）；具有安全生产许可证（编号（粤）JZ 安许证字〔2019〕021209 延，有效期至 2022 年 8 月 19 日）。

（3）深圳市合创建设工程顾问有限公司成立于 2003 年 9 月 29 日，有限责任公司；统一社会信用代码 9144030075429l430W；法定代表人：常运青；注册地址：深圳市福田区福田街道福山社区彩田路 2010 号中深花园 A 座 1001、1003、1005、1006、1008、

1010、1012；经营范围：投资咨询、工程设计、工程监理（包括水利部监理及环境监理）、工程造价咨询、工程项目管理、工程施工等。取得了工程监理综合资质证书（编号E144002103，有效期至2021年4月19日）。

（4）谢某祥，男，44岁，汉族，广东平远人，深圳市正大建业建筑工程有限公司旋挖机组旋挖钻机操作工，已接受项目部的三级安全教育、培训考核及旋挖桩安全技术交底。2021年1月7日取得了建筑施工特种作业操作资格证，使用期至2023年1月6日。

## 二、事故经过及善后处理情况

### （一）事故经过

2021年2月8日8时10分，深圳市正大建业建筑工程有限公司1#旋挖机组人员谢某祥、陈某宇经班前教育培训后到D9-310号桩位进行旋挖成孔作业，谢某祥负责操作旋挖钻机，陈某宇负责更换钻头、现场指挥、旋挖钻机封闭作业区域防护等。9时40分，谢某祥操作旋挖钻机使用直径为1 m的钻头将10号桩位钻进深度约8 m，导引孔基本完成，便通知陈某宇准备更换直径为1.2 m的钻头。9时45分，陈某宇拆除机身后侧的警戒措施，指挥谢某祥递时针旋转机身后退，将钻头放在机身后的地面，陈某宇卸下钻头销轴。10时，谢某祥操作旋挖钻机回至原位，陈某宇恢复警戒措施后等待直径为1.2 m的钻头就位安装钻头。10时4分，挖掘机司机孙某亭操作挖掘机将1.2 m的钻头运至旋挖机左前方，谢某祥通过驾驶室内显示屏查看即时监控视频影像确认无人后将机身递时针旋转，以使钻杆对准钻头，与此同时现场管理人员张某华看见陈某宇进入旋挖钻机旋转半径内，站在机身后方右侧履带旁，于是立即大声呼喊并制止，陈某宇回头望向张某华未理睬仍停留在原地，随即被旋转机身挤压至履带上。张某华立即通知谢某祥将机身回转，组织人员把陈某宇救出，并立即送往龙岗区中心医院进行抢救（见图4）。

### （二）善后情况

死者：陈某宇，男，汉族，20岁，广东电白人，深圳市正大建业建筑工程有限公司旋挖机组工人，2021年1月25日签订《简易劳动合同》，已接受项目部的入职安全教育、培训考核及旋挖钻机辅助人员安全技术交底。根据广东省深圳市龙岗区公安司法鉴定中

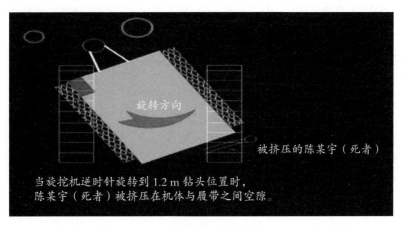

旋转方向

被挤压的陈某宇（死者）

当旋挖机逆时针旋转到1.2 m钻头位置时，
陈某宇（死者）被挤压在机体与履带之间空隙。

**图4　陈某宇被挤压位置图**

心鉴定意见：死者陈某宇符合外伤致多脏器损伤合并失血性休克死亡。

2021年2月9日，深圳市正大建业建筑工程有限公司与死者家属签订了《赔偿协议书》，一次性赔偿死者家属170万人民币，该起事故善后赔偿工作已妥善处理。

## 三、应急救援处置情况

事故发生于2021年2月8日10时4分，事故发生后，现场人员立即上报项目部管理人员，管理人员到场查看后将陈某宇送往龙岗区中心医院进行抢救。2月9日4时45分，陈某宇经医院抢救无效宣布死亡。

区应急管理局接报后，立即组织人员赴现场处理，对现场进行调查取证，并在第一时间将该起事故上报至区总值班室和市应急管理局。

## 四、其他调查情况

### （一）安装拆卸钻头步骤

（1）桅杆调制竖直状态，下放钻杆，将钻头放于地面，拆卸销轴和销锁，上提主卷扬，卸下钻头。

（2）钻头稳固放置地面，连接方朝上，调整动力头、钻杆钻机位置，钻杆方头对准钻头连接方，缓慢下放钻杆直至方头插入钻头连接方内，用销轴、销锁固定。

### （二）旋挖钻机安全防护标准

旋挖钻机回转半径范围内站人会造成碰撞、挤伤，回转危险区域安全距离为机体后端3m外，钻杆钻头5m外，根据《SR365R旋挖钻机操作保养手册》要求，施工现场必须设置醒目的安全警示标志，现场四周进行遮挡，禁止人员靠近危险区域，启动旋挖钻机做动作前鸣喇叭示警，确认最大回转半径内无任何障碍物。

### （三）现场勘查情况

（1）旋挖钻机钻杆朝东北方向，钻杆前方有一钻孔桩钢护筒，桩孔已基本成型，钻杆左前方有一直径1.2m钻头，未与钻杆连接。旋挖机左后方约8m处有一直径1m的钻头（见图5）。

（2）旋挖钻机尾部配重位置张贴了"旋转半径严禁站人"的安全警示标志，旋挖钻机警戒隔离设置在回转半径3m外的位置（见图6）。

图5　旋挖钻机停放情况

图6　旋挖钻机作业面警戒措施

（3）旋挖钻机回转平台距地面约 1.2 m，右侧履带有血迹，尾部配重与履带间隙约 0.17 m，现场有一黄色安全帽（见图 7）

（4）经操作人员谢某祥现场操作旋挖钻机，显示旋挖钻机各项功能正常，操作稳定可靠，尾部配重两侧安全警示灯常亮并发出提示音。

图 7　履带上的血迹

## 五、相关单位安全管理情况

### （一）中建科工集团有限公司安全管理情况

中建科工集团有限公司设立了高中园建设工程项目部，项目管理人员具有相关执业资格；建立健全了安全生产责任制，组织制定了各项安全生产规章制度和操作规程；设置了安全生产管理机构，配备了专职的安全生产管理人员；组织制订并实施了安全生产教育和培训计划，安全作业环境和安全施工措施费用按计划投入；定期开展施工现场安全检查和隐患排查；建立了特种作业人员管理档案，对旋挖机操作人员资格证进行了查询备案；2021 年 1 月 1 日，审查了《龙岗区坪地高中园建设工程（地基与基础）施工方案》。

### （二）深圳市合创建设工程顾问有限公司安全管理情况

深圳市合创建设工程顾问有限公司制定了项目监理部安全管理岗位职责，监理人员具有相关执业资格；制定了监理规划、监理实施细则；建立了监理例会、监理周报制度；定期组织现场安全周检查，并组织安全总结会；对旋挖机操作人员资格证进行检查，2021 年 1 月 3 日，审批了《龙岗区坪地高中园建设工程（地基与基础）施工方案》。

### （三）深圳市正大建业建筑工程有限公司安全管理情况。

深圳市正大建业建筑工程有限公司建立健全了安全生产责任制，组织制定了各项安全生产规章制度和操作规程；项目管理人员具有相关执业资格；定期开展施工现场安全检查和隐患排查；按要求制定了《龙岗区坪地高中园建设工程（地基与基础）施工方案》并上报至总包单位和监理单位审核；按要求填写施工机械进场合格验收申请表；建立了特种作业人员管理档案并上报至总包单位和监理单位备案。

## 六、事故原因分析

经现场勘查询问、查阅资料、调查取证和专家分析论证，事发时旋挖钻机各项功能正常，旋挖钻机机身尾部张贴了安全警示标志，作业面按要求设置了警戒措施，旋挖钻机尾部两侧安全警示灯常亮并发出提示音，符合《旋挖钻机使用手册》的规定。作业前已对陈某宇进行了安全技术交底，告知了现场存在的危险作业区域和相关安全注意事项，陈某宇应知旋挖钻机回转半径内存在的危险。

**（一）事故原因**

陈某宇安全意识淡薄，忽视作业安全。陈某宇忽视安全警示标志、警示灯、声音提示，不顾管理人员制止擅自进入旋挖机回转半径内的危险区域导致事故发生

**（二）事故性质**

经过对事故原因的分析，该事故是一起因陈某宇安全意识淡薄，忽视作业安全而导致的生产安全责任事故。

## 七、事故责任分析及处理意见

**（一）事故相关单位的责任认定及处理建议**

（1）中建科工集团有限公司落实了企业安全生产的主体责任，建立健全了安全生产责任制和各项安全生产规章管理制度及操作规程；设置了安全管理机构并配备了专职的安全管理人员；保证了安全生产资金的投入使用；定期组织了安全教育培训和安全检查；与深圳市正大建业建筑工程有限公司签订了《安全生产管理协议》，明确了各自的安全生产管理职责，督促专业分包单位落实安全管理职责；按照《施工方案》要求施工单位落实旋挖钻机的防护措施，已履行了总包单位的安全管理职责，建议不予处罚。

（2）深圳市正大建业建筑工程有限公司建立健全了安全生产责任制，组织制定并落实了各项安全生产规章制度和操作规程，项目管理人员具有相关执业资格；定期开展施工现场安全检查和隐患排查；按要求对作业人员进行了安全技术交底和班前安全教育；旋挖钻机作业现场安全管理措施符合要求，已履行了安全管理职责，建议不予处罚。

（3）深圳市合创建设工程顾问有限公司制定了项目监理部安全管理岗位职责，监理人员具有相关执业资格；制定了监理规划、监理实施细则，并严格按照监理实施细则的要求进行旁站和检查；建立了监理例会、监理周报制度；定期组织现场安全周检查，并组织安全总结会；按照《施工方案》要求施工单位落实旋挖钻机的防护措施，已履行了监理安全管理职责，建议不予处罚。

**（二）事故有关责任人的责任认定及处理建议**

死者陈某宇安全意识淡薄，忽视安全警示标志、警示灯、声音提示，不顾管理人员制止擅自进入旋挖机回转半径内的危险区域导致事故发生，应对该起事故负全部责任。鉴于其在事故中死亡，不予追究其责任。

## 八、相关部门履职情况

2020年9月25日至2021年2月8日，龙岗区建筑工程质量安全监督站对该项目的监督行为共8次，共计下发了《责令整改通知书》3份、《责令停工整改通知书》3份、不良行为认定书4份。具体监督情况如下：

2020 年 9 月 25 日，龙岗区建筑工程质量安全监督站接到该项目的相关资料后，任命了该项目的监督人员。9 月 27 日，组织项目建设、监理、施工单位相关管理人员在质检大楼 11 楼会议室进行了监督交底，会上发放了《监督交底手册》和《标准图集》。

2020 年 9 月 27 日，监督人员对该项目进行日常监督检查时，现场尚未开工。

2020 年 10 月 27 日 12 月 3 日，监督人员 2 次对该项目进行日常监督巡查时，现场由于设计变更仍然未开工。

2021 年 1 月 14 日，根据掌握的工程基本信息，监督人员编制了该项目的《建设工程施工安全监督工作计划书》，并对该项目进行首次监督，下发了《责令整改通知书》并进行省动态扣分和市信用扣分。

2021 年 1 月 27 日，监督人员对该工程项目进行了整改复查，现场整改到位，复查合格。

## 九、事故整改措施建议

（1）各参建单位应认真吸取事故教训，举一反三，做好大型施工机械设备作业的安全管理工作，禁止施工人员擅自进入旋挖钻机回转半径危险区域的不安全行为，在每日班前安全早会着重强调，严格落实大型施工机械设备的安全生产管理制度和操作规程，强化一线安全管理监管力量，对关键岗位和关键作业环节应重点监管和监控，避免作业人员擅自进入旋挖钻机回转半径危险区域的现象再次发生。

（2）加强施工人员作业行为的管理和考核，对已入职的施工人员素质和从业经验严格把关，对工地所有人员重新考核和审查，开发安全能力测试系统，及时发现施工人员能力和安全知识的缺陷，并以此案例进行安全警示教育，加大安全生产工作的宣传力度，以血淋淋的教训切实对施工人员内心产生触动，促使其抛弃侥幸心理，切实提高施工人员的风险观念、增强风险意识和安全素质，从本质上杜绝人的不安全行为，树立"生命至上、安全第一"的思想，切实防止类似事故再次发生。

（3）施工单位应加强对作业队伍的营理，严格劳动纪律，开展劳动纪律自查自纠工作，对劳动纪律管理提出刚性要求，切实增强施工人员遵章守纪和规矩意识，树立正确的安全理念，形成良好的安全习惯，全面提升作业队伍的素养。

（4）行业主管部门要加强督导检查，严把施工安全关口，坚持红线思维、底线思维，主动作为，抓好风险分析研判，摸准弄清本辖区、本行业领域容易发生事故的关键风险点、重点环节，分类制定管控措施，通过召开约谈警示会、强化执法和上门服务指导等多种手段杜绝各类生产安全事故的发生。

## 十、事故调查组人员组成

略。

深圳市正大建业建筑工程有限公司
"2·8"机械伤害死亡事故调查组
2021 年 3 月 13 日

# 第二节　三级安全教育记录卡未填写被追责

因员工三级安全教育记录卡未填写培训日期，受教育人员未签字，安全员被追责！

**案例一**

2020 年 2 月 17 日 16 时 17 分左右，晨辉建筑工程（集团）有限公司（以下简称晨辉公司）湘乡市经济开发区污水处理厂配套管网（二期）工程建设项目施工工地发生一起坍塌事故，造成 1 人死亡，直接经济损失 118 万余元。近日事故调查报告发布。

事故直接原因：施工人员顾某高在未做放坡或支护等安全防护措施的情况下，进入坑内作业，被突然坍塌的坍塌物砸中了头部并掩埋，经抢救无效后死亡。

经调查，晨辉公司制定的《经开区配套管网改造二期工程施工组织设计》中，对沟槽开挖做出了放坡的明确要求，但该公司施工过程中未按照《经开区配套管网改造二期工程施工组织设计》的放坡要求进行基坑开挖，未按照施工方案施工。

现场安全管理不到位，施工人员顾某高在基坑未采取安全防护措施的情况下进入坑内作业。专职安全员罗某炎不在岗，未到现场进行跟踪巡查。施工现场负责人王某强未对施工人员的违章冒险作业行为进行制止或责令改正，现场安全管理不到位。

公司对施工人员进行全员安全生产教育培训不到位，安全员未组织或者参与安全生产教育培训，对部分施工人员（如施工员李某文）未作安全生产教育培训，在提供的安全生产教育培训资料中，《员工三级安全教育记录卡》既未填写培训日期，也无受教育人员签字，未建立健全安全生产教育培训档案，未如实记录安全生产教育培训的时间、内容、参加人员及考核结果。

**案例二**

2020 年 9 月 6 日 2 时 22 分许，白银市白银区甘肃某铝型材有限公司熔铸车间发生一起冷却水闪蒸事故，造成 4 人死亡（其中 3 人当场死亡、1 人经抢救无效死亡），6 人受伤。

事故主要原因：从业人员安全教育培训流于形式。安全培训制度未落实，培训计划时间、内容不符合安全生产法律法规的规定要求；三项岗位人员持证不足，公司总经理、厂长及部分管理人员未按高危行业的要求取得金属冶炼行业的安全合格证，特殊工种持证率低；三级安全教育培训未严格执行主要负责人和安全管理人员安全管理再教育规定，培训记录只有公司层面的试卷记录，且存在代答现象，车间、班组层面仅在公司教育统计表上显示为"口述"教育；新员工入职未开展事故应急预案和自救互救知识培训，未开展岗位操作规程教育培训。

# 参 考 文 献

［1］张洪，宫运华，傅贵. 基于"2-4"模型的建筑施工高处坠落事故原因分类与统计分析［J］. 中国安全生产科学技术，2017（9）：169-174.

［2］姜园明. 浅议建筑施工高处坠落伤亡事故预防的长效机制［J］. 四川建筑，2012（4）：279，281.

［3］毛健子. "城市上空之痛"，防大于治［N］. 衢州日报，2019-07-31.

［4］张莹莹. 浅析起重机械事故原因分析及对策［J］. 中国科技投资，2017（2）：243.

［5］王基业. 浅析起重机械伤害事故的原因及防范措施［J］. 中国科技财富，2012（9）：269.

［6］建筑施工扣件式钢管脚手架安全技术规范：JGJ 130—2011［S］2011.

［7］李广信. 岩土工程50讲［M］. 北京：人民交通出版社，2010.

［8］武乾，常文广，王利华. 建筑施工伤亡事故时间规律分析［J］. 工业安全与环保，2014（4）：60-62.

［9］李晓东，陈琦. 我国建筑生产安全事故的主要类型及其防范措施［J］. 土木工程学报，2012（S2）：245-248.

［10］林文剑. 建筑施工六大伤害事故致因分析［J］. 山西建筑，2008（18）：206-207.

［11］施亚军. 员工的生命健康企业的发展之本——记上海实业振泰化工有限公司的安全生产工作［J］. 上海安全生产，2009（11）：48-49.

［12］李晓刚. 坚持实施"四个三"安全工程战略不断提升企业生产安全管理水平——辽宁华锦化工（集团）有限责任公司安全管理记［J］. 现代职业安全，2006（12）：32-33.

［13］陈虹宇. 完善我国公共危机事件应急管理对策的思考［J］. 安徽工业大学学报（社会科学版），2015（3）.

［14］李专易. 企业安全事故政府危机管理研究 ——以天津港爆炸事故为例［D］. 北京：北京林业大学，2018

［15］田嘉盛. 宁夏捷美丰友化工有限公司安全生产危机管理研究［D］. 银川：宁夏大学，2015：41

［16］［美］Jimmie Hinze 编著. 方东平，黄新宇译. 工程建设安全管理［M］. 北京：知识产权出版社，2005.

［17］刘赟. 建筑施工企业现场安全管理存在的问题及对策［D］. 西安：西安理工大学，2016.

［18］蒋国民. 浅谈建筑施工安全标准化管理特点和内容［J］. 城市建设理论研究，2014.

［19］杨莉，陈维军. 我国企业危机管理及预警现状调查研究［J］. 科技管理研究，2014（13）.

［20］侯茜，吴宗之，吴新涛. 企业生产安全管理预警指标探研［J］. 工业安全与环保，2013（8）：93-95.

［21］胡百精. 中国危机管理报告［M］. 北京：中国人民大学出版社，2007.

［22］张小明. 公共部门危机管理［M］. 北京：中国人民大学出版社，2006.

［23］汪玉凯. 公共危机与管理［M］. 北京：中国人事出版社，2006.

［24］高世屹. 政府危机管理的传播学研究［M］. 济南：山东人民出版社，2005.

# 编者花絮

　　一叶浮萍归于大海，一滴细雨植入阡陌，浩浩世界，物物相生，事事相济，万象日日付红尘，生命何处不相逢。

　　安全生产不怕一万，就怕万一，一次的麻痹大意和违章违规，足以让九千九百九十九次的安全付出毁于一旦，更能让好人一生平安的美好愿望化为泡影，造成一次次悲剧的重演。麻痹大意、防护缺失、违章违规只是表象，深层次原因在于我们从骨子里，仍然缺乏一种对生命尊严最起码的敬畏，缺乏一种对生命至上、安全第一思想的认同，缺乏一种全员安全生产行为训练有素的教化。人的生命如此脆弱，往往只是因为一时不小心、一次不守纪、一个不负责，就会有人越过红线离开这个世界，就会有人在痛苦和悲伤中度过余生，就会有人银铛入狱悔恨不已。事故如此无情，从来不怜悯任何一个没有安全意识、无视规章制度、不懂自我保护的人，也从来不宽恕那些不负责任、不严格管理的企业和个人，也不仅仅源于我们保全每一条生命、每一个家庭的职责所在，更是源于我们牢牢构筑好企业生产生命线的必胜信念。一个企业要发展，安全是前提；一个家庭要幸福，平安是保障。事故从来不相信漂亮话，我们工作生活的各个方面，都要用实际来作答！

　　平时注入一点水，难时拥有太平洋。读书也许不能改变生活，但可以防止生活被改变。

　　安全意识是企业的灵魂，从"要我安全—我要安全—我会安全—我能安全"的转变过程，是安全观念从被动强制到主动自觉性的一次质的飞跃！

　　昨天如果是辉煌的，那就总结成功的经验，不骄不躁；昨天如果是暗淡的，那就吸取失败的教训，哪里跌倒了，就从哪里爬起来，毕竟明天又是新的一天。

　　安全工作是最大的善事，一个善意的提醒、一本安全书籍的传播，也许能拯救一条鲜活的生命，保证两个家庭幸福，带来社会的和谐发展。

　　本书的一个知识点、一个典型案例警示，若能给一位读者带来一点启示和帮助，就是作者最大的欣慰！

编　者

2021 年 10 月

# 致　谢

随着国家经济建设的高速发展，建设工程日益增多，建筑业迎来了蓬勃发展的黄金时期，也给我们带来前所未有的机遇和挑战，然而建筑工程安全形势依然严峻，因此杜绝各类事故的发生是每位工程人的首要职责和任务。事故从来不相信漂亮话，我们工作、生活的各个方面，都得用实际来作答。

千里之堤，毁于蚁穴。建立安全防线，提高安全意识，人人掌握安全知识和技能，人人参与危险源识别和控制。安全不是面子功夫，而是要落到实处；不是喊喊口号，而是要真正行动。安全更不是只为自己，而是为了大家，一个善意的举动可能拯救许多生命；一句话、一个微笑、一句善意的提醒，可能就会拯救一个对生活绝望的人，一个不经意的动作，也可能伤害到许多生命。在我们身边，您的一个善意安全的提醒、一个隐患的排除、安全知识的传播，都会拯救一个鲜活的生命，安全工作是最大的善事！只要此书能给一位读者今后生活和工作安全带来帮助，就是作者最大的心愿。

在本书成稿期间，得到以下领导和朋友的帮助和支持，在此特别感谢：张国伟、郭三星、邓强、蒋晓东、郭玉明、黄春晓、张勇、王丽红、姬程飞、张小旺、王晶、郭夏月、杨春爱、彭平平、郝晓波、邬敏、张存钦、卞建力、郑书芬、王敏、仇模伟、曹森、郭歆芸、何向斌、李保法、徐永进、孙晓芳、王亚娟、赵雨航、王刚、赵泽、席永鹏、郑晓宇、高玮。

在本书编写过程中，众多行业内资深专家进行了全面细致的审阅，并提出了许多建设性的宝贵意见；同时得到省部级主管部门（河南省建设厅、应急厅、交通厅等）及河南省、广东省监理协会相关专家的帮助和指正。河南博通教育团队马晶、李冬梅、陈永林、吴浩楠和黄河水利出版社陶金志编辑对稿件进行了排版、校正，在此一并表示感谢。

编　者
2021 年 10 月